工业和信息化普通高等教育“十三五”规划教材立项项目
21世纪高等教育计算机规划教材

大学计算机基础——实践与提高

Fundamentals of Computers —— Practice and Improvement

孟东霞 主编
任少斌 王星魁 副主编

人民邮电出版社
北京

图书在版编目（CIP）数据

大学计算机基础 : 实践与提高 / 孟东霞主编. -- 北京 : 人民邮电出版社, 2015.9(2017.8重印)
21世纪高等教育计算机规划教材
ISBN 978-7-115-40243-1

Ⅰ. ①大… Ⅱ. ①孟… Ⅲ. ①电子计算机－高等学校－教材 Ⅳ. ①TP3

中国版本图书馆CIP数据核字(2015)第193035号

内 容 提 要

本书是《大学计算机基础与计算思维》一书的配套教材，除了计算理论基础与计算思维章节外，每章内容都包括“扩展知识”“设计与实践”“自我测试”3部分。全书立足于实践，通过实验教学，从不同的角度训练和提升学习者的计算思维能力，以达到对非计算机专业人员的计算思维能力的培养。

扩展知识主要沿袭《大学计算机基础与计算思维》理论教材内的相关知识点，对在理论教材中讲解不够充分，或因时间、教材容量等因素无法呈现的知识点进行补充意义上的介绍。本书编写了不同类别的7组实验，训练基于实验的计算思维能力，同时配有自测提高题。

本书可作为高等学校非计算机专业本科生学习“大学计算机基础”课程教学的配套用书，也可供其他相关专业或行业对计算机知识感兴趣的人员选用。

◆ 主　　编　孟东霞
副 主 编　任少斌　王星魁
责任编辑　邹文波
责任印制　沈　蓉　彭志环
◆ 人民邮电出版社出版发行　　北京市丰台区成寿寺路11号
邮编　100164　　电子邮件
网址　http://www.ptpress.com.cn
北京鑫正大印刷有限公司印刷
◆ 开本：787×1092　1/16
印张：17.75　　　　2015年9月第1版
字数：470千字　　　2017年8月北京第4次印刷

定价：39.00元

读者服务热线：(010)81055256　印装质量热线：(010)81055316
反盗版热线：(010)81055315

前言

本书是《大学计算机基础与计算思维》的配套教材。全书立足于实践，通过实验教学达到扩展课堂教学知识、实践基础训练及自我测试提高的目的。同时这也是本书编写的根本思想。

计算思维是大学计算机基础教学研究的热点课题之一。2013 年 7 月，教育部高等学校大学计算机课程教学指导委员会制订并发布了极具战略指导意义的《计算思维教学改革白皮书》(征求意见稿)，自那时起，关于“计算思维教育到底应该怎么做？”一直是一个探讨的问题。

计算思维的实质是指基于计算的、隐藏在一般陈述性知识和技术背后的、科学家们求解问题时的思想和方法。计算思维所蕴含的思想和方法，对拓展学生的“思维”空间，培养学生分析问题、解决问题的能力非常有帮助，与高等教育强调创新与能力培养相吻合。

“大学计算机基础”课程的教学常常会呈现出灌输一大堆“表象的、技术性的知识”的现象，培养操作技能、培养计算思维能力是目前急需探讨和解决的问题。本书从理论上和知识技能的训练上，对计算思维和计算思维能力的培养做了一定的探讨，力图将计算思维能力的培养潜移默化于每一章节及每个知识点的学习中。

为了更好地达到培养计算思维创新人才的目的，本书在知识结构上划分出 3 个层次：扩展知识、设计与实践和自我测试，分别从 3 个不同的角度训练和提升学习者的计算思维能力，以达到对于非计算机专业人员的计算思维能力的培养。

扩展知识部分主要沿袭《大学计算机基础与计算机思维》理论教材内的相关知识点，对在理论教材中讲解不够充分，或因时间、教材容量等因素无法呈现的知识点进行补充介绍。知识点的选取从两个方面理解，从通俗的意义上来说是选取读者感兴趣的、流行热点的话题；从知识体系的意义上来说是选取知识结构的遗漏点和转折点，以达到补充完整计算机知识体系结构的目的。在篇幅容量方面全书做了整体的考虑，选取 8～10 个知识点，知识量既不是很大，不会使读者难以理解接受，又不至于因知识内容太少，读者感到欠缺而使学习意犹未尽。

特别需要介绍的是，书中的每个知识点都是以问题的形式提出，这样既吸引读者的注意力，引发极大的学习兴趣，同时又便于不连续知识点的提出，也利于在教学或自学过程中自由组合学习，从而使扩展的知识不会显得突兀无序。

设计与实践部分主要编写依据是：根据教育部高等学校大学计算机课程教学指导委员会《关于进一步加强高等院校计算机基础教学的几点意见（征求意见稿）》和教育部高等院校文科计算机基础教学指导分委员会《大学计算机教学基本要求》的相关意见和要求，在多年教学经验和教改成果的基础上，编写了不同类别的 7 组实验，从计算机的基础操作练起，由硬件的微机组装开始，既有系统软件操作系统的实验，又有系统应用软件 Office 办公软件的训练，有高级语言的初步探知实验，也有思维导图的专业训练，外加对网络基础知识及技能操作的练习，以及数据库应用的简单探索等。本书内容涵盖了教育部规定的实践训练点项。因此，本书是一本比较全面而细致的实验指导教材。

实验内容及任务的设计部分，特别注意在形式和知识内容上做了相应的修改和调整，强化以计算思维为核心，将计算思维的观点和方法，有效地融入教学和实验实训中，引导学生理解和运用计算思维方法认识问题、分析问题和求解问题，掌握用计算机科学技术理论有效地解决实际问题，摒弃了以往在大学计算机教育过程中比较侧重于计算机技术应用与系统开发的狭义工具的思想，有利于学生在计算思维实践中自我发掘、创新学习，在掌握基础理论的同时，解决计算机技术跨学科应用综合实践能力的提高和创新意识的培养与促进。

自我测试部分主要包括一些针对本章知识点的测试题，用于检测本章学习及实验的结果。测试题力争做到形式多样，包括选择题、判断题、填空题等类型。自测题的知识点根据全国计算机等级考试的大纲和题型，依据专业教师多年的教学经验进行筛选后集合而成，很好地体现了每章的重要知识，是读者进行自我测试的必备内容。自测是每个学习者自我提高的最佳学习方法之一。

本书由从事计算机基础教学工作多年、并具有丰富实践教学经验的教师集体编写而成，不仅适合非计算机类各层次学生使用，同时也可供其他相关专业或行业对计算机知识感兴趣的人员选用。

本书由孟东霞任主编，负责全书的总体策划、统稿、定稿工作，任少斌和王星魁任副主编，协助主编完成统稿、定稿工作。全书共 8 章，其中第 1 章由孟东霞编写，第 2 章由张晓霞编写，第 3 章由王爱莲编写，第 4 章由李月华编写，第 5 章由郭晓红编写，第 6 章由贾晓华编写，第 7 章由王星魁编写，第 8 章由任少斌编写。

相洁参加了全书策划、审稿及定稿工作，在此一并表示衷心的感谢。

编者联系邮箱为：mengdongxia@tyut.edu.cn

编　者

2015 年 6 月

目 录

第 1 章 计算理论基础与计算思维……1

1.1 扩展知识……1

1.1.1 计算机界的最高奖项是什么……1

1.1.2 你了解冯·诺依曼的传奇人生吗……7

1.1.3 为什么说世界进入了“计算”时代……9

1.1.4 怎样理解计算的深层含义……9

1.1.5 如何看待计算的复杂性……12

1.1.6 计算是无处不在无所不能的吗……14

1.1.7 未来世界的计算是怎样的……17

1.1.8 计算科学与科学计算是一回事吗…20

1.1.9 计算思维是科学思维吗……23

1.1.10 如何培养计算思维能力……25

1.2 自我测试……28

第 2 章 硬件组装、性能测试和维护……29

2.1 扩展知识……29

2.1.1 如何配置微机的硬件系统……29

2.1.2 怎样设置和升级主板 BIOS……31

2.1.3 如何进行硬盘分区和格式化……33

2.1.4 硬件性能测试涉及哪些方面……35

2.1.5 硬件测试的常用软件有哪些……35

2.1.6 如何实现对硬件的各项测试……37

2.1.7 怎样维护计算机……41

2.1.8 如何及时发现计算机的故障……42

2.1.9 怎样维护笔记本电脑……44

2.1.10 如何实现硬盘的数据保护……45

2.2 设计与实践……47

2.2.1 微机的组装……47

2.2.2 微机的硬件性能测试……51

2.3 自我测试……52

第 3 章 操作系统……58

3.1 扩展知识……58

3.1.1 Windows 是如何发展演变的……58

3.1.2 怎样使用注册表……61

3.1.3 Windows 7 中如何执行命令行操作…62

3.1.4 如何进行 Windows 7 的性能优化…64

3.1.5 怎样整理磁盘碎片……68

3.1.6 为什么 Linux 操作系统受欢迎……68

3.1.7 移动操作系统有哪些……70

3.1.8 你是否了解大型机的操作系统 z/OS……71

3.1.9 无盘系统应用在哪些领域……73

3.1.10 什么是虚拟化技术……74

3.2 设计与实践……77

3.2.1 Windows 7 的基本操作……77

3.2.2 Windows 7 的个性化设置……81

3.2.3 虚拟机的使用……85

3.3 自我测试……88

第 4 章 算法设计与可视化编程……94

4.1 扩展知识……94

4.1.1 算法与生活有关系吗……94

4.1.2 常用计算机算法有哪些……95

4.1.3 如何选择和优化算法……96

4.1.4 算法的设计过程能够可视化吗……97

4.1.5 算法设计中如何组织数据……98

4.1.6 Raptor 的基本编程环境是怎样的…99

4.1.7 Raptor 的编程符号有哪些……100

4.1.8 Raptor 描述的基本控制结构有几种……105

4.1.9 什么是思维导图……109

4.1.10 如何绘制思维导图……109

4.2 设计与实践……111

4.2.1 用 Raptor 实现顺序结构算法……111

4.2.2 用 Raptor 实现选择结构算法……112

4.2.3 用 Raptor 实现循环结构算法……113

4.3 自我测试……115

第 5 章 程序设计 …… 120

5.1 扩展知识 …… 120

5.1.1 程序设计的基本过程是怎样的 …… 120

5.1.2 经典的编程语言有哪些 …… 122

5.1.3 为什么说 C 语言是承前启后的语言 …… 124

5.1.4 如何用 C 程序解决八皇后问题 …… 125

5.1.5 VC++环境下怎样运行 C 程序 …… 127

5.1.6 可视化程序设计的优势在哪里 …… 129

5.1.7 Visual Basic 程序设计知多少 …… 130

5.1.8 如何用 VB 程序模拟工业生产过程 …… 132

5.1.9 云计算环境下的软件开发有哪些特点 …… 135

5.2 设计与实践 …… 135

5.2.1 用 C 语言实现顺序、选择、循环结构 …… 135

5.2.2 用 VB 编制一个计算器程序 …… 139

5.3 自我测试 …… 142

第 6 章 面向应用领域的数据库新技术 …… 148

6.1 扩展知识 …… 148

6.1.1 什么是数据仓库 …… 148

6.1.2 数据仓库有哪些特征 …… 149

6.1.3 数据库和数据仓库是一回事吗 …… 150

6.1.4 什么是联机分析处理 …… 152

6.1.5 联机分析处理是如何实现的 …… 153

6.1.6 你听说过数据挖掘吗 …… 155

6.1.7 数据仓库和数据挖掘有关系吗 …… 156

6.1.8 如何实现数据挖掘 …… 158

6.1.9 数据挖掘过程中使用哪些方法和算法 …… 159

6.1.10 数据挖掘与大数据有什么关系 …… 162

6.2 设计与实践 …… 163

6.2.1 数据库的创建与维护 …… 163

6.2.2 数据表的创建与维护 …… 164

6.2.3 数据查询 …… 166

6.3 自我测试 …… 168

第 7 章 计算机网络与信息安全 …… 173

7.1 扩展知识 …… 173

7.1.1 如何制作网线 …… 173

7.1.2 怎样配置局域网中的 IP 地址 …… 176

7.1.3 网络中的“子网掩码”有什么作用 …… 178

7.1.4 如何充分利用 IP 地址 …… 180

7.1.5 4M 的网络带宽为何下载速度达不到 4M …… 181

7.1.6 怎样证明你是你自己 …… 182

7.1.7 丢失的数据还能找回来吗 …… 185

7.1.8 如何高效地使用搜索引擎 …… 187

7.2 设计与实践 …… 190

7.2.1 TCP/IP 配置及基本网络命令 …… 190

7.2.2 网络基础应用 …… 192

7.2.3 无线路由器的设置 …… 196

7.2.4 文件加密 …… 199

7.3 自我测试 …… 202

第 8 章 应用软件 …… 207

8.1 扩展知识 …… 207

8.1.1 你了解图像处理软件吗 …… 207

8.1.2 如何进行 Photoshop 基础操作 …… 209

8.1.3 怎样快速实战 Photoshop …… 213

8.1.4 经典动画设计软件 Flash 有什么特点 …… 216

8.1.5 Flash 基本操作中应当注意什么 …… 216

8.1.6 如何进行 Flash 动画设计 …… 220

8.1.7 视频编辑软件能做什么 …… 225

8.1.8 Premiere 的基本操作环境是怎样的 …… 225

8.1.9 如何使用 Premiere 来设计电子相册 …… 232

8.2 设计与实践 …… 233

8.2.1 文字处理 Word 2010 …… 233

8.2.2 电子表格 Excel 2010 …… 248

8.2.3 演示文稿 PowerPoint 2010 …… 257

8.2.4 数值计算 MATLAB 2010 …… 268

8.3 自我测试 …… 270

第 1 章 计算理论基础与计算思维

计算是计算机科学的最初起源，如今的计算涵盖了演算、推理、变换、操作等丰富的含义。如何理解计算的复杂性以及计算思维的广泛应用性，本章从不同的角度扩展知识视野，引导读者在科学研究与生活实践中积极树立计算思维的科学思想。

1.1 扩展知识

1.1.1 计算机界的最高奖项是什么

“图灵奖”是计算机界最负盛名的奖项，也称为计算机界的诺贝尔奖，图 1.1 所示为图灵奖杯。“图灵奖”由国际计算机协会（ACM）于 1966 年设立，又名“A.M. 图灵奖（A.M.Turing Award）”，用于奖励那些对计算机事业做出杰出贡献的人们。“图灵奖”的名称取自计算机科学的先驱、英国科学家阿兰·图灵，奖项的设立目的之一就是为了纪念这位杰出的科学家。

图 1.1 图灵奖杯

“图灵奖”是世界计算机科学领域的最高奖项，与物理、化学、医学、经济学领域的诺贝尔奖齐名。图灵奖的大多数获奖者是计算机科学家。图灵奖对获奖者的要求极高，评奖程序也极其严格，一般每年只奖励一名计算机科学家，只有极少数年度有两名、或两名以上的在同一方向上做出杰出贡献的科学家同时获奖。

图灵奖的奖金金额不算太高，设奖初期为 2 万美元，1989 年起增到 2.5 万美元，奖金通常由计算机界的一些大企业提供（通过与 ACM 签订协议）。目前图灵奖由英特尔公司和 Google 公司赞助，奖金为 25 万美元。2014 年 11 月 13 日，虽然英特尔公司退出了赞助，Google 公司反将奖金提高到 1 000 000 美元，和诺贝尔奖金相近。

从 1966 年起，到 2013 年的 48 届图灵奖评选中，共计有 61 名科学家获此殊荣，其中美国学者最多，此外还有英国、瑞士、荷兰、以色列等国少数学者。截至 2013 年，获此殊荣的华人仅有一位，他是 2000 年图灵奖得主姚期智。

2015 年 3 月 25 日，国际计算机协会（ACM）宣布计算机数据库专家 Michael Stonebraker 获得 2014 年图灵奖。ACM 在通告中称 Stonebraker 发明了许多几乎应用在所有现代数据库系统中的概念，并且创立多家公司，成功地商业化了他关于数据库技术的开创性工作。因为 Google 公司的资助，从本次颁奖起图灵奖金额变为100万美元。下面我们来了解一下计算机界的鼻祖人物图灵，以及具有代表性的图灵奖得主。

1. 图灵——计算机科学之父

阿兰·麦席森·图灵（Alan Mathison Turing）生于1912年6月23日，1954年6月7日去世，英国数学家、逻辑学家，被视为计算机科学之父。

图灵很小的时候就表现出与众不同的天分，在他三四岁的时候自己学会了阅读，读的第一本书叫作《每个儿童都该知道的自然奇观》。他特别喜欢数字和智力游戏，并为之着迷。8岁时写了他的第一篇“科学”短文，题目是《说说显微镜》。16岁时就能弄懂爱因斯坦的相对论，并且运用那深奥的理论，独立推导力学定律。

1931年，图灵考入剑桥大学国王学院。1934年他以优异成绩毕业。1935年凭借论文“论高斯误差函数”当选为国王学院院士，并于次年荣获英国著名的史密斯（Smith）数学奖。

1939年图灵被英国皇家海军招聘，并在英国军情六处监督下从事对德国机密军事密码的破译工作。图灵带领200多位密码专家，研制出效率更高、功能更强大的密码破译机，将英国战时情报中心每月破译的情报数量从39 000条提升到84 000条。这些情报发挥了重要作用。历史学家认为，图灵让“二战”的结束至少提前了两年，至少拯救了2 000万人的生命，图灵因此在1946年获得“不列颠帝国勋章”。下面列举一些图灵主要的科学功绩。

（1）图灵机

1936年，图灵向伦敦权威的数学杂志投了一篇论文，题为《论数字计算在决断难题中的应用》（*On Computable Numbers, with an Application to the Entscheidungs Problem*），这是他对理论计算机的研究成果。

在这篇开创性的论文中，图灵给“可计算性”下了一个严格的数学定义，并提出著名的“图灵机”的设想。“图灵机”与“冯·诺伊曼机”齐名，被永远载入计算机的发展史中。“图灵机”不是一种具体的机器，而是一种思想模型，可制造一种十分简单但运算能力极强的计算装置，用来计算所有能想象得到的可计算函数。基本思想是用机器来模拟人们用纸笔进行数学运算的过程。

图灵机被公认为现代计算机的原型，这台机器可以读入一系列的“0”和“1”，这些数字代表了解决某一问题所需要的步骤，按这个步骤走下去，就可以解决某一特定的问题。这种观念在当时是具有革命性意义的，因为即使在20世纪50年代的时候，大部分的计算机还只能解决某一特定问题，不是通用的，而图灵机从理论上却是通用机。

“图灵机”想象使用一条无限长度的纸带子，带子上划分成许多格子。如果格里画条线，就代表“1”；空白的格子，则代表“0”。想象这个“计算机”还具有读写功能：既可以从带子上读出信息，也可以往带子上写信息。计算机仅有的运算功能是：每把纸带子向前移动一格，就把“1”变成“0”，或者把“0”变成“1”。“0”和“1”代表着在解决某个特定数学问题中的运算步骤。“图灵机”能够识别运算过程中的每一步，并且能够按部就班地执行一系列的运算，直到获得最终答案。

图灵机是一个虚拟的“计算机”，完全忽略硬件状态，考虑的焦点是逻辑结构。图灵在他那篇著名的文章里，还进一步设计出被人们称为“万能图灵机”的模型，它可以模拟其他任何一台解决某个特定数学问题的“图灵机”的工作状态。他甚至还想象在带子上存储数据和程序。“万能图灵机”实际上就是现代通用计算机的最原始的模型。

图灵是第一个提出利用某种机器实现逻辑代码的执行，以模拟人类的各种计算和逻辑思维过程的科学家。而这一点，成为了后人设计实用计算机的思路来源，成为了当今各种计算机设备的理论基石。

（2）人工智能

1950 年，图灵被录用为泰丁顿（Teddington）国家物理研究所的研究人员，开始从事“自动计算机（ACE）”的逻辑设计和具体研制工作。他提出关于机器思维的问题，他的论文《计算机和智能》（*Computing Machinery and Intelligence*），引起了广泛的注意和深远的影响。

图灵对于人工智能的发展做出了很大的贡献，他提出的著名的图灵机模型为现代计算机的逻辑工作方式奠定了基础。1950 年 10 月，图灵发表了另一篇名为《机器会思考吗？》（*Can Machines Think?*）的论文，其中提出了一种用于判定机器是否具有智能的试验方法，即图灵测试。至今，每年都有这项试验的比赛。

“图灵测试”尝试给出一个决定机器是否具有感觉的标准。“图灵测试”由计算机、被测试人和主持试验人组成。计算机和被测试人分别在两个不同的房间里。测试过程由主持人提问，由计算机和被测试人分别做出回答。观测者能通过电传打字机与机器和人联系（避免要求机器模拟人外貌和声音）。被测人在回答问题时尽可能表明他是一个“真正的”人，而计算机也将尽可能逼真的模仿人的思维方式和思维过程。如果试验主持人听取他们各自的答案后，分辨不清哪个是人回答的，哪个是机器回答的，则可以认为该计算机具有了智能。这个试验可能会得到大部分人的认可，但是却不能使所有的哲学家感到满意。

图灵测试虽然形象地描绘了计算机智能和人类智能的模拟关系，但是图灵测试还是一个片面性的试验。通过试验的机器当然可以认为具有智能，同时对于没有通过试验的机器，虽然因为它们对人类了解的不充分而不能模拟人类，但仍然可以认为具有智能。

图灵测试还有几个值得推敲的地方，比如试验主持人提出问题的标准，在试验中没有明确给出；被测人本身所具有的智力水平，图灵试验也有所疏忽；测试仅强调试验结果，而没有反映智能所具有的思维过程。所以，图灵测试还是不能完全解决机器智能的问题。

就目前来看，我们并不怀疑机器具有人类的某些智能，我们更看重的是有什么样的机器在多大地程度上能模仿人类思维，这才是人工智能研究者们努力的目标。

（3）生物数学的奠基之作

从 1952 年直到去世，图灵一直在生物数学方面做研究。他在 1952 年发表了一篇论文《形态发生的化学基础》（*The Chemical Basis of Morphogenesis*）。他主要的兴趣是斐波那契叶序列，即存在于植物结构的斐波那契数。他应用的反应-扩散公式，现在已经成为图案形成范畴的核心。

图灵热心于图案形成和数理生物学的研究，1952 年的论文至今被视为生物数学的奠基之作。图灵后期的论文都没有发表，一直等到 1992 年《艾伦·图灵选集》出版，这些文章才被世人所知。图灵在数学、逻辑学、神经网络和人工智能等领域都做出了杰出的贡献。在新旧世纪交替的 2000 年，美国《时代》杂志评选的 20 世纪对人类发展最有影响的 100 名人物中，图灵是仅有的 20 位科学家、思想家”之一。在 2012 年，英国著名杂志《自然》称赞他是有史以来最具科学思想的人物之一。

2. 莱斯利·兰波特——分布式计算理论的奠基人

2013 年的图灵奖得主是微软科学家莱斯利·兰伯特（Leslie Lamport）。兰伯特 1941 年出生于纽约，是欧洲移民的儿子。兰伯特在读高中时就已经涉足计算机科学领域。这听起来好像没有什么了不起，但那个时间是 20 世纪 50 年代中期。当时兰伯特就读于纽约的布朗士科学高中，他和一个朋友四处“捡破烂”——通过搜寻废弃的真空管来搭建数字电路。

在麻省理工学院获学士学位以后，兰伯特到布兰代斯大学攻读数学博士，不久后放弃，到佛蒙特州一所小型文科学校——万宝路学院教授数学。之后到麻省计算机协会做兼职工作，做ILLIAC（Illinois Automatic Computer，如美国的伊利阿克 ILLIAC-Ⅳ）设计，如图 1.2 所示。1972年获博士学位，继续研究 ILLIAC。兰伯特最终得出证明，分布系统中的相对次序与观察者有关。

图 1.2　伊利阿克 ILLIAC-Ⅳ控制部件

在随后的几十年间，他逐渐成为计算机领域名副其实的传奇人物。他在 1978 年发表的论文《分布式系统内的时间时钟和事件顺序》（*Time，Clocks，and the Ordering of Events in a Distributed System*）成为计算机科学史上被引用次数最多的文献。兰伯特为“并发系统的规范与验证”研究贡献了核心原理，他的分布式计算理论奠定了这门学科的基础。

2013 年，73 岁的兰伯特成为微软研究院第 5 位荣获图灵奖的科学家。尽管兰伯特的学术生涯充满了众多令人称道的成就，但他对自己的评价却十分谦虚。比尔・盖茨曾经这样评价兰伯特：“作为一名带头人，他界定了分布式计算的许多关键概念，并让今天执行关键任务的计算机系统成为可能。兰伯特的伟大不仅仅局限于计算机科学领域，而且还体现在努力让世界变得更加安全。”

同样地，来自微软研究院的 1992 年图灵奖得主巴特勒・兰普森（Butler Lampson）对他的评价也很高：“兰伯特对并发系统理论和实践在质量、范围和重要性上的贡献都是难以超越的。它们完全可以和迪克斯特拉（Dijkstra）、霍尔（Hoare）、米尔纳（Milner）和伯努利（Pnueli）等所有图灵奖得主前辈的成就相提并论，但他最大的优点是作为一名应用数学家，擅长利用数学工具来解决具有非凡现实意义的问题。”

（1）时间、时钟和相对论

兰伯特在 1978 年发表的论文《分布式系统内的时间、时钟和事件顺序》（*Time，Clocks，and the Ordering of Events in a Distributed System*）成为计算机科学史上被引用次数最多的文献。他为“并发系统的规范与验证”研究贡献了核心原理，他的分布式计算理论奠定了这门学科的基础。文章介绍了有关分布式计算、同步和异步实体之间通信的原则性思维新途径。它在当时令人耳目一新，后来成为各种并发系统行为推理的基础，是一篇开山之作。

1978 年，兰伯特在 Compass 公司任职期间，当时他正为罗伯特・托马斯（Robert Thomas）和保罗・约翰进（Paul Johnson）共同撰写的论文《复制数据库的维护》（*The Maintenance of Duplicate Databases*）作序。这篇论文认为，对于两个完全相同的数据库，如果其中之一发生改变，那么对它们更新时就需要用到时间戳（Timestamp）。而在看完论文后，兰伯特发现，“它没有保留因果关系。尽管事件按照完成时间的顺序出现在系统中，但其在逻辑上并不与命令发出的顺序相一致。我意识到，如果改变时间戳的产生方法，这个问题可能很容易得到解决”。

兰伯特对问题的洞察力源自他对物理学和狭义相对论的兴趣。他意识到。确定两个事件在时间顺序上存在问题，除非两者之间有因果联系——也就是说，除非它们之间传递过信息。他由此认识到，如果这种信息的时间戳可以用来确定事件的顺序，则该系统中发生的所有事件都可以按单一顺序排列。推而广之，一个计算系统内的任何事物都可以用状态机来描述（状态机保持着特定状态，接收输入后产生一个输出，同时改变其自身的状态）。兰伯特推论，这个概念可以适用于更加复杂的系统，如银行或航空票务预订。

（2）面包店算法

兰伯特在 Compass 工作期间的另一个成果是在《迪克斯特拉（Dijkstra）并行编程问题新解》一文中提出的面包店算法。该算法旨在解决互斥问题：排除多个线程试图对相同存储位置写入时发生数据损坏的现象，以及在一个线程完成对特定位置写入之前另一个线程无法读取该位置的现象。其名称暗指面包店常用的排序系统：客户在进入面包店时需要选择一张有编号的票。

（3）拜占庭将军问题

离开 Compass 后，兰伯特加入了美国斯坦福国际研究院（SRI）。在此期间，他和同事马歇尔·皮斯（Marshall Pease）及罗伯特·肖斯塔克（Robert Shostak）合作完成了两篇旨在解决"拜占庭故障"（Byzantine failures）的论文。

当时斯坦福国际研究院有一个项目，目标是为美国航空航天局建立容错型航电计算机系统（fault-tolerant avionics computer system），这种系统要求不允许发生故障。一般说来，"普通"故障可能会导致信息丢失或过程停，但它们不会遭到损坏——即便遭到损坏，也能通过利用冗余来丢弃损坏的信息。即便过程停止，也不会给出错误答案。然而，"拜占庭故障"却可能犯错，或给出错误信息。

当时常用的技术是"三重模块冗余"（triple modular redundancy），使用 3 个独立的计算按照某种少数服从多数的原则"投票"，即使其中一台机器提供了错误答案，其他两台仍然会提供正确答案。但是为了证明其有效，必须拿出证据，在编写证据过程中，研究人员遇到了一个问题："错误"计算机可能给其他两台机器分别发送不同的错误值，而后者却不知道。这就需要使用第四台计算机来应对这个故障。

兰伯特说："如果你使用数字签名就可以用三台机器达成目的，因为如果"错误"计算机向一台计算机发送了带签名的错误值，并向另一台发送了不同的带签名错误值，后两台计算机就能够交换消息，以检查究竟发生了什么情况，因为两个不同的值都是签名发送的。"在一个朋友的启发下，兰伯特联想起拜占庭帝国军队中"司令将军和叛徒将军"的问题，于是他将这个问题及其解决方案命名为"拜占庭将军问题"。

（4）Paxos 算法

兰伯特的论文《兼职议会》（*The Part-Time Parliament*）通过希腊神话中一个岛屿及其立法机构的类比解释了 Paxos 算法。为了添加一些幽默气氛，在所有的算法故事说明中，兰伯特都给人物取了希腊人的名字。论文的结论是："可能会发生一些导致系统崩溃的事件。你可以利用系统来自我重新配置，但是如果你稍有疏忽，就可能会遇到一种情况：议会无法再通过更多的法律。在故事中恰恰发生了这种情况，而一个名叫兰普森（Lampson）的将军便接管政权，成为独裁者。"

然而，兰伯特没想到的是，这篇讨论如何构建分布式系统的论文，在相当长一段时间没有得到重视。论文的最终发表已经是 10 年后的事情，而且经过增补，纳入了对干预方法的思考。兰伯特后来写了一篇题为《Paxos 化繁为简》（Paxos Made Simple）的文章来解释算法的简洁性——而且没有借用希腊文字游戏。随着时间的推移，人们逐渐认识到这项工作是一个真正的进步。现在，Paxos 算法已经成为现代分布式系统中的一项重要技术。如果没有以 Paxos 及类似的技术为核心，就不可能建立一个具有顽健性的、可靠的大型分布式系统。

兰伯特作为一位拥有辉煌履历和至高荣誉的数学家，对计算机科学做出了重大贡献，他的成功充分说明思维的重要性，他同时强调“只编码不编程，相当于没有蓝图就盖房子”，从另一个角度说明计算、思维是计算机科学蓬勃发展的理论奠基石。

3. 姚期智——华人的骄傲与榜样

2000 年的图灵奖授予了一位美国普林斯顿大学计算机科学系教授、华裔学者姚期智，以表彰其在计算理论领域做出的卓越贡献。姚期智的英文名字是安德鲁·姚（Andrew C.Yao），祖籍湖北孝感，1946 年 12 月 24 日出生于上海，幼年随父母去台湾。1967 年在台湾大学毕业后去美国深造。他 1972 年在哈佛大学取得物理学博士学位，在做了一年博士后研究工作之后，选择到伊利诺依大学研究生院继续攻读计算机科学博士学位，并于 1975 年获得该学位。他曾先后在麻省理工学院、斯坦福大学、加州大学伯克利分校从事教学与研究，1986 年加盟普林斯顿大学至今。姚期智的主要贡献在计算机理论方面。ACM 的授奖决定指出，姚期智对计算理论的贡献是根本性的，意义重大的，其中包括基于复杂性的伪随机数生成理论、密码学、通信复杂性等。姚期智是图灵奖近 40 年来首次授予一位华裔学者。

1967 年，生于上海长在台湾的姚期智带着自己的行囊走进了哈佛大学，追随导师格拉肖（Sheldon Lee Glashow，1979 年诺贝尔物理学奖得主），开始了自己的物理世界探索之旅，并顺利地拿到了物理学博士学位。1973 年，26 岁的姚期智做出了一生中的重要决定，放弃苦心钻研多年的物理学，转而投向方兴未艾的计算机技术。他曾说：“就能力和性格而言，我更适合搞计算机。物理看重直觉，你必须推想出问题的正确答案，求证也许不严格。可数学，包括计算机，最重要的是你必须用严密的数学推理来证明这个答案。我发现自己的论证能力在计算机领域更合适。”1973 年，姚期智进入伊利诺伊大学攻读计算机科学，并于两年后获得博士学位。

不平凡的经历铸就了不平凡的人生，自 1975 年获得美国伊利诺伊大学计算机科学博士学位后，姚期智在理论计算机领域潜心研究直至今日。多年来，姚期智以其敏锐的科学思维，在数据组织、密码学、通信复杂性乃至量子通信和计算等多个尖端科研领域，都做出了巨大而独到的贡献，曾获美国工业与应用数学学会 George Polya 奖，美国计算机协会算法与计算理论分会（ACM SIGACT）Donald E. Knuth 奖等荣誉。国际计算机协会（ACM）在 2000 年授予姚期智图灵奖。姚期智是图灵奖创立以来首位获奖的亚裔学者，也是迄今为止获此殊荣的唯一华裔计算机科学家。

姚期智的人生如璀璨的明珠，闪烁着计算机科学家的高尚品格，他把缜密的计算机科学播撒到了世界各地，对计算机的发展起到了不可磨灭的作用！

人生宛如一出圆舞，总要回到情系千里的故土。出国多年，姚期智仍然心系祖国，他认为中国的图灵之路走了三分之一，“希望能为中国和同胞尽点微薄之力”。2004 年，姚期智决定将 57 岁以后的人生回归中国大陆，开创科学研究的新舞台。他毅然辞去了普林斯顿大学终身教职，卖掉了在美国的房子，正式加盟清华大学高等研究中心任全职教授。“我所学的东西能有机会在我出生的中国生根，有条件在该领域为中国培养出世界级的研究人员来，我觉得这是一件非常有意义的事情。”

到清华大学仅一年半，姚期智就发起了志在培养国际计算机科学领军人物的“软件科学实验班”。他最看重清华有许多很好、很有潜力的学生，“我回中国的一个目的，就是希望在短时间内，在中国，至少在我的研究领域，能够创造出一流的研究环境。”姚期智坚定地说，“我们要建立一个计算机领域的‘超级公路’，使得我们的学生从本科生开始，一直到研究生、教授，在中国工作可以比世界任何其他地方机会更好，也更感到荣耀。”

短短几年，姚期智带领他的清华团队在理论计算机科学研究方面颇有斩获。除填补了中国在《美国科学院院刊》等前沿国际刊物上发文的空白，在 2006 年理论计算机科学领域最顶级的学术会议 FOCS 上，清华大学计算机系有 3 篇论文入选，实现了国内学者在该会议上“零的突破”，其中一篇还获得 2006 年度 FOCS 最佳论文奖。

2007 年 3 月 29 日，姚期智领导成立了清华大学理论计算机科学研究中心。他从清华开始，逐步建立中国的计算机理论科学的研究队伍，试图在国际上造成影响。姚期智饱含深情地说：“在国内，我所专长的这门学科，发展还是比较迟缓。而我们有这么多人才，能够教给他们这门学问并引导他们朝这方面走，是最快乐的事情。”

1.1.2 你了解冯·诺依曼的传奇人生吗

约翰·冯·诺依曼（John Von Neumann，1903—1957），美藉匈牙利人，20 世纪最重要的数学家之一，是在现代计算机、博弈论和核武器等诸多领域内有杰出建树的最伟大的科学全才之一，被称为“计算机之父”和“博弈论之父”。

冯·诺依曼从小就显示出数学天赋，传说他 3 岁就能记住不少数字，6 岁时能心算做 8 位数乘除法，8 岁时学会了微积分，12 岁就读懂了波莱尔的大作《函数论》。诺依曼记忆力十分惊人，读书过目成诵。上中学时，老师对他卓越的数学天赋惊叹不已，并向其父亲建议，让小诺依曼退学回家，聘请大学教授来当家庭教师。17 岁时，诺依曼与老师合作发表了第一篇数学论文。

诺依曼作为全才型的天才，掌握 7 种语言，并在当时最新的数学分支——集合论、泛函分析等理论研究中取得突破性进展。22 岁时，诺依曼获得瑞士苏黎士联邦工业大学化学工程师文凭。1926 年，获布达佩斯大学数学博士学位。此后，他转向物理领域，在理论物理领域“风光无限”。风华正茂的诺依曼一下子成为科学殿堂的“文武全才”，在数学、应用数学、物理学、博弈论和数值分析等领域都有不凡的建树。

1. 纯粹数学

在 1930—1940 年间，冯·诺依曼在纯粹数学方面取得的成就较为集中，冯·诺依曼选择了量子理论的数学基础、算子环理论、各态遍历定理 3 项作为他最重要数学工作。

1927 年冯·诺依曼已经在量子力学领域内从事研究工作。他和希尔伯待、诺戴姆联名发表了论文《量子力学基础》。冯·诺依曼主要从事于该主题的数学形式化方面的工作。1932 年，冯·诺依曼出版了他的重要著作《量子力学的数学基础》。

算子环理论研究始于 1930 年下半年，冯·诺依曼十分熟悉诺特和阿丁的非交换代数，很快就把它用于希尔伯特空间上有界线性算子组成的代数上去，后人把它称之为冯·诺依曼算子代数。之后的 1936—1940 年间，冯·诺依曼发表了 6 篇关于非交换算子环论文，都是 20 世纪分析学方面的杰作，其影响一直延伸至今。其中算子环理论的一个惊人的亮点是由冯·诺依曼命名的连续几何。普通几何学的维数为整数 1、2、3 等，冯·诺依曼在著作中给出，决定一个空间的维数结构实际上是它所容许的旋转群决定的，因而维数可以不再是整数，于是诞生了连续级数空间的几何学。

1932 年，冯·诺依曼发表了关于遍历理论的论文，解决了遍历定理的证明，并用算子理论加以表述，它是在统计力学中遍历假设的严格处理的整个研究领域中，获得的第一项精确的数学结果。也是 20 世纪数学分析研究领域中取得的最有影响的成就之一，这标志着一个数学物理领域开始接近精确的现代分析的一般研究。

此外，冯·诺依曼在实变函数论、测度论、拓扑、连续群、格论等数学领域也取得不少成果，并为 1900 年希尔伯特提出的 20 世纪 23 个数学难题的第 5 个问题做出了贡献。

2. 应用数学

1940 年，冯·诺依曼的科学生涯转入应用数学。他开始关注当时把数学应用于物理领域的最主要工具——偏微分方程。研究同时他还不断创新，把非古典数学应用到两个新领域：对策论和电子计算机。

第二次世界大战爆发后，冯·诺依曼应召参与了许多军事科学研究计划和工程项目。1937 年他关注纳维-斯克克斯方程的统计处理可能性的讨论，1949 年他为海军研究部写了《湍流的最新理论》。

冯·诺依曼研究过激波问题，他在碰撞激波的相互作用方面的贡献引人注目，在这个领域中的大部分工作，直接来自国防的需要。

冯·诺依曼研究过气象学。有相当一段时间，地球大气运动的流体力学方程组所提出的极为困难的问题一直吸引着他。随着电子计算机的出现，有可能对此问题作数值研究分析。冯·诺依曼提出的第一个高度规模化的计算，处理的就是一个二维模型，它与地转近似有关。他相信人们最终能够了解、计算并实现控制、以致最终改变气候。

冯·诺依曼还曾提出用聚变引爆核燃料的建议，并支持发展氢弹。1947 年军队发嘉奖令，表扬他是物理学家、工程师、武器设计师和爱国主义者。

3. 博弈论

冯·诺依曼不仅曾将自己的才能用于武器研究等，而且还用于社会研究。1928 年，冯·诺依曼证明了博弈论的基本原理，从而宣告了博弈论的正式诞生。由他创建的对策论，无疑是他在应用数学方面取得的最为令人羡慕的杰出成就。现如今，博弈论主要是指研究社会现象的特定数学方法。它的基本思想就是在分析多个主体之间的利害关系，给出（诸如下棋、玩扑克牌等室内游戏中）各竞赛者之间在讨价还价、交涉、结伙、利益分配等行为方式的指导建议。

博弈论也常用于经济学。1944 年，冯·诺依曼和摩根斯特恩合著的《博弈论和经济行为》是经济学专业的奠基性著作之一。

4. 计算机

冯·诺依曼一生最后研究的课题是电子计算机和自动化理论。1944—1945 年间，冯·诺依曼研究出了现今所用的将一组数学过程转变为计算机指令语言的基本方法，当时的电子计算机（如 ENIAC）缺少灵活性、普适性。冯·诺依曼设计出机器中的固定的、普适线路系统，提出“流图”、“代码”等概念，为克服以上缺点做出了重大贡献。

计算机工程的发展也应大大归功于冯·诺依曼。计算机的逻辑图式，现代计算机中存储、速度、基本指令的选取以及线路之间相互作用的设计，都深深受到冯·诺依曼思想的影响。他不仅参与 ENIAC 计算机的研制，而且还在普林斯顿高等研究院亲自督造了一台计算机。稍前，冯·诺依曼还和摩尔小组一起，写出了一个全新的存储程序通用电子计算机方案 EDVAC，长达 101 页的报告轰动了数学界。这使得一向专搞理论研究的普林斯顿高等研究院也批准让冯·诺依曼建造计算机，其依据就是这份报告。

在冯·诺依曼生命的最后几年，他的思想仍很活跃，他综合早年对逻辑研究的成果和关于计算机的工作，把眼界扩展到一般自动机理论。他以特有的胆识进击最为复杂的问题：怎样使用不可靠元件去设计可靠的自动机，以及建造自己能再生产的自动机。开创了人工智能研究中心两大学派之一的数学学派（另一学派是心理学派），著有对人脑和计算机系统进行精确分析的著作《计算机与人脑》。

回顾冯·诺依曼辉煌的科学一生，无论在纯粹数学还是在应用数学研究方面，冯·诺依曼都显示了卓越的才能，取得了众多影响深远的重大成果。纵观其研究特点可以看出，他不断变换研究主题，常常在几种学科交叉渗透中获得成就是他的特色，其中最精髓的贡献有两点：二进制思想与程序存储思想。

鉴于冯·诺依曼在发明电子计算机中所起到关键性作用，他被西方人誉为“计算机之父”；而在经济学方面突破性的成就，又被誉为“博弈论之父”；在物理领域，他撰写的《量子力学的数学基础》已经被证明对原子物理学的发展有极其重要的价值；在化学方面，他也有相当的造诣，曾获苏黎世高等技术学院化学系大学学位，是一位当之无愧的全才。

1.1.3 为什么说世界进入了“计算”时代

对于现在的人们来说，使用计算机已是寻常之事。若问什么是计算机呢？如今解释计算机的概念就不能仅仅局限于常见的台式计算机和笔记本电脑了，从广义的形式上来说，一切包含或内置了具有计算机功能的电脑芯片的机器或设备都可以称为广义的计算机。

传统的计算机自 20 世纪 40 年代出现以来，已经发生了很大的变化，从大如楼房的“电子管计算机”，到普通个人使用的“台式计算机”；从可便于携带的“笔记本电脑”，到如今人们应用的各种电子设备，如手机、平板电脑、随身听、导航仪等，计算机的外形已经发生了巨大的变化。

不仅如此，在现如今的生活中，各种各样的服务设施如飞机、汽车、高铁等，各种行业基础设备如电子机床、医用 CT 等，都是具有内嵌的形式各样的广义计算机——即各种机器的“大脑”都是计算机。仔细观察可以发现，这些设施或机器的竞争点也多在其计算机控制系统，其计算机控制系统也体现了这些机器的智能化、尖端化程度。

据资料介绍，每个人每天接触或使用多达 250 个计算机芯片：这其中约 40 个芯片存在于人们的工作环境中，如所使用的台式机、笔记本电脑、打印机、扫描仪、电话系统等；约 80 个芯片嵌入在各种各样的家用电器中，如电视机、DVD、游戏机、自动厨房设备等；约 40 个芯片存在于各种公共环境中，如 ATM 机、PDA、自动加油机、自动售票机等；约 70 个芯片存在于所使用的汽车中。

计算机不仅仅体现为上述这些硬件设备，更多地体现在软件上。人们每天在接触多达 250 个芯片的同时，也会接触到各种各样的计算机软件，如手机软件、生活应用软件及办公操作软件等。也就是说，形形色色的计算机，包括硬件和软件，极大地改变了人们的工作和生活环境，计算机已将人类带入了一个“计算”时代。

1.1.4 怎样理解计算的深层含义

虽然计算最初的起源是计数，随着科学应用的不断发展，如今的计算这一概念已引申到计数、运算、演算、推理、变换和操作等概念。下面就从计数、逻辑、算法这 3 不同的角度来理解计算所蕴含的意义。

1. 计数是计算起源

计算机的起源如果从计算工具算起，至少可以追溯到人类祖先使用石头或手指计数的远古时代。古人用石头计算捕获的猎物，石头就是计算工具。美国著名科普大师艾萨克·阿西莫夫（1920—1992）曾说过，人类最早的计算工具是手指，英文 Digit 既表示“手指”又表示“数字”。而我国专家考证，大约在新石器时代早期，即远古传说中伏羲、黄帝之前，人们就开始用绳子打结的方法来表示数的概念，结绳就是当时的计算工具。

古人曰："运筹帷幄中，决胜千里外"。筹策又称算筹，它是中国古代普遍采用的一种计算工具。算筹不仅可以替代手指帮助计数，而且还能做加、减、乘、除等算术运算。据古书记载，算筹一般是使用竹子、木头或兽骨制成的小棍，其长为13～14cm，直径为0.2～0.3cm，约270枚为一束，放在布袋里随身携带。人们在地面或盘子中反复摆弄这些小棍，通过移动进行计算，从而出现了"运筹"一词，运筹就是计算。古人还创造横式和纵式两种不同的摆法，两种摆法都可以用1～9来计算任意大小的自然数，与现代通用的十进制计数法完全一致。总之，算筹属于硬件，而摆法就是算筹的软件。

我国南北朝时期的杰出数学家祖冲之（429—500），他曾借助算筹这一计算工具，将圆周率π值计算到小数点后第7位，即在3.1415926至3.1415927之间，成为当时世界上最精确的π值。为了求得这个π值，需要对很多位进行包括开方在内的各种运算达到130次以上，就是今人使用纸和笔进行计算也是比较困难的。

对于圆周率π值，人们始终不满足已有的成绩。1593年，荷兰阿德里恩根据古典方法求π值，精确到小数点后第15位。1610年，德国数学家鲁道尔夫采用圆外切与内接正多边形的方法，正确地求出π值的35位有效数字。17世纪以后，由于级数理论的发展，计算π值的公式越来越多。到1706年，英国数学家梅钦计算的π值突破100位小数大关。1873年英国数学家尚可斯特计算π值到小数点后707位，可惜从第528位起是错误的。到1948年英国的弗格森和美国的伦奇共同发表的π值有808位，成为人工计算圆周率的最高纪录（见图1.3）。

图1.3　圆周率π值

由于π值可以表示成一个无穷数，因此对它的计算除了掌握一定的计算方法外，主要就是进行大量的数值计算，这是对计算工具和人的耐力的一种巨大的挑战。1949年，美国马里兰州阿伯丁弹道研究实验室首次使用ENIAC机计算π值，很快就算到2037位小数，突破了千位小数。1958年超过1万位，1961年超过10万位，1973年超过100万位，1983年超过800多万位。此后，利用超级计算机计算π值，这一纪录不断被刷新。1989年5月达4.8亿位，1989年8月超过10亿位，1991年达21.6亿位，2010年达2.7万亿位。2011年10月，日本计算机奇才近藤茂利用家用计算机将圆周率计算到小数点后10万亿位，创造了吉尼斯世界纪录。

随着科技与社会的发展，越来越多的问题需要用计算来解决。计算工具的不断发展，大大提高了人类的计算能力。"数值计算方法"（又称计算方法）就是一门与计算机应用紧密结合的、实用性很强的数学课程。许多计算领域的问题，如计算力学、计算物理学、计算化学以及计算经济学等新学科都可以归结为数值计算问题。数值计算与计算机的发展相辅相成并相互促进。由于数值计算的需要，促使计算机结构及性能不断更新，而计算机的发展又推动着数值计算方法的发展。

一般来说，科学计算包括实际问题、数学模型、计算方法、程序设计和计算结果等一系列过程。科学计算的应用范围十分广泛，一些尖端的国防项目，如核武器的研制、导弹的发射等，始终都是科学计算最活跃的领域。目前，科学计算在工农业生产的各部门中也在发挥着日益重要的作用。例如，对气象资料的汇总、加工并生成天气图像，其计算量大且时限性强，要求计算机能够进行高速运算，以便对天气做出短期或中期的预报。

2. 逻辑推理也能计算

逻辑（Logic）一词源于希腊词Logos，原意是指规律、理性和推理等。现代汉语中"逻辑"

一词也是多义的，其主要含义是指客观事物的规律、某种理论或观点、思维规律或逻辑规则、逻辑学和逻辑知识等。因此，逻辑就是思维的规律，逻辑学就是关于思维规律的学说。有时逻辑和逻辑学这两个概念通用，逻辑的本质是寻找事物的相对关系，并用已知推断未知。

早期的逻辑学有三大流派：以亚里士多德的词项逻辑和斯多亚学派的命题逻辑为代表的古希腊逻辑，以先秦名辩学为代表的古中国逻辑，以正理论和因明学为代表的古印度逻辑。随着历史的演进，只有肇事于古希腊逻辑的西方逻辑有相对完整的历史，后来成为世界逻辑发展的主流，现代逻辑就是以古希腊逻辑为基础发展而来。

古希腊哲学家亚里士多德（公元前 384—公元前 322）集前人研究之大成，写成了逻辑巨著《工具论》。亚里士多德使形式逻辑从哲学、认识论中分离出来，形成了一门以推理为中心的独立科学，因此而被称为“逻辑之父”。亚里士多德认为逻辑学是一切科学的工具，他力图把思维形式和存在联系起来，按照客观实际来阐明逻辑的范畴。亚里士多德通过对各种推理模式的分析，提出了三段论，即大前提、小前提和结论 3 个部分。因此，人们可以把推理看成是对符号的操作，即符号演算。

逻辑是研究推理的学科，它分为辩证逻辑和形式逻辑两类。辩证逻辑是以辩证法认识论世界观为基础的逻辑学，形式逻辑是对思维的形式结构和规律进行研究的一门学科。思维的形式结构包括概念、判断和推理之间的结构与联系，概念是思维的基本单位，判断是通过概念对事物是否具有某种属性进行肯定或否定的回答，推理是由一个或几个判断推出另一个判断的思维形式。

研究推理的方法很多，利用数学方法来研究推理的规律统称为数理逻辑。我们把推理的过程理解为计算，而这种计算正是计算机能表达和适合的操作。所以，数理逻辑这门学科建立以后，发展特别迅速，除了它与数学其他分支如集合论、数论、代数、拓扑学等的发展有重大的相互影响外，它与计算机学科的相互影响也起到了很大的推动作用。

数理逻辑的主要分支包括：逻辑演算（包括命题演算和谓词演算）、模型论、证明论、递归论和公理化集合论。数理逻辑和计算机科学有许多重合之处，两者都属于模拟人类认知机理的科学。许多计算机科学的先驱者既是数学家、又是逻辑学家，如阿兰·图灵、邱奇等。

数理逻辑研究的是形式体系，作为其组成部分的命题演算与谓词演算等在计算科学中作用巨大、影响深远。我们知道，要使用计算机就首先需要编制程序，程序的本质是算法和数据结构的融合，算法的本质是逻辑与控制的结合，也就是说，在计算机内部离不开逻辑的表达与控制，计算机内部的计算很大一部分是逻辑的计算。

事实上推理与计算是相通的，数理逻辑的许多研究成果都可以用于计算科学。原则上数理逻辑已给出的思维过程可以借助计算机来实现，计算科学的深入研究又推动了数理逻辑的发展。例如，一阶逻辑中没有时间的概念，而程序的推理是涉及过程的，因此需要增加程序算子或其他包含时间概念的算子，以便适用于过程推理。数理逻辑倡导的形式化方法已经广泛渗入计算科学的各个领域中，如软件规格说明、形式语义学、程序变换、程序正确性证明、硬件综合和验证等。因此，数理逻辑与计算科学的关系非常密切，直接为计算科学的产生和发展提供了重要的思维方法和研究工具。

3. 算法是计算的灵魂

算法（Algorithm）来源于 9 世纪波斯数学家 al-Khwarizmi（花剌子密）撰写的著名的“Persian Textbook”（波斯教科书）中提出的算法这一概念。后来被赋予更一般的含义，即一组确定的、有效的、有限的解决问题的步骤，这就是算法的最初定义。1700 年前后，德国科学家莱布尼茨提出了二进制算法，它为现代计算机奠定了算法基础。

算法在中国古代文献中称为“术”，最早出现在《周算经》和《九章算术》中。特别是《九章算术》，其中给出了四则运算、最大公约数、最小公倍数、开平方根、开立方根、求素数等各种算法。

现在我们理解的算法是对特定问题求解步骤的一种描述，又可细分为：数值计算算法和非数值计算算法。例如，科学计算中的求解积分、解线性方程等计算方法，称为数值计算算法；而用于管理、文字处理、图形图像处理的如排序、分类和查找等方法的描述，就称为非数值计算的算法。

算法是为解决一个特定的问题所采取的确定的有限步骤。尽管算法并不给出问题的精确解，只是说明怎样才能得到解。但是，算法是由有限个操作组成的，这些操作包括加、减、乘、除和判断等，并按顺序、分支、循环等结构组织在一起。它告诉计算机如何一步一步地进行计算，直至解决问题。对于一个给定的问题，可能有多个算法，但它们的质量可能会完全相同。衡量算法质量的主要因素是执行时间的长短和占用存储空间的多少。就目前硬件而言，尤以时间因素为贵。当然还有其他的质量因素，如收敛速度的快慢、误差积累的大小以及结果精度的高低等。

算法由一些操作和数据组成，而这些操作又是按照一定的控制结构所规定的次序执行的。因此，算法是由数据、操作和控制结构三要素组成的。

数据是指操作对象和操作结果。由于算法层出不穷，变化万千，其操作对象数据和操作结果数据名目繁多，不胜枚举。最基本的有布尔值、字符、整数和实数等；稍复杂的有向量、矩阵和记录等；更复杂的有集合、树和图，还有声音、图形和图像等。

算法中的每一步都能分解成计算机的基本操作，否则算法就是不可行的。虽然算法的操作种类很多，但最基本的有赋值运算、算术运算、逻辑运算和关系运算等；稍复杂的有算术表达式和逻辑表达式等；更复杂的有函数值计算、向量运算、矩阵运算、集合运算，以及表、栈、队列、树和图的运算等；此外，还可能是由以上列举的运算的复合和嵌套。

算法的控制结构给出了算法的框架，决定了各种操作的执行次序。任何复杂的算法都可以用顺序结构、分支结构和循环结构 3 种控制结构组合而成。

总之，问题的求解是计算，求解算法中的每一步骤也是计算。计算的过程是算法，算法又由计算步骤构成。计算的目的由算法实现，算法的执行由计算完成。算法是计算科学中最重要的内容，是计算的灵魂，甚至可以说：计算机科学就是算法的科学。

1.1.5　如何看待计算的复杂性

计算复杂性理论（Computational Complexity Theory）是用数学方法研究各类问题的计算复杂性的学科。它研究各种可计算问题在计算过程中资源（如时间、空间等）的耗费情况，以及在不同计算模型下，使用不同类型资源和不同数量的资源时，各类问题复杂性的本质特性和相互关系。计算复杂性理论是理论计算机科学的分支学科，它是算法分析的理论基础。

1. 计算复杂性理论的发展

1964 年，美国的 J.Hartmanis 和 R.E.Stearns 在普林斯顿举行的第 5 届开关电路理论和逻辑设计学术年会上发表了论文《递归序列的计算复杂性》(*Computational Complexity of Recursive Sequences*)”，文中首次使用了“计算复杂性”这一术语，由此开辟了计算科学中的新领域。为此他们获得了 1993 年度图灵奖。

随后在 1967 年，美国麻省理工学院 M. Blum 发表了博士论文《递归函数复杂性的机器独立理论》(*A Machine Independent Theory of the Complexity of Recursive Functions*)，文中不但提出了计算复杂性的一些公理，而且对复杂性类的归纳也做了更高的抽象。此外，Blum 还致力于将这一理论应用到对计算机系统的安全性有着重要意义的密码学中，以及软件工程中的程序正确性验证方面，并取得了令人瞩目的成就。Blum 是计算复杂性理论的奠基人之一，为此他获得了 1995 年度图灵奖。

此后，许多研究人员对计算复杂性理论做出了不同程度的贡献。其重要的内容包括：对随机算法的去随机化的研究，对近似算法的不可近似性的研究，以及交互式证明系统理论和零知识证明等。特别是复杂性理论对近代密码学的影响非常显著，而最近复杂性理论的研究人员又进入了博弈论领域，并创立了“算法博弈论”这一分支学科。

2. 算法复杂性

算法复杂性是指对算法效率的度量，它是评价算法优劣的重要依据。一个算法复杂性的高低体现在运行该算法时所需要的资源，所需资源越多，算法复杂性越高；反之，所需资源越少，则算法复杂性越低。计算机的资源，主要是指运行时间和存储空间。因而，算法复杂性有时间复杂性和空间复杂性之分。

对于任意给定的问题，设计复杂性尽可能低的算法是人们在设计算法时追求的一个重要目标。另一方面，当给定的问题已有多种算法时，选择其中复杂性最低者，是选用算法时应遵循的一个重要准则。因此，算法的复杂性分析对算法的设计或选用有着重要的指导意义和实用价值。

3. 计算复杂性

算法复杂性是针对特定算法而言的，而计算复杂性则是针对特定问题而言的，后者反映的是问题的固有难度。计算复杂性等于最佳的算法复杂性，它在计算科学中既有理论意义，又有实用价值。

计算复杂性是指利用计算机求解问题的难易程度。度量标准包括两个方面：一是计算所需的步数或指令条数（即时间复杂度），二是计算所需的存储空间大小（即空间复杂度）。一般没有必要就一个个具体问题去研究它的计算复杂性，而应依据问题的难度去研究各种计算问题之间的联系。

一个问题的规模是指这个问题的大小。一个算法的计算复杂性直接决定了这个算法可以应用到多大规模的问题上。假设有求解同一个问题的两个算法，第一个算法的计算复杂性是 n^3，第二个算法的计算复杂性是 3^n。用每秒百万次的计算机来计算，当 n=60 时，第一个算法只要用时 0.2s，而第二个算法就要用时 4×10^{28}s，也就是 10^{15} 年，相当于 10 亿台每秒百万次的计算机计算一百万年。

考察上面提到的两个算法复杂性，前者 n^3 是一个多项式函数，后者 3^n 是一个指数函数。当 n 很大时，这两个算法的效率差异是很大的。因此，一个问题如果没有多项式时间计算复杂性算法，这一问题就被称为是难解型问题。但是，要断定一个问题是否是难解型问题也是很困难的。一个问题即使长期没有找到多项式时间计算复杂性算法，也不能保证明天就一定找不到，更不能据此证明这个问题不存在多项式时间计算复杂性算法。

4. 典型的复杂性计算

2000 年 5 月，美国克雷数学研究所（Clay Mathematics Institute，CMI）的科学顾问委员会选定了 7 个“千禧年数学难题”，该研究所的董事会决定建立 700 万美元的大奖基金，每个“千禧年数学难题”的解决都可获得百万美元的奖励。这 7 个难题分别是：P 问题对 NP 问题，霍奇猜想，庞加莱猜想，黎曼假设，杨-米尔斯存在性和质量缺口，纳维叶-斯托克斯方程的存在性与光滑性，贝赫和斯维讷通-戴尔猜想。其中，NP 完全性问题排在百万美元大奖的首位，足见它的显赫地位和无穷魅力。

通常将问题分为可计算和不可计算两类。计算的基本功能就是对一个问题给出“是”或“非”的判定，所以又可归结为问题的可判定和不可判定。P（Polynomial）问题指多项式时间内可以解决的问题类，它是计算复杂性理论中十分重要的问题类。现有理论认为：停机问题是不可计算或不可判定的，此类之外的问题是可计算或可判定的。

NP（Non-Polynomial）问题是不能在确定性图灵机上用多项式算法进行求解，但是可以用一种非确定性多项式算法求解的问题。许多组合、排队和路线优化问题都属于 NP 类问题，如著名的旅行商问题就是 NP 问题。

P=NP？问题是指 P 和 NP 的关系，到底是 P=NP 还是 P≠NP？它是计算机科学的核心问题之一，与历史上其他难解的数学问题一样，是对人类智力的一个大挑战。尤为重要的是，在与计算有关的学术领域中，NP 完全算题层出不穷，因此，P=NP？是一个对计算机和其他科学有着全面影响的问题。

如果 P=NP，那么 NP 类算题都将能计算。学术界该做的事就是千方百计去找到各种 NP 算题的多项式时间算法。但是，互联网的安全问题就会成为最严重的挑战，因为破译互联网的 RSA 加密系统属于 NP 算题，既然它也存在多项式算法，就必须立即放弃这种加密系统，那么又该采用怎样的有效安全措施呢?

如果 P≠NP，那么大量的 NP 类算题都将不具有确定性多项式算法。学术界就不该把精力浪费在 NP 系列的分类上，应赶紧去寻找各种 NP 算题的最优近似算法。而对于互联网和一些需要密码系统的安全问题，则可以彻底放心。

总之，计算复杂性理论是计算机理论科学和数学的一个分支，解决计算的根本问题：即是否可计算、计算复杂性的分类及这些类别联系。在计算机领域，与此相关的专业有算法分析和可计算性理论。算法分析主要考虑使用某一确定的算法来求解某个问题时所需的资源量；可计算性理论用于研究所有可能的算法来解决相同问题，尝试在受限资源条件下问题的解或不解，即讨论一般问题在何种原则上可以用何种算法解决。

1.1.6 计算是无处不在无所不能的吗

在 20 世纪 70 年代以前，计算机还仅限于专业人士使用，计算也只是计算科学家们的事情。但是今天，计算问题已经广泛渗入各个学科，从生物计算到社会计算，从绿色计算到情感计算，计算已无处不在。如果说十年前，智能终端还是一个新名词，那么今天，它已经广泛地存在于人们的工作和生活中。正如著名未来学家尼葛洛庞帝在《数字化生存》一书中所说：“计算不再只是和计算机有关，它决定着我们的生存”。

1. 普适计算

在计算机发明的最初年代里，计算机是神秘的，人们研发了操作系统，利用一种全新的程序来使用计算机。到 20 世纪 70 年代末，随着微型计算机的出现，计算机出现在了人们的办公桌上，这种新潮的电器不仅能够计算，还可用于工作和娱乐，操作系统也更加简单和可用，计算机进入了桌面计算时代。

在最近的十几年中，计算技术在默默地改变着人们的生活，这种改变不是轰轰烈烈的，一切都在悄无声息的发生。传统的手工控制的设备和家用电器具有了自动控制功能，从电冰箱、洗衣机、电视机、微波炉，甚至到人们佩戴的首饰，计算似乎潜入到所有的一切中，计算进入了无形时代，人类进入了普适计算的时代。

1991 年，美国施乐（Xerox）公司 PARC 研究中心的 Mark Weiser 在 Scientific American 上发表文章《The Computer for the 21st Century》，首次提出了普适计算（Ubiquitous Computing）的概念。1999 年，IBM 也提出普适计算（Pervasive Computing）的概念，即无所不在，随时随地可以进行计算的一种方式。Weiser 与 IBM 的观点是一致的，特别强调计算资源普遍存在于环境当中，人们可以随时随地获得需要的信息和服务。

同样是在 1999 年，欧洲研究团体 ISTAG 提出了环境智能（Ambient Intelligence）的概念，与普适计算的概念类似，二者提法不同，但是含义相同，实验方向也是一致的。在美国通常称为普适计算，而欧洲的有些组织团体则称为环境智能。

今天，普适计算已经成为一个重要的研究领域，普适计算的核心思想是小型、低价、网络化的处理设备，其广泛分布在日常生活的各个场所，这些计算设备将不只依赖于命令行、图形界面进行人机交互，而更多的是依赖于“自然”的交互方式，计算设备的尺寸将缩小到毫米、甚至纳米级的级别。

普适计算概念强调和环境融为一体的计算，从而使计算机本身从人们的视线里消失。在普适计算的环境中，无线传感器网络作为普及的基础设备，将在环境设置与保护、交通传输等领域发挥作用；人体传感器网络将会大大促进健康监控以及人机交互等的发展。同时，各种新型交互技术（如触觉显示、OLED 等）将使交互更容易、更方便。

普适计算的目的是建立一个充满计算和通信能力的环境，同时使这个环境与人们逐渐地融合在一起，在这个融合空间中，人们可以随时随地、透明地获得数字化服务。在普适计算环境下，整个世界是一个网络的世界，数不清的为不同目的服务的计算和通信设备都连接在这个网络中，人们能够在任何时间、任何地点、以任何方式进行信息的获取与处理。

2. 网格计算

普适计算的发展，将计算置于无所不在的范围；追求高性能的计算，则将计算推向无所不能的程度。高性能计算需要实现更快的计算速度、更大负载能力和更高的可靠性。实现高性能计算的途径包括两方面，一方面是提高单一处理器的计算性能，另一方面是把这些处理器集成，由多个 CPU 构成一个计算机系统，这就需要研究多 CPU 协同分布式计算、并行计算、计算机体系结构等技术。图 1.4 所示为曙光 CAE 高性能计算平台。

网格计算（Grid Computing）就是通过利用大量异构计算机的未用资源（如 CPU 和磁盘存储），将其作为嵌入在分布式电信基础设施中的一个虚拟的计算机集群，为解决大规模的计算问题提供了一个模型。从本质上讲，网格计算是一种架设在互联网上的分布式计算，可以看作是由一群松散耦合的计算机组成的一个超级虚拟计算机，主要用来执行大型计算的任务。

网格是一个基础体系结构，网格是把地理位置上分散的资源集成起来的一种基础设施。通过这种基础设施，用户不需要了解基础设施上资源的具体细节就可以使用自己需要的资源。分布式资源和通信网络是网格的物理基础，网格上的资源包括计算机、集群、计算机池、仪器、设备、传感器、存储设施、数据、软件等实体。另外，这些实体工作时需要的相关软件和数据也属于网格资源。

网格作为一个集成的计算与资源环境，能够吸收各种计算资源，将它们转化成一种随处可得的、可靠的、标准的且相对经济的计算能力，其吸收的计算资源包括各种类型的计算机、网络通信能力、数据资料、仪器设备甚至有操作能力的人等各种相关资源。在科学计算领域、网格计算在分布式超级计算、高吞吐率计算、数据密集型计算等方面得到广泛的应用，这其中离不开高性能计算机这个重要资源。

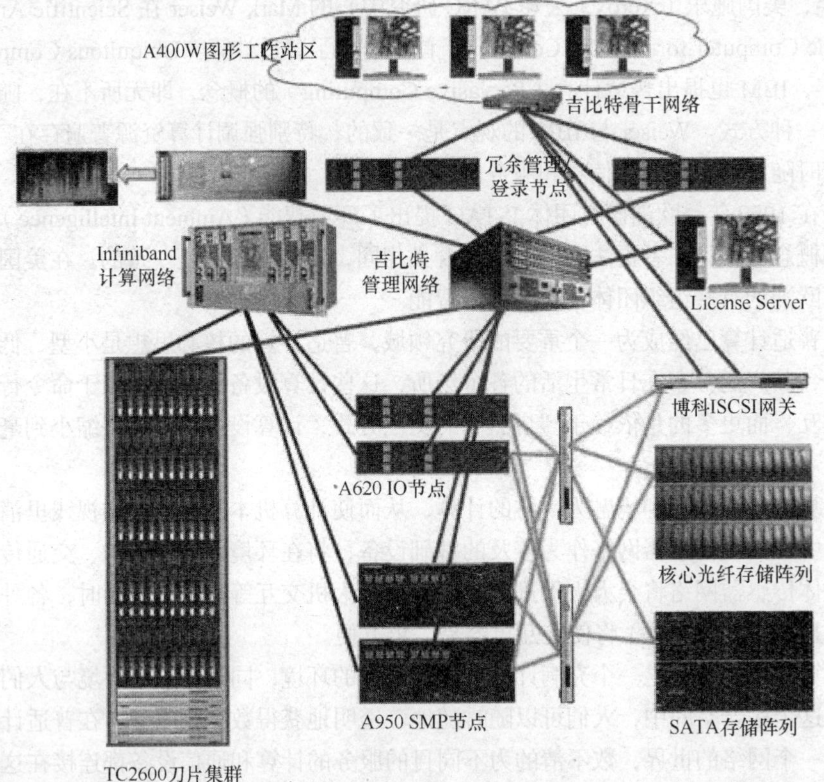

图 1.4　曙光 CAE 高性能计算平台

发展高速度、大容量、功能强大的超级计算机，对于进行科学研究、保卫国家安全、提高经济竞争力具有非常重要的意义。诸如气象预报、航天工程、石油勘测、人类遗传基因检测、机械仿真等现代科学技术，以及开发先进的武器、军事作战的谋划和执行、图像处理及密码破译等，都离不开高性能计算机。研制超级计算机的技术水平体现了一个国家的综合国力，因此超级计算机的研制是各国在高技术领域竞争的热点。

2010 年 11 月，超级计算机 500 强第一名为中国天河一号 A 系统，如图 1.5 所示。它有 14 336 颗 Intel Xeon X5670 2.93GHz 六核心处理器，2048 颗我国自主研发的飞腾 FT-1000 八核心处理器，7168 块 NVIDIA Tesla M2050 高性能计算卡，总计 18 6368 个核心，224TB 内存。实测运算速度可以达到每秒 2570 万亿次（这意味着，它计算一天相当于一台家用计算机计算 800 年）。

图 1.5　天河一号 A 系统

2011 年 6 月，超级计算机 500 强第一名为日本的 K Computer，运行速度为每秒 8.16 千万亿次浮点计算（Petaflops），它由 68 544 个 SPARC64 VIII fx 处理器组成，每个处理器均内置 8 个内核，总内核数量为 54 8352 个，投资超过 12.5 亿美元。

3. 软性计算

除了高性能的计算，计算的无所不能也体现在各行业的计算发展，如社会计算、情感计算等软科学计算。随着互联网技术的发展和应用的快速普及，计算已经不仅仅是一个技术问题，它正在全面地影响人们的思想、观念和行为，成为一种社会文化现象。随着计算机技术，特别是网络技术对社会影响的日益深入，形成了一种新型的交叉学科，即社会计算（Social Computing）。社会计算是现代计算技术与社会科学之间的交叉产物，其研究内容是面向社会活动、社会过程、社会结构、社会组织和社会功能的计算理论和方法。

社会是一个异常复杂的系统，采用简单的变量和时间参数是难以描述的。由于社会系统中的个体众多，他们之间的影响错综复杂，导致系统表现出复杂的行为，运行的结果空间庞大而难以预测。另外，许多突发事件的发生，政府和社会学家、计算机科学家都意识到，能否利用计算机强大的数据处理能力来对社会问题建模，开发新的信息系统处理方法，有效地分析海量的情报内容，使用计算机模拟手段来对社会问题进行预测和模拟，对于防范社会突发事件的发生、防范恐怖主义袭击威胁，更好的保障社会公共安全具有重要意义。

社会计算的最初研究领域是互联网，通过分析人们在网上的行为来对个人的行为建模，进行数据挖掘、知识发现等。随着普适计算的发展、传感器和可穿戴网络的逐渐普及，社会计算还从传统的 Web 信息计算中逐步延伸到物理世界中，通过感知物理社会中人们的移动及交互轨迹来挖掘个人、群体及社会性行为。今天，人们拥有了海量的信息，但是还缺乏海量信息处理和分析的能力，这正是社会计算发展的根本和动力所在。

情感计算是 MIT 媒体实验室 Picard 教授在 1997 年提出的，她指出情感计算来源于情感或能够对情感施加影响的计算。今天，情感计算（Affective Computing）已成为一个新兴研究领域。众所周知，人随时随地都会有喜怒哀乐等情感的起伏变化。那么在人与计算机交互过程中，计算机是否能够体会人的喜怒哀乐，并见机行事呢？情感计算研究就是试图创建一种能感知、识别和理解人的情感，并能针对人的情感做出智能、灵敏、友好反应的计算系统，即赋予计算机像人一样的观察、理解和生成各种情感特征的能力。

情感是一种内部的主观体验，但总是伴随着某种表情，表情包括面部表情（面部肌肉变化所组成的模式）、姿态表情（身体其他部分的表情动作）和语调表情（言语的声调、节奏和速度等方面的变化）。这 3 种表情也被称为体语，构成了人类的非言语交往方式。目前，情感计算研究面临的挑战很多，如情感信息的获取与建模问题，情感识别与理解问题，情感表达问题，以及自然和谐的人性化和智能化的人机交互的实现问题。

情感计算有广泛的应用前景。计算机通过对人类的情感进行获取、分类、识别和响应，进而可以帮助使用者获得高效而亲切的感觉，并有效减轻人们使用计算机的挫败感，甚至帮助人们理解自己和他人的情感世界。

1.1.7 未来世界的计算是怎样的

随着计算机网络技术的深入发展，依托于网络的各种形式的计算也得到了深入与普及的应用。科学家们给我们勾画出一个未来的远景：世界是一个计算的天地，人们的生活将从数字城市走向智慧城市，世界最终将迈向智慧地球的美好前景。

1998 年 1 月 31 日，在加利福尼亚科学中心开幕典礼上，美国前副总统戈尔发表“数字地球——新世纪人类星球之认识”的演说，首次提出了数字地球（Digital Earth）的概念，指出数字地球是一种能嵌入巨量的地理信息、对地球所做的多分辨率、三维的描述方式。

戈尔描述的“数字地球”是一个关于整个地球、全方位的 GIS 与虚拟现实技术、网络技术相结合的产物。其核心思想是用数字化的手段来处理整个地球的自然和社会活动等诸方面的问题，最大限度地利用资源，并使人们能够通过方便的方式获得所想了解的各种地球信息，其特点是嵌入海量地理数据，实现多分辨率、三维对地球的描述，即构建一个公共的“虚拟地球”，最大限度地为人类的生存、城市的可持续发展，以及人们的日常工作、学习、生活、娱乐等提供快捷方便的服务。

很显然，“数字地球”是人类的一项浩大的工程，任何一个政府组织、企业或学术机构，都是无法独立完成的，它需要成千上万的个人、公司、研究机构和政府组织的共同努力。数字地球要解决的技术问题很多，主要涉及：计算机科学、海量数据存储、卫星遥感技术、互操作性、元数据等学科与计算。

1. 数字城市

数字地球是当今世界经济和信息技术发展的客观进程，是在现代高科技条件下信息全球化、国际化的历史必然。在国际知识经济社会中，各国都将“数字地球”工程置于一个重要的战略高点。

数字城市源于数字地球的战略构想，产生于数字地球的科学背景和技术背景之下，是数字地球技术体系的集中体现，也是数字地球的重要组成部分。城市作为地球表面人口、经济、技术设施、信息最稠密的地区，数字城市理所当然成为数字地球网络系统最重要的组成部分，也是建设数字地球的关键和难点。

数字城市是充分利用遥感技术（Remote Sensing，RS）、地理信息系统（Geographical Information System，GIS）、全球定位系统（Global Position System，GPS）（简称 3S 技术）、计算机技术和多媒体、虚拟仿真等信息技术，对城市基础设施和与生产生活发展相关的各方面进行多主体、多层面、全方位的信息化处理和利用，是对城市的地理、资源、生态、环境、人口、经济、社会等诸方面进行数字化、网络化的管理、服务和决策功能集一体的信息系统。其核心思想是利用数字化手段，借助网络信息高速公路，最大限度地利用信息资源，整体性地解决城市所面临的经济、社会等诸多方面的问题。

数字城市是“数字地球”实施的关键节点。“数字城市”的体系结构虽然涉及多种不同的系统，但从广义上说仍属于计算机及网络所支持的系统群集。因而它具有计算机信息系统的基本特征，具有比较严密的逻辑结构。主要包含的关键技术有：宽带网络的建设、海量存储的处理、异构数据库和空间应用、数据共享与互操作技术、可视化与虚拟现实的实现等。数字城市的应用创建，又可细化分为数字社区、数字家庭、数字个人等，目前我国正在建设的数字城市就是由此演变来的。

2. 智慧城市

众所周知，城市在社会国民经济的发展中赋有重要的地位，在数字化城市的进程中总是面临着环境污染、交通拥堵、能源紧缺、住房、失业、疾病等方面的问题与挑战。如何解决城市发展所带来的诸多问题，实现城市的可持续发展成为城市规划和建设的重要命题。

IBM 在 2010 年正式提出了“智慧城市”的愿景。研究认为，城市由关系到其主要功能的不同类型的网络、基础设施和环境等 6 个核心系统组成：组织（人）、业务，政务、交通、通信、水和能源。城市是由这些相互协作、相互衔接的子系统而构成的宏观系统。智慧城市的远景是通过互联网技术，有机连接城市核心系统并作出智能化响应，从而更好地服务于人们学习、生活、工作、医疗等方面的需求，以及改善政府对交通管理、环境控制、医疗服务等城市问题的处理能力。

智慧城市是在信息技术、知识社会支撑下的、新一代创新环境下的城市形态。时下的智慧城市是指建立在物联网、云计算等信息技术上的，广泛应用社交网络、维基、Living Lab、Fab Lab 等工具，营造出的一种城市发展的新形态。利用信息和通信技术，城市生活将更加智能，资源利用将更加高效。

近年来，有两种驱动力推动了城市由数字城市向智慧城市的演化，一是以物联网、云计算为代表的新一代信息技术，二是知识社会环境下开放的城市创新生态，创新成为知识社会推动城市发展的重要驱动力。智慧城市的主要特征表现为，城市具有高效而智慧的政务管理、经济管理、交通管理及生活管理等处理能力。

在数字城市和智慧城市之间，它们的差异更多是理念上的。数字城市强调的是城市的数字化，通过城市地理空间信息与城市各个方面信息的数字化将传统城市再现在一个虚拟空间中，人们可以根据需要进行浏览和查询。而智慧城市则更注重数据的挖掘和服务，强调在数据上的城市管理、服务和创新，提高城市的整体管理水平。

3. 智慧地球

2008 年 11 月，IBM 总裁兼首席执行官彭明盛（Samuel J.Palmisano）首次提出了“智慧地球”这一发展概念（见图 1.6）。

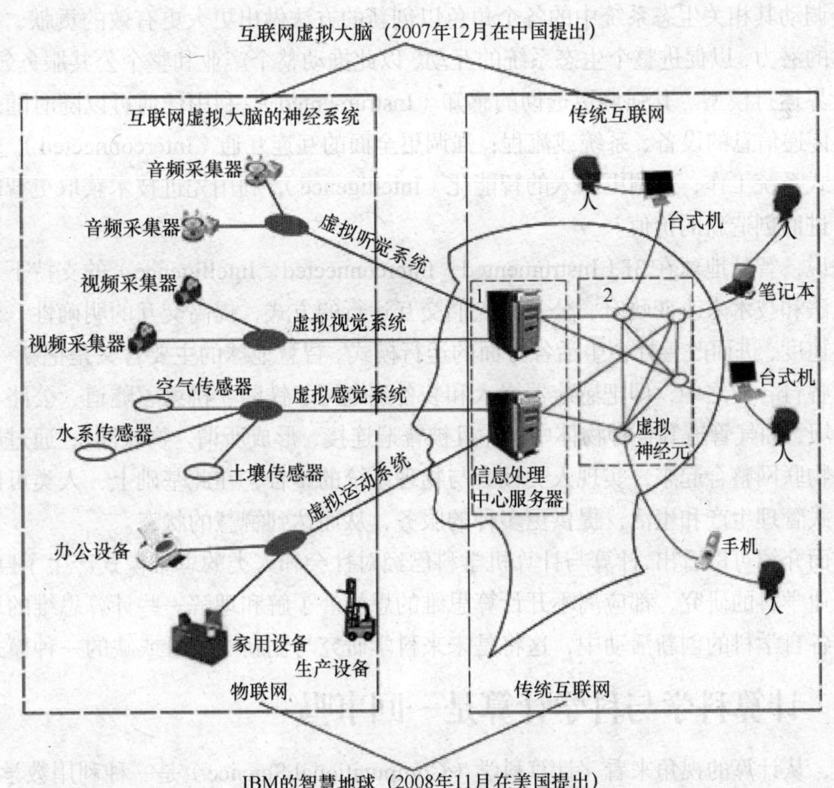

图 1.6 智慧地球的发展

“智慧地球”概念直接面对于当今世界面临的重大问题，如资本与信用的危机，经济的低迷和未来的不确定性，信息爆炸而激增的风险与机会，全球化和新兴经济等等。这些问题带来的机遇和挑战，应得到全人类共同的关注与协同的解决。“智慧地球”还指出，人类出现了几乎任何东西都可以实现数字化和互连的现实，利用互联技术实现网络化的智能服务是未来社会发展的全新思路。

智慧地球的发展从根本上依赖于未来的互联网技术。欧盟科学家认为，未来的互联网将具有更多的用户、更多的内容、更复杂的结构和更多的互动参与特性。互联网将会实现用户产生内容、无处不在的访问方式以及物理世界与数字世界更好的集成。从互联网的社会网络交互性来看，提出未来互联网将是由物联网、内容与知识网、服务互联网和社会网络等构成。

所谓物联网，就是“物物相联的互联网”，是指通过射频识别（RFID）、红外感应器、全球定位系统、激光扫描器等信息传感设备，按约定的协议，把任何物品与互联网连接起来，进行信息交换和通信，以实现智能化识别、定位、跟踪、监控和管理的一种网络，是一种实现“人物互连、物物互连、人人互连”的高效能、智能化网络。内容与知识网络是由各种模型、知识和数据构成的互连网络，这些模型、数据和知识可能由用户产生，也可能由物联网产生并经智能化处理，模型、数据和知识是实现智能的重要基础；而服务互联网是指将全球各地不同提供者的服务互连起来为所有用户使用，是一种 EaaS（Everything as a Server，万物皆服务）的网络，各种资源均是通过服务方式由提供者提供给用户所使用的；社会网络是指由参与互联网的用户、提供者及其相关关系等形成的网络，包括虚拟世界用户网络和现实世界用户网络以及相互之间的作用网络。

IBM 提出的智慧地球思想，从一个总体产业或社会生态系统出发，针对某产业或社会领域的长远目标，调动其相关生态系统中的各个角色以创新的方法做出更大更有效的贡献，充分发挥先进信息技术的潜力，以促进整个生态系统的互动，以此推动整个产业和整个公共服务领域的变革，形成新的世界运行模型。其强调更透彻的感知（Instrumented），利用任何可以随时随地感知、测量、捕获和传递信息的设备、系统或流程；强调更全面的互连互通（Interconnected），先进的系统可按新的方式系统工作；强调更深入的智能化（Intelligence），利用先进技术获取更智能的洞察并付诸实践，进而创造新的价值。

也就是说，智慧地球在 3I（Instrumented、Interconnected、Intelligence）的支持下，将以一种更智慧的方法和技术来改变政府、公司和人们交互运行的方式，提高交互的明确性、效率性、灵活性及响应速度，进而改善社会生活各方面的运行模式。智慧地球的主要含义是把新一代 IT 技术充分应用到各行各业之中，即把感应器嵌入和装备到电网、铁路、桥梁、隧道、公路、建筑、供水系统、大坝、油气管道等各种物体中，并且被普遍连接，形成所谓“物联网”；通过超级计算机和云计算将物联网整合起来，实现人类社会与物理系统的整合；在此基础上，人类可以以更精细和动态的方式管理生产和生活，提供更多种的服务，从而达到智慧的状态。

通过前面介绍可以看出,计算与计算机学科已经对社会和人类的思维模式产生了巨大的影响，无论哪一专业学科的研究，都应离不开计算思维的思想。了解和理解一些计算思维的思想，并能积极运用于各自学科的创新活动中，这将是未来科学研究与创新中不可或缺的一种模式。

1.1.8 计算科学与科学计算是一回事吗

一般地，从计算的视角来看，计算科学（Computational Science）是一种利用数学模型构建、定量方法分析，以及利用计算机来分析和解决科学问题的研究领域。在实际应用中，计算科学主要应用于：对各个专业学科中的问题进行数学模拟和其他形式的计算，从这个角度来说，也称其为科学计算。

1. 计算科学与国家核心竞争力

西方发达国家一直将计算科学视为关系国家命脉的国家战略给予高度重视。美国通过实施 1993 年的高性能计算与通信（High Performance Computing & Communication，HPCC）计划、1996 年的加速战略计算创新（Accelerated Strategic Computing Initiative，ASCI）计划、2002 年的高产能计算系统（High Productivity Computing Systems，HPCS）计划，在许多领域内获得了一系列重大科技成就，促进了高科技与国民经济的持续发展和国防高科技武器的出现，并获得基础科学研究的强大创新能力。同时，直接推动了高效计算机快速发展，为当今高科技的世界领先地位奠定了重要基础。

2005 年 6 月，在由美国总统信息技术咨询委员会（The President's Information Technology Advisory Committee，PITAC）提交的“计算科学：确保美国竞争力”（Computational Science：Ensuring America's Competitiveness）报告中，再次将计算科学提升到国家核心科技竞争力的高度。报告认为，21 世纪科学上最重要的、经济上最有前途的前沿研究都有可能利用先进的计算技术和计算科学而得以解决。报告强调，美国目前还没有认识到计算科学在社会科学、生物医学、工程研究、国家安全以及工业改革中的中心位置，这种认识不足将危及美国的科学领先地位、经济竞争力以及国家安全。报告建议，应将计算科学长期置于国家科学与技术领城中心的领导地位。

伴随着计算机科学的飞速发展，计算科学也呈现出新的特点。从计算机的视角来看，计算科学是应用高性能计算能力预测和了解客观世界物质运动或复杂现象演化规律的科学，它包括数值模拟、工程仿真、高效计算机系统和应用软件等。目前，计算科学已经成为科学技术发展和重大工程设计中具有战略意义的研究手段，它与传统的理论研究和实验研究一起，成为促进重大科学发现和科技发展的战略支撑技术，是提高国家自主创新能力和核心竞争力的关键技术因素之一。

2. 计算科学与计算学科

计算科学的发展与研究是计算学科的主要任务。一般来说，学科是指高等学校中讲授或研究知识的分科，它是高校教学和科研的细胞组织。从计算的角度来说，利用计算科学对其他学科中的问题进行计算机模拟或者其他形式的计算而形成的诸如计算物理、计算化学、计算生物等学科统称为计算学科（Computational Discipline）。

计算学科是在数学和电子科学基础上发展起来的一门新兴学科，它既是一门理论性很强的学科，又是一门实践性很强的学科。几十年来计算学科自身发展的实践表明，一方面，围绕着一些重大的背景问题，在各个分支学科和研究方向上均取得了一系列重要的理论和技术成果，推动了计算科学向深度和广度发展；另一方面，由于发展形成了一大批成熟的技术并成功地应用于各行各业，更多的人将计算科学看成是一种高新技术。

从计算机发展的角度来说，计算学科来源于对数理逻辑、计算模型、算法理论和自动计算机器的研究，形成于 20 世纪 30 年代后期。计算学科主要是对描述和变换信息的算法过程进行系统的研究，它包括算法过程的理论、分析、设计、效率分析、实现和应用等。计算学科研究的基本问题是：什么能被有效地自动进行？

1988 年，美国计算机协会（ACM）和国际电气电子工程师学会计算机分会（IEEE-CS）联合完成了一份重要报告：“计算作为一门学科”。该报告把计算机科学和计算机工程统一称为计算学科，认为两者没有基础性的差别，并且第一次给出了计算学科的定义，将计算学科分为计算机科学、软件工程、计算机工程、信息技术和信息系统 5 个分支学科，提出了计算学科的详细内容、研究方法和一系列教学计划等，并说明了每一分支学科的重点研究方向。

3. 计算机科学是计算科学的基础

计算机科学（Computer Science，CS）研究的范围很广，从计算理论、算法基础到机器人开发、计算机视觉、智能系统以及生物信息学等，其主要工作包括寻找求解问题的有效方法、构建应用计算机的新方法以及设计与实现软件。计算机科学是计算各个分支学科的基础，计算机科学专业培养的学生，更关注计算理论和算法基础，并能从事软件开发及其相关的理论研究。

ACM 和 IEEE-CS 联合工作组在关于计算机科学的 CS2008 报告中，给出了计算机科学知识体的概念，为其他分支学科知识体的建立提供了范式。计算机科学知识体由 3 个层次组成，它们分别是知识领域（Area）、知识单元（Unit）和知识点（Topic）。计算机科学知识体共有 14 个知识领域，如表 1.1 所示。

表 1.1　计算机科学知识体的 14 个知识领域

离散结构（Discrete Structures，DS）	图形学与可视化计算（Graphics and Visual Computing，GR）
算法与复杂性（Algorithms and Complexity，AL）	人机交互（Human-Computer Interaction，HC）
程序设计基础（Programming Fundamentals，PF）	智能系统（Intelligent Systems，IS）
程序设计语言（Programming Languages，PL）	信息管理（Information Management，IM）
操作系统（Operating Systems，OS）	软件工程（Software Engineering，SE）
体系结构与组织（Architecture and Organization，AR）	科学计算（Computational Science，CN）
以网络为中心的计算（Net-Centric Computing，NC）	社会与职业问题（Social and Professional Issues，SP）

计算机科学是研究计算机及其周围各种现象和规律的科学，分为理论计算机科学和应用计算机科学两个部分。理论计算机科学包括计算理论、信息与编码理论、算法与数据结构、程序设计语言理论、形式化方法、并行和分布式计算系统、数据库及信息检索等。应用计算机科学包括人工智能、计算机系统结构与工程、计算机图形学、计算机视觉、计算机安全和密码学、信息科学以及软件工程等。计算机科学根植于数学、电子工程和语言学，它是科学、工程和艺术的结晶。

计算机科学的研究基于图灵机和冯·诺依曼机，它们是绝大多数实际机器的计算模型。作为该计算模型的开山鼻祖，邱奇-图灵论题表明，尽管在计算的时空效率上可能有所差异，现有的各种计算系统在计算能力上是等同的。这一理论通常被认为是计算机科学的基础，可是科学家也研究其他类型的机器，如在实际层面上的并行计算机和在理论层面上概率计算机、Oracle 计算机和量子计算机。从这个意义上来讲，计算机只是一种计算的工具。荷兰著名的计算机科学家埃德斯加·狄克斯特拉（E.W.Dijkstra，1930—2002）有一句名言："我们所使用的计算工具影响着我们的思维方式和思维习惯，从而也将深刻地影响着我们的思维能力。"

计算机学科在中国的发展可以追溯到 20 世纪 50 年代创建的"计算装置与仪器"专业和"计算数学"专业，发展到 20 世纪 70 年代末期出现"计算机及应用"专业和"计算机软件"专业，直到 1994 年设置了"计算机科学与技术"专业。

1995 年，互联网在世界范围内的蓬勃兴起使得"计算"概念发生了深刻的变化，社会对计算机人才的需求骤增，这种变化不可避免地反映到教育中。一方面，若干相关课程被引入计算机专业的教学计划中；另一方面，一些学校开设了软件工程、网络工程、信息安全、电子商务和数字媒体等新专业。同时其他相关专业也在蓬勃发展，比如与信息技术相关专业有电子信息工程、光信息科学与技术、生物信息学、通信工程、微电子学、信息与计算科学、自动化等专业，这些专业加起来，在校学生人数可达几十万之众。

计算机人才的专业基本能力包括计算思维能力、算法设计与分析能力、程序设计与实现能力、系统分析与开发应用能力。但是学科的不同形态确定了不同类型的人才所需要强调的能力是不同的。例如，研究型人才强调理论形态的内容，需要强化计算思维能力、算法设计与分析能力的培养；工程应用型人才强调设计形态的内容，要求强化程序设计与实现能力、系统分析与开发应用能力的培养。

我国高校计算机科学专业设置的一般情况是：计算机科学与技术一级学科包括计算机系统结构、计算机软件与理论、计算机应用技术 3 个二级学科。计算机系统结构是研究硬件与软件的功能匹配，研究计算机系统的物理和硬件结构、各组成部分的属性以及这些部分的相互联系。计算机软件与理论主要研究软件开发、维护以及使用过程中所涉及的理论、方法和技术，探讨计算机科学与技术学科发展的理论基础。计算机应用技术着重研究将计算机应用于各个领域时所涉及的原理、方法与技术。计算机科学与技术学科同其他学科之间，以及自身的 3 个二级学科之间将日益互相渗透、互为影响，大力发展跨学科、跨专业的研究必将促进本学科及其相关学科更大、更快的发展。

1.1.9　计算思维是科学思维吗

思维是思维主体独立信息及其意识的活动，思维最初是指人脑借助于语言对客观事物的概括和间接的反应过程。思维以感知为基础又超越感知的界限，它探索与发现事物的内部本质联系和规律性，是认识过程的高级阶段。

1. 思维是一种广义的计算

思维作为一种心理现象，是认识世界的一种高级反映形式。具体地说，思维是人脑对客观事物的一种概括的、间接的反映，它反映客观事物的本质和规律。思维是在人的实践活动中，特别是在表象的基础上，借助于语言，以知识为中介来实现。思维由思维原料、思维主体和思维工具等组成。自然界提供思维的原料，人脑作为思维的主体，认识的反映形式形成了思维的工具，三者具备才有思维活动。

思维具有概括性、间接性和能动性等特征。思维是在人的感性基础上，将一类事物的共同、本质的特征和规律抽取出来，加以概括，这就是思维的概括性。感觉和知觉只能反映事物的个别属性，而思维则能反映一类事物的本质和事物之间的规律性联系。例如，通过感觉和知觉，只能感知太阳每天从东方升起，又从西方落下。通过思维，则能揭示这种现象是由于地球自转的结果。

思维的间接性是指非直接的、以其他事物做媒介来反映客观事物。思维是凭借知识和经验对客观事物进行的间接反映。例如，医生根据医学知识和临床经验，通过病史询问以及一定程度的体检和辅助检查，就能判断病人内脏器官的病变情况，并确定其病因、病情和做出治疗方案。

思维的能动性是一个重要的特征，它不仅能认识和反映客观世界，而且还能对客观世界进行改造。例如，人的肉眼看不到 DNA 分子，但人的思维却揭示了 DNA 分子的双螺旋结构，从而揭示了大自然潜藏的遗传密码。再如，人类不仅认识到物体离开地球所需的宇宙速度，还制造出了地球卫星和宇宙飞船飞向太空。

思维有多种类型，按照思维的进程方向，思维可分为横向思维、纵向思维与发散思维、收敛思维等；按照思维的抽象程度，思维可分为直观行动思维、具体形象思维和抽象逻辑思维；按照思维的形成和应用领域，思维可分为科学思维与日常思维。综观思维的种类、思维的活动特性，可以得出这样的结论：思维也是一种广义的计算。

2. 科学思维的深层含义

所谓科学思维是指形成并运用于科学认识活动的、人脑借助信息符号对感性认识材料进行加工处理的方式与途径。一般来说，科学思维比日常思维更具有严谨性与科学性。

科学思维（Scientific Thinking）通常是指理性认识及其过程，即经过感性阶段获得的大量材料，通过整理和改造，形成概念、判断和推理，以便反映事物的本质和规律。科学思维是认识自然界、社会和人类意识的本质和客观规律性的思维活动，其思维内涵主要表现在：高度的客观性，围绕求得科学答案而展开的思维以及采取理论思维的形式。

科学思维是指人脑对自然界中事物的本质属性、内在规律及自然界中事物之间的联系和相互关系所做的有意思的、概况的、间接的和能动的反映，该反映以科学知识和经验为中介，体现为对多变量因果系统的消息加工过程，也就是说，科学思维是人脑对科学信息的加工活动。

现代科学思维就是指主体思维的科学化，也就是与现代科学发展相适应的最佳的思维结构，与现实系统发展相一致的合理的逻辑过程，能够迅速、准确地反映客体的优化的思维方式，这三者的有机统一，就构成现代科学思维。在科学认识活动中，现代科学思维强调必须遵守 3 个基本原则：在逻辑上要求严密的逻辑性，达到归纳和演绎的统一；在方法上要求辩证地分析和综合两种思维方法；在体系上实现逻辑与历史的一致，达到理论与实践的具体的历史的统一。

一般来说，科学思维立足于理性思维，运用逻辑思维方式，以系统的观点来考察研究，以创造性思维的方式实现科学研究的过程。科学思维不仅是一切科学研究和技术发展的起点，而且始终贯穿于科学研究和技术发展的全过程，是创新的灵魂。

科学思维是关于人们在科学探索活动中形成的、符合科学探索活动规律与需要的思维方法及其合理性原则的理论体系。科学思维的方式还包括归纳分类、正反比较、联想推测、由此及彼、删繁就简和启发借用等，而科学思维能力应包括审视能力、判误能力、浮想能力、综合能力和归纳能力等。

3. 计算思维是科学思维

思维科学是研究思维活动规律与形式的科学。从探讨思维活动规律的角度出发，科学思维可分为发散求解思维、逻辑解析思维、哲理思辨思维、理论建构与评价思维等。

发散求解思维是指人们在科学探索中不受思维工具或思维定式的制约，从多方面自由地思考问题答案，其中包括求异思维、形象思维和直觉思维等。逻辑解析思维是指人们在科学探索中自觉运用逻辑推理工具去解析问题并由此推得问题解的思维方法，其中包括类比思维、隐喻思维、归纳思维、演绎思维和数理思维等。哲理思辨思维是指人们在科学探索中运用不同程度的思辨性哲学思维去寻求问题答案，其中包括协调思维、系统思维和辩证思维等。理论建构与评价思维是指人们在科学探索中总结解题成果进而形成和完善理论系统的思维，其中包括理论形成思维、理论检验思维和理论评价思维等。

科学思维是思维规律与思维方法的统一，从人类认识世界和改造世界的思维方式出发，科学思维又可分为理论思维、实验思维和计算思维 3 种。

理论思维（Theoretical Thinking）也称逻辑思维，是指通过抽象概括，建立描述事物本质的概念，应用科学的方法探寻概念之间联系的一种思维方法。它以推理和演绎为特征，以数学学科为代表。理论源于数学，理论思维支撑着所有的学科领域。正如数学一样，定义是理论思维的灵魂，定理和证明是它的精髓，公理化方法是最重要的理论思维方法。

实验思维（Experimental Thinking）也称实证思维，是通过观察和实验获取自然规律法则的一种思维方法。它以观察和归纳自然规律为特征，以物理学科为代表。实验思维的先驱是意大利科学家伽利略，他被人们誉为“近代科学之父”。与理论思维不同，实验思维往往需要借助某种特定的设备，使用它们来获取数据以便进行分析。

计算思维（Computational Thinking）也称构造思维，是指从具体的算法设计规范入手，通过算法过程的构造与实施来解决给定问题的一种思维方法，它以设计和构造为特征，以计算机学科为代表。计算思维就是思维过程或功能的计算模拟方法论，其研究的目的是提供适当的方法，使人们能借助现代和将来的计算机，逐步实现人工智能的较高目标。诸如模式识别、决赛、优化和自控等算法都属于计算思维范畴。

一般来说，理论思维对应于理论科学，实验思维对应于实验科学，而计算思维则主要体现在计算科学。计算思维作为人类科学思维的基本方式之一，应属于思维科学的一个专门领域，在现代思维方法学和应用领域中，显示出其越来越重要的地位。

1.1.10　如何培养计算思维能力

计算思维是基于广义“计算”的科学思维，计算思维能力的形成与培养一般离不开“计算”与“计算机”的理解与应用。随着信息化进程的全面推进，“计算机”正变得无处不在、无所不能。如今的计算机系统已经具有非常强大的计算能力，成为更方便的计算工具，“计算”早已超越了早期单纯的科学计算，走过了狭义的数据处理时代，发展到今天无所不在、无所不能的广义“计算”时代。

可以预见，在未来的各种社会、科研活动中，人们必须提升其基本观念和思维方式，必须在更多的时候想到并更有效地利用计算思维方法，才会发挥其更大的作用。这种使用和意识既可以是直接的，即直接使用计算思维的问题求解方法和手段；也可以是间接的，即在各种活动中自觉地采用计算思维的问题求解思想与意识。一般来说，认识与理解计算思维会从下面 3 个层次考虑。

1．理解计算思维的 3 个层面

（1）朴素的计算思维

朴素的计算思维可以说是“计算机科学之计算思维”，以面向计算机科学学科人群的研究、开发活动为主，包括了计算思维最基础和最本质的内容。

计算思维起源于计算机科学家们在研究和利用计算机进行问题求解过程中常用的思考问题的方法，在过去半个多世纪以来，从计算机和信息技术辉煌的发展过程中能够看到，涌现出了许多行之有效的分析与解决问题的典型手段与途径，这些都是计算思维的成就体现。

从最初计算机的构建开始，基于对应于高电平和低电平的 0、1 所构成的呈离散变化的基本状态，计算机表达和进行问题求解需找到一种特有的方式，这使得计算机科学家需要一种相应的思维方式。为了适应问题的计算机求解，需要建立一种不同的思维方式，这种不同表现为以下 4 个方面：

① 问题需求要用符号表示，求解过程要通过符号（及其值）的变换来实现（Symbolizing）；

② 问题的求解过程是“一步步地”（Step by Step）进行的；

③ 从简单问题求解到复杂问题求解的系统设计与实现，都需要有包括执行逻辑在内的计划和设计（Planning and Designing）；

④ 一般情况下，系统在设计阶段，就需要在设计者的头脑中先“运行”起来（Running in the Mind）。

可以看出，基本问题的计算机求解是建立在高度抽象的基础上。也就是说，数学和电子学是计算机科学非常重要的基础。构建一个恰当的物理符号系统，并对此系统实施变换是计算机科学家进行问题求解的基本手段。计算机问题求解的“可行性”限定了从问题抽象开始到设计和实现的科学实践过程；在可行步骤中，“形式化”后的符号表示及其处理过程的“机械化”和“离散特性”，又确定了计算机进行问题求解的重要特征。数学的形式化描述以及严密的表达和计算，特别是离散数学理论的应用，为计算思维的提供了重要基础和工具。

计算机科学以形式化为描述手段，以抽象思维和逻辑思维为主要思维方式；从表现形式上看，以符号为问题的表现形式，以符号变换作为问题求解途径。这些都体现了计算机“程序”的非物理特征，也揭示了计算思维的根本特征是抽象。

通过抽象可以获得问题及其求解的形式化描述，这是计算思维的基本要求。

① 抽象（Abstraction）是对事物的性质、状态及其变化过程（规律）实行符号化描述。

② 追求符号化为特征的形式化，形成对象及其变换的抽象表示，而系统状态及其有效运行，要求这种形式化具有有穷描述，并要求具有“可计算”的复杂度。

③ 作为抽象的较高境界，使用模型化方法，建立抽象水平较高的适当模型，然后依据抽象模型实现计算机表示和处理。

④ 通过抽象，实现对一类事务问题的系统描述，以保证计算对该类事务问题的有效性，即需要将思维从实例计算推进到类计算。所以，计算机科学的根本问题是什么能被有效地自动计算（Automation）。这些都基于计算机问题表示的数字化和问题求解过程的机械化。

计算机求解问题的基本形式和活动包括：算法、程序、执行、基本机器构建、系统构建、模型计算、类计算、形式化证明、处理过程中各类工具与各层系统的利用，体现为表示的形式化，执行的离散化和程序化。其基本系统涉及过程和算法的描述与实现，要求在构造性上满足有穷描述、确定性和可行性。对于复杂系统，则需要逐层虚拟得到各层（抽象）系统。

我国《高等学校计算机科学与技术专业人才专业能力构成与培养》中给出了计算思维能力的9 个能力点：问题的符号表示、问题求解过程的符号表示、逻辑思维、抽象思维、形式化证明、建立模型、实现类计算、实现模型计算和利用计算机技术。其中前 8 个能力点都属于朴素计算思维。朴素计算思维能力是最基本的，也是培养过程中难度最大的一种计算能力。

（2）狭义的计算思维

狭义的计算思维是指“计算学科之计算思维”，以面向计算机专业人群的生产、生活等活动为主。狭义计算思维基于“计算机”以及以计算机为核心的系统的研究、设计与开发，利用活动中所需要的一种适应计算机自动计算的“思维方式”，使人机的功能在互补中得到大力提升。从这个意义上讲，与计算机相关的很多概念都可以被“计算思维”所涵盖。主要涉及的方面有：

- 最基本的问题描述方法：符号化、模型化；
- 最主要的思维方法——抽象思维、逻辑思维；
- 最基础的实现形式——程序、算法、数据结构、系统实现、操作工具；
- 最典型的问题求解过程——问题、形式化描述、计算机化；
- 最基本的问题求解方法——方法论意义上的核心概念、典型方法。

其中“最基本的问题求解方法”的意思是：按照适应计算机求解问题的基本描述和思维方式来考虑问题（构建计算系统、开发相适应的技术）的描述与求解。狭义的计算思维强调的是“如何使计算机和以计算机为核心的系统具有更强的工作能力，并开发更方便的使用技术”，即在研究、设计、开发、利用 4 类活动中，以研究、设计为主，开发主要指计算机专业本身所涉及的基本计算机系统、基本应用系统的开发，而利用则仅指专业活动中的利用。

狭义的计算思维除了包括朴素计算思维的内容外，还包括以下主要内容。

① 计算学科方法论意义上的核心概念：抽象层次、概念和形式模型、一致性和完备性、大问题复杂性、效率、折中与决策、绑定、演化、重用、安全性、按空间排序、按时间排序。

② 相关的典型数学方法：强调用数学语言表达事务的状态、关系和过程，经推导形成解释和判断，呈现高度抽象、高精确、具有普遍意义的基本特征。具体方法包括公理化方法、递归、归纳和迭代等构造性方法、模型化等。

③ 相关的典型系统科学方法：其核心是将对象看成一个整体，思维对应于适当抽象级别，力争系统的整体优化。一般原则是整体性、动态、最优化、模型化。具体方法包括结构化方法、OO方法、黑箱方法、功能模拟方法、信息分析方法、自底向上、自顶向下、分治法、模块化、逐步求精等。

狭义计算思维植根于计算学科相应的知识体系，以这些知识为载体，实际应用中会表现为一些更具体的方法，如约简、转化、仿真，递归、归纳、迭代，调度、并行、串行，抽象、建模、分解、归并，规划、分层、虚拟、嵌入，保护、冗余、容错、纠错、系统恢复，启发、学习、进化，可视化、示例等。

（3）广义的计算思维

随着科学学科的交叉与发展，计算机与其他学科形成的新型学科不断涌现。例如，社会计算、计算物理、计算化学、计算生物学等，“计算思维”也随之走出了计算学科。广义的计算思维是指“走出计算学科之计算思维”，是指能适应更大范围的广大人群的研究、生产与生活活动，追求在人脑和电脑的有效结合中取长补短，以获得更强大的问题求解能力。

广义的计算思维强调，能有效地利用计算技术进行问题求解，包括在科学研究与系统实现中能有效地利用计算思维的思想、方法进行问题求解。这里强调的是计算机不仅能作为工具，而且还可以有效地利用与其相适应的意识、思想、方法、技术、环境和资源等。在研究、设计、开发、利用 4 类活动中，以利用为主，然后依次为开发、设计、研究。特别是对不同专业的人来说，这 4 类活动涉及的具体对象是不同的，它们与专业紧密相关，关键是意识、思想、方法、技术、工具、环境、资源等。

广义的计算思维包括狭义的计算思维，狭义的计算思维包括朴素的计算思维，表 1.2 所示为它们之间的包含关系。必须强调，从“朴素”到“广义”，对不同类型的人群，在原有的内容被逐渐淡化的过程中，新内容被添加进来。所以，对计算机类专业以外的人群如何进行计算思维能力的培养，是一个有待深入研究的问题。

表 1.2　　计算思维的包含关系

<table>
<tr><td rowspan="3">广义计算思维</td><td rowspan="2">狭义计算思维</td><td>朴素计算思维</td><td>形式化、模型化、程序化；抽象思维，逻辑思维</td><td>适应计算机科学家</td><td rowspan="2">适应计算机科技工作者</td><td rowspan="3">适应包括科技工作者在内的广大人群</td><td rowspan="3">在各类问题的求解中，有意识地使用计算机科学家们采用的思想、方法、技术和工具，甚至环境，不仅包括思考，还包括更一般的活动</td></tr>
<tr><td colspan="3">方法论（核心概念、典型方法），算法思维、系统、分层虚拟</td></tr>
<tr><td colspan="5">意识、思想、方法、技术、工具、环境、资源等不限于思考问题时的全方位、全周期的利用</td></tr>
</table>

2. 培养计算思维能力

计算思维是一种思维方法，计算思维能力是指人们运用计算思维方法进行思考的能力，它们是两个不同的概念，常常被人混淆。计算思维能力是面对一个新问题，运用所有资源将其解决的能力。计算思维能力的核心是问题求解的能力，即发现问题、寻求解决问题的思路、分析比较不同的方案、验证方案并解决问题。

一般地，我们不是培养计算思维（方法），而是通过引导人们学习、掌握这种思维方法，有效地将其应用于问题的求解，以达到培养人们的计算思维能力的目的。应该认识到：计算思维能力的培养，不是一朝一夕、一年两年就可以完成的事情，它需要一个长期的过程，而且在这个过程中需要不断研究、不断实践、不断积累、不断提高。

经验告诉人们，任何能力的提升，只依靠“教”是不能实现的，“实践”是最终实现的必经之路。对于计算机专业的学生来说，依托各种专业技术课程，强调思想和方法的实践研习，是快速提高计算思维能力的最佳途径。

对于广大非专业人群（站在使用的角度，不需要考虑计算机内部结构等）来说，应该认识到：符号、程序、算法是计算机技术的基础，是理解和实现计算机问题求解的基础；而系统不同层次的抽象与虚拟，新技术的不断更新，这些属于相对层次高得能力。作为计算思维能力的培养，掌握、理解和了解一些计算学科中最基本的方法是必不可少的；全面而深入地理解与掌握更多的计算学科中的知识，一定会对你所从事的专业有更大的帮助。

当然，无论是哪一部分人，计算思维能力的培养，都需要从建立相应的意识开始。

① 建立“计算”的基本意识。要相信，计算（机）技术可以增强人们的“能力”；使用机械化的方法进行问题求解（抽象描述与思维，离散、机械可执行）有其独特的优势。

② 了解“计算”的基本功能。软件系统、硬件系统、应用系统（含嵌入式系统、网络、物联网等各类计算系统），为人们的生产、生活提供了不同的手段，要了解它们的功能性质，知道它们擅长干什么，不擅长干什么，优势是什么，劣势是什么。

③ 掌握“计算”的基本方法。在计算学科的发展中，有很多有效的问题求解方法，如递归、归纳、折中、重用、嵌入、并行、模块化、自顶向下、自底向上、逐步求精以及问题标志与处理模式等，它们不仅在计算学科中有效，而且在其他学科的问题求解中同样可以被有效地应用。

④ 会用“计算”的基本工具。使用有效的工具能够获得事半功倍的效果。计算学科中，不仅可以使用软硬件工具与系统以及各类语言（汇编、高级语言、命令），而且通过抽象表示，选用和设计有效算法及其思想，通过不同载体上程序的实现，甚至系统集成，也许可以更好地解决问题。

⑤ 具备“计算”的基本能力。结合专业，从意识、思想、方法、技术、工具、环境、资源等多渠道、多途径高效地解决问题。

1.2 自我测试

1. 纵观计算的起源与发展，如何理解今天“计算”所包含的丰富含义？
2. 从数字城市到智慧地球，展望未来世界的计算发展是怎样的？
3. 计算思维与科学思维的关系密不可分，如何理解计算思维的深刻本质？
4. 作为未来的科学工作者，培养计算思维能力应从哪些方面做起？

第2章 硬件组装、性能测试和维护

由于计算机的硬件更新换代很快，因此在计算机日常使用中如何选购、装机、设置、测试和维护等成为确保计算机安全使用的重要问题。本章针对应用技能中涉及的硬件方面的知识进行介绍，有助于读者提高硬件的选购、组装、维护和测试方面的实际应用能力。

2.1 扩展知识

2.1.1 如何配置微机的硬件系统

计算机按照现在的产业技术水平，大概每两到三年，就会有一次大的改进。这样在挑选计算机及其周边设备时，如何进行选择就是大多数消费者面临的首要问题。

首先，需要考虑使用计算机的目的是什么。比如，配置的计算机将用于玩大型的游戏、一般性事务处理（文字排版、账务管理）、网络访问、运行大型的图形软件或者其他用途。不同的使用目的对于硬件的要求是各不相同的。例如，希望做专业图像处理时，对于计算机运行速度、图像显示的要求都会高；如果是只做一般性文字处理或者上网浏览，那么对于计算机运行速度的要求也就不高了。

其次，需要关心的就是购机预算了。定好承受的价格范围和满足这些价格的产品配置后，可以根据具体需求，做出相应的调整，如 CPU 的速度可以更快些、内存容量更大些、硬盘选择固态硬盘等。

再次，就是选择计算机操作平台。当前大多数人使用的是 Windows 操作系统，但随着各项工作的需求的不同，也有人希望安装 Linux 操作系统。一般而言，现在配置的计算机对于这些操作系统的安装需求都能满足。

最后，选择计算机形式。笔记本电脑或台式机的选择原则是考虑工作空间是否需要随身携带。工作场地空间有限且经常变化，主要考虑选择笔记本电脑。选择台式机可以根据以后使用的需求，进行设备的扩展，如换大的显示器、添加其他智能设备等。在同样配置情况下，笔记本电脑的价格会略高于台式机。

通过以上因素的考虑后，接下来就可以列出计算机各个组成部件的配置了。下面通过一则台式机的配置广告来谈谈如何挑选计算机的各个组成部件（见图 2.1）。

第一行描述了计算机中央处理器（CPU）的配置。广告中 Intel i7 4790K 指出 CPU 类型是 Intel/英特尔酷睿 i7 的 64 位四核处理器，它是可调节处理器倍频进行超频的处理器，其中 CPU 主频为 4.0GHz，可睿频至 4.4GHz，三级缓存容量为 8MB；Intel i7 4790K 处理器选择采用更先进的 22nm 生产工艺，性能更好，功耗更低。一般在同样的 CPU 微架构下，主频越高，性能越快。中央处理器的速度有多快，计算机的功能就有多强大。所以说中央处理器的选择对整机的配置至关重要，在选购 CPU 时，根据前面提到对计算机使用目的的因素考虑，从主频、核心数目、性价比等指标适当做出调整。

i7/GTX970水冷主机配置单

SINGLE CONFIGURATION

处理器	intel® i7 4790K(4.0GHz/可睿频至4.4GHz/8M三级缓存)
散热器	酷冷至尊海神120V(一体式水冷/国际大牌 玩家优选)
主板	华硕Z97-C(intel Z97/LGA 1150 5大硬件级防护，美声技术)
显卡	七彩虹iGame 970 烈焰战神U 4GD5 (性能超越GTX780,功能仅仅150W)
内存	金士顿骇客神条8G 1866 Fury(DDR3/1866MHz/8G 精选高品质内存颗粒)
硬盘	威刚SP600 128G(限量免费赠送1000G机械硬盘，固态+机械，速度与容量完美解决方案)
电源	长城GW6500(经典品牌 科研专用——中国航天专用电源品牌)
机箱	恩杰 幻影 P240(NZXT全新设计风扇 模块化)

图 2.1　台式机的配置广告

第二行描述了该计算机所配置的散热器为酷冷至尊海神 120V。散热器主要是对计算机的硬盘和主板降温的，通常是根据主板或 CPU 的型号来进行选择。

第三行描述了计算机的主板为华硕 Z97-C。主板是位于主机箱的底部（卧式机箱）或侧面（立式机箱）的一块大型印制电路板。主板是计算机中各个部件工作的平台，它将计算机的各部件紧密连接在一起，各个部件通过主板进行数据传输。在主板上有微处理器（CPU）、只读存储器（ROM）、读写存储器（RAM），还有若干扩展槽和各种接口、开关、跳线等。因此主板的性能决定了计算机整体运行速度和稳定性。主板的性能在很大程度上取决于所使用的微处理器和系统总线类型。广告中的主板采用 ATX 大板型 PCB 设计，板面布局精细合理，为平台带来了良好的散热环境及扩展空间。同时这款华硕 Z97C 主板还带有无线天线、雷电接口转换器、NFC 近距离通信设备以及无线充电底座等稀有装备，具备异常丰富的功能。

第四行描述了显卡型号为七彩虹 iGame 970 烈焰战神 4GD5，它包含了核心工艺、核心频率、显存类型和频率，显存位宽、显存容量、总线标准和显示接口等参数信息。显卡在计算机组成部件中占着重要的地位，工作时与显示器配合传输图形、文字等信息，控制计算机的图形输出。通常显卡又分为集成显卡和独立显卡两种。集成显卡是指集成在主板北桥中的显卡。集成显卡的性能较低，工作时通过共享主板上的内存资源实现与图形相关的运算；独立显卡就是有独立的显示芯片，需要单独购买，其游戏性能和图形处理功能也较集成显卡要好得多。因此对于对显卡有特殊要求的用户，就适合采用独立显卡，而对于游戏性能要求不高或一般办公的用户，可采用集成显卡，这样整机预算就可降下来。所以装配计算机时一定要根据自己的应用对显卡的需求来选择使用集成显卡还是独立显卡。注意选择合适的显存容量。

第五行描述了计算机的内存即随机存储器（RAM）。这台计算机配置的是金士顿骇客神条 8G 1866 Fury，其内存容量是 8GB，内存类型为 DDR3，内存主频为 1866MHz。内存由电路板和内存芯片组成，具有体积小、速度快、通电可以存储、断电后内容消失的特点。内存在 CPU 与其他设备运行过程中起中转作用，计算机的整体性能与内存的大小和性能有很大的关系，在主板性能允许的范围内，内存越大，一次可以从硬盘调用的文件也就越多，CPU 处理速度就会加快。内存选择应该量力而行按需购买，如用来上网、办公、文字处理等的计算机，配置 2GB 内存够用；用来视频影像处理、多媒体制作、音乐工作室等的计算机，配置 4GB 够用；用来设计、虚拟现实等的计算机，配置 8GB 内存够用。

第六行描述计算机硬盘的配置。由于现在的机械硬盘容量非常大，通常不会出现容量不够用的问题。该广告中硬盘采用威刚 SP600 128G（也可与 1TB 的机械硬盘混合配置）系列固态硬盘（Solid State Drives，SSD）性能表现相当出色，数据读取速度达到 440MB/s，写速度则为 140MB/s；低功耗、无噪声、抗震动、低热量、体积小、工作温度范围大；但缺点在于容量小、价格高。在配置硬盘时，可根据对速度的要求，选择固态硬盘、混合硬盘或机械硬盘。

第七行描述电源的配置为长城 GW6500。电源负责将 220V 电压转换为计算机可以使用的电压，计算机核心部件工作电压非常低，并且因为计算机工作频率非常高，所以对电源的要求比较高。选购电源时，需要注意电源的重量、外壳、线材、变压器、风扇等。

第八行描述了机箱的配置。一般机箱体积大有利于散热；密封性好能屏蔽灰尘吸附在风扇、板卡芯片等上；机箱功能方便满足用户需求（如前置 USB 面板）等。

2.1.2　怎样设置和升级主板 BIOS

基本输入/输出系统（Basic Input/Output System，BIOS）是一组固化到主板 ROM 芯片中的程序，它保存着计算机最重要的基本输入/输出程序、系统设置信息、开机加电自检程序和系统启动自检程序等。BIOS 为计算机提供最直接的硬件控制，它负责开机时对系统的各项硬件进行初始化设置和测试，以确保系统能够正常工作。一块主板性能优越与否，很大程度上取决于主板上的 BIOS 管理功能是否先进。

计算机开机后会进行加电自检，此时根据系统提示按 Delete 键即可进入 BIOS 程序设置界面（见图 2.2）。不同的计算机，系统主板的 BIOS 程序可能不同。

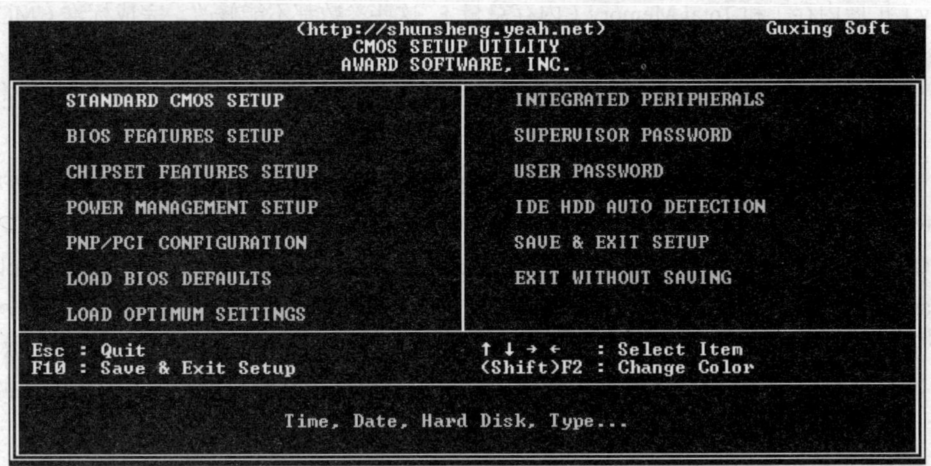

图 2.2　BIOS 设置界面

1. BIOS 设置程序的基本功能

Standard CMOS Features（标准 CMOS 功能设置）：使用此选项可对基本的系统配置进行设定，如时间、日期、IDE 设备和软驱参数等。

Advanced BIOS Features（高级 BIOS 特征设置）：使用此选项可对系统的高级特性进行设定。

Advanced Chipset Features（高级芯片组特征设置）：通过此菜单可对主板芯片组进行设置。

Integrated Peripherals（外部设备设定）：对所有外围设备的设定，如声卡、Modem 和 USB 键盘是否打开等。

Power Management Setup（电源管理设定）：对 CPU、硬盘和显示器等设备的节电功能运行方式进行设置。

PnP/PCI Configurations（即插即用/PCI 参数设定）：设定 ISA 的 PnP 即插即用界面及 PCI 界面的参数，此项功能仅在系统支持 PnP/PCI 时才有效。

PC Health Status（计算机健康状态）：主要是显示系统自动检测的电压、温度及风扇转速等相关参数，而且还能设定超负荷时发出警报和自动关机，以防止故障发生等。

Frequency/Voltage Control（频率/电压控制）：设定 CPU 的倍频，设定是否自动侦测 CPU 频率等。

Load Fail-Safe Defaults（载入最安全的默认值）：使用此选项可载入工厂默认值作为稳定的系统使用。

Load Optimized Defaults（载入高性能默认值）：使用此选项可载入最好的性能但有可能影响稳定的默认值。

Set Supervisor Password（设置超级用户密码）：使用此选项可以设置超级用户的密码。

Set User Password（设置用户密码）：使用此选项可以设置用户密码。

Save & Exit Setup（存盘退出）：选择此项保存对 BIOS 的修改，然后退出 Setup 程序。

Exit Without Saving（不保存退出）：选择此项将放弃对 BIOS 的修改即不进行保存，直接退出 Setup 程序。

BIOS 的标准设置项中可对计算机系统日期、时间、软驱、光驱、显示模式、内存等方面的信息进行设置。在 BIOS 设置主页面中，通过方向键选中 Standard CMOS Features 选项，按 Enter 键进入 BIOS 的标准设置页面。其中内存显示部分的 3 个选项：Base Memory（基本内存）、Extended Memory（扩展内存）和 Total Memory（内存总量），这些参数都不能修改。完成标准 CMOS 设置后按 Esc 键可返回到 BIOS 设置主界面。

在 BIOS 设置主页面中选择 Advanced BIOS Features 项，进入高级 BIOS 设置页面。在此可以设置病毒警告、CPU 缓存、启动顺序以及快速开机自检等信息。

当 BIOS 设置比较混乱时，用户可通过 BIOS 设置程序的默认设置选项进行恢复。其中，Load Fail-Safe Defaults 表示载入安全默认值，Load Optimized Defaults 表示载入高性能默认值。

BIOS 中设置密码有两个选项，其中 Set Supervisor Password 项用于设置超级用户密码，Set User Password 项则用于设置用户密码。超级用户密码是为防止他人修改 BIOS 内容而设置的，当设置了超级用户密码后，每一次进入 BIOS 设置时都必须输入正确的密码，否则不能对 BIOS 的参数进行修改。而用户输入正确的用户密码后可以获得使用计算机的权限，但不能修改 BIOS 设置。

在 BIOS 设置程序中通常有两种退出方式，即存盘退出（Save & Exit Setup）和不保存设置退出（Exit Without Saving）。

2. 主板 BIOS 升级

首先要知道要升级的主板的具体型号和目前 BIOS 的版本号，使用不匹配的 BIOS 升级会导致开机黑屏。根据主板品牌、型号、版本号，到主板厂家官方的网站上去查找相应的 BIOS 文件。没有找到，说明该主板的 BIOS 没有进行过升级；找到了相应的 BIOS 文件，将该 BIOS 的版本号和要升级的主板的 BIOS 版本号对照。如果 BIOS 版本低于网上的，那么将该文件下载后，准备升级。

下载的 BIOS 文件是一个压缩包，将其解压后至少有两个文件，一个是 BIOS 数据文件，另一个是用来将该数据文件写入主板的可执行(.exe)文件。升级 BIOS 的执行文件必须在纯 DOS 下运行。启动到纯 DOS 方式后，运行刚才解压出的执行文件，应该会出现相应的提示窗口，建议要先备份当前的 BIOS，然后输入新的 BIOS 数据文件名，执行升级。如果这时出现错误提示，说明下载的 BIOS 升级文件和主板不匹配（一定要用与主板相符的 BIOS 升级文件），不能进行升级。如果通过，接下来出现写入 BIOS 的进度条，新的 BIOS 写入完成后，重新启动计算机即可。

注意升级时要保留 BIOS 的 Boot Block 块，高版本的刷新程序的默认值就是不改写 Boot Block 块；注意在升级前在 BIOS 里把“System BIOS Cacheable”的选项设为 Disabled；写入过程中不允许停电或半途退出。

2.1.3　如何进行硬盘分区和格式化

若要在硬盘上创建分区或卷（这两个术语通常互换使用），必须以管理员身份登录，并且硬盘上必须有未分配的磁盘空间或者在硬盘上的扩展分区内必须有可用空间。如果没有未分配的磁盘空间，则可以通过收缩现有分区、删除分区或使用第三方分区程序创建一些空间。下面介绍 Windows 7 系统下的硬盘分区和格式化。

1. 创建和格式化新分区（卷）

① 用鼠标右键单击“计算机”，在弹出的快捷菜单中选择“管理”命令，打开“计算机管理”窗口。在左窗格中的“存储”选项下，单击“磁盘管理”（见图 2.3）。

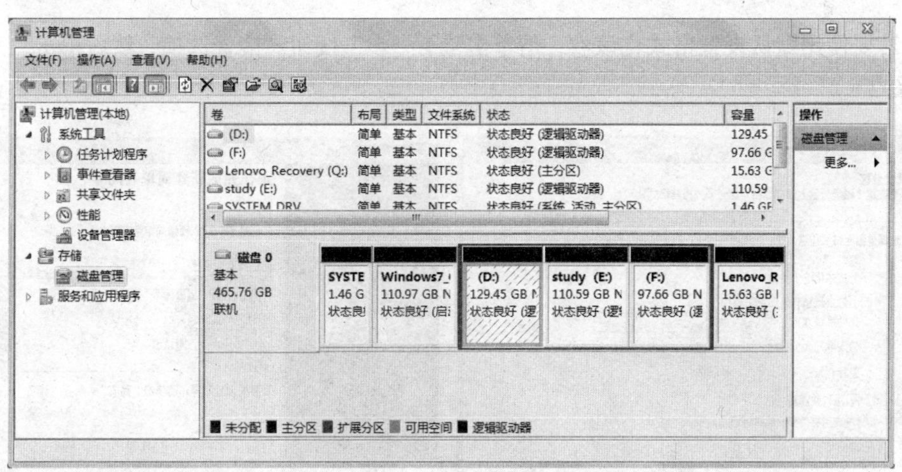

图 2.3　“计算机管理”窗口

② 假设移动硬盘为 D 盘，可以先把 D 盘删除，然后右键单击硬盘上未分配的区域，单击“新建简单卷”。在弹出的“新建简单卷向导”中，单击“下一步”按钮。键入要创建的卷的大小（MB）或接受最大默认大小，然后单击“下一步”按钮（见图 2.4）。

③ 接受默认驱动器号或选择其他驱动器号以标识分区，然后单击“下一步”按钮。在“格式化分区”对话框中，执行下列操作之一：如果不想立即格式化该卷，请单击“不要格式化这个卷”，然后单击“下一步”按钮（见图 2.5）。

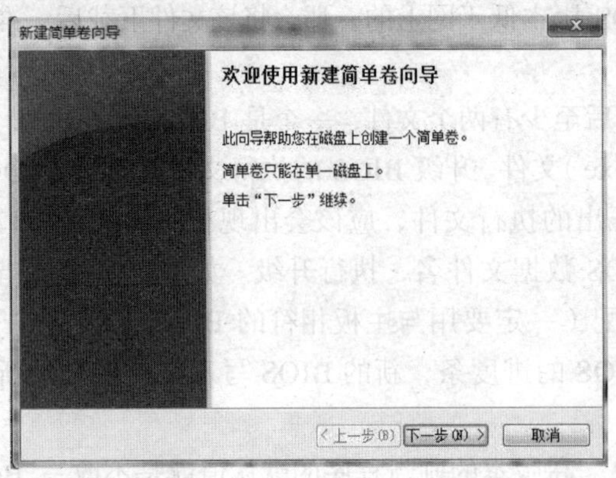

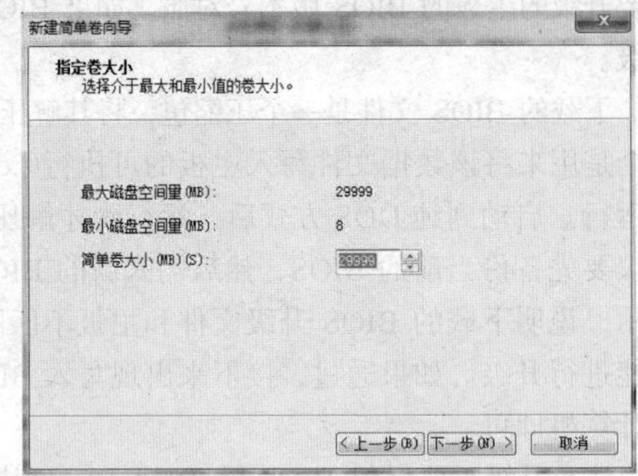

图 2.4　新建简单卷向导

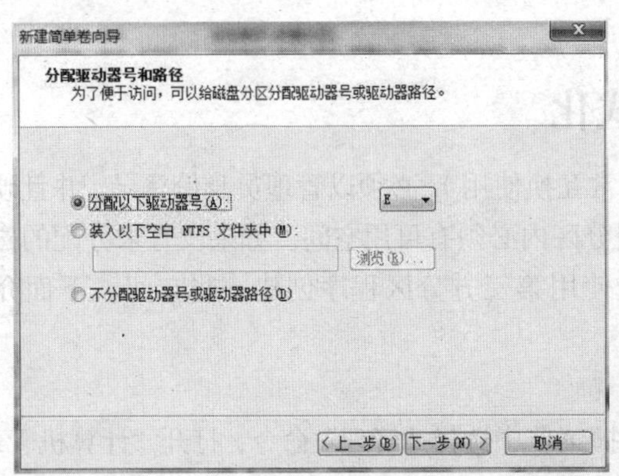

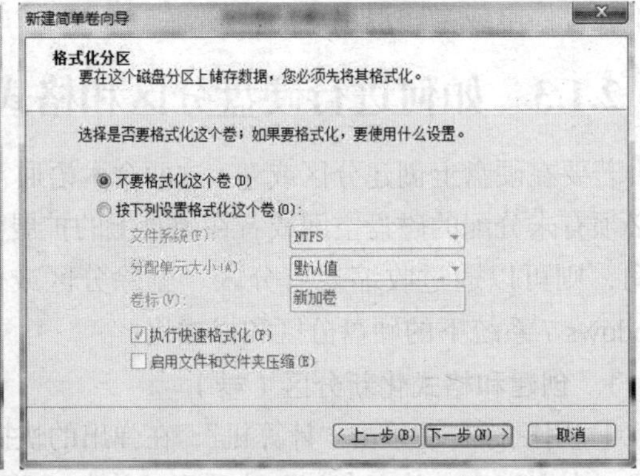

图 2.5　新建简单卷向导（分配驱动器号和格式化）

④ 若要使用默认设置格式化该卷，请单击“下一步”按钮。检查选项，然后单击“完成”按钮（见图 2.6）。

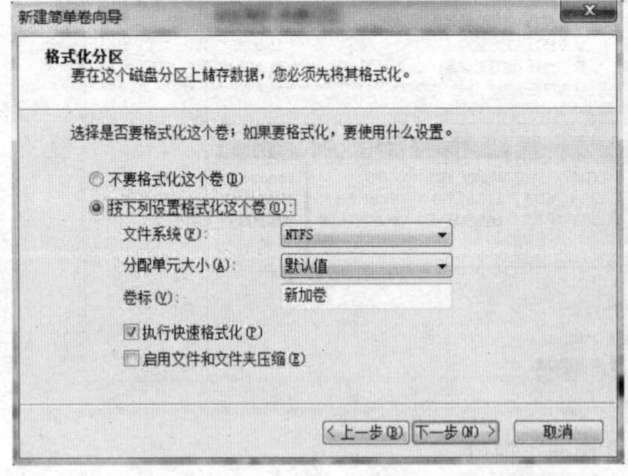

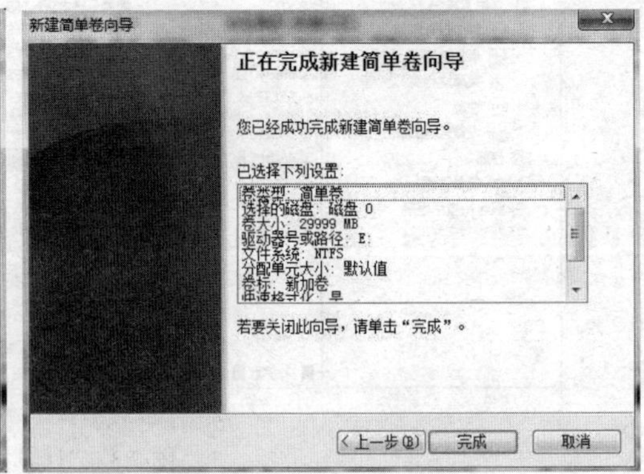

图 2.6　新建简单卷向导（格式化和完成）

2. 格式化现有分区（卷）

格式化卷将会破坏分区上的所有数据。请确认备份所有要保存的数据后再开始操作。注意无法对当前正在使用的磁盘或分区（包括包含 Windows 的分区）进行格式；“执行快速格式化”选项将创建新的文件表，但不会完全覆盖或擦除卷。

在“计算机管理”窗口中，单击左窗格中 “存储”选项下的“磁盘管理”。右键单击要格式化的卷，然后单击“格式化”，弹出“格式化”对话框。若要使用默认设置格式化卷，单击“确定”按钮（见图 2.7）。

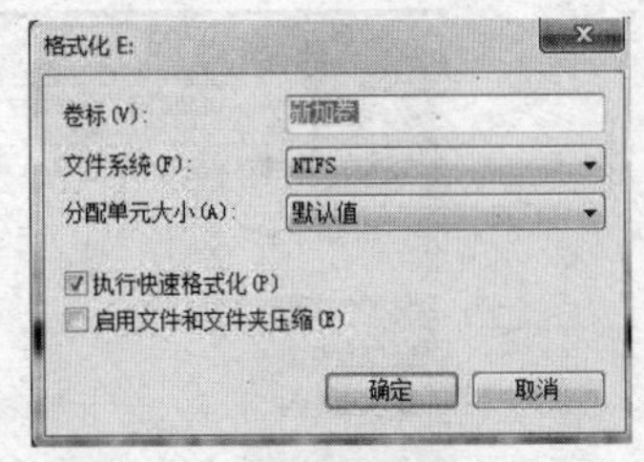

图 2.7 “格式化”对话框

3. 删除硬盘分区

删除硬盘分区或卷时，也就创建了可用于创建新分区的空白空间。如果硬盘当前设置为单个分区，则不能将其删除；也不能删除系统分区、引导分区或任何包含虚拟内存分页文件的分区，因为 Windows 需要此信息才能正确启动。

右键单击“计算机”，在弹出的快捷菜单中选择“管理”命令，打开“计算机管理”窗口。在左窗格中的“存储”选项下，单击“磁盘管理”。右键单击要删除的卷（如分区或逻辑驱动器），然后单击“删除卷”；单击“是”删除该卷；单击“是”，完成删除磁盘分区。

2.1.4 硬件性能测试涉及哪些方面

完整的计算机系统由硬件和软件两部分组成，硬件是计算机工作的物质基础，软件则是其灵魂，计算机依硬件和软件协同来完成信息处理任务。硬件测试包括两个方面：硬件的基本性能和测试软件的测试，前者是硬件出厂就已经由硬件生产厂商确定，如产品型号和基本功能；后者是通过测试软件结合具体的计算机平台得出的综合信息，反应硬件在该环境下表现出来的实际能力。

新购或者经过升级的计算机，都需要进行一些负荷比较大的运算测试，这样可以及早发现硬件是否被超频和经过超频、升级、优化后，整个系统的兼容性、稳定性、运行效率是否令人满意，也可以检测自己的计算机配件是否真实可靠。通过测试有助于用户全面地了解计算机整机和各个配件的性能。

测试内容包括以下几项。

① CPU 测试。测试指标有 CPU 类型、CPU 的频率、处理器数量、生产工艺、CPU 的高速缓存、工作电压、CPU 支持的指令集等。

② 内存测试。内存测试指标有内存型号、带宽测试、存储测试等。

③ 硬盘测试。硬盘测试指标有硬盘存储容量、数据传输平均速率、平均寻道时间和访问时间等。

④ 显卡测试。显卡测试指标有显示芯片、接口类型、显存容量、分辨率、刷新率、色深、其他技术指标性能等。

⑤ 显示器测试。显示器测试指标有分辨率、刷新率、色深、带宽、失真、文本显示效果、图像显示效果。

⑥ 光驱测试。光驱测试指标有 CPU 资源占用率、数据传输率。

⑦ 整机测试。整机测试指标一般测试系统各部件的综合指标。

2.1.5 硬件测试的常用软件有哪些

安装好操作系统后，可以通过操作系统对计算机的硬件信息有大致的了解。在桌面上用鼠标右击“计算机”，在弹出的快捷菜单中选择“属性”；也可以在“控制面板”里双击“系统”，在弹出的窗口中可以看到 CPU、内存和操作系统的基本信息，如图 2.8 所示。

单击左窗口中的“设备管理器”，在弹出的“设备管理器”窗口中，可以看到系统中所有硬件的相关信息（见图 2.9）。

图 2.8 系统基本信息

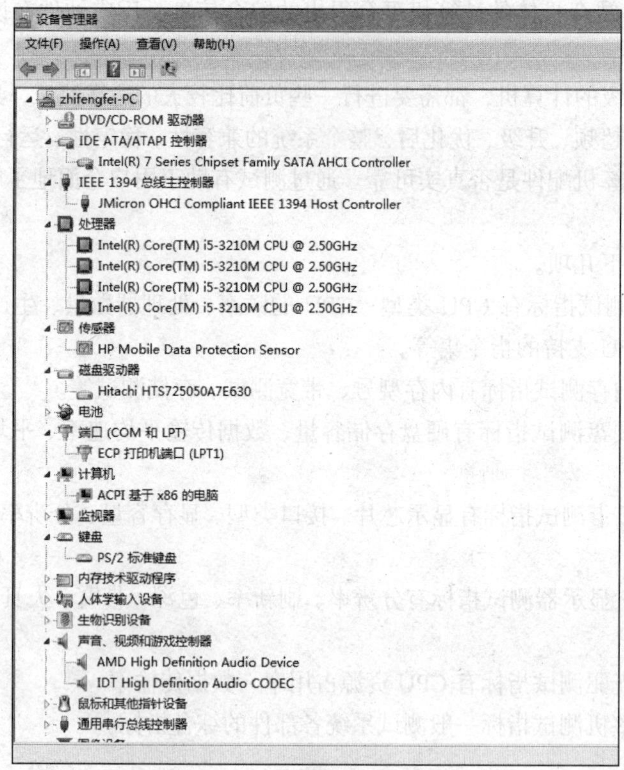

图 2.9 “设备管理器”窗口

除了以上对计算机硬件基本信息的了解外，如果想进一步了解硬件，针对不同部件，常用的测试软件有：CPU 常用测试软件 CPU-Z、Super pi、SiSoft Sandra 2005；内存常用测试软件 HWiNFO32；硬盘常用测试软件 HD Tune；显卡常用测试软件 3DMark 系列、Quake III；显示器常用测试软件 Nokia Monitor Test；光驱常用测试软件 Nero 刻录软件；整机常用测试软件鲁大师、SisSoft Sandra 2005 和 PCMark 等。

2.1.6　如何实现对硬件的各项测试

下面通过几款测试软件来介绍如何实现硬件的测试过程。

1. CPU–Z

CPU-Z 是一款常用的 CPU 检测软件。它支持的 CPU 种类相对全面，软件启动速度及检测速度都很快。另外它还能检测主板和内存的相关信息（见图 2.10）。

打开该软件后，软件会自动运行并检测出 CPU 的各项指标，如 CPU 名称、厂商、内核进程、内部和外部时钟、局部时钟监测等参数，通过检测结果分析可以看到所使用计算机的 CPU 性能如何。在选购之前或者购买 CPU 之后，如果要准确地判断其超频性能，就可以通过该软件来测量 CPU 实际设计的 FSB 频率和倍频。当然，对于 CPU 的鉴别应优先使用原厂软件。CPU-Z 不仅可以测试内存，它还能自动运行并自动检测出内存的各项指标，如内存类型、通道数、内存大小、内存频率等；此外，该软件也会自动检测主板的信息。

2. HD Tune

HD Tune 是一款极佳的硬盘检测工具，其主要功能有：硬盘传输速率检测（基准测试）、健康状态检测、温度显示以及磁盘表面扫描等；另外，该软件还能检测出硬盘的固件版本、序列号、容量、缓存大小以及当前的 Ultra DMA 模式等。HD Tune 还同样可以用于其他存储设备（例如：内存卡、USB 存储卡、iPods 等）。

下载并运行 HD Tune 软件后，在主界面上，首先显示“基准”检查功能，单击右侧的“开始”按钮可以执行检测操作，软件将检测硬盘的传输、存取时间、CPU 占用率等性能。

图 2.11 中所示的曲线表示 HD Tune 检测过程中检测到硬盘每一秒的读取速率。可以看到软件右侧有测试后的硬盘读取性能数据：读取最小值 23.0MB/s，读取最大值 29.5MB/s，读取平均值 28.5MB/s，以及数据的存取时间、突发数据传输率和 CPU 的占用率。从这些数据可以看出磁盘性能的好坏，读取数据值越大，说明磁盘的速度越快。如果系统中安装了多个硬盘，可以通过主界面上方的下拉菜单进行切换，包括移动硬盘在内的各种硬盘都能够被 HD Tune 支持。通过 HD Tune 的检测，可了解硬盘的实际性能与标称值是否吻合，了解各种移动硬盘设备在实际使用上能够达到的最高速度。图中小点代表硬盘的寻道时间。另外，在“基准”测试中改变选项中的“块大小”会影响到测试的数据准确性。

图 2.10　CPU-Z 软件界面

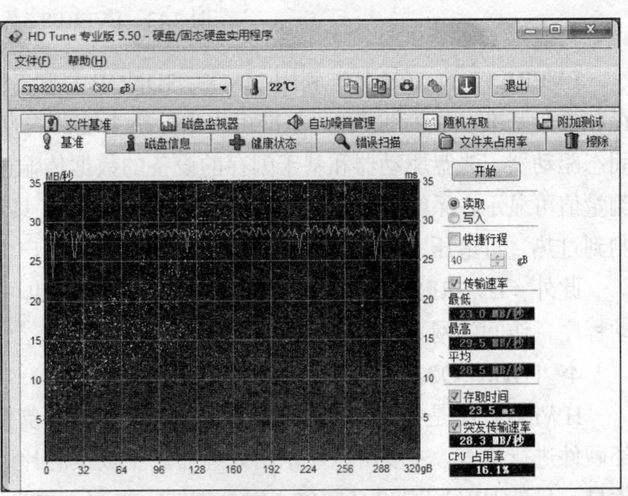

图 2.11　HD Tune 软件“基准”项界面

如果希望进一步了解硬盘的信息，可以单击切换到“信息”选项卡，软件将提供系统中各硬盘的详细信息，如支持的功能与技术标准等；还可以通过该选项卡了解硬盘是否能够支持更高的技术标准，从多方面评估如何提高硬盘的性能。

此外，单击切换到“健康状态”选项卡，可以查阅硬盘内部存储的运作记录，评估硬盘的状态是否正常。如果怀疑硬盘有可能存在不安全因素，还可以切换到“错误扫描”选项卡检查硬盘。最好用慢速扫描，如果扫描有红块，表示硬盘有坏道，应尽早备份数据。

3. EVEREST

EVEREST（原名 AIDA32）是由匈牙利 Lavalys 公司开发的一款测试软硬件系统信息的工具，它可以详细地显示出 PC 每一个方面的信息。支持上千种主板，支持上百种显卡，支持对并口/串口/USB 这些 PNP 设备的检测，支持对各式各样的 CPU 的侦测，以及支持查看远程系统信息和管理，并具有把结果导出为 HTML、XML 等功能。除此之外，EVEREST 还可支持硬件稳定性检测，它最为广泛使用的还是软件的硬件查看及监测功能（见图 2.12）。

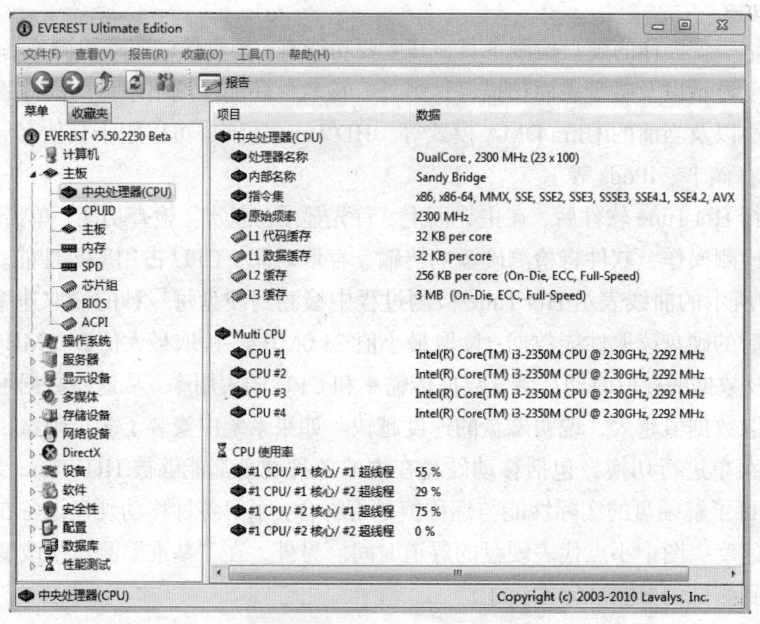

图 2.12 EVEREST 界面

EVEREST 的 CPU 基准利用 MMX、3DNOW！和 SSE 指令，并扩大到 32 个处理器内核、内存和磁盘基准；内存和缓存的基准可用来分析系统的内存带宽和延迟；磁盘基准确定硬盘驱动器、固态驱动器、光盘驱动器和基于闪存的设备的数据传输速度；支持温度、电压和散热风扇监控，测量值可显示在系统托盘图标、OSD 面板、边栏小工具和罗技 G15/G19 游戏键盘 LCD；当它检测到过热、过电压，或冷却风扇故障时也可以报警用户。

此外，EVEREST 还提供软件和操作系统分析，也可测试启动的进程、服务、DLL 文件，启动程序，访问的网页列表。

4. HWiNFO32

HWiNFO32 是一款专业的计算机硬件检测软件，支持最新的技术和标准，允许对计算机的全部硬件进行检查。主要可以显示出处理器、主板及芯片组、PCMCIA 接口、BIOS 版本、内存等信息，另外 HWiNFO32 还提供了对处理器、内存、硬盘（Windows 9x 里不可用）以及 CD-ROM

的性能测试功能。HW iNFO32 运行后如图 2.13 所示，可以查看 CPU、主板、内存、显示卡、声卡的芯片组，以及硬盘所支持的 DMA 模式和当前支持的 DMA 模式等。

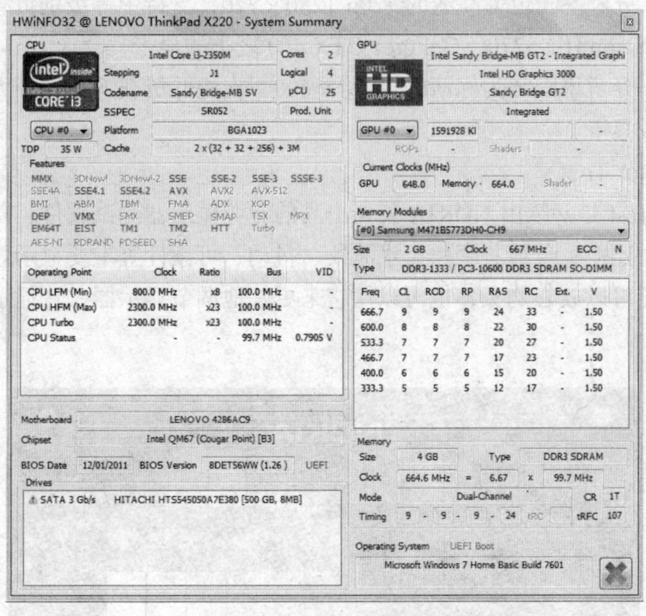

图 2.13　HWiNFO32 界面

5. 3DMark

3DMark 起初是 Futuremark 公司的一款专为测量显卡性能开发的软件，而现在的 3DMark 已渐渐转变成了一款衡量整机性能的软件，从平板电脑到笔记电脑与家用个人计算机，再到最新的高阶、多 GPU 游戏桌上型计算机（见图 2.14）。3DMark 11 是专门为测量 PC 游戏效能所设计的测试软件并能给予精确且公正的测试结果，可以广泛使用 DirectX 11 中的所有新功能，包括曲面细分（Tessellation）、计算着色器（Compute Shader）及多执行绪渲染（Multi-threading），支持新的在线服务。

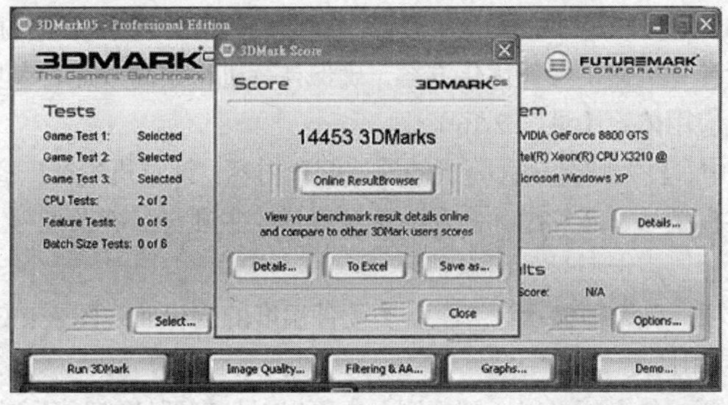

图 2.14　3DMark 11 界面

3DMark 引入了 4 种不同的成绩级别，从高到低分别是极限级（Extreme/X）、高端级（High/H）、性能级（Performance/P）、入门级（Entry/E），分别适合不同档次的计算机。

- 极限级（X）：分辨率固定为全高清的 1080p 1920 × 1080，支持极高负载，适用于高端游戏 PC，尤其是 Radeon HD 5970、GeForce GTX 580 这种顶级显卡。

- 高端级（H）：分辨率为全高清的 1050p1680 × 1050，支持高负载，适用于高端游戏 PC，在 3DMark 11 去掉了高端级（H）。

- 性能级（P）：分辨率固定为高清的 720p 1280 × 720，支持中等级别负载，适用于绝大多数主流游戏 PC，如 Radeon HD 5770、GeForce GTX 460 之类的显卡。

- 入门级（E）：分辨率固定为标清的 1024 × 600，支持低负载，适用于大多数笔记本电脑和上网本，特别是集成显卡。

6. Nokia Monitor Test

Nokia Monitor Test 是一款由 NOKIA 公司出品的专业显示器测试软件，功能很全面，包括测试显示器的亮度、对比度、色纯、聚焦、水波纹、抖动、可读性等重要显示效果和技术参数。经过它检测过的显示器可以放心购买，也可以用它来更好地调节显示器，让显示器发挥出最好的性能（见图 2.15）。

图 2.15　Nokia Monitor Test 界面

7. 鲁大师

对于整机检测而言，鲁大师拥有专业而易用的硬件检测，不仅超级准确，而且提供中文厂商信息，对计算机配置检测一目了然。鲁大师适合于各种品牌台式机、笔记本电脑、DIY 兼容机、实时的关键性部件的监控预警，全面的计算机硬件信息，有效保护数据并预防硬件故障，延长硬件寿命。鲁大师帮你快速升级补丁，安全修复漏洞；监测智能分辨系统运行产生的垃圾痕迹，一键提升系统效率；为计算机提供最佳优化方案，确保计算机稳定高效运行；更有硬件温度监测等带来更稳定的计算机应用体验（见图 2.16）。

在“电脑概述”中，鲁大师显示计算机的硬件配置内容：计算机生产厂商（品牌机）、操作系统、处理器型号、主板型号、芯片组、内存品牌及容量、主硬盘品牌及型号、显卡品牌及显存容量、显示器品牌及尺寸、声卡型号、网卡型号。

在“温度管理”项，鲁大师显示计算机各类硬件温度的变化曲线图表：CPU 温度、硬盘温度以及 CPU 和内存的使用情况。

在“性能测试”项，鲁大师可以一键评测，也可以对处理器性能、显卡性能、内存性能和磁盘性能做单项测试。计算机综合性能评分能表示所使用计算机的综合性能，测试完毕后会输出测试结果和建议。注意测试时请关闭其他正在运行的程序以避免影响测试结果。

在“驱动管理”项，鲁大师可以执行“驱动安装”“驱动备份”“驱动还原”“驱动卸载”“驱动门诊”。

图 2.16　鲁大师软件界面

在“清理优化”项，鲁大师拥有全智能的“一键优化”“一键恢复”功能，其中包括了对系统响应速度优化、用户界面速度优化、文件系统优化、网络优化等优化功能。

与 CPU-Z（主要支持 CPU 信息）和 Everest 相比，鲁大师提供国内最领先的计算机硬件信息检测技术和更加简洁的报告，包含最全面的检测项目，并支持最新的各种 CPU、主板、显卡等硬件；鲁大师定时扫描计算机，提供安全报告，可以悬浮窗显示“CPU 温度”等；对机器需要升级的漏洞补丁，支持下载同时安装，使用简洁方便。

2.1.7　怎样维护计算机

如何保养和维护计算机，最大限度地延长计算机的使用寿命，使得计算机顺畅工作，是每个使用者关心的问题。

1. 影响计算机正常工作的主要因素

① 温度：计算机理想的工作温度能使计算机正常运行。太高或太低都会影响计算机配件的使用寿命，温度过高会造成计算机内部的热量不易散发到外界，而使计算机内部的温度持续上升至饱合状态；同样如果温度过低，空气中的水分会凝结在集成电路元件上而造成短路。计算机内部集成电路的集成度高，工作时将促使大量的热，如机箱内热量不及时散发，会造成工作不稳定、数据处理出错或烧毁元器件，如 CPU、硬盘和显卡。因此在使用计算机时应该有一个良好的通风环境，保证有足够的空间散热。

② 灰尘和湿度：CPU、内存条、显卡等重要部件都是插在主板上，灰尘过多就可能使主板与各部件之间接触不良，还会影响计算机散热性能，如果平时不注意清理灰尘会大大减弱计算机性能，严重的会直接烧掉。计算机主板上的金属成分会因潮湿而极易氧化甚至于腐蚀，造成接触不良、短路或开路，使得硬件破坏而无法正常工作。湿度太高会影响 CPU、显卡等配件的性能发挥，甚至使得计算机内部电路板的绝缘电阻降低，而形成错误操作、死机或者不能启动故障；温度过低则使计算机的各配件之间产生接触不良的现象，从而导致计算机不能正常工作。

③ 震动：“震动”经常也是造成计算机故障与硬盘损坏的首要原因。轻者是使得计算机内外的各类接线脱落，使计算机无法启动；严重的则是硬盘损坏（硬盘是以磁头高速运转在盘片上约

几微米的距离来存取数据的，震动容易使磁头撞击到盘片表面而造成硬盘的实际损坏）。

④ 电源：交流电正常范围应在 220V±10%，频率范围是 50Hz±5%，且具有良好的接地系统。这样就保证了计算机的安全，如果条件允许时，最好配备稳压电源或使用 UPS 专业电源来保护计算机。一方面避免电压不稳引起死机，另一方面使得计算机即便在断电后仍能继续运行。保证良好的接地系统。良好的接地系统能够减少电网供电及计算机本身产生的杂波和干扰，避免造成计算机系统的数据出错，另外在闪电和瞬间高压时为故障电流提供回路，保护计算机进行读写操作时不可突然断电（由于硬盘转速很高，在硬盘进行读写操作时，硬盘处于高速旋转状态，如果突然断电，可能使磁头与盘片之间猛烈摩擦而损坏硬盘）。

⑤ 电磁干扰：保持良好的防静电和防电磁干扰环境。磁场对存储设备的影响较大，因为存储设备（硬盘）的介质是磁性材料。如果计算机放置在有较强磁场的环境下，可能引起内存信息丢失、数据处理和显示混乱，甚至磁盘上存储的数据丢失，而且较强的磁场也会使显示器颜色不正常（抖动、花斑等）。这种电磁干扰主要有音响设备、电机、大功率电器、电源等。

2. 计算机硬件使用的注意事项

① 保持洁净的工作环境，做好计算机的清洁工作，以保证计算机的正常工作。日常生活中注意计算机的清洁除尘，防患于未然。进行除尘操作时，要注意以下几点：风扇的清洁；接插头、座、板卡等部分的清洁；大规模集成电路、元器件等引脚处的清洁、清洁工具的使用。

② 为了保证计算机正常稳定地工作，延长 CPU 的使用寿命，就要保证 CPU 是在额定的频率下工作，避免通过超频提高计算机的性能。

③ 在升级内存条的时候，注意要选择和以前品牌、外频一样的内存条来配合使用，避免出现系统运行不正常的故障。

④ 如果硬盘出现物理故障，不要自行打开硬盘盖，因为如果空气中的灰尘进入硬盘内，在磁头进行读写操作时会划伤盘片或磁头。如果必须打开硬盘盖维修，一定要送到专业厂家进行维修。另外，硬盘在移动或运输时做好防震措施。

⑤ 加电后主机设备不可带电移动。禁止热插拔 USB 设备外的所有设备，这样容易烧毁设备接口或控制芯片，对主机内的各板块在插拔时一定要在断电的前提下继续操作。

3. 计算机的维护

① 主机的定期保养和清洁。在断电的情形下定期对计算机部件和外设进行灰尘清除，可以让系统保持良好的状态和运行速度，预防性的维护非常必要。

② 硬盘的清理和数据备份。由于大量数据在硬盘上进行存储，定期对硬盘进行检查非常必要；而且定期的磁盘整理，合理使用硬盘的空间，也可以提高硬盘的使用速度和寿命，发挥计算机的最高效能；对重要数据注意进行备份，以避免不必要的损失。

③ 系统优化维护。为了保证计算机系统的正常运行，并保持其最高的性能，一般对于安装/卸载应用软件、生成/删除文件的计算机进行清理和修复。

④ 病毒的防范。病毒引发计算机出现各种不正常现象，所以防病毒软件是计算机系统不可缺少的重要工具，为了让计算机发挥最佳性能，保持病毒库的更新和对计算机的病毒扫描。

2.1.8 如何及时发现计算机的故障

计算机发生故障的迹象有很多，如开机时计算机的长鸣、开机保持黑屏或出现错误信息、计算机不定期无故重启或导致外设停止工作，甚至无法启动计算机等，就说明计算机可能已经出现硬件问题了。一些问题是间歇出现的，而用户往往是到了最不方便处理时才会去解决。

硬件问题会迅速升级，而且一些问题会最终导致计算机无法正常工作，或使用户无法存取数据。任何可能导致用户无法正常使用计算机的问题都应该高度重视，花一些时间进行故障检查可以免除很多潜在的麻烦。

对于许多的硬件问题，可以参考以下故障检查基本方法来解决。

① 了解具体情形，将所有错误消息以及与之相关的信息都写下来。

② 确定所有的部件都牢固地安装在正确的位置上，而且线缆没有松动。例如，显示器的线缆松了，指示灯就可能熄灭，而且显示器会黑屏。

③ 如果可能的话，试着将引起问题的操作的所有步骤全部再进行一次。

④ 在用户手册、卖家的网站或搜索引擎上查找有关故障检查和维修的技巧。如果通过输入故障信息代码或故障信息中的关键词进行网络搜索，可能会发现解决问题的方法。

⑤ 运行反间谍软件工具和杀毒软件。潜在的病毒、蠕虫、木马和间谍软件都可能会导致计算机系统出现奇怪而且无法解释的现象，如间谍软件会使计算机不断地显示弹窗广告，而且不论用户怎样尝试关闭窗口都无法停止。

⑥ 重启计算机可能会解决这些问题。在出现蓝屏死机画面后，Windows 总需要重启。但蓝屏死机背后潜藏的更严重问题却无法通过重启解决。要重启计算机，需要同时按 Ctrl+Del+Alt 组合键，在出现下一个屏幕后，单击右下角的“关机”按钮。

故障检查和诊断工具可以帮助用户找到问题所在并解决问题。例如，Windows 提供了交互式的故障检查工具，它包括一系列简单的问题、回答和建议，如图 2.17 所示。在计算机彻底无法工作后，用户可能要借用其他的计算机来运行这些工具。

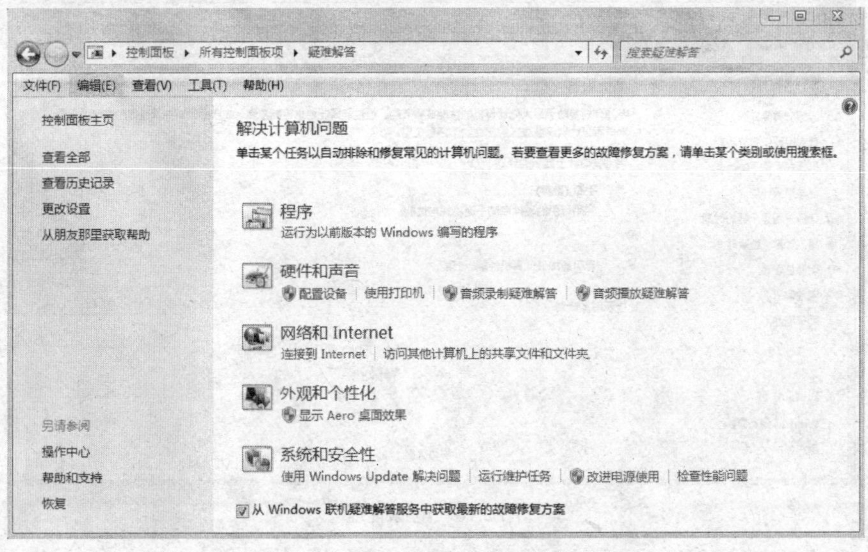

图 2.17 访问 Windows 故障检查工具

如果 Windows 遇到了使其不能正常运行的严重问题，在用户下次重启时可以进入安全模式。安全模式是指功能受限制的 Windows 版本，用户可以在安全模式下使用鼠标、显示器和键盘，但不能使用其他外设。在安全模式下，用户可以使用“控制面板”中的“添加/删除程序”功能卸载最近安装的、可能影响其他部件运行的程序或硬件。

如果不能自行修复硬件问题，就需要与那些不起作用的设备或部件的生产商的技术支持中心或者计算机维修专业人员联系。此时确保检查过设备的质保情况，并且了解日期、序号、品牌、型号和操作系统。

2.1.9 怎样维护笔记本电脑

笔记本电脑由于其便携和占据空间小的特点，已经成为生活和工作当中必不可少的工具。怎样才能使笔记本电脑的故障率下降到最低？怎样才能让笔记本电脑持之以恒地工作呢？其实只要在平时使用过程中多注意一点儿，经常对笔记本电脑进行一些必要的保养与维护，很轻易就能带来立竿见影的效果。

这里针对平常在使用笔记本电脑过程中，用户需要多加注意的一些问题进行了总结。

笔记本电脑首先应该注意的就是电池。全新的电池虽然可以直接充电使用，但如果用户在开始时使用不当，电池性能往往达不到最高水平。新的笔记本电脑出厂时厂商会给电池充一小部分电来进行功能测试，所以笔记本电脑中还是有一定的剩余电量的。打开笔记本电脑的电源后，将余电放干净，然后再进行充电。一般的做法是先为电池连续充放电 3 次，才能够让电池充分的预热，真正发挥潜在的性能。有些笔记本电脑在 BIOS 中已经设置有电池校准功能，用户可以更方便地借此对笔记本电脑的电池进行定期保养，以获得最佳电池工作状态。虽然现在的笔记本电脑都使用锂电了，记忆效应减弱，但不良的使用习惯仍会使其寿命变短，要尽量让电池用尽后再充电，充电一定要充满再用；如果不能做到每次都把电池用到彻底干净再充电，那么至少应 1 个月为其进行一次标准的充放电（即充满后放干净再充满）；或定期用 BIOS 内置的电池校准功能来进行保养，这样对延长电池的寿命很有好处。电源管理如图 2.18 所示。

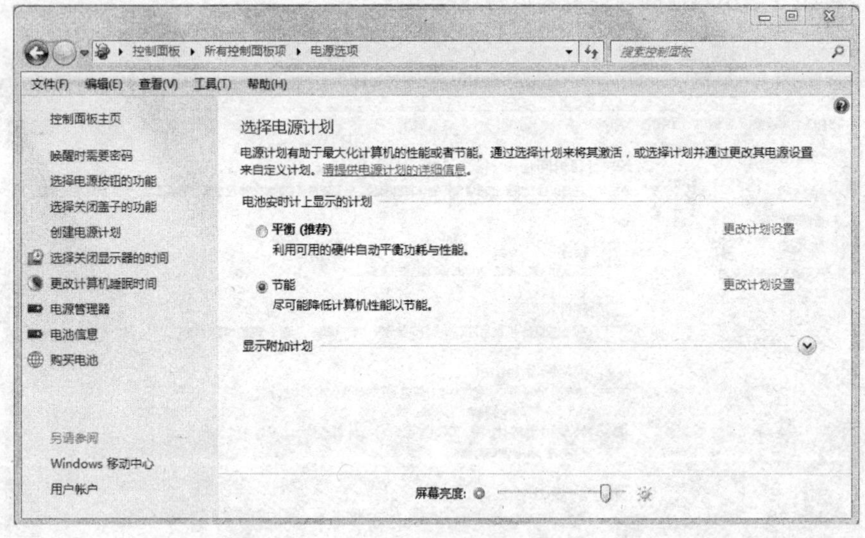

图 2.18 电源管理

笔记本电脑作为一种便携的移动式计算设备，其坚固性、耐用性等也会由于用户在使用过程中的疏忽而出现故障，所以用户在日常尽量避免使用中的失误。

用户在使用笔记本电脑的过程中，千万不要轻易用手去指/按液晶屏，或者用硬物与屏幕接触。使用屏幕保护膜可以有效地保护屏幕外层的化学涂层，使最外层的涂层不会过早的被氧化。如果屏幕进水，若只是在开机前发现屏幕表面有雾气，用软布轻轻擦掉再开机就可以了；如果水分已经进入 LCD，则应把 LCD 里面的水分蒸发掉再开机。除了避免在笔记本电脑边喝饮料、吃水果外，还应注意不要将机器保存在潮湿处，严重的潮气会损害液晶显示屏内部的元器件。此外在电源管理界面下设定“电脑无响应的时候自动关闭屏幕” 的时间间隔，或者在长时间不用笔记本电脑时随手合上屏幕，减少不必要的屏幕损耗。延缓液晶屏老化还应注意避免强阳光长时直晒屏幕，尽量使用适中的亮度/对比度，减少长期显示固定图案（避免局部老化过度）。还有就是平时要经常用专用的软毛刷、眼镜布、洗耳球等擦拭屏幕，必要时可以使用中性清洗剂或少许清水，对表面污渍进行清洁。

硬盘和光驱作为计算机中主要以机械运动方式工作的部件，也是最容易坏的部件，对它的保护要格外地注意。首先硬盘在运转的过程中，尽量不要过快地移动甚至突然撞击笔记本电脑，最大限度地保护硬盘；对于重要数据，定期使用外部存储方式（比如光盘刻录、磁带存储、外置硬盘或网络共享）进行外部备份，以确保在关键时刻可以保住重要数据；定期进行磁盘整理，使硬盘上的文件有序地重新排列，当对其进行访问的时候能够很快速地找到，使硬盘的寻址效率增高，减少磁头的移动；笔记本电脑的散热性要弱于台式机，因此尽可能让硬盘在低温状态下工作，避免硬盘出错的概率。

笔记本电脑的光驱结构比台式机光驱精密，因此对灰尘和污渍也更加敏感。为避免灰尘的影响，笔记本电脑光驱在不用的时候应该取出盘片，避免经常使用劣质/肮脏的光盘、减少长时间连续让光驱运转，必要时可选择虚拟光驱软件来为其减负。定期用清洗液清洁光头；装载盘片时用手轻托光驱的托盘，以减缓导轨受到的压力。

大多数笔记本电脑都自带了触摸板来代替鼠标，由于触摸板的表面经常受到手指的按压和摩擦，所以注意不要不小心让硬东西划破保护膜，导致触摸板的耐磨性脆弱，很容易由于长时间的摩擦导致其失灵。当然，保持触摸板的清洁也是必要的。

键盘是最频繁使用的部件之一，长时间使用后就会有个别键不好用或字母磨没了的情形。在使用的时候主要应该注意一是对键盘按键不要重击；二是保持键盘的干净，尽量不要在笔记本电脑上方吃东西、吸烟或者是喝水，一旦液体进入了键盘，很有可能使线路短路，造成硬件损失；三是可使用笔记本电脑键盘专用的软胶来防水、防尘、防磨。此外，定期用清洁布清除键间缝隙内的灰尘也是很必要的。

当然对于笔记本电脑的各种端口，如 PCMCIA 卡口、VGA 接口等，在不使用时尽量将其用专用的扣盖或空卡封住接口，以免灰尘从这些地方进入主机。同时，在携带笔记本电脑外出时也应尽量拔掉这些扩展连接设备，以免导致接口松动、扭歪甚至折断。

另外注意笔记本电脑屏幕开合的衔接部位是非常容易坏的，因此每次开合笔记本电脑屏幕的时候都应尽量轻一点，慢一点，并且在平时使用笔记本电脑时，也应避免让屏幕频繁地前后晃动，应让笔记本电脑稳定地工作。

2.1.10　如何实现硬盘的数据保护

随着计算机的硬盘容量越来越大，硬盘内存储的数据信息越来越多，数据安全对于用户来讲非常重要。但操作不当、软硬件故障、病毒感染等会导致硬盘数据损坏，系统崩溃。因此采用适当的方法来保护硬盘数据，并在数据被破坏后能够快速地让数据完全恢复到正常工作状态，是必须要考虑的问题。

Windows 在系统级别设置了系统还原功能，能够动态设置还原点，监测硬盘的数据变化，方便在需要时对系统进行还原（见图 2.19）。不过由于还原功能在开机时要重新设置还原点，会影响计算机的运算速度，常常导致开机后在一段时间内单击鼠标机器无反应，往往用户不会采用。

1. 安装硬盘还原卡

硬盘还原卡是通过插在主板上的硬件芯片与硬盘主引导记录（MBR）协同工作，在系统启动时修改INT13H 中断向量，使得系统启动后对硬盘的任何读写操作都要经过还原卡芯片程序的过滤，通过检查中断调用的入口参数获得用户操作意图，进而屏蔽INT13H 的部分子功能（如 AH=5 格式化功能）和限制对指定磁头、柱面和扇区的读写。结果修改的INT13H 表面上仍给用户操作正常完成的假象，但实际上由于还原卡先于硬盘获得系统控制权，能够保护硬盘数据不被恶意修改、删除、格式化等，只要系统重启后，所有受保护的数据都可以复原。

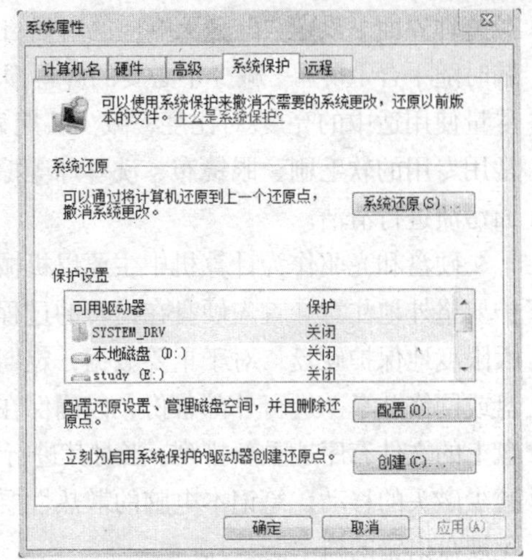

图 2.19 Windows 系统属性

硬盘还原卡数据复原迅速，不占硬盘空间，一次安装完毕后，经常性维护工作量小，方便可靠，解决了公共数据安全的问题。但除了管理员，用户完全不能对系统设置做任何更改。

2. 硬盘保护软件

对于彻底删除的文件和误格式化的硬盘分区，就只能借助于第三方的数据恢复软件来完成，如 FinalData，EasyRecovery、“恢复精灵”和“一键恢复”等软件，并进行数据备份。

当计算机出现故障不能上网、经常死机、不能进入桌面时，只需要按下一个键，就可把系统直接恢复到备份时的状态，不过原来保存的文件就再也找不到了。虽然数据恢复软件能够帮助找回丢失的文件，但毕竟操作起来需要一定的技术，还要花费相当长的时间。

“一键恢复”功能实现的机理是在安装软件后修改硬盘的主引导区（MBR），使硬盘启动后，首先加载引导程序代码，获得计算机的控制权，监控计算机在 3s 内有没有相应的按键（如ACCESS IBM 或 F11 键、F10 键）按下。如果在规定的时间内没有按下指定的按键，计算机加载正常的主引导程序代码，根据硬盘分区表硬盘分区，扫描检查当前活动主分区的引导分区代码，并移交 CPU 控制权，完成计算机的正常启动过程；如果在规定的时间内有相应的按键被按下，这时主机就执行一键恢复程序代码，移交计算机控制权，启动一键恢复程序。所有的计算机的一键恢复功能都是安装在硬盘里，如果硬盘损坏或硬盘更换，一键恢复功能就不能再使用了，只能重新安装。

一键恢复软件与硬盘还原卡的区别在于一键恢复软件是通过计算机启动时，首先将恢复软件加载到内存中，取得系统控制权后监控所有对硬盘的操作，对于设置保护的硬盘所有写操作都只是在内存中操作，没有真正修改硬盘的文件分配表。重新启动后，因为对硬盘的写操作没有存盘，所以就自然恢复到原来状态。

随着编程技术的提高，现在许多品牌计算机生产厂商都已经把硬盘还原卡的软件直接做在主板的 BIOS 里或网卡里，直接成为系统功能的一部分。

3. 硬盘数据的恢复

利用嵌入 BIOS 里的硬盘工具对硬盘数据进行完整备份，但存储介质局限于硬盘，而且备份和恢复的时间较长。备份的镜像文件隐含在硬盘中，在普通系统中无法看到，所以不会被误删除，也不会被病毒破坏掉，但会占据交到的硬盘空间。

系统恢复的最好方法是使用备份，将要保护的分区全部备份下来，以影像文件的形式存放在本地硬盘上，在系统受到破坏时只需将备份取出覆盖原来的分区即可。如 SYMANTEC 公司的 Norton Ghost 备份恢复工具，恢复分区速度快，但映像文件本身容易被破坏。

"一键还原"还原操作简单，映像文件大都存放在隐藏分区，映像文件的安全有保障。

在局域网环境下，通过网络存放和传输系统备份，可以实现更高效率的系统恢复。

软件保护方式最明显的优势是：程序设计较为简单，内存占用较小，且较为经济。尤其适合于配置较低（硬盘容量较小）的计算机使用。缺陷是被安装的保护程序需占用一定的硬盘空间。尽管被占用的区间不是很多，但因保护程序是驻留在硬盘上的某一区间内，则易受到个别用户的恶意攻击，使保护软件失去相应的保护作用。另外，对于在软件中使用口令保护也不是一个最安全的办法，因为能够进行截获口令字的软件已有不少面世。

硬件保护模式硬件保护模式是在软件保护技术基础上发展起来的一种对硬盘数据实施保护的技术。此类保护技术最明显的优势是保护程序通常保留于另外接入计算机系统的硬件电路中，故不易受到个别用户的恶意攻击与破解，以及保护软件自身安全性能得到有效保护。此类保护技术最明显的缺陷是经费投入较多。

2.2 设计与实践

2.2.1 微机的组装

一、实验目的

1. 熟悉微型计算机的硬件组成。
2. 了解装机的基本过程和方法。
3. 了解各个硬件的接口。

二、实验任务

1. 认识计算机的整体结构，掌握各部件的功能和基本原理。
2. 掌握装机和拆机的顺序。
3. 了解 CPU 和内存条的安装方法。
4. 认识主板的结构和接口。
5. 了解各个部件间的线缆连接（主机与显示器、打印机、键盘、音箱等外设的信号线连接方式及电源插接）。

三、实验步骤

1. 机箱电源的安装。

机箱是一台计算机主机的外壳，用来放置和固定各计算机配件，起承托和保护作用。此外，计算机机箱还具有屏蔽电磁辐射、散热、抗震和防尘的作用。

电源是安装在主机箱内的封闭式独立部件，它所起的作用是将交流电通过开关电源变压器转换为稳定的直流电，给主机箱内各部件供电。电源功率大小、电流电压的稳定是决定电源质量和评价性能的重要指标。

2. 安装 CPU 处理器。

准备一块绝缘的泡沫用来放置主板，主板的包装盒里就有这样的泡沫。在安装 CPU 之前，要先打开主板上 CPU 的插座，适当用力向下微压固定 CPU 的压杆，同时用力往外推压杆，使压杆脱离固定卡扣。CPU 处理器的一角上有一个三角形的标识，另外观察主板上的 CPU 插座也有一个三角形的标识。在安装处理器时，CPU 上印有三角标识的那个角要与主板上印有三角标识的那个角对齐，然后慢慢的将 CPU 轻压到位（见图 2.20）。将 CPU 安放到位以后，盖好扣盖，并反方向微用力扣下处理器的压杆，至此 CPU 便被稳稳地安装到主板上。

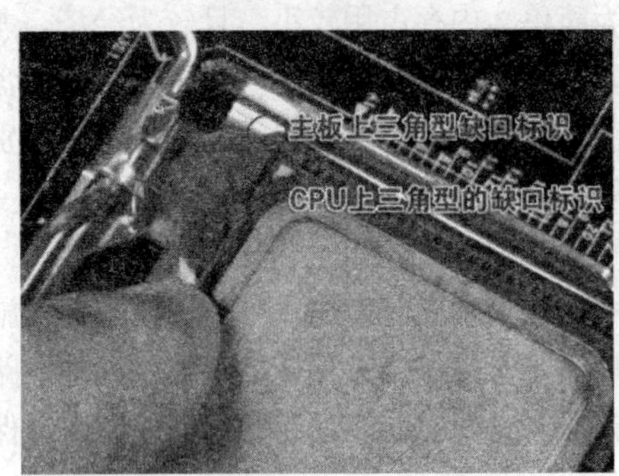

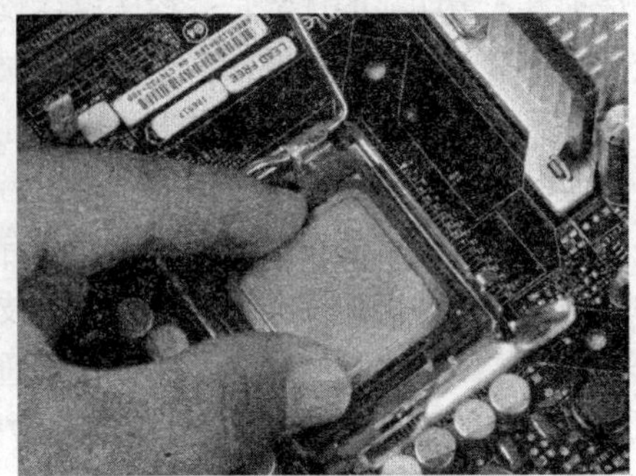

图 2.20　CPU 的三角标识（左图）和 CPU 的安装（右图）示意图

3. 安装散热器。

由于 CPU 发热量较大，选择一款散热性能出色的散热器特别关键。安装散热前，先要在 CPU 表面均匀的涂上一层导热硅脂（有些散热器在购买时已经在底部与 CPU 接触的部分涂上了导致硅脂，就不再需要这一步了）。安装时，将散热器的四角对准主板相应的位置，然后用力压下四角扣具即可。找到主板上安装风扇的接口（主板上的标识字符为 CPU_FAN），将风扇插头接到主板的供电接口上（见图 2.21 右图）。由于主板的风扇电源插头都采用了防呆式的设计，反方向无法插入，因此安装起来相当方便。

4. 安装内存条。

内存插槽是集成在主板上的，均提供双通道功能。因此在选购内存条时尽量选择两根同规格的内存来搭建双通道。安装内存条时，先将内存插槽两端的扣具打开，然后将内存条平行放入内存插槽中（内存插槽也使用了防呆式设计，反方向无法插入，安装时可以对应一下内存条与插槽上的缺口），用两拇指按住内存条两端轻微向下压，听到“啪”的一声响后，即说明内存条安装到位（见图 2.21 左图）。

图 2.21　内存条的安装（左图）和散热器的安装（右图）示意图

将 CPU 和内存条安装到主板上后，再将主板装到机箱里。

5. 将主板安装固定到机箱中。

在安装主板之前，先将机箱提供的主板垫脚螺母安装到机箱主板托架的对应位置（有些机箱购买时就已经安装）。双手平行托住主板，将主板放入机箱中。注意将主板上的键盘口、鼠标口、串并口等和机箱背面档片的孔对齐，使所有螺钉对准主板的固定孔，依次把每个螺丝拧紧，固定好主板（在装螺丝时，注意每颗螺丝不要一次性的就拧紧，等全部螺丝安装到位后，再将每粒螺丝拧紧，这样做的好处是随时可以对主板的位置进行调整）。注意，要求主板与底板平行，决不能搭在一起，否则容易造成短路。

6. 硬盘和光驱的安装。

（1）安装硬盘：将硬盘固定在机箱的 3.5 英寸硬盘托架上。安装时注意方向，保证硬盘正面朝上，接口部分背对面板，然后再拧紧螺丝。

（2）安装光驱：从面板上取下一个 5 英寸槽口的挡板，把光驱安装在对应的 5 英寸固定架上，保持光驱的前面和机箱面板齐平，在光驱的每一侧用两个螺丝初步固定，先不要拧紧，这样可以对光驱的位置进行细致的调整，然后再把螺丝拧紧。

7. 安装显卡、声卡和网卡。

目前，PCI-E 显卡是市场主流，主流主板都提供 PCI-E 插槽。安装时将显卡以垂直于主板的方向插入插槽中，用力适中并要插到底部，保证卡和插槽的良好接触。以同样的方法把声卡插入 ISA 插槽，如果是 PCI 的声卡就要插在 PCI 插槽中。安装好了声卡和显卡后，用螺丝固定即可。如果需要安装网卡，把网卡插入主板上的 PCI 插槽中，安装方法同显卡。

8. 各种线缆的连接。

（1）连接硬盘电源与数据线。现在接口全部采用防呆式设计，反方向无法插入，安装时将接头按到底即可，一般 SATA 硬盘，右边红色的为数据线，黑黄红交叉的是电源线，这样容易确认连线的插接方向。同样光驱数据线接口，均采用防呆式设计，安装数据线时可以看到 IDE 数据线的一侧有一条蓝色或红色的线，这条线位于电源接口一侧。

（2）连接电源线。首先给主板插上供电插座，目前主板上的电源接口主要有 24PIN 和 20PIN 两种，购买主板时注意选择合适的电源。从机箱电源输出线中找到电源线接头，同样在主板上找到电源接口（见图 2.22），一般是位于在主板外侧的凸起槽。在电源的供电接口上采用了卡扣式的设计，这样对准插下即可。主板的电源插座上都有防呆设置，插错是插不进去的。

图 2.22　主板上 24PIN（左图）和 20PIN（右图）的供电接口

为了给 CPU 提供更强更稳定的电压，目前主板上均提供一个给 CPU 单独供电的接口（有 4 针、6 针和 8 针 3 种），如图 2.23 所示。

（3）连接风扇电源线。主板没有接风扇的跳线，或者 CPU 风扇是另购的，就需要将风扇的电源接在主机的电源上，这种电源接头的方向都是固定的，方向反了是安装不上的。

（4）连接光驱和声卡之间的音频线。通常音频线是 3 芯或者 4 芯的，其中红色、白色的线是连接左右声道的，黑色的线是地线，不传输声音。在连接时注意接入的颜色，如果连接错误的话，可能听不到 CD 音乐或者只有一个声道发声。

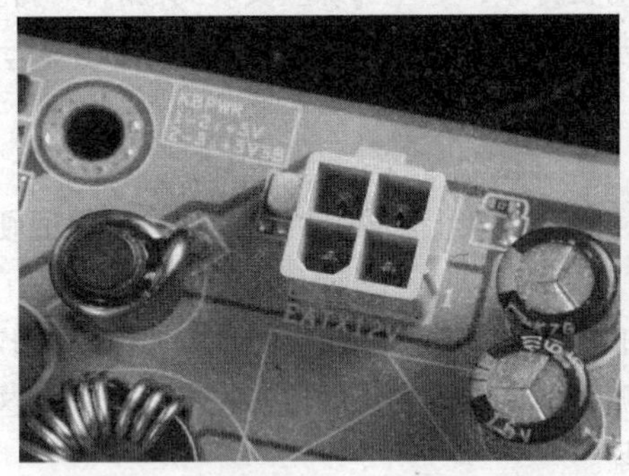
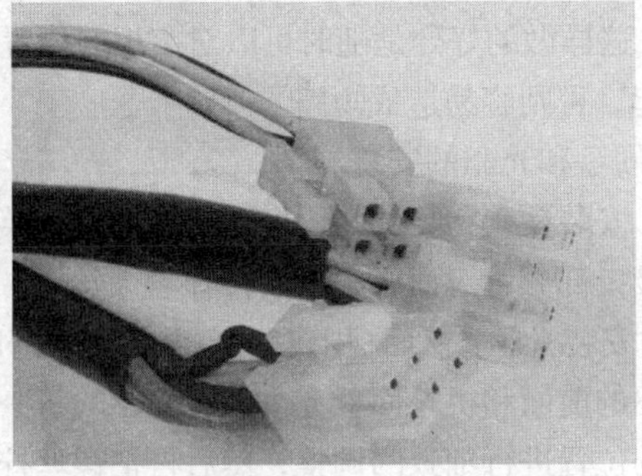

图 2.23　主板上提供 CPU 单独供电的接口（左图）和电源上提供给 CPU 的接口（右图）

如今的主板提供了集成的音频芯片，性能上完全能够满足绝大部分用户的需求。而且音频接口也被移植到了机箱的前面板上。为使机箱前面板的上耳机和话筒能够正常使用，还应该将前置的音频线与主板进行正确的连接。其中 AAFP 为符合 AC97’音效的前置音频接口，ADH 为符合 ADA 音效的扩展音频接口，SPDIF_OUT 是同轴音频接口，按照分别对应的接口依次接入即可。

（5）USB 成为日常使用频率最高的接口，大部分主板提供了高达 8 个 USB 接口，一般在背部的面板中仅提供 4 个，剩余的 4 个安装到机箱前置的 USB 接口上。USB 接口也采用了防呆式设计，只有以固定的方向才能够插入 USB 接口，避免因接法不正确而烧毁主板的情况。其中 VCC 用来供电，USB-与 USB+分别是 USB 的负正极接口，GND 为接地线（见图 2.24）。

图 2.24　主板上 USB 接口（左图）和机箱前 USB 接口（右图）

（6）连接机箱面板线。机箱面板上通常有开关机键、重启键以及一些指示灯等，它们需要与主板左下角一排插针一一连接。一般来说，需要连接 PC 喇叭、硬盘信号灯、电源信号灯、ATX 开关、Reset 开关，其中 ATX 开关和 Reset 开关在连接时无须注意正负极，而 PC 喇叭、硬盘信号灯和电源信号灯需要注意正负极，白线或者黑线表示连接负极，彩色线（一般为红线或者绿线）表示连接正极（见图 2.25）。

对机箱内的各种线缆进行连接情况的检查，确保无误；做好线路整理，以提供良好的散热空间。之后，把主机的机箱盖盖上，上好螺丝，就成功地安装好主机了。

9. 主机安装完成以后，还要把键盘、鼠标、显示器、音箱等外设同主机连接起来。

现在的接口都采用 USB 形式，键盘和鼠标的安装简单。显示器的数据线连接时要和插孔的方向保持一致，不要用力过猛，以免弄坏插头中的针脚，只要把信号线插头轻轻插入显卡的插座中，然后拧紧插头上的两颗固定螺栓即可。完成后再连接显示器的电源线。

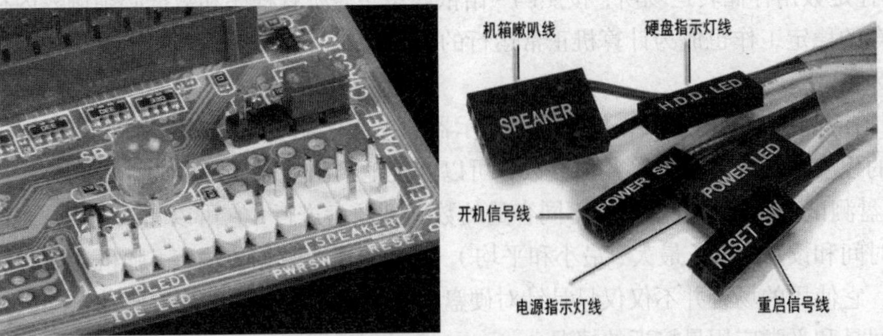

图 2.25　主板上面板插针（左图）和信号线（右图）

最后就是连接主机的电源线，还有音箱的连接。通常有源音箱接在“LOUT”口上，无源音箱则接在“SPK”口上。

当所有的设备都安装完成，就可以启动计算机了。启动计算机后，可以听到 CPU 风扇和主机电源风扇转动的声音，还有计算机自检时发出的声音。显示器开始出现开机画面，并且进行自检。

四、实验思考

1. 如果在装机完成后，计算机不能正常启动，需要进行安装的故障检查，那么应该从哪里入手检查呢？

2. 列出装机过程中可能产生故障的因素。

2.2.2　微机的硬件性能测试

一、实验目的

1. 熟悉微型计算机硬件的测试内容和指标。
2. 掌握硬件基本信息测试。
3. 了解硬件的单项测试和综合测试软件。

二、实验任务

1. 认识计算机硬件的基本性能。
2. 了解 CPU、主板、内存、硬盘和显示器等的性能测试指标。
3. 认识电脑评价指标。

三、实验步骤

1. 测试准备。由于各种因素的影响，刚开机其性能还不能达到最佳状态，建议在开机半小时之后再进行测试，尤其是显示器测试。

由于测试软件测试时间较长，为保证测试的正常进行，测试时要注意 CPU 温度问题。

2. 搭建软件测试平台。安装各类硬件测试软件（CPU 测试软件 CPU-Z、内存测试软件 HWiNFO32、显卡测试软件 3D MARK 或 Quake III、硬盘测试软件 HD Tach、光驱测试软件 NERO、主板测试软件 Everest 或 HWiNFO32、显示器测试软件 Nokia Monitor Test、整机测试软件 SisSoft Sandra 2005 或 PCMark、鲁大师）。

测试时应该确保没有其他程序在后台运行，因为其他程序的运行可能会在测试时抢占系统资源，影响测试效果，甚至可能导致测试失败。

3. CPU 是计算机的核心设备，其性能的高低也间接地反映了计算机性能，人们常以它来判定计算机的档次。通过一组测试软件的检测，可以得到 CPU 的基本信息和各项性能指标。

4. 内存是数据存储转运场所，按照冯·诺依曼思想，所有程序和数据必须调入内存才能进行处理，内存的稳定工作也成为计算机正常运行的保障。对于内存的检测，主要以稳定性检测和软故障检测为主。

5. 目前液晶显示器已普及，检测液晶显示器的色彩、响应时间、文字显示效果、有无坏点、视频杂讯的程度和调节复杂度等各项参数，可以客观地给出液晶显示器的评价。

6. 硬盘测试主要通过分段拷贝不同容量的数据到硬盘进行，它可以测试平均寻道时间、最大缓存读取时间和读写时间（最大、最小和平均）、硬盘的连续数据传输率、随机存取时间及突发数据传输率，它使用的场合并不仅仅只是针对硬盘，还可以用于软驱、ZIP 驱动器测试。其中，平均读写时间是和平常应用最接近的情况。

7. 综合测试软件如 SiSoft Sandra 能够帮助了解自己计算机中软件、硬件的配置情况究竟如何，可对 CPU、硬盘、光驱、内存进行全面的速度评测，同时还会提出许多中肯的配置建议，以便提高系统的性能。

SiSoft Sandra 大致分成 4 个模块：信息模块、基准模块、清单模块和测试模块。信息模块主要提供系统硬件和软件的分析检测和报告，包括主板、CPU、电源、驱动器、显示系统、声音系统等硬件和 Winsock、DirectX、OpenGL 等软件信息；基准模块主要提供多个重要项目的测试，并把测试数据与其他基准系统（如 Athlon、Pentium 等系统）的测试数据进行比较，从而可以判断当前系统的性能优劣。测试清单模块主要提供 Windows 的系统运行环境信息，包括 Config.sys、Autoexec.bat、System.ini、Win.ini 等系统文件的信息和环境变量的设置情况；测试模块主要提供对于 CMOS 堆栈、硬件中断、DMA 资源、I/O 设置、内存资源以及即插即用设备的测试。

8. 运行综合测试软件，对整机总体性能给出客观评价，如 PC Mark。

四、实验思考

1. 通过软件测试对不同型号计算机的性能做出评价。
2. 练习使用各类测试软件对计算机进行测试。
3. 总结 CPU、内存、硬盘、光驱、显卡和显示器测试的主要指标有哪些。
4. 总结整机测试的一般综合指标是什么。

2.3 自我测试

一、选择题

1. 计算机的硬件系统包括（　　）。

A. 内存和外设　B. 显示器和主机　C. 主机和打印机　D. 主机和外部设备

2. 负责计算机内部之间的各种算术运算和逻辑运算的功能，主要是（　　）硬件来实现的。

A. CPU　B. 主板　C. 内存　D. 显卡

3. 下列设置中，不属于输入设备的是（　　）。

A. 键盘　B. 鼠标　C. 扫描仪　D. 打印机

4. 断电后，会使存储的数据丢失的存储器是（　　）。

A. RAM　B. 硬盘　C. ROM　D. 软盘

5. 微型计算机的微处理器芯片上集成的是（　　）。

A. 控制器和运算器　　B. 控制器和存储器
C. CPU 和控制器　　D. 运算器和 IO 接口

6. 微型计算机的性能指标不包括（　）。
A. 字长　　B. 存取周期　　C. 主频　　D. 硬盘容量

7. 处理芯片的位数即指（　）。
A. 速度　　B. 字长　　C. 主频　　D. 周期

8. 按照总线上传输信息类型的不同，总线可分为多种类型，以下不属于总线的是（　）。
A. 交换总线　　B. 数据总线　　C. 地址总线　　D. 控制总线

9. 计算机显示器画面的清晰度决定于显示器的（　）。
A. 亮度　　B. 色彩　　C. 分辨率　　D. 图形

10. 打印机是计算机系统的常用输出设备，当前输出速度最快的是（　）。
A. 点阵打印机　　B. 喷墨打印机　　C. 激光打印机　　D. 台式打印机

11. 运算器、控制器和寄存器属于（　）。
A. 算术逻辑单元　　B. 主板　　C. CPU　　D. 累加器

12. 在计算机中，将数据传送到 U 盘上，称为（　）。
A. 写盘　　B. 读盘　　C. 输入　　D. 以上都不是

13. 计算机的技术指标有多种，而最主要的应该是（　）。
A. 语言、外设和速度　　B. 主频、字长和内存容量
C. 外设、内存容量和体积　　D. 软件、速度和重量

14. 字长 16 位的计算机，它表示（　）。
A. 数以 16 位二进制数表示　　B. 数以十六进制来表示
C. 可处理 16 个字符串　　D. 数以两个八进制表示

15. ROM 中的信息是（　）。
A. 由计算机制造厂预先写入的
B. 在系统安装时写入的
C. 根据用户需求不同，由用户随时写入的
D. 由程序临时写入的

16. 下列各组设备中，同时包括了输入设备、输出设备和存储设备的是（　）。
A. CRT、CPU、ROM　　B. 绘图仪、鼠标器、键盘
C. 鼠标器、绘图仪、光盘　　D. 磁带、打印机、激光印字机

17. 衡量微型计算机价值的主要依据是（　）。
A. 功能　　B. 性能价格比　　C. 运算速度　　D. 操作次数

18. 微型计算机的主频很大程度上决定了计算机的运行速度，它是指（　）。
A. 计算机的运行速度很慢
B. 微处理器的时钟工作频率
C. 基本指令操作次序
D. 单位时间的存取数量

19. 超市收款台检查货物的条形码，这属于计算机系统应用中的（　）。
A. 输入技术　　B. 输出技术　　C. 显示技术　　D. 索引技术

20. 计算机进行数值计算时的高精确度主要取决于（　）。

A. 计算速度　B. 内存容量　C. 外存容量　D. 基本字长

21. 在下列存储器中，访问速度最快的是（　　）。

A. 硬盘　B. 软盘　C. 内存　D. 磁带

22. 在下列各种设备中，读取数据由快到慢的顺序为（　　）。

A. RAM、Cache、硬盘、软盘　B. Cache、RAM、硬盘、软盘

C. Cache、硬盘、RAM、软盘　D. RAM、硬盘、软盘、Cache

23. 当连续输入大写字母或小写字母时，可以用（　　）字母锁定键进行切换。

A. Tab　B. Esc　C. NumLock　D. CapsLock

24. 删除当前输入的错误字符，可直接按下（　　）。

A. Enter 键　B. Esc 键　C. Shift 键　D. BackSpace 键

25. 内存中每个基本单位都被赋予一个唯一的序号，叫作（　　）。

A. 字节　B. 地址　C. 编号　D. 容量

26. 下面关于通用串行总线 USB 的描述，不正确的是（　　）。

A. USB 接口为外设提供电源

B. USB 设备可以起集线器作用

C. 可同时连接 127 台输入/输出设备

D. 通用串行总线不需要软件控制就能正常工作

27. 下列（　　）设备经常使用“分辨率”这一指标

A. 针式打印机　B. 显示器　C. 键盘　D. 鼠标

28. 在磁盘存储器中，无须移动存取机构即可读取的一组磁道称为（　　）。

A. 单元　B. 扇区　C. 柱面　D. 文卷

29. 存储器是存放程序和数据的装置。根据其在计算机中的作用可分为内存储器和外存储器，而根据存储材料来分类，则可分为（　　）。

A. 主存储器和辅助存储器　B. 磁存储器和半导体存储器

C. 随机存取存储器和只读存器　D. 高速缓存和随机存储器

30. 32 位总线，工作频率 66MHz，则总线带宽=（　）。

A. 132MB/s　B. 264MB/s

C. 532MB/s　D. 1.06GB/s

31. 在芯片组中，有一种结构叫作南北桥结构。在南北桥结构中，北桥的作用是（　　）。

A. 实现 CPU、内存与 AGP 显示系统的连接

B. 实现 CPU 局部总线（FSB）与 PCI 总线的连接

C. 实现 CPU 等与主板上其他器件的连接

D. 实现 CPU 等器件与外设的连接

32. 下列属于击打式打印机的有（　　）。

A. 喷墨打印机　B. 针式打印机　C. 静电式打印机　D. 激光打印机

33. 下列有关计算机性能的描述中，不正确的是（　　）。

A. 一般而言，主频越高，速度越快

B. 内存容量越大，处理能力就越强

C. 计算机的性能好不好，主要看主频是不是高

D. 内存的存取周期也是计算机性能的一个指标

34. 下列叙述中，正确的是（　　）。

A. 为了协调 CPU 与 RAM 之间的速度差间距，在 CPU 芯片中又集成了高速缓冲存储器

B. PC 在使用过程中突然断电，SRAM 中存储的信息不会丢失

C. PC 在使用过程中突然断电，DRAM 中存储的信息不会丢失

D. 外存储器中的信息可以直接被 CPU 处理

35. 下列关于硬盘的描述，不正确的是（　　）。

A. 硬盘片是由涂有磁性材料的铝合金构成

B. 硬盘各个盘面上相同大小的同心圆称为一个柱面

C. 硬盘内共有一个读/写磁头

D. 读/写硬盘时，磁头悬浮在盘面上而不接触盘面

36. 磁盘存储信息的基本存储单元是（　　）。

A. 磁道　　B. 柱面　　C. 扇区　　D. 磁盘

37. 以下硬盘的技术指标内容，错误的是（　　）。

A. 平均寻道时间　B. 厚度　　C. 传输率　　D. 转速

38. 设置计算机的显示分辨率及颜色数（　　）。

A. 与显示器分辨率有关　　B. 与显示卡有关

C. 与显示器分辨率及显示卡有关　　D. 与显示器分辨率及显示卡均无关

39. 以下常见硬盘驱动器接口，错误的是（　　）。

A. STATE　　B. IDE　　C. SCSI　　D. ISA

40. 外设要通过接口电路与 CPU 相连。在 PC 中接口电路一般做成插卡的形式。下列部件中，一般不以插卡形式插在主板上的是（　　）。

A. CPU　　B. 内存　　C. 显示卡　　D. 硬盘

41. 若一台计算机的字长为 4 个字节，这意味着它（　　）。

A. 能处理的数值最大为 4 位十进制数是 9999

B. 能处理的字符串最多为 4 个英文字母组成

C. 在 CPU 中处理传送的数据为 32 位

D. 在 CPU 中运行结果最大为 2 的 32 次方

42. 用户计算机为 PCI 插槽的计算机，没有 USB 接口，但用户又必须使用 USB 设备，则最经济可行的解决方案是（　　）。

A. 将计算机升级，更换 USB 接口的主板

B. 安装 PCItoUSB 装换卡

C. 使用 USB HUD

D. 无法解决

43. 下列选项中代表 CPU 的执行速度的是（　　）。

A. MHz　　B. CPS　　C. LBM　　D. Mbytes

44. 下列关于光介质存储器的描述，不正确的是（　　）。

A. 光介质存储器是在微型计算机上使用较多的存储设备

B. 光介质存储器应用激光在某种介质上写入信息

C. 光介质存储器应用红外光在某种介质上写入信息

D. 光盘需要通过专用的设备读取盘上的信息

45. 32 位个人计算机中的 32 位指 CPU 的（　　）。

A. 控制总线　　B. 地址总线

C. 数据总线　　D. 输入/输出总线为 32 位

46. 芯片组是系统主板的灵魂，它决定了主板的结构及 CPU 的使用。芯片有“南桥”和“北桥”之分，“南桥”芯片的功能是（　　）。

A. 负责 I/O 接口以及 IDE 设备（硬盘等）的控制等

B. 负责与 CPU 的联系

C. 控制内存

D. AGP、PCI 数据在芯片内部传输

47. 以内存存取速度卡来比较，下列选项中（　　）最快。

A. LI 高速缓存　　B. L2 高速缓存

C. 主存储器　　D. 辅助内存

48. 在 PC 机上通过键盘输入一段文章时，该段文章首先存放在主机（　　）中，如果希望将这段文章长期保存，应以（　　）形式存储于（　　）中。

A. 内存，文件，外存　　B. 外存，数据，内存

C. 内存，字符，外存　　D. 键盘，文字，打印机

49. 下列关于存储器的叙述中，正确的是（　　）。

A. CPU 能直接访问在内存中的数据，也能直接访问存储在外存中的数据

B. CPU 能不直接访问在内存中的数据，也能直接访问存储在外存中的数据

C. CPU 能直接访问在内存中的数据，不能直接访问存储在外存中的数据

D. CPU 既不能直接访问在内存中的数据，也不能直接访问存储在外存中的数据

50. 下面关于基本输入/输出系统 BIOS 的描述，不正确的是（　　）。

A. BIOS 是一组固化在计算机主板上一个 ROM 芯片内的程序

B. 它保存着计算机系统中最重要的基本输入/输出程序、系统设置信息

C. 即插即用与 BIOS 芯片有关

D. 对于定型的主板，生产厂家不会改变 BIOS 程序

二、判断题

1. 存储单元就是计算机存储数据的地方。内存、缓存、硬盘和 U 盘等都是存储单元。（　　）

2. 计算机机箱内一般包括主板、CPU、内存、显卡、声卡、硬盘、光驱、数据线等。（　　）

3. 选购主板时，一定要注意与 CPU 对应，否则无法使用。（　　）

4. 微型计算机的主机由控制器、运算器和内存构成。（　　）

5. 计算机运行程序时，CPU 所执行的指令和处理的数据都直接从磁盘或光盘中读出，处理结果也直接存入磁盘。（　　）

6. 字长是衡量计算机性能一个重要指标，目前个人计算机使用的 CPU 都是 32 位处理器。

7. 控制总线是中各部件之间共享的一组公共数据传输线路。（　　）

8. 内存与外存的区别在于外存是临时性的，而内存是永久性的。（　　）

9. ROM 是只读的，所以它不是内存而是外存。（　　）

10. 计算机能按照人们的意图自动、高速地进行操作，是因为采用了程序存储在内存。（ ）

三、填空题

1. 计算机硬件和计算机软件既相互依存又互为补充。可以这么说，________是计算机系统的躯体，________是计算机的头脑和灵魂。

2. 计算机系统的硬件由5个单元结构组成：______、______、控制器______和______。

3. 计算机的外设很多，主要分成两大类，一类是输入设备，另一类是输出设备，其中显示器、音箱属于________，键盘、鼠标、扫描仪属于________。

4. 以“存储程序”的概念为基础的各类计算机统称为________。

5. 在总线上单向传送信息的是________。

6. 动态RAM的特点是________。

7. 基本输入/输出系统BIOS是一组固化在计算机________上的一个ROM芯片内的程序，它保存着计算机系统中最重要的基本输入/输出程序、系统设置信息。

8. ______是介于CPU和内存之间的一种可高速存取信息的芯片，用于解决CPU和RAM之间的速度冲突问题。

9. 通用串行总线USB接口可为外设提供电源，可以起到集线器的作用，但需要是______控制才能正常工作。

10. 微型计算机的存储系统一般指主存储器和________。

11. 字长是指计算机________之间一次能够传递的数据位，位宽是CPU通过外部数据总线与________之间一次能够传递的数据位。

12. 微型计算机的内部存储器按其功能特征可分为3类：______、______和______。

13. 根据总线内传输信息的性质，总线可分为______、______和______。

14. 微型计算机的内部总线用于连接________的各个组成部件，它位于芯片内部。系统总线是指主板上是________的总线；外部总线则是________之间的总线。

15. 随机存取存储器简称________。CPU对它们即可读出数据又可写入数据，但是，一旦关机断电，随机存取存储器中的信息________。

16. 应用激光在某种介质上写入信息，然后再用激光读出信息的技术称为________。

17. ______是安装在计算机显示器或任何监视器表面的一种输入设备。

18. 衡量中央处理器的两个技术指标是________和________。

19. 输入/输出接口位于主机与________之间。

20. 计算机的发展经历了从电子管到超大规模集成电路等几代的变革，各代变革主要基于________。

第3章 操作系统

对国内很多的计算机用户来说，虽然桌面操作系统很多，但Windows操作系统还是大家最熟悉的桌面操作系统。Windows 7的推出不仅带给用户全新的个性体验，而且性能和可靠性也提高了。另外，Linux 操作系统也开始获得越来越多的关注，移动操作系统和虚拟化技术的地位日益重要，这些知识都融合进操作系统领域的技术变革中，并极大地促进了操作系统技术的发展。

本章介绍Windows操作系统的发展历程，然后介绍Windows 7的注册表和性能优化等操作。除此之外，本章还涉及 Linux、移动操作系统、虚拟化技术等内容，让读者轻松领略最新的科技成果，满足工作、学习、娱乐等方面的需求。

3.1 扩展知识

3.1.1 Windows是如何发展演变的

回顾PC漫长的发展史，如果让你想一个关键词，相信很多人的第一反应就是“Windows”。Windows操作系统在PC中的使用程度是其他操作系统难以企及的，它的易用度和界面给人们带来的交互体验都是不可比拟的。Windows操作系统能有现如今的成就，也绝非是一日之功。在它漫长的发展历程中，微软进行了很多摸索与尝试。

微软从1985年推出Windows 1.0开始，经过30年的发展，Windows版本已经进化到Windows 10。在这期间推出的操作系统，既有Windows Me、Windows 2000等产品，也有风靡全球的Windows XP、Windows 7、Windows 8。

1983年，微软宣布在MS-DOS上开发一个图像接口操作系统，到了1985年，第一代Windows操作系统面世，称为Windows 1.0版本。Windows 1.0是微软第一次对个人计算机操作平台进行用户图形界面的尝试，也是微软公司发布的第一个 Windows 操作系统版本。Windows 1.0 基于MS-DOS操作系统，实际上其本身并非操作系统，至多只是基于DOS的应用软件，Windows 1.0本质上宣告了DOS操作系统的终结。由于只是MS-DOS的扩展，而且功能较为薄弱，当时并没有引起用户太多的关注，紧随其后的Windows 2.0，也是基于同样的原因，没有取得太大的成功。

1990年，微软推出第一个真正意义上成功的操作系统Windows 3.0，如图3.1所示。通过虚拟内存，Windows 3.0的多任务表现很理想，而且保护模式的引入，使得软件能使用更多的内存，提高了系统的整体性能。另外，由于提供了对多媒体、网络等众多最先进技术的支持，从而被称为软件技术的一场革命。借助 Windows 3.0 的成功之势，微软在 1992 年和 1994 年分别推出了 Windows 3.1 和 Windows 3.2，加入了视频、音频播放等多媒体技术支持，国内有不少 Windows 的先驱用户就是从 Windows 3.2 开始接触 Windows 操作系统的。

1993 年，微软发布了 Windows NT 3.1，如图 3.2 所示。表面上看来它与 Windows 3.1 并无太大差别，实际上 Windows NT 采用的 32 位内核，比 Windows 3.x 系列强大得多，甚至数年之后发布的 Windows 2000 系列也采用改进的 Windows NT 内核。虽然 Windows NT 对于硬件要求太高，无法取代 Windows 3.1，但 Windows NT 具有优异的网络能力，以及先进的 NTFS 文件系统，因此在服务器市场广受欢迎，微软也由此揭开了进军服务器市场的序幕。与此同时，微软的产品线也一分为二，一条继续使用原来的 16/32 位混合核心，另一条使用稳定 32 位 Windows NT 核心。

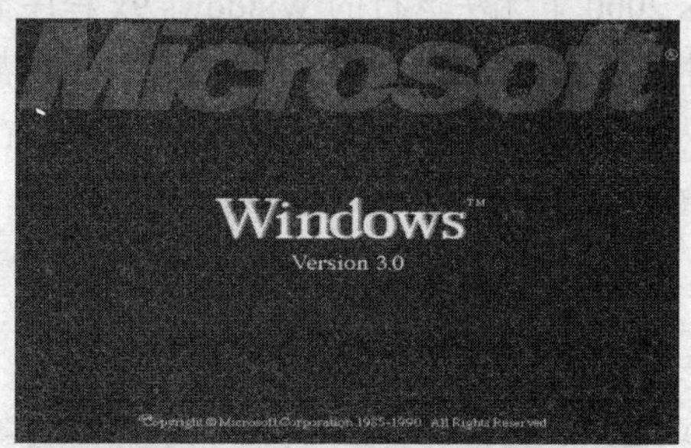

图 3.1 Windows 3.0 启动画面

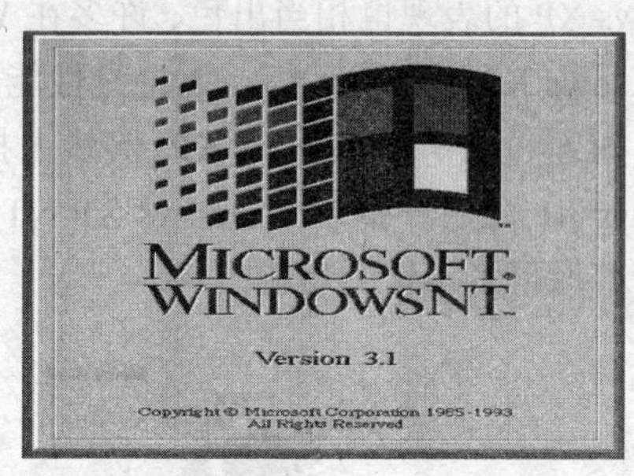

图 3.2 Windows NT 启动画面

在 16/32 位混合核心方面，微软于 1995 年和 1998 年相继推出 Windows 95 和 Windows 98 两代堪称经典的操作系统，如图 3.3、图 3.4 所示。其中 Windows 95 击败了 IBM OS/2 操作系统，带来了更强大的、更稳定、更实用的桌面图形用户界面，在它发行的一两年内，它成为有史以来最成功的操作系统之一，让微软的 Windows 系列开始成为个人电脑的首选操作系统。Windows Me 是微软于 2000 年推出的 Windows 9x 生产线上的最后一个产品，由于存在着一些自身的缺陷，事实上成为新的操作系统面世前的一个过渡。Windows 9x 的操作系统，由于结构上有许多的问题，所以并不太稳定，永远不知道什么时候会出现的蓝屏死机画面，让许多用户为之愤怒和无奈。

图 3.3 Windows 95 启动画面

图 3.4 Windows 98 启动画面

同一时期，微软发行了 Windows NT 4.0，尝试进一步开拓服务器与工作站市场。这是一款基于 Windows NT 核心的新产品，以稳定的纯 32 位作业环境为宣传口号，快速地在目标市场中获得成功地位。

随着硬件完全过渡到 32 位，微软停止了 16/32 位混合核心的产品开发，转而全力开发基于 32 位 Windows NT 核心的产品，随后推出的 Windows 2000 系列产品在商务领域和服务器市场取得了更大的成功，并被认为是所有的 Windows 中最优秀的一个版本，直到现在，仍有大量企业部署

Windows 2000，如图 3.5 所示。然而由于游戏、影音娱乐等软件产品没有及时跟进，所以 Windows 2000 并没有进入家用领域。

微软一直希望将 Windows 9x 优秀的多媒体表现、良好的兼容能力与 Windows NT 产品的稳定性整合起来。这个愿望直到 2001 年 Windows XP 发行才得以实现，如图 3.6 所示。Windows XP 采用 Windows NT 5.1 内核，它的发行标志着 Windows NT 统一了服务器市场和家庭用户市场。Windows XP 被誉为微软有史以来最为成功的操作系统，得益于 NT 内核，Windows XP 彻底解决了 Windows 9x 系列饱受诟病的不稳定问题。与前代操作系统相比，Windows XP 的操作界面变得更加友好，这是自 Windows 95 以来 Windows 操作系统最大的一次“整容”。此外，Windows XP 整合了大量驱动程序，使得硬件兼容性进一步提升，而在软件兼容性上，Windows XP 的表现也相当出色，许多在 Windows 2000 下无法运行的 Windows 9x 程序都可以在 Windows XP 上正常运行。无论是性能、稳定性还是功能方面，Windows XP 的表现都可圈可点，时至今日，Windows XP 依然占据着个人计算机操作系统最大的市场份额。在推出 Windows XP 之后，基于 Windows XP/NT 5.1，微软推出了面向服务器市场的 Windows Server 2003，并取得了不错的反响。

图 3.5　Windows 2000 启动画面

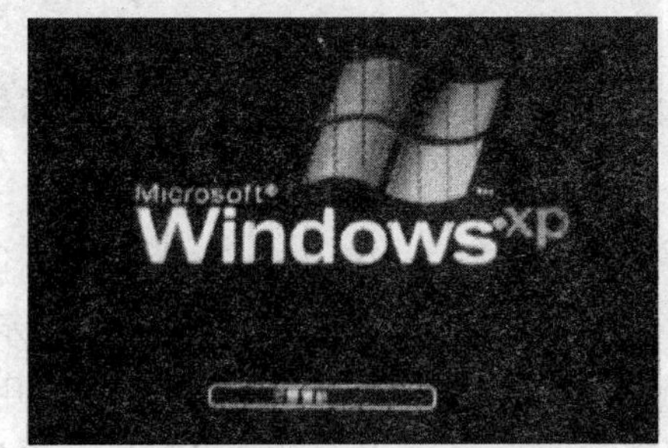

图 3.6　Windows XP 启动画面

2007 年 1 月，微软的新一代操作系统 Windows Vista 正式发行，如图 3.7 所示。Windows Vista 采用全新的 Windows Aero 界面，桌面比 Windows XP 更加华丽，而且加入了用户帐户控制（UCA）、IE 保护模式、内核保护、Windows Defender 反间谍及 Internet Explorer 7.0 等一系列的创新功能。不过 Windows Vista 的兼容性一直不够理想，大量软件在 Windows Vista 下无法运行，这种情况在 Windows Vista 上市很长一段时间仍未得到很好的解决。另一方面，由于它对硬件要求较高并且在游戏、影音、娱乐等方面也没有突破性的进步，所以 Windows Vista 并未能如微软所希望的那样取代 Windows XP 成为市场主流。

2009 年 10 月，微软正式向全球公开发售新一代操作系统，这次的 Windows 采用了最简单的数字命名方式：Windows 7，即第 7 版本的 Windows 操作系统，如图 3.8 所示。经历了 Windows Vista 的挫折，微软决心下大力气来改善 Windows 7 的兼容性，使得绝大多数在 Windows Vista 下的程序都可以在 Windows 7 中正常运行。虽然 Windows 7 上市时间不长，但已经收到了用户的广泛好评。微软于 2012 年发布 Windows 8，市场反响并不热烈，不少人都将 Windows 8 称作是另外一个版本的 Windows Vista，在 2014 年 10 月 31 日停止发售 Windows 8。

Windows 10 是美国微软公司研发的新一代跨平台及设备应用的操作系统，目前该操作系统的技术预览版已经发布并开始公测。Windows 10 操作系统，引入了多达 7000 多处的改进和更新，旨在提高桌面的易用性。未来，微软将会通过 Windows 10 统一所有的 Windows 版本，全面“接管”PC、平板计算机和手机等多种设备。

图 3.7 Windows Vista 启动画面

图 3.8 Windows 7 启动画面

3.1.2 怎样使用注册表

什么是注册表？注册表因为它复杂的结构使得它看上去很神秘。用户对这方面的缺乏了解使得注册表更容易出现故障。

1. 注册表的概念

注册表是 Windows 操作系统中的一个重要的数据库，其中存放着各种参数，直接控制着 Windows 的启动、硬件驱动程序的装载以及一些 Windows 应用程序的运行，从而在整个系统中起着核心作用。这些作用包括了软、硬件的相关配置和状态信息，联网计算机的整个系统的设置和各种许可，文件扩展名与应用程序的关联，硬件部件的描述、状态和属性，性能记录和其他底层的系统状态信息，以及其他数据等。

在 Windows 中，注册表由两个文件组成：System.dat 和 User.dat，它们由二进制数据组成，保存在 Windows 所在的文件夹中。System.dat 包含系统硬件和软件的设置，User.dat 保存着与用户有关的信息，如资源管理器的设置、颜色方案以及网络口令等。

2. 注册表编辑器

注册表编辑器是面向高级用户的工具，它用于检查和更改系统注册表中的设置，当用户对计算机进行更改（如安装新的程序、创建用户配置文件或添加新硬件）时，Windows 会参考并更新该信息，使用注册表编辑器，可以查看注册表文件夹、文件以及每个注册表文件的设置。

Windows 7 系统下打开注册表编辑器有以下两种方法。

方法一：直接在桌面“开始”菜单搜索框里输入“regedit”并按回车键；

方法二：可以在系统 C 盘里的 Windows 目录下，找到文件名为 regedit.exe 的运行程序，直接运行该注册表程序即可打开“注册表编辑器”窗口，如图 3.9 所示。

注册表编辑器与资源管理器的界面相似。在左边窗格中，由“计算机”开始，以下是分支，每个分支名都以 HKEY 开头，称为主键（KEY），展开后可以看到主键还包含次级主键（SubKEY）。当单击某一主键或次主键时，右边窗格中显示的是所选主键内包含的一个或多个键值（Value）。键值由键值名称（Value Name）和数据（Value Data）组成。主键中可以包含多级的次级主键，注册表中的信息就是按照多级的层次结构组织的。每个分支中保存计算机软件或硬件之中某一方面的信息与数据。

微软一直提示用户手工修改注册表是很危险的，尤其是初学者。正常情况下，注册表不需要更改，因为通常情况下程序和应用程序会自动进行所有必要的更改。对计算机的注册表更改不正确可能会使计算机无法操作。如果注册表出错，则计算机可能无法工作。因此为了确保 Windows 系统安全，在对注册表进行任何更改之前，最好导出或者备份注册表。

3. 备份注册表

Windows 每次正常启动时，都会对注册表进行备份，System.dat 备份为 System.da0，User.dat

备份为 User.da0。它们存放在 Windows 所在的文件夹中，属性为系统和隐藏。

可以将备份副本保存到指定的位置，如硬盘上的文件夹或可移动存储设备。如果想要取消所做的更改，则可以导入备份副本。

① 在“注册表编辑器”中找到并单击要备份的项或子项。

② 单击“文件”菜单，然后单击“导出”命令，如图 3.10 所示。

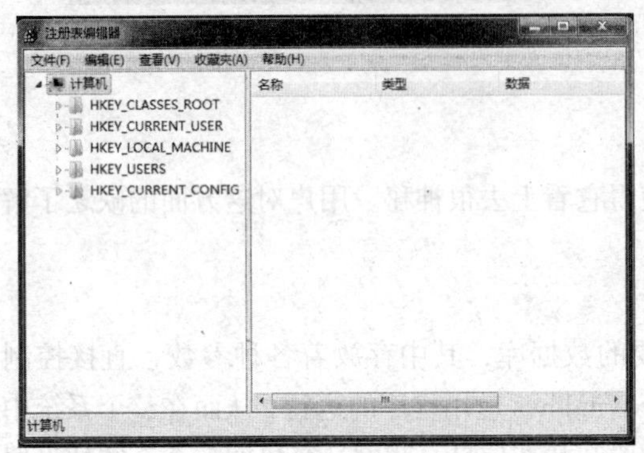

图 3.9 注册表编辑器

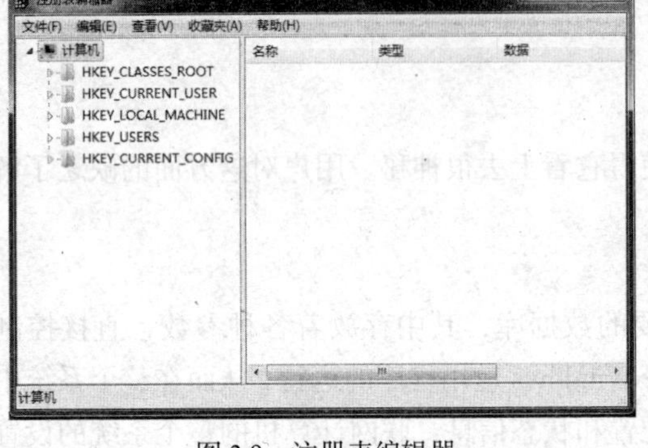

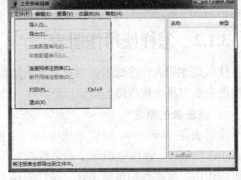

图 3.10 导出注册表

③ 在“保存于”框中，选择要保存备份副本的位置，然后在“文件名”框中输入备份文件的名称，单击“保存”完成备份。

4. 导入或局部导入注册表

当注册表损坏时，启动时 Windows 会自动用 System.dat 和 User.dat 的备份 System.da0 和 User.da0 进行恢复工作，如果不能自动恢复，用户可以在“注册表”菜单中单击“导入注册表文件”。然后单击“浏览”按钮找到要导入的文件，再单击“打开”按钮即可还原注册表文件。稍等片刻，弹出提示信息框，提示成功导入注册表。单击“确定”按钮，完成注册表的还原操作。

另外，我们在编辑注册表之前，最好使用“系统还原”创建一个还原点。该还原点包含有关注册表的信息，可以使用该还原点取消对系统所做的更改。

3.1.3 Windows 7 中如何执行命令行操作

用户界面（User Interface，UI）是系统和用户之间进行交互和信息交换的媒介，它实现信息的内部形式与用户可以接受的形式之间的转换。普通用户使用计算机操作系统有两种用户界面：命令行界面和图形用户界面。命令行界面（Command Line Interface，CLI）又称为命令行接口，用户通过键盘输入指令，计算机接收到指令后，予以执行，如早期微软的 DOS 和 Linux 操作系统通过特殊格式的命令字符来实现不同的功能，也有人称之为字符用户界面。图形用户界面（Graphical User Interface，GUI）又称图形用户接口，是指采用图形方式显示的计算机操作用户界面。用户使用鼠标等输入设备操纵屏幕上的图标或菜单选项，以选择命令、调用文件、启动程序或执行其他一些日常任务。图形用户界面的出现开创了计算机的另一个时代，使计算机的操作更加的简便、快捷。目前主流的图形界面操作系统如微软的 Windows 系列等。

操作系统的发展方向是由“命令行界面”向“图形用户界面”转变的。虽然现在许多计算机系统都提供了图形化的操作方式，但是都没有因此而停止命令行操作方式。相反，许多系统反而更加强这部分的功能，如 Windows 就不仅仅是加强了操作命令的功能和数量，而且也在改善命令行下的编程方式。命令行界面是 Windows 7 中一个十分实用的功能。

1. 进入和退出 DOS 命令行方式

① 在 Windows 7 桌面上，单击“开始”按钮，选择“所有程序”→“附件”→“命令提示符”选项，可启动 MS-DOS 任务窗口，进入 DOS 提示符状态后，可输入 DOS 的各种操作命令，如 dir、cls、copy 等进行相应的操作，操作完毕后，输入 exit 命令退出 DOS 环境。

② 在 Windows 7 桌面上，单击“开始”按钮，在搜索框中键入“运行”，然后在结果列表中单击“运行”，系统将打开“运行”窗口，在文本输入框中输入“command”（或“cmd”）命令后，即可启动 MS-DOS 任务窗口，运行 DOS 下的各种命令了。

③ 在 DOS 提示符状态下，输入 exit 命令可退出 DOS 环境；或者单击应用程序右上角的“关闭”按钮也可退出 DOS 环境。

2. 执行 DOS 命令

在命令行执行方式下，每输入一条 DOS 命令，并按 Enter 键，便执行对应的 DOS 命令，命令的执行结果显示在窗口中。

（1）查询命令 dir 的使用

功能：显示目录文件和子目录文件。

格式：dir [盘符][路径][文件名] […] [/p][/w][/a[[:]属性]][/o[:]排列顺序]][/s]

dir 后面的可选参数很多，读者可在 Windows 7 的“帮助和支持”窗口输入“命令行参考”进行搜索，可找到 Windows 7 下的命令行接口的全部命令及其使用方法的介绍。

举例：

① C:\>dir 显示当前目录中的内容。

② C:\>dir c:\windows/a:显示 Windows 子目录中的内容，包括具有隐藏、系统等属性的目录和文件。

③ C:\>dir config.sys 列出 C 盘当前目录下的 config.sys 文件。

④ C:\>dir windows/p 分页列出 Windows 子目录下的内容。

⑤ C:\>dir e: *.exe/o:d 列出 E 盘上所有的 exe 文件，并按照文件的创建时间排序。

（2）改变目录命令 CD（或 chdir）的使用

功能：显示当前目录名或更改当前目录。

格式：cd [/d] [盘符：][路径名]〈子目录名〉

举例：

① cd E:显示驱动器 E 的当前目录。

② cd..:返回父目录。

③ cd E:\TEMP:将驱动器 E 的当前目录设置为\TEMP，不改变当前驱动器。

④ cd /d E:\TEMP:将驱动器 E 的当前目录设置为\TEMP，并改变当前驱动器为 E。

（3）目录建立命令 md（或 mkdir）的使用

功能：创建目录和子目录。

格式：md [盘符：][路径名]〈子目录名〉

“盘符”指定要建立子目录的磁盘驱动器字母，若省略，则为当前驱动器；“路径名”是要建立的子目录的上级目录名，若缺省则建在当前目录下。

举例：

mkdir \Taxes\Property\Current: 在当前驱动器的根目录下创建三级目录，分别为 Taxes、Property、Current。这与使用以前版本的 Windows 输入以下顺序的命令是相同的：

```
mkdir \Taxes
chdir \Taxes
mkdir Property
chdir Property
mkdir Current
```

（4）目录删除命令 rd（或 rmdir）的使用

功能：删除目录和子目录。

格式：rd [盘符：][路径名]〈子目录名〉[/s][/q]

举例：

rd c:\fox\user /s 把 c 盘 fox 子目录下的 user 子目录删除，如果 user 子目录是空的，可以不加参数/s。如果在安静模式下运行 rd，当加上参数/s 时，系统会显示提示信息并要求用户确认是否真的要删除，若不想让系统询问是否删除，可以再加一个参数/q。

（5）文件复制命令 copy 的使用

功能：拷贝一个或多个文件到指定盘上。

格式：copy [源盘][路径]（源文件名） [目标盘][路径]（目标文件名）

举例：

① copy c:\fox*.c d:\birds: 将 c:\fox 下所有扩展名为.c 的文件复制到驱动器 d 上的现有目录 birds 中，如果 birds 目录不存在，copy 命令会将文件复制到驱动器 d 的磁盘根目录下名为 birds 的文件中。

② copy d:\1.txt + e:\2.txt c:\fox\3.txt 将 d:下名为 1.txt 的文件和 e:下名为 2.txt 的文件合并复制为一个文件，放到驱动器 c 上的现有目录 fox 下名为 3.txt 的文件中。

（6）删除文件命令 del 的使用

功能：删除指定的文件。

格式：del[盘符：][路径]〈文件名〉[/p]

举例：

del E:\vga.* 将驱动器 E 下文件名为 vga 后缀为任意的文件删除。如果使用参数/p，系统将显示文件名，并提示确认是否删除指定的文件。

3.1.4 如何进行 Windows 7 的性能优化

使用 Windows 7 操作系统的用户越来越多。相比之前的操作系统，Windows 7 系统无论是速度还是可操作性都有提高，但同时也让更多用户开始担心自己的系统随着使用时间的增加就会导致效率越来越低。

想要保持自己的 Windows 7 系统一直运行如飞并非是难事，不管是什么原因使得计算机变慢，有很多方法可以帮助加快 Windows 的运行速度，使计算机更好地工作（甚至无需升级硬件）。以下是帮助 Windows 7 用户以获得更快速度的一些技巧。

1．尝试使用“性能”疑难解答

首先可以尝试“性能”疑难解答，它能够自动查找并解决问题。“性能”疑难解答会检查可能会降低计算机性能的问题，如当前有多少用户登录到该计算机上，以及同时有多个程序在运行。

通过单击“开始”按钮，然后单击“控制面板”，打开性能疑难解答；在搜索框中输入“疑难解答”，然后单击“疑难解答”；在“系统和安全性”下，单击“检查性能问题”。这些都是可以尝试的办法，如图 3.11 所示。

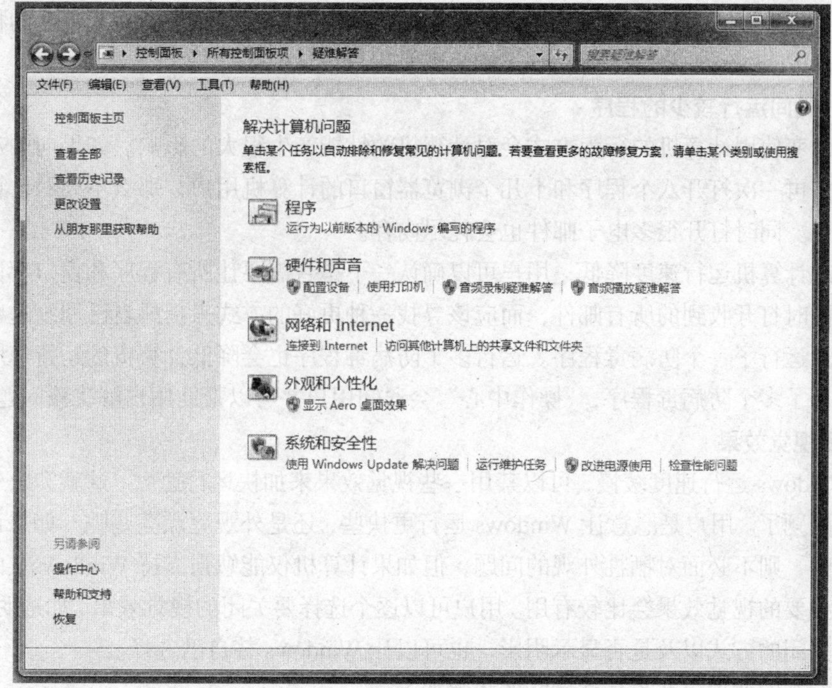

图 3.11　检查性能

2. 卸载从来不使用的程序

很多品牌计算机制造商在新计算机中安装了用户没有订购且可能不想要的程序。这些程序包括一些程序的试用版本或受限版本，这些软件保留在计算机中会占用宝贵的内存、磁盘空间和处理能力，使计算机的运行速度下降。还有用户自己安装但不想再使用的软件，特别是用来帮助管理和调整计算机硬件与软件的实用程序。实用程序（如病毒扫描程序、磁盘清理程序和备份工具）通常在启动时自动运行，并以用户察觉不到的方式在后台悄悄运行，很多用户根本不知道这些实用程序正在运行。

最好的做法是卸载所有不打算使用的程序，避免浪费系统资源，可以使用软件自带的卸载程序，也可以在“控制面板”的“程序和功能”中打开“卸载和更改程序”窗口，找到安装的程序后选择卸载。这样能在一定程度上提高系统运行速度。

3. 限制启动时运行的程序个数

很多程序设计成在 Windows 开机时自动启动。软件制造商通常将他们的程序设置为在后台打开（用户看不到这些程序运行），这种做法对用户经常使用的程序是有益的，但对于很少使用或从不使用的程序，会浪费宝贵的内存并降低 Windows 的启动速度。

如何才能知道启动时自动运行了哪些程序呢？有时候这些程序会将其图标添加到任务栏的通知区域，这样用户便可以看到它们正在运行。可以在通知区域，使鼠标指向每个图标，查看程序名称，看是否有不想让其自动启动的程序在运行，如图 3.12 所示。

图 3.12　通知区域图

即使检查过通知区域后，仍然可能有未发现的一些在启动时自动运行的程序。Windows 的自动运行命令是可以从 Microsoft 网站上下载的免费工具，该工具可以显示在 Windows 启动时运行的所有程序和进程。用户可以禁止某个程序在 Windows

启动时自动运行，方法是打开“Windows 的自动运行命令”程序，然后清除要禁止的程序名称旁边的复选框。Windows 的自动运行命令是专为高级用户设计的。

4. 同一时间运行较少的程序

有时候改变使用计算机的行为方式会对计算机的性能产生很大的影响。如果向朋友发送即时消息的同时，再一次打开八个程序和十几个浏览器窗口的计算机用户，那么不要对计算机的运行缓慢感到奇怪。同时打开很多电子邮件也会耗尽内存。

如果发现计算机运行速度降低，用户可以确认一下是否需要让所有程序和窗口都保持打开的状态。不要同时打开收到的所有邮件，而应该寻找一种更好的方式来提醒自己回复这些邮件。

应确保只运行了一个防病毒程序。运行多个防病毒程序也会降低计算机的运行速度。幸运的是，如果运行了多个防病毒程序，“操作中心”会通知用户并可以帮助用户解决该问题。

5. 关闭视觉效果

如果 Windows 运行速度缓慢，可以禁用一些视觉效果来加快运行速度。这就涉及外观和性能谁更优先的问题了。用户是愿意让 Windows 运行更快些，还是外观更漂亮些呢？如果计算机的运行速度足够快，则不必面对牺牲外观的问题，但如果计算机仅能勉强支持 Windows 7 的运行，则减少使用不必要的视觉效果会比较有用。用户可以逐个选择要关闭的视觉效果，如透明玻璃外观、菜单打开或关闭的方式以及是否显示阴影，也可以让 Windows 替自己选择。

调整所有视觉效果以获得最佳性能的步骤如下。

① 通过单击“开始”按钮，然后单击“控制面板”打开“性能信息和工具”，或在搜索框中输入“性能信息和工具”，然后在结果列表单中单击“性能信息和工具”。

② 单击“调整视觉效果”。

③ 依次单击“视觉效果”选项卡、“调整为最佳性能”和“确定”（要采用影响较小的选项，可选择“让 Windows 选择计算机的最佳设置”）。

6. 删除系统中多余的字体

Windows 系统中内置的多种默认的字体也将占用不少系统资源，对于 Windows 7 性能有要求的用户就不要手软，删掉多余没用的字体，只留下自己常用的，这对减少系统负载提高性能也会有帮助。

打开 Windows 7 的控制面板，寻找字体文件夹，如图 3.13 所示。

此时，进入该文件夹中把那些自己从来不用也不认识的字体统统删除，删除的字体越多，用户能得到越多的空闲系统资源。当然如果用户担心以后可能用到这些字体时不太好找，也可以不采取删除的方法，而是将不用的字体保存在另外的文件夹中放到其他磁盘中即可，需要时再拷贝回来。

7. 清理磁盘

磁盘上不必要的文件会占用磁盘空间，并降低计算机的运行速度。磁盘清理程序可删除临时文件，清空回收站并删除不再需要的各种系统文件和其他项目。

为了释放硬盘上的空间，磁盘清理会查找并删除计算机上确定不再需要的临时文件。如果计算机上有多个驱动器或分区，则会提示用户选择希望磁盘清理的驱动器。如图 3.14 所示。

使用“磁盘清理”删除文件的步骤如下。

① 单击“开始”按钮，在搜索框中键入“磁盘清理”，在结果列表中单击“磁盘清理”。

② 在“驱动器”列表中，单击要清理的硬盘驱动器，然后单击“确定”按钮。

③ 在“磁盘清理”对话框中的“磁盘清理”选项卡上，选中要删除的文件类型的复选框，然后单击“确定”按钮。

图 3.13 删除字体

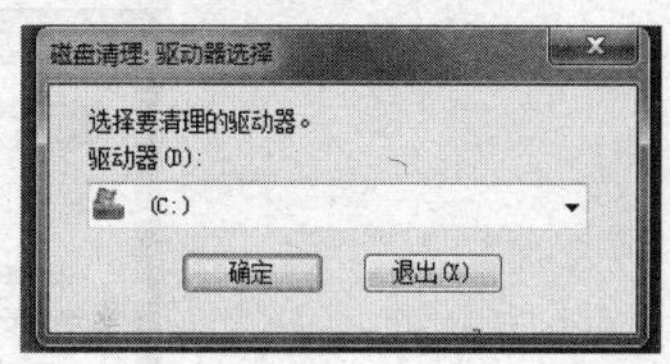

图 3.14 磁盘清理

8. 定期重新启动

此技巧很简单。每周至少重新启动一次计算机，特别是高强度使用计算机时。重新启动计算机是释放内存并确保关闭任何已开始运行但不正常的进程和服务的好办法。

重新启动会关闭计算机正在运行的所有软件，这不仅包括可在任务栏上看到的正在运行的程序，还包括有各种程序启动且从未停止过的数十个服务。重新启动可以解决一些很难确定具体原因的神秘性能问题。

如果打开了太多程序、电子邮件和网站，认为重新启动很麻烦，则这可能就是应该重新启动计算机的信号。打开的程序越多且运行时间越长，计算机运行速度下降并最终导致内存不足的可能性也就越大。

9. 解决病毒和间谍软件

如果计算机运行缓慢，有可能是计算机感染了病毒并被安装了间谍软件。出于安全因素的考虑，可经常使用反间谍软件和防病毒程序检查计算机。

病毒的一个常见症状就是计算机的性能比正常的计算机要低得多。其迹象包括计算机上弹出意外的消息，程序自动启动或是硬盘发出不停工作的声音。

间谍软件是一种通常在用户不知情的情况下安装的程序，用于监视用户在 Internet 上的活动。用户可以使用 Windows Defender 或其他反间谍软件检查间谍程序，一旦发现一些异常的项目立即清除。

对付病毒的最佳方法是一开始就进行预防，应该始终运行防毒软件并时刻保持在最新状态。但即使采取了这些预防措施，计算机还是有可能被感染。

10. 添加内存

这里并不是指引用户去购买硬件来加快计算机的运行速度。通常通过增加内存对于性能的提升远比升级其他硬件要合算方便。

Windows 7 可以运行在 RAM 为 1 GB 的计算机上，但在 2GB 的计算机上运行更快。要获得最佳性能，可将内存增加到 3GB 或更大。

另一种方法是使用 Windows Ready Boost 增加内存数量。此功能可让用户使用某些可移动媒体设备（如 USB 闪存驱动器）的存储空间来提高计算机的运行速度。将闪存驱动器插入 USB 端口要比打开计算机机箱然后将内存条插入主板更简单。

3.1.5 怎样整理磁盘碎片

磁盘碎片应该称为文件碎片，是因为文件被分散保存到整个磁盘的不同地方，而不是连续地保存在磁盘连续的簇中形成的。

磁盘碎片整理是通过系统软件或者专业的磁盘碎片整理软件对计算机磁盘在长期使用过程中产生的碎片和凌乱文件重新整理，可提高计算机的整体性能和运行速度。

一般家庭用户一个月整理一次，商业用户以及服务器半个月整理一次。但要根据碎片比例来考虑，在 Windows 7 中，碎片超过 10%，则需整理，否则不必。

磁盘碎片整理程序可以按计划自动运行，但也可以手动对硬盘进行碎片整理。为此，可执行以下步骤。

① 打开“磁盘碎片整理程序”，如图 3.15 所示。

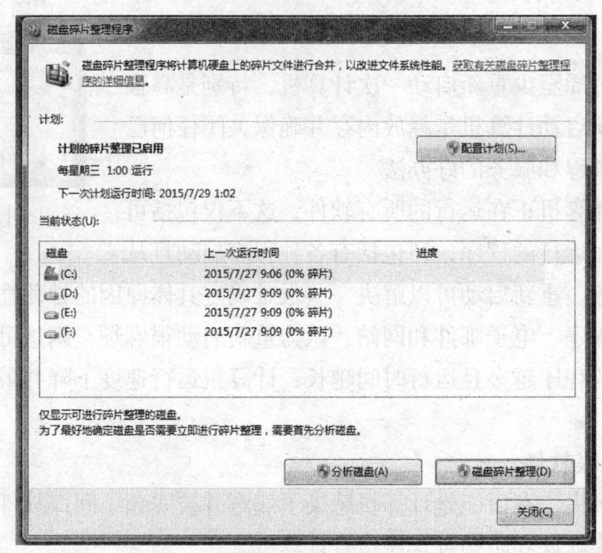

图 3.15　磁盘碎片整理

② 在“当前状态”下，选择要进行碎片整理的磁盘。

③ 若要确定是否需要对磁盘进行碎片整理，则单击“分析磁盘”。在 Windows 完成分析磁盘后，可以在“上一次运行时间”列中检查磁盘上的碎片百分比。

④ 单击“磁盘碎片整理”按钮。

磁盘碎片整理程序可能需要几分钟到几小时才能完成，具体取决于硬盘碎片的大小和程度。在碎片整理过程中，仍然可以使用计算机。

3.1.6 为什么 Linux 操作系统受欢迎

近年来，Linux 开始获得越来越多的关注，Linux 是什么？这种操作系统为何如此流行？它与其他操作系统有何区别?

Linux 是一套免费使用和自由传播的类 UNIX 操作系统，它能运行主要的 UNIX 工具软件、应用程序和网络协议，是一个基于 UNIX 的多用户、多任务、支持多线程和多 CPU 的操作系统。Linux 继承了 UNIX 以网络为核心的设计思想，具有更强的灵活性，也提供了更多的配置选项，是一个性能稳定的网络操作系统。

Linux 的诞生与 Wondows 不同，存着一定的偶然性。1991 年，就读于赫尔辛基大学计算机系年仅 21 岁的学生 Linus Torvalds 经常要用他的终端仿真器（Terminal Emulator）去访问大学主机上的新闻组和邮件，为了方便读写和下载文件，他自己编写了磁盘驱动程序和文件系统，这些在后来成为了 Linux 第一个内核的雏形。1993 年，大约有 100 余名程序员参与了 Linux 内核代码编写/修改工作，其中核心组由 5 人组成，此时 Linux 0.99 的代码大约有 10 万行，用户有 10 万左右。在自由软件之父理查德 • 斯托曼（Richard Stallman）某些精神的感召下，Linus Torvalds 很快以 Linux 的名字把这款类 UNIX 的操作系统加入了自由软件基金（FSF）的 GNU 计划中，并通过 GPL 的通用性授权，允许用户销售、拷贝并且改动程序，前提是必须将同样的自由传递下去，而且必须免费公开修改后的代码。Linus Torvalds 的这一举措带给了 Linux 和他自己巨大的成功和极高的声誉，短短几年间，在 Linux 团队聚集了不计得失的狂热者为 Linux 增补、修改，使得这个操作系统得到了快速发展，并随之将开源运动的自由主义精神传扬下去。

Linux 存在着许多不同的版本，但它们都使用了 Linux 内核。Linux 可安装在各种计算机硬件设备中，比如手机、平板电脑、路由器、视频游戏控制台、台式计算机、大型机和超级计算机。

Linux 的基本思想有两点：第一，一切都是文件，包括命令、硬件和软件设备、操作系统、进程等，都被视为拥有各自特性或类型的文件；第二，每个软件都有确定的用途。

Linux 具有以下特点。

（1）完全免费

Linux 是一款免费的操作系统，用户可以通过网络或其他途径免费获得，并可以任意修改其源代码。这是其他的操作系统所做不到的。

（2）完全兼容 POSIX 1.0 标准

用户可以在 Linux 下通过相应的模拟器运行常见的 DOS、Windows 的程序，为用户从 Windows 转到 Linux 奠定了基础。

（3）多用户、多任务

Linux 支持多用户，各个用户对于自己的文件设备有自己特殊的权利，保证了各用户之间互不影响。Linux 支持多个程序同时并独立地运行。

（4）良好的界面

Linux 同时具有字符界面和图形界面。在字符界面用户可以通过键盘输入相应的指令来进行操作；在类似 Windows 图形界面的 X-Window 系统中，用户可以使用鼠标对窗口、图标和菜单进行操作。

（5）丰富的网络功能

Linux 的网络功能和其内核紧密相连，在这方面 Linux 要优于其他操作系统。在 Linux 中，用户可以轻松实现网页浏览、文件传输、远程登录等网络工作，并且可以作为服务器提供 WWW、FTP、E-mail 等服务。

（6）可靠的安全、稳定性能

Linux 采取了许多安全技术措施，其中有对读/写进行权限控制、审计跟踪、核心授权等技术，这些都为安全提供了保障。Linux 由于需要应用到网络服务器，对稳定性也有比较高的要求。

（7）支持多种平台

Linux 可以运行在多种硬件平台上，如具有 x86、680x0、SPARC、Alpha 等处理器的平台。

Linux 是一种可移植的操作系统，能够在从微型计算机到大型计算机的任何环境中和任何平台上运行。可移植性为运行 Linux 的不同计算机平台与其他任何机器进行准确而有效的通信提供了手段，不需要另外增加特殊的和昂贵的通信接口。

此外 Linux 还是一种嵌入式操作系统，可以运行在掌上电脑、机顶盒或游戏机上。

现在常用的 Linux 操作系统包括 Ubuntu、DebianGNU/Linux、Fedora、Gentoo、MandrivaLinux、PCLinuxOS、SlackwareLinux、OpenSUSE、ArchLinux、Puppylinux、Mint、CentOS、Red Hat 等。我国开发的 Linux 版本有红旗 Linux、麒麟 Linux、蓝点 Linux 等。

3.1.7 移动操作系统有哪些

也许你知道众多移动设备比如说手机的品牌，那么你知道支持这些智能设备运行的移动操作系统吗？

移动操作系统（Mobile Operating System， Mobile OS），又称为移动平台（Mobile Platform），或手持式操作系统（Handheld Operating System），是指在移动设备上运行的操作系统。

移动操作系统与在台式机上运行的操作系统类似，但是它们通常较为简单。使用移动操作系统的设备有智能型手机、PDA、平板电脑等，另外也包括嵌入式系统、移动通信设备、无线设备等。

移动互联网时代，智能终端的竞争不仅仅在于硬件，而是应用、服务和生态系统的全方位竞争。作为整个移动互联网产业的核心，操作系统很大程度上决定了智能终端的性能特征，于是，各大厂商相继推出不同的移动操作系统争夺市场，包括 Google 的 Android、苹果的 iOS、微软的 Windows Phone、Symbian 和 BlackBerry OS 等。

1. Android

Android 是 Google 公司所开发的移动操作系统，基于 Linux 核心。Android 最早由一个小型创业公司（Android 公司）开发，公司于 2005 年被 Google 并购后，Google 继续开发，2007 年 11 月，Google 正式发布 Android 源代码，并建立了一个全球性的联盟组织，共同研发改良 Android 系统，逐渐形成现在的 Android。该平台由操作系统、中间件、用户界面和应用软件组成，与 Google 服务无缝结合，主要使用于移动设备，如智能手机和平板电脑。大多数主要移动服务供应商均有支持 Android 设备使用其网络。Android 平台的开放性使其拥有更多的开发者，随着用户和应用的日益丰富，众多的厂商会推出功能特色各具的多种软件和硬件产品。

2. iOS

iOS 是由苹果公司开发的移动操作系统。苹果公司于 2007 年 1 月公布这个系统，最初是设计给 iPhone 使用的，原名为 iPhone OS，后来陆续应用到 iPod touch、iPad 以及 Apple TV 等产品上，2010 年 iPhone OS 改名为 iOS。iOS 的系统架构分为 4 个层次：核心操作系统层（Core OS layer）、核心服务层（Core Services layer）、媒体层（Media layer）、可轻触层（Cocoa Touch layer）。iOS 与 Mac OS X 有共同的基础架构和底层技术，但由于 iOS 是根据移动设备的特点而设计的，所以和 Mac OS X 系统略有区别。iOS 由两部分组成：操作系统和能在其设备上运行原生程序的技术。苹果公司依靠其出色的产品设计，人性化的操作方式，以及在 App Store 上众多的应用程序，博得了广大用户的喜爱。

3. Windows Phone

Windows Phone（WP）是微软公司发布的一款手机操作系统，作为 Windows Mobile（WM）的新继任者。Windows Mobile 是微软公司针对移动设备而开发的操作系统，该操作系统的设计接近于桌面版本的 Windows，使得其操作与计算机操作一样方便。2010 年 10 月微软公司正式发布了 Windows Phone，并将其使用接口称为“Modern”接口，Windows Mobile 退市。2012 年 6 月，微软公司发布 Windows Phone 8，与 Windows 8 共享内核，内置 IE10 移动浏览器，支持多核处理器/高分辨率屏幕，这意味着 Windows Phone 手机用户可使用更多的设备和应用。目前最新的系统是 Windows Phone 8.1 系统。Windows Phone 把网络、个人电脑和手机的优势集于一身，力图打破人们与信息和应用之间的隔阂，提供适用于人们包括工作和娱乐在内完整生活的方方面面，最优秀的端到端体验。

4. Symbian

Symbian 系统是塞班公司为手机而设计的操作系统。Symbian 是一个实时性、多任务的纯 32 位操作系统，具有功耗低、内存占用少等特点，非常适合手机等移动设备使用，它是一个标准化的开放式平台，任何人都可以为支持 Symbian 的设备开发软件。与微软产品不同的是，Symbian 将操作系统的内核与图形用户界面技术分开，能很好地适应不同方式输入的平台，也使厂商可以为自己的产品制作更加友好的操作界面，符合个性化的潮流，这也是用户能见到不同样子的 Symbian 系统的主要原因。2008 年 12 月，塞班公司被诺基亚收购。由于缺乏新技术支持，塞班的市场份额日益萎缩，2012 年 5 月，诺基亚彻底放弃开发塞班系统，意味着塞班这个智能手机操作系统，在长达 14 年的历史之后，终于迎来了谢幕。

5. BlackBerry OS

BlackBerry OS 是由 Research In Motion 公司为其智能手机产品 BlackBerry 开发的专用操作系统。这一操作系统具有多任务处理能力，并支持特定的输入装置，如滚轮、轨迹球、触摸板以及触摸屏等。BlackBerry 平台最著名的莫过于它处理邮件的能力。该平台与 BlackBerry Enterprise Server 连接时，以无线的方式激活并与 Microsoft Exchange，Lotus Domino 或 Novell GroupWise 同步邮件、任务、日程、备忘录和联系人。2010 年年末数据显示，BlackBerry 操作系统 BlackBerry OS 在市场占有率上已经超越称霸逾十年的诺基亚，仅次于 Google 操作系统 Android、苹果公司操作系统 iOS 和微软公司 Windows Phone 操作系统，成为全球第四大智慧型手机操作系统。

3.1.8　你是否了解大型机的操作系统 z/OS

大型机，或者称大型主机（MainFrame），是商业中用于存储商业数据库、事务处理/交易服务和应用程序的机器，相比于小规模的计算机，大型机上的这些程序和服务要求更高的安全性和可用性。虽然大型机对于大多数人，包括很多 IT 专业人士来说可能还只是一个陌生的概念，但事实上，我们都是大型机的用户，因为在银行、财经、医疗保障、保险、公共设施、政府和大量其他公共和私人企业，大型机都扮演着非常重要的角色。那么，运行在如此庞大而又至关重要的大型机上的操作系统是什么样的呢？

z/OS 是在 OS/390 操作系统基础上发展起来的，配合 z/Architecture 序列主机开发出来的 64 位操作系统，是 IBM 目前最新的大型主机操作系统。

z/OS 操作系统在处理器内执行并且在执行过程中驻留在处理器存储器（内存）中。大型机硬件包括处理器和大量的外围设备，如硬盘驱动器（称为直接访问存储设备或 DASD）、磁带机和各种类型的系统控制台，如图 3.16 所示。

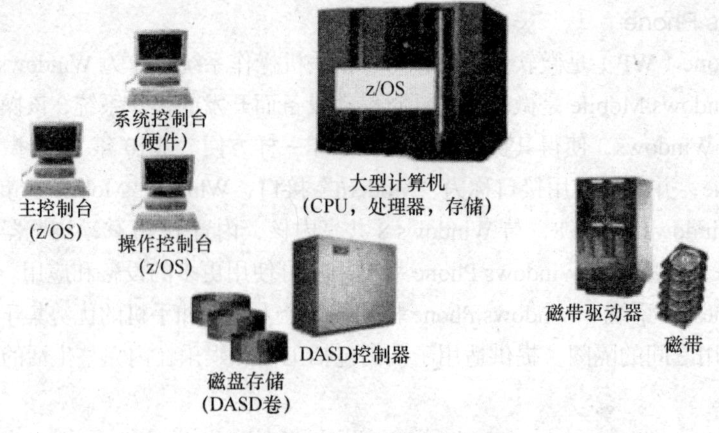

图 3.16 z/OS 使用的硬件资源

需要指出的是，图中给出的是一些基本的 z/OS 所使用的硬件资源：处理器、内存、外存储设备以及输入/输出的终端设备。一个真正运行实际业务的大型机硬件环境远比这要复杂。由此可见 z/OS 所管理及支持的硬件资源是非常丰富和复杂的。

z/OS 能支持多道程序设计，或同时执行不同用户的多个程序。在多道程序设计中，当一个任务无法使用处理器继续执行时，系统可以挂起或中断该任务，释放处理器资源以处理另外一个任务。z/OS 在另外一个程序运行之前通过捕捉并保存被中断程序的所有相关信息来实现多道程序设计。当被中断程序准备再次投入执行时，它可以在它被中断的地方恢复执行。多道程序设计允许 z /OS 为多个用户同时运行数以百计的程序，这些用户可能在世界各地从事不同的业务。

z/OS 还可以执行多重处理，即让两个或更多的处理器共享各种的硬件资源同时运行，如内存和外部磁盘存储设备。

多道程序设计和多重处理技术使得 z/OS 非常适合处理需要很多 I/O 操作的作业。典型的大型机作业包括长时间运行的应用，如更新数据库中的上百万条记录，在任何给定时刻有成千上万交互式用户的在线应用。

z/OS 与我们常见的一般操作系统的不同之处在于：普通的操作系统通常只需要支持单个用户的程序执行，如个人计算机通常只为某个用户服务，该用户的程序可以独占整个计算资源；多个用户运行许多各自的程序意味着，除了需要大量复杂的硬件以外，z/OS 用户还需要大量的内存来确保相应的系统性能。大型企业需要运行用于访问大型数据库和企业级中间件产品的复杂的商业应用软件。这些应用软件需要操作系统在保护不同用户的隐私的前提下使数据库和软件服务能够共享。

z/OS 的特点如下。

① 在 z/OS 中使用了地址空间。使用这一概念有很多优点，不同地址空间中私有空间的隔离提供了系统安全性，而每个地址空间同时提供每个地址都能访问的公共区域。

② 系统能保持数据完整性，无论系统中的用户数量有多大，z/OS 阻止用户随意访问或改变任何系统的对象，包括用户数据，除非使用系统提供的强制遵守授权规则的接口。

③ 系统能完成大量并发的批处理任务，而不需要客户从外部处理由于并发执行或使用给定数据集时发生冲突引起的工作量平衡问题或完整性问题。

④ 安全性设计覆盖了从系统功能到一般简单文件的各个层面。安全性可以整合到应用程序、

资源和用户层面。

⑤ 系统允许多子系统同时通信，这为多个完全不同的面向通信的应用同时运行时提供了极大的灵活性。譬如，多个 TCP/IP 堆栈可以同时操作，每个堆栈都有不同的 IP 地址并为不同的应用提供服务。

⑥ 系统提供了丰富软件的恢复级别（recovery levels），使生产环境中的系统几乎不必进行非计划的系统重启。系统接口允许应用程序提供自己的恢复级别（layers of recovery）。简单的应用很少使用这些接口，通常复杂的应用才会使用到。

⑦ 系统程式化地管理多个完全不同的任务，自动平衡资源以满足系统管理员确定的生产需求。

⑧ 系统被设计成程式化的管理大量 I/O 配置以支持方便的扩展，这些 I/O 设备可能包括数千个硬盘、多个自动磁带库、多台打印机、大量网络终端等。

⑨ 系统可以由多个操作终端控制，也可以根据系统 API 编写一些管理程序以完成某些自动管理功能。

⑩ 系统管理员接口是 z/OS 的关键功能。它提供状态信息、异常情况消息、工作流控制和硬件设备控制，并允许操作员完成特殊的恢复。

z/OS 系统通常包含附加的软件产品，它们是构建实际工作系统时所必需的，如安全管理产品和数据库管理产品。常见的有如下产品。

① 安全系统：z/OS 为客户提供了一个架构，用户可以通过添加安全管理产品以增强安全性。IBM 的安全程序产品是 RACF，当然也可以使用非 IBM 的安全系统程序产品。

② 编译器：z/OS 包含一个汇编器和一个 C 编译器。其他的编译器，如 COBOL 编译器，是作为单独的产品提供的。

③ 相关的数据库：如 DB2，其他类型的数据库产品，如层次型数据库，也可以使用。

④ 事务处理程序：IBM 提供如下几种，包括 CICS、IMS、Websphere。

⑤ 排序程序：在批处理中要求进行快速、高效的大量数据排序。IBM 和其他软件厂家都提供成熟的排序产品，如 IBM 的 DFSORT。

⑥ 大量的实用程序：例如，系统显示和查询（SDSF）程序，它是用户在观察批处理作业输出时广泛使用的一个程序产品。并不是每个 z/OS 系统都有 SDSF，这个产品是可选的。

另外，从各种独立的软件供应商（行业中一般称为 ISVs）那里可以获得大量其他产品。

目前，用户订购 z/OS 系统的系统代码可以通过网络下载和系统磁带两种方式。

当获得 z/OS 的系统程序后，客户方的系统程序员将这些程序拷贝到主机磁盘上。当必要的客户化工作完成后，就可以通过系统控制台来启动并使用 z/OS 系统了。

3.1.9　无盘系统应用在哪些领域

无盘系统，泛指由无盘工作站组成的局域网。相对于普通的 PC 机，无盘工作站可以在没有任何外存（软驱、硬盘、光盘等）支持的情况启动并运行操作系统。为了支撑这样的网络构架，需要采用专门的软件系统，此类的软件成为整个无盘系统的组成部分之一。

近年来，无盘技术发展十分迅速，产生了大量的分支。根据分类角度的不同，主要有以下几种分类方式。

① 按启动类型分类，可分为 RPL、PXE 和 BOOTP。

② 按工作站的操作系统分类，可分为 DOS 无盘系统、Windows 3.2 无盘系统、Windows 95

无盘系统、Windows 98 无盘系统、纯 Windows 2000 及 XP 无盘系统、Windows 2000 终端及 Windows XP 远程桌面。

③ 按服务器操作系统分类，可分为基于 Windows 2000 的无盘系统、基于 Windows NT 4.0 的无盘系统、基于 Windows XP 的无盘系统、基于 Novell NetWare 的无盘系统及基于 Linux 的无盘系统，甚至还有基于 Windows 98 的无盘系统，也就是说用 Windows 98 作服务器。

④ 根据系统是否具有移植能力分类，可分为 PNP（即插即用）系统、非 PNP 系统。

⑤ 根据所使用工具的不同进行分类，可分为使用 Intel PDK+Litenet 的无盘系统、使用国产相关第三方工具的无盘系统、使用 Boot-NIC+3COM PXE 的无盘系统。

⑥ 按虚拟磁盘分类，可分为 3Com VLD、Boot-NIC、BXP 和 Edisk 等。

国内的无盘系统出现在 20 世纪 90 年代中后期，主流应用在大专院校的学生机房中，当时部署的目的主要在于节省硬盘的购置价格。21 世纪初，随着企业管理者对信息安全、保密需求的不断提高和对大型网络管理便捷性和低成本的不断追求，开始有专门的研发队伍，开始专用无盘软件，并有专门公司将改良后的国外无盘技术应用在网吧中，得到用户的好评。利用这类软件后，普通的网管人员可以轻松安装无盘机房。从那时开始，人们习惯将无盘软件当作是无盘系统本身，无盘系统被贴牌后成为了一些无盘软件的代名词。

2003 年以后，随着美国微软、3COM、思杰、英特尔公司对 PXE 与 ISCSI 等技术标准的形成，相关研发技术与资料进一步公开，刺激了整个行业的技术提升，于是产生了现在主流的基于 PXE 引导的虚拟磁盘系统，这项革新使无盘系统更加成熟。目前已经成为主流。

无盘系统启动原理如下：无盘工作站的网卡配有启动芯片（Boot ROM），当工作站以 LAN 方式启动时，它会向服务器发出启动请求信号；服务器收到后，根据不同的机制，向工作站发送启动数据，工作站下载完启动数据后，系统控制权由 Boot ROM 转到内存中的某些特定区域，并引导操作系统。根据不同的启动机制，目前比较常用的无盘工作站可分为 RPL、PXE 及虚拟硬盘等启动类型，目前国内外主流的无盘系统均为基于 PXE 的虚拟硬盘模式。

无盘网络系统主要用在无盘网络的组建和改造方面。

① 适用于学校无盘网络教室的组建或改造。

② 适用于大中小型公司、企事业单位、营业厅等办公室。

③ 适用于游戏吧及 Internet 网吧。

④ 适用于酒店、KTV 歌厅等（免去管理人员走进客房安装，调试）。

无盘网络系统的优点如下。

① 节省网络部署成本，网络施工系统安装工作时间缩短。

② 易于管理和维护，采用国际主流的虚拟化桌面存储概念，统一管理网络中的所有的机器，统一软件部署与版本更新可以集中完成，节省管理成本。

③ 在普通用户模式下，无盘工作站操作系统上所进行的操作，在重新启动后均会还原为初始设置，可以防止病毒入侵与误操作破坏系统，节省维护成本。

3.1.10 什么是虚拟化技术

1. 虚拟化技术

在计算机中，虚拟化（Virtualization Technology）是一种资源管理技术，是将计算机的各种实体资源，如服务器、网络、内存及存储等，予以抽象、转换后呈现出来，打破实体结构间的不可切割的障碍，使用户可以比原本的组态更好的方式来应用这些资源。这些资源的新虚拟部分不受现有资源的架设方式、地域或物理组态所限制。

虚拟化技术是计算机领域应用非常广泛的技术，如平台虚拟化（Platform Virtualization），针对计算机和操作系统的虚拟化；资源虚拟化（Resource Virtualization），针对特定的系统资源的虚拟化，比如内存、存储、网络资源等；应用程序虚拟化（Application Virtualization），包括仿真、模拟、解释技术等。

我们通常所说的虚拟化主要是指平台虚拟化技术，通过使用控制程序（Control Program，也被称为 Virtual Machine Monitor 或 Hypervisor），隐藏特定计算平台的实际物理特性，为用户提供抽象的、统一的、模拟的计算环境（称为虚拟机）。流行的虚拟机软件有 VMware、Virtual Box、Virtual PC 等。通过虚拟机软件，可以在一台物理计算机上模拟出一台或多台虚拟的计算机，这些虚拟机完全就像真正的计算机那样进行工作，可以安装操作系统，安装应用程序，访问网络资源等。对于用户而言，它只是运行在物理计算机上的一个应用程序，但是对于在虚拟机中运行的应用程序而言，它就像是在真正的计算机中进行工作。有的虚拟机系统甚至可以将多台物理计算机虚拟成一台性能更加强大的虚拟机。

应用程序虚拟化是指为应用程序虚拟出一个“真实的”的操作系统环境，让应用程序能正常地工作于其中。目前比较流行的工具是 Vmware 的 ThinApp（瘦应用），绝大多数的绿色软件（不用安装即可使用）都可以使用 ThinApp 制作。例如，Office 软件需要安装才能使用，但通过 ThinApp 可以将不同版本的 Office 制作成绿色软件，使用时直接将相应版本的 Office 复制到计算机上运行即可。实现了很多非绿色软件的移动使用，免去重装软件的烦恼。

存储虚拟化技术是通过软件技术和网络技术将不同位置、技术、规格的多个硬盘“虚拟”为一个或多个没有硬件特性差异、没有位置差异且容量灵活可变、速度更快、安全可靠性更高的逻辑硬盘，提供给多台计算机系统使用。一般应用于数据中心，达到充分利用存储容量、集中管理存储、降低存储成本的目的，个人用户很少使用。

2. 虚拟机的应用

使用虚拟机的用户可分为数据中心和普通用户两类。小型数据中心使用虚拟机的最简单方式：购置一台有多个 CPU（每个 CPU 为多核）、大容量内存、千兆网卡和内置大容量的硬盘 RAID 阵列的 PC 服务器，配上合适的虚拟机软件，虚拟出几十台服务器（计算机）并在这些虚拟的服务器上安装操作系统和应用软件。对于运行在虚拟机上的系统而言，这些虚拟机相互之间是完全独立的、互不干扰，就跟真正有这么多物理计算机是一样的。对于条件较好的数据中心，则可购置两台以上的高性能服务器和配套的网络存储，进一步提高每一台虚拟机的性能，并且在物理服务器间实现负载均衡和不中断系统运行的故障处理。当某一台物理服务器上的虚拟机较多且很繁忙时，虚拟机的管理软件可以自动将其中一部分虚拟机转移到另外的较空闲的物理服务器上运行；当某一台物理服务器需要停机检修时，虚拟机的管理软件可以将这台物理服务器上的所有虚拟机在极短的、用户感觉不到系统中断的时间内转移到另外的物理服务器上继续运行。

一般情况下，数据中心使用虚拟机能带来以下效益。

① 节约建设成本和运行成本，资源利用率高。由于虚拟机的使用，物理机的数量成倍减少，由此带来的服务器硬件成本和布线成本快速下降，运行过程中服务器本身的能源消耗、制冷能源消耗、设备维修保养开销、机房空间占用开销也快速下降。

② 单台虚拟服务器的性能比原来有很大提升。通常情况下，在同一台物理服务器上运行的多台虚拟机同时繁忙的可能性较小，每台虚拟机均可分到比原来物理机更多更快的 CPU、内存和磁

盘，再加上系统能自动实施负载均衡，因此平均而言，性能有较大的提升。

③ 整个系统的适应性更好，应用的需求能得到更好的满足。当某个应用系统因用户数量激增和业务增长而需要提高服务器的性能时，只需通过虚拟机的管理软件调整相应虚拟机的配置，如增加 CPU 数量、增加 CPU 的有效频率、加大内存、加大磁盘等，非常方便。

④ 系统的运行更加安全可靠。虚拟机的硬件是标准的（虚拟的），当某台物理服务器需要进行检修和更换时，系统的运行不需要中断，可以在线更换，在虚拟机上运行的操作系统也不需要重新配置，系统的备份和恢复非常方便，多个系统的复制也非常迅速。

普通用户使用虚拟机的一般方式是：在个人计算机的操作系统（简称主系统）中，安装虚拟机的管理软件，创建并运行相应的虚拟机。通常，普通用户基于以下目的而使用虚拟机。

① 在同一计算机上安装并运行不同的操作系统。例如，用户计算机的主系统是 Windows 7，用户可以在 Windows 7 下通过虚拟机管理软件创建并同时运行多个不同的操作系统，如 MS-DOS、Windows NT、Windows XP、Linux 等操作系统。

② 需要安装当前硬件不支持的操作系统。例如，Windows 98、Windows NT 等已无法在目前的硬件上运行，但有些应用系统又只能运行在这样的操作系统下，这时可用虚拟机，把这些旧系统安装并运行在虚拟机里。

③ 用于软件测试、安全测试和从事对系统有风险的工作。例如，测试新的软件，若在正在运行的工作系统上进行测试，会有很大风险的，可能会造成系统的崩溃。用户可能需要访问一些有安全隐患的网站，下载并运行一些可能带毒的程序。若在现有的工作系统上进行，也会带给系统安全隐患。在虚拟机上进行这些工作，则几乎没有什么风险，因为虚拟机与主系统是相互独立的，虚拟机若出现问题，只可能影响虚拟机，不会给主系统带来任何影响；另外虚拟机一般都提供有快照（snapshot）功能，用户可在测试前对虚拟机的当前状态做一个快照，此后无论虚拟机出现什么问题，都可使用快照的还原功能在瞬间恢复到虚拟机的“健康”状态。而且，提供快照功能的虚拟机管理系统往往均支持对同一虚拟机做多个快照，以保存虚拟机在不同时候的状态。

④ 用于分发复杂的应用系统。有些应用系统的安装和配置是比较复杂的，可能还需要特殊的系统和软件环境，普通的用户很难完成，这种情况下，发行方可将其安装到虚拟机里，将虚拟机打包后分发给普通用户。对主系统而言，虚拟机不过就是其磁盘上的几个文件而已。

3. CPU 对虚拟化的支持

在虚拟机和真正的硬件之间存在虚拟机的系统管理软件，因此，虚拟化是有一定开销的，在虚拟机中工作的系统的性能比直接工作在同一物理机上的系统的性能低。为了减少虚拟化带来的额外系统开销，现今大多数的 CPU 被设计成支持虚拟化，通过特殊的架构和特别优化过的指令集来控制虚拟过程，从而提高虚拟化的性能，让虚拟机的性能与物理机的性能相近。

目前，世界上两大 CPU 巨头 Intel 和 AMD 都想方设法在虚拟化领域中占得先机。Intel 自 2005 年末便开始在其处理器产品线中推广应用虚拟化技术（Intel Virtualization Technology，Intel VT）。AMD 公司也已经发布了支持 AMD 虚拟化技术的一系列处理器产品。

可以想象一下，未来的虚拟化发展将会是多元化的，包括服务器、存储、网络等更多的元素，用户将无法分辨哪些是虚，哪些是实。虚拟化将改变现在的传统 IT 架构，而且将互联网中的所有资源全部连在一起，形成一个大的计算中心。虽然虚拟化技术前景看好，但是，这一过程还有很长的路要走，因为还没有哪种技术是不存在潜在缺陷的。但是相信，虚拟化技术将会成为未来的主要发展方向。

3.2　设计与实践

3.2.1　Windows 7 的基本操作

一、实验目的

1. 掌握任务栏和桌面对象的基本操作。
2. 掌握控制面板及常用系统工具的使用。
3. 熟悉应用程序启动的多种方法。

二、实验任务

1. 熟悉 Windows 7 操作系统的任务栏组成和桌面对象。
2. 掌握任务栏的各种设置。
3. 掌握文件与文件夹的基本操作。
4. 掌握控制面板的功能及设置。
5. 熟悉磁盘清理和磁盘碎片整理系统工具。
6. 练习用多种方法打开一个应用程序。

三、实验步骤

1. 任务栏的组成及使用。

（1）“开始”按钮和“开始”菜单的使用。

用鼠标左键单击任务栏最左边的“开始”按钮，弹出“开始”菜单，随意在菜单内移动光标，了解该菜单包含的内容。

（2）设置任务栏属性。

将任务栏设置为自动隐藏。单击“开始”→“控制面板”→“任务栏和「开始」菜单”命令，打开“任务栏和「开始」菜单属性”对话框，单击“任务栏”选项卡，选择“自动隐藏任务栏”复选框，如图 3.17 所示。单击“确定”按钮后，在任务栏处移动光标，观察效果。

（3）将程序锁定到任务栏。

将程序直接锁定到任务栏，以便可以快速方便地打开该程序，而无须在“开始”菜单中浏览该程序，如图 3.18 所示。

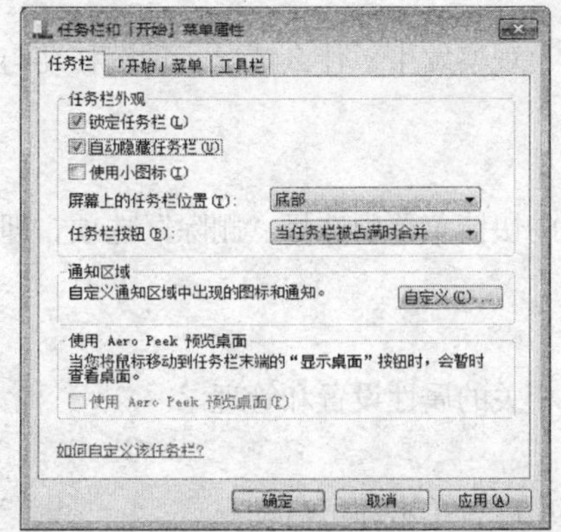

图 3.17　“任务栏和「开始」菜单属性”对话框

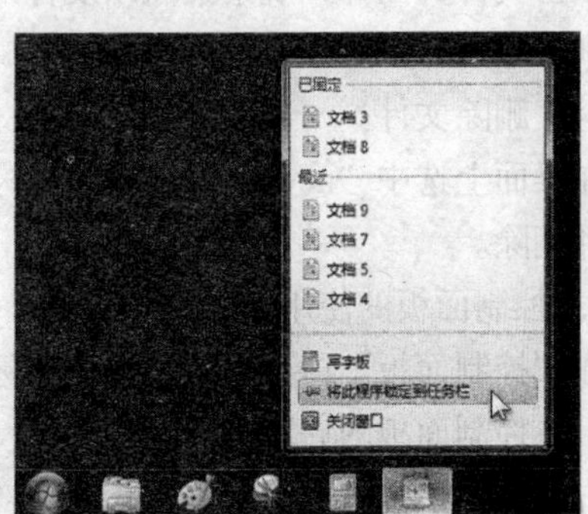

图 3.18　使用“跳转列表”锁定正在运行的程序

方法一：如果此程序已在运行，则右键单击任务栏上此程序的图标（或将该图标拖向桌面）来打开此程序的跳转列表，然后单击“将此程序锁定到任务栏”。

方法二：如果此程序没有运行，则单击“开始”按钮，浏览到此程序的图标，右键单击此图标并单击“锁定到任务栏”。

方法三：将程序的快捷方式从桌面或“开始”菜单拖动到任务栏来锁定程序。

（4）任务栏按钮。

将光标移动到任务栏，观察任务栏中间位置处是否有“计算机”字样的按钮。双击桌面上的“计算机”图标，再观察任务栏上是否有“计算机”字样按钮，同时打开 Word 应用程序。分别单击任务栏中间的 Word 文档按钮和“计算机”按钮，可以在不同的应用程序之间进行切换。

（5）系统提示区操作。

从任务栏的最右边显示的数字查看计算机中当前的时间。

① 用鼠标单击时钟，在打开的对话框中单击“更改日期和时间设置”，选择“更改日期和时间”按钮，在“日期和时间设置”对话框中调整日期和时间，如图 3.19 所示。

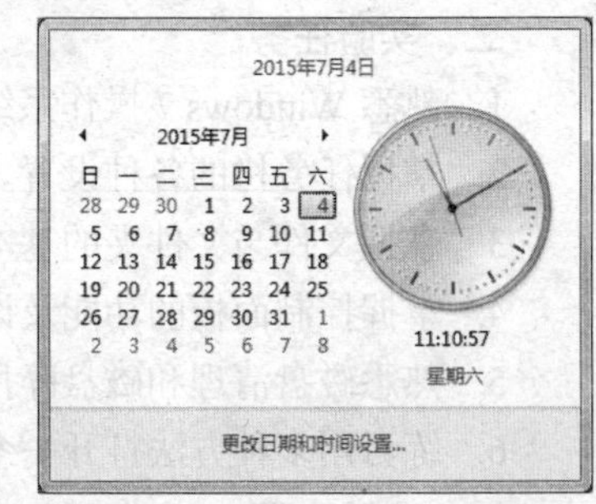

图 3.19 “时间和日期”对话框

② 单击输入法指示器，打开输入法菜单，选择输入法。

2. 桌面对象的操作。

（1）排列图标。

在桌面的空白处单击鼠标右键，在弹出的快捷菜单中单击“查看”选项，观察“自动排列”选项的“√”标志，通过在该选项前单击鼠标左键，可以增加或取消该标志。选中该标志后，拖曳桌面上的“计算机”“回收站”等图标，观察自动排列图标的效果。

（2）新建并重命名文件和文件夹。

在桌面的空白处单击鼠标右键，在弹出的快捷菜单中单击“新建”命令，选择“文件夹”选项，系统会在桌面上创建一个文件夹，该文件夹的默认名字为“新建文件夹”。右键单击该文件夹图标，选择“重命名”选项进行重新命名。请用同样的方法新建两个文本文档，并分别命名为“new1.txt”“new2.txt”。

（3）移动和复制文件。

移动文件：用鼠标左键单击文本文档“new1.txt”的图标，并拖曳光标到新建的文件夹图标处。

复制文件：用鼠标左键单击文本文档“new2.txt”的图标，按住 Ctrl 键的同时拖曳光标到新建的文件夹图标处。

双击文件夹图标，观察桌面以及打开的文件夹窗口，观察发生了什么情况，理解移动与复制的差别。

（4）删除文件。

在桌面上选中“new2.txt”，单击鼠标右键，在弹出的快捷菜单中选择“删除”选项，即可将该文件删除。

3. 控制面板的使用。

在“控制面板”窗口中的每一个图标都代表着一类相关的属性设置和管理。

（1）控制面板的启动。

方法一：单击“开始”按钮，找到“控制面板”选项后，单击即可启动。

方法二：双击“计算机”图标，在打开的窗口中，在工具栏显示“打开控制面板”按钮。

Windows 7系统的控制面板默认以“类别”的形式来显示功能菜单，分为系统和安全、用户帐户和家庭安全、网络和Internet、外观和个性化、硬件和声音、时钟语言和区域、程序、轻松访问等类别，每个类别下会显示该类的具体功能选项，如图3.20所示。

图3.20　“控制面板”窗口

（2）鼠标属性的设置。

在“控制面板”窗口中，单击“硬件和声音”→“鼠标”选项。如图3.21所示，打开“鼠标 属性”对话框，用鼠标拖曳“双击速度”框中的滑块，调整鼠标的速度，并在右侧的文件夹上双击鼠标来进行测试。

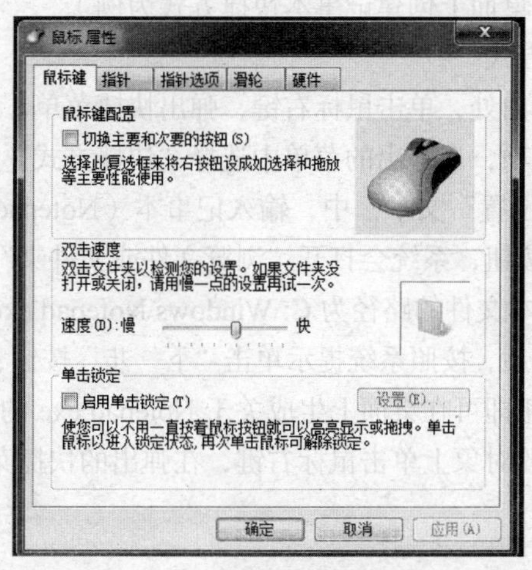

图3.21　“鼠标属性”对话框

在图3.21中选择“指针”选项卡，在打开的对话框中选择自己喜欢的个性方案，单击“应用”保存，再单击“确定”按钮退出属性窗口，此时鼠标属性开始生效。

（3）显示属性设置。

在“控制面板”窗口中，单击“显示”图标，单击“调整分辨率”，打开如图 3.22 所示的对话框。在此设置显示器的外观和分辨率等性质。

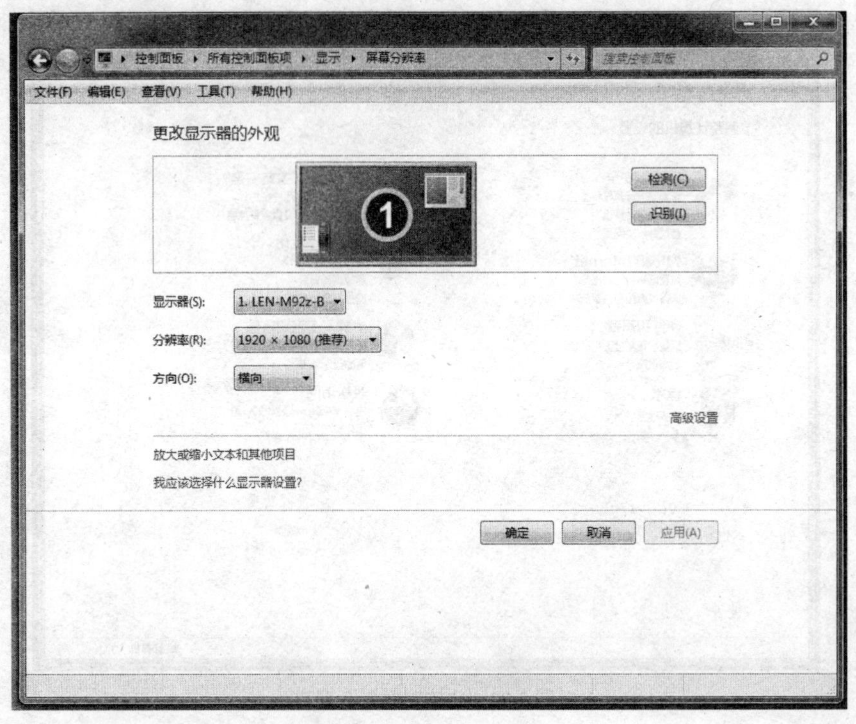

图 3.22　显示属性设置

4. 使用“磁盘清理程序”清理 C 盘。

单击“开始|所有程序”→“附件”→“系统工具”→“磁盘清理”，打开“磁盘清理：驱动器选择”对话框，选择要清理的磁盘驱动器，单击“确定”按钮。

5. 创建快捷方式（以在桌面上创建记事本快捷方式为例）。

（1）使用向导创建快捷方式。

① 在桌面的任何一个空白处，单击鼠标右键，弹出快捷菜单。

② 将鼠标指向“新建”项，在弹出的菜单中选择“快捷方式”后，会弹出“创建快捷方式”对话框，在“请键入对象的位置”文本框中，输入记事本（Notepad.exe）文件的实际路径。（如果不知道，可单击“浏览”按钮，系统会打开“浏览文件或文件夹”对话框，在该对话框中找到 Notepad.exe 文件即可。记事本文件的路径为 C:\Windows\Notepad.exe）。

③ 输入文件的具体位置后，按照系统提示单击“下一步”按钮，进入命名窗口，输入快捷方式名称后，单击“完成”按钮即可在桌面上生成关于 Notepad.exe 的快捷方式。

（2）在要创建快捷方式的对象上单击鼠标右键，在弹出的快捷菜单中选择“发送到”→“桌面快捷方式”。

6. 启动应用程序。

以启动“记事本”程序为例，我们会看到打开一个应用程序有多种方法。打开“记事本”的方法如下（该应用程序文件的位置假设位于 C:\Windows\Notepad.exe）。

（1）通过“开始”菜单→“所有程序”→“附件”，找到“记事本”选项后单击即可。

（2）打开“计算机”窗口（或打开资源管理器窗口），在该窗口中双击 C 盘，打开关于 C 盘的窗口，在该窗口中找到 Windows 文件夹并双击之，打开关于 Windows 的窗口，找到“记事本”可执行文件 Notepad.exe，双击即可打开该应用程序。

（3）通过“开始”菜单→“所有程序”→“运行”，打开“运行”命令窗口，输入 Notepad.exe。

（4）如果桌面上有记事本图标，双击即可打开该应用程序。

四、实验思考

1. Windows 的基本操作都有哪些内容?

2. 如何将任务栏上的程序解锁?

3. 在桌面上自定义一个“我的家乡介绍”文件夹，自行创建介绍自己家乡的文本或图片文件，并保存于“我的家乡介绍”文件夹，并对文件夹中的所有文件重命名为“家乡”。

4. 使用“磁盘碎片整理程序”整理 D 盘。

5. 列举打开应用程序的方法。

3.2.2 Windows 7 的个性化设置

一、实验目的

1. 掌握 Windows 7 个性化操作界面。

2. 掌握向计算机添加个性化设置的方法。

3. 掌握“桌面小工具”的使用。

二、实验任务

1. 观察 Windows 7 主题和外观，熟悉进行个性化设置的基本操作。

2. 通过更改计算机的声音、桌面背景、屏幕保护程序、字体大小和用户帐户图片来向计算机添加个性化设置。

3. 熟悉自定义使用“桌面小工具”。

三、实验步骤

Windows 7 具有极为人性化的操作界面，并且提供了丰富的自定义选项，通过更改计算机的主题、颜色、声音、桌面背景、屏幕保护程序、字体大小和用户帐户图片来向计算机添加个性化设置。

1. 设置桌面主题。

Windows 7 的主题有基本主题和 Aero 主题两类，其中 Aero 是此 Windows 版本的高级视觉体验，Aero 主题更为美观，而且功能更强，但对显卡的要求比较高。

为了方便用户对 Windows 的外观进行设置，系统提供了多个主题。右键单击桌面空白处，选择“个性化”命令，打开个性化窗口后，在主题列表框中选择自己喜爱的主题单击，即可为系统应用该主题，如图 3.23 所示。

2. 更改窗口颜色与效果。

（1）在桌面空白处单击鼠标右键，在弹出的快捷菜单中选择“个性化”命令，打开“个性化”窗口。

（2）在“个性化”窗口中，单击下方的“窗口颜色”链接文字，打开“窗口颜色和外观”窗口。

（3）系统提供了多种配色方案提供用户选择，单击颜色方块，即可应用这些配色方案，然后，拖曳下方颜色的浓度滑块，调整颜色的浓度，设置完毕后，单击“保存修改”按钮。

在操作过程中，还可以微调窗口的透明度，以获得更个性化的透明特效。

图 3.23　设置主题

3. 更改声音。

可以使计算机进行操作时，设置不同的操作（如打开或关闭窗口）发出不同的声音。右键单击桌面空白处，选择“个性化”命令，打开“个性化”窗口后，单击“声音”，进入声音设置界面。选择需要提示声音的事务，然后单击“浏览”按钮，打开系统自带的声音文件，选择其中一个后“确定”，返回声音设置界面可以单击“预览”按钮，若无问题，单击“确认”按钮即可。

Windows 附带针对平时常见时间的声音方案（相关声音的集合）。可以更改接收电子邮件、启动 Windows 或关闭计算机时计算机发出的声音。

更改一个或多个声音的步骤如下。

（1）单击“开始”→“控制面板”→“声音”，打开“声音”对话框或在搜索框中输入“声音”，然后单击“声音”。

（2） 若要更改某个声音，可以单击“声音”选项卡，然后在“程序事件”列表框中，单击要为其分配新的声音事件。

（3）在“声音”下拉列表中，单击要与事件关联的声音，然后单击“确定”按钮。

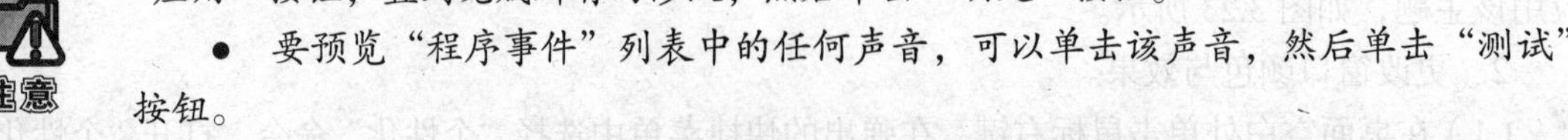

注意

- 如果要使用的声音没有列出，则单击“浏览”按钮进行查找。
- 若要更改多个声音，可以按照上面的步骤操作，但是在单击每个声音之后单击“应用”按钮，直到完成所有的修改，然后单击“确定”按钮。
- 要预览“程序事件”列表中的任何声音，可以单击该声音，然后单击“测试”按钮。
- 更改一个或多个声音时，系统会自动创建新的声音方案，并提供与当前方案相同名称，但是添加了“(已修改)”字样。原始声音方案使用其原始名称保留。

4. 更改桌面背景。

桌面背景是显示在桌面上的图片、颜色或图案，它为打开的窗口提供背景。图片可以是个人收集的数字图片、Windows 提供的图片、纯色或带有颜色框架的图片。可以选择某个图片作为桌面背景，也可以以幻灯片的形式显示图片。

（1）单击“开始”→“控制面板”→“个性化”。然后单击“桌面背景”，或在搜索框中输入“更改桌面背景”，然后单击“更改桌面背景”，如图 3.24 所示。

图 3.24　设置桌面背景

（2）单击要用于桌面背景的图片或颜色。如果要使用的图片不在桌面背景图片列表中，可单击“图片位置”列表中的选项查看其他类别，或单击“浏览”按钮搜索计算机上的图片。找到所需的图片后，双击该图片，它将成为桌面背景。

（3）单击“图片位置”下的箭头，选择对图片进行裁剪以使其全屏显示、使图片适合屏幕大小、拉伸图片以适合屏幕大小、平铺图片还是使图片在屏幕上居中显示，然后单击“保存修改”按钮。

以往的 Windows 操作系统中只能设置一张图片作为背景，而在 Windows 7 中，用户可以指定多张图片作为桌面背景，系统会根据用户的设置，定时更换桌面背景图片。

5. 更改屏幕保护程序。

屏幕保护程序是在指定时间内没有使用鼠标或键盘时，出现在屏幕上的图片或动画。Windows 提供了多个屏幕保护程序。用户还可以使用保存在计算机上的个人图片来创建自己的屏幕保护程序，也可以从网上下载屏幕保护程序。

单击“开始”→“控制面板”→“个性化”，单击“屏幕保护程序”，或在搜索框中输入“屏幕保护程序”，然后单击“更改屏幕保护程序”。

在“屏幕保护程序”列表中，单击要使用的屏幕保护程序，单击“确定”按钮。

6. 更改屏幕上的字体。

在保持监视器或笔记本电脑设置为其最佳分辨率的同时可以增加或减小屏幕上的文本和其他项目的大小，使屏幕上的文本或其他项目更容易查看。

通过增加每英寸点数（DPI）比例可以放大屏幕上的文本、图标和其他项目，还可以降低 DPI 比例以使屏幕上的文本和其他项目变得更小，以便在屏幕上容纳更多的内容。

使屏幕上的文本变大或变小的操作步骤如下。

① 依次单击“开始”→“控制面板”→“显示”，打开“显示”窗口，如图 3.25 所示。

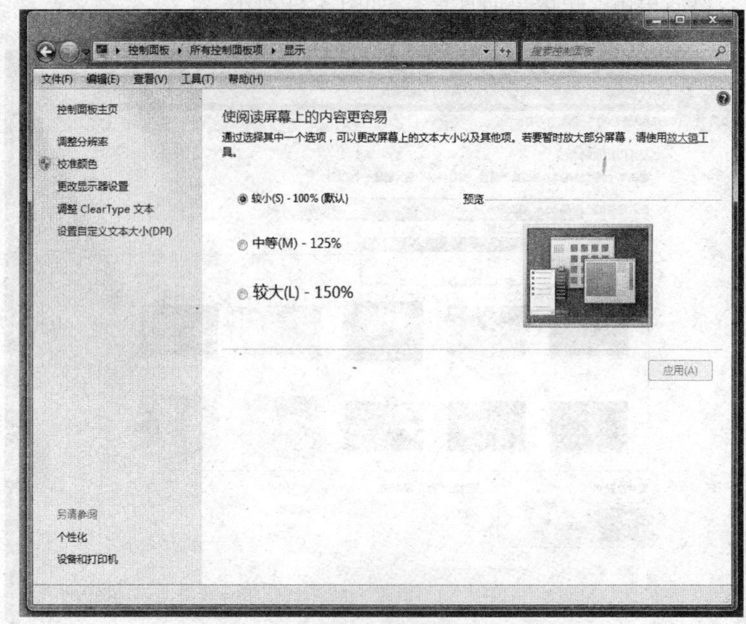

图 3.25　设置屏幕文本

② 选择下列操作之一：

“较小-100%（默认）”。该选项使文本和其他项目保持正常大小。

“中等-125%”。该选项将文本和其他项目设置为正常大小的 125%。

“较大-150%”。该选项将文本和其他项目设置为正常大小的 150%。仅当监视器支持的分辨率至少为 1200 × 900 像素时才显示该选项。

③ 单击“应用”按钮。

若要查看更改，可关闭所有程序，然后注销 Windows。该更改将在下次登录时生效。

也可以通过更改屏幕分辨率来使文本显示为更大或更小，但是如果使用 LCD 监视器或笔记本电脑，则应将屏幕设置为其原始分辨率以避免文本模糊。

7. 为用户帐户和“开始”菜单选择一个图片。

帐户图片有助于标识计算机上的帐户，该图片显示在欢迎屏幕和“开始”菜单上。可以将用户帐户图片更改为 Windows 附带图片之一，也可以使用自己的图片。

① 单击“开始”→“控制面板”→“用户帐户”，打开“用户帐户”。

② 然后单击“更改图片”，单击要使用的图片，或单击“浏览更多图片”，添加自己的图片。可以使用任意大小的图片，但其文件扩展名必须为以下扩展名中的一个：.jpg、.png、.bmp 或.gif。

8. 自定义桌面小工具。

桌面小工具是一些可自定义的小程序，它能够显示不断更新的标题或图片幻灯片等信息，无需打开新的窗口，如图 3.26 所示。

可以通过更改其设置、调整其大小、使其位于其他窗口的前端、将其移动到桌面上的任意位置以及进行其他更改来自定义桌面小工具。

（1）更改小工具的选项。右键单击要更改的小工具，然后单击“选项”。（有些小工具可能没有“选项”。）

（2）调整小工具大小。右键单击要调整大小的小工具，指向“大小”，然后单击希望此小工具的大小。（有些小工具不能调整大小。）

（3）始终将小工具保持在窗口的前端。右键单击小工具，然后单击“前端显示”。如果不希望某个小工具出现在打开窗口的前端，则右键单击此小工具，然后单击“前端显示”以清除该复选标记。

图 3.26　桌面上的小工具

（4）将小工具移动到桌面上其他位置。默认情况下，小工具彼此“粘住”并且位于屏幕的边缘。但是用户可以更改小工具的顺序，也可以将其移动到桌面上的任意位置（将小工具拖动到桌面上的新位置）。

（5）搜索计算机上已安装的小工具。用鼠标右键单击桌面，然后单击“小工具”。在搜索框中，输入要查找的小工具的名称。随着用户的输入，小工具列表将缩小到最接近的匹配程度。可以通过单击搜索框右边的箭头然后选择列表中的其中一项，以进一步缩小在“桌面小工具库”中的搜索范围。例如，单击“最近安装的小工具”将把搜索范围缩小到过去 30 天内安装的小工具。

（6）还原小工具的步骤。如果已从桌面中删除某个小工具且需要将其放回原处，用鼠标右键单击桌面，然后单击“小工具”。浏览到要还原的小工具，右键单击此小工具，然后单击“添加”按钮。

（7）在桌面上隐藏或显示小工具。右键单击桌面，指向“视图”，然后单击“显示桌面小工具”以清除或选中复选标记。（注意，隐藏小工具不会从桌面删除小工具。）

四、实验思考

1. 单击“控制面板”中的“个性化”按钮可进行个性化设置。描述你所做的个性化设置。
2. 在“控制面板”中找到“桌面小工具”进行设置。
3. 在 Windows 网站上的个性化库中找到要添加的更多小工具。

3.2.3　虚拟机的使用

一、实验目的

1. 学会虚拟机软件 VMware Workstation 的基本操作。
2. 理解组成虚拟机的主要部件与工作原理。
3. 掌握虚拟机环境下的 Windows XP 操作系统的安装。

二、实验任务

1. 掌握在 Windows 7 下安装虚拟机系统 VMware Workstation 8.0。
2. 熟悉使用 VMware Workstation，创建一个新的虚拟机。为新的虚拟机安装操作系统 Windows XP。
3. 熟练使用新装的虚拟机 Windows XP。

三、实验步骤

1. 下载并安装虚拟机系统软件 VMware Workstation 8.0。

（1）选择网站下载 VMware Workstation 8.0 软件的安装包，按要求正确安装。

（2）安装后在“开始”菜单中选择 VMware Workstation 选项，运行 VMware Workstation 8.0。

2. 创建一个新的虚拟计算机。

要求：创建的虚拟机将其配置为一个双核 CPU、1024MB 内存、一个 30GB 硬盘、光驱、网卡、键盘、鼠标、显示器、声卡等为系统默认标准配置。

（1）单击“Create a New Mware Workstation”，启动新建虚拟机向导，选择“Custom”方式。

（2）单击“Next”按钮，进入“Choose the Virtual Machine Hardware Compatibility”对话框，选择虚拟机硬件的兼容性。

（3）单击“Next”按钮，进入“Guest Operating System Installation”对话框，选择从哪里安装操作系统。

（4）单击“Next”按钮，进入“Select a Guest Operating System”对话框，选择安装到虚拟机上的操作系统类型：Windows XP。虚拟机硬件创建好之后还可以修改，但虚拟机的操作系统安装好之后则不能修改。

（5）单击“Next”按钮，进入“Name the Virtual Machine”对话框，为虚拟机取一个名字并选择虚拟机在主机上的放置地点。指定虚拟机在主机上的放置地点时，应先考虑相应磁盘的空间是否足够。若主机上有多块物理硬盘，则建议将虚拟机放置在与主机操作系统不同的物理硬盘上，以提高虚拟机的运行速度。

（6）单击“Next”按钮，进入“Processor Configuration”对话框，选择 CPU 数量，所示“Number of processors”（处理器个数）和“Number of cores per processors”（每个处理器的核个数）一起决定系统的 CPU 数量。

（7）单击“Next”按钮，进入“Memory for the Virtual Machine”对话框，选择虚拟机的内存大小。如果主机配置的物理内存较大，则应为虚拟机选配较大的内存，提高其运行速度。

（8）单击“Next”按钮，进入“Network Type”对话框，选择虚拟机的网卡及联网方式。虚拟机不要网卡也可以工作。

（9）单击“Next”按钮，进入“Select I/O Controller Types”对话框，选择 I/O 控制器的类型。只要安装并工作在虚拟机里的软件没有特殊要求，选择默认值即可。

（10）单击“Next”按钮，进入“Select a Disk”对话框，选择为虚拟机配置的硬盘来源。

（11）单击“Next”按钮，进入“Select a Disk Type”对话框，选择磁盘的类型为 IDE 或 SCSI，只要安装并工作在虚拟机里的软件没有特殊要求，选择默认值即可。

（12）单击“Next”按钮，进入“Specify Disk Capacity”对话框，指定硬盘的容量及在主机上的组织方式。

（13）单击“Next”按钮，进入“Specify Disk File”对话框，为虚拟磁盘在主机的磁盘上对应的文件命名并选择存放位置。默认的存放位置在该虚拟机的“机箱”文件夹下，建议不做改动，以方便虚拟机的复制和备份。

（14）单击“Next”按钮，进入“Ready to Create Virtual Machine”对话框，VMware 显示出这台虚拟机的配置情况（光驱、软驱、USB 控制器、声卡等已由 VMware 作默认选择），一台新的虚拟机即将生产出厂！若不需要对虚拟机的配件作修改，则单击“Finish”按钮完成虚拟机的组装，VMware Workstation 回到其主页面。

3. 为新建的虚拟计算机安装操作系统 Windows XP。

（1）将系统软盘插入虚拟机。可以使用物理光驱（Use physical drive），将光盘放入光驱；也可以使用光盘映像文件（Use ISO image file），包括 CD-ROM 和 DVD，此时需选择相应的 ISO 文件。可以为虚拟机装配多个光驱。当虚拟机开机运行时，通过 VM 菜单里的“Removable Devices”菜单项或者其中的光盘图标，都可进行光盘设置。

在安装软件的过程中，经常需要换光盘，用户可以选择一种自己习惯的方式完成任务。

（2）单击“Power on this virtual machine”给虚拟机加电开机，虚拟机便开始像真正的计算机一样运行。

（3）在虚拟机上安装 Windows XP 的过程与在真实计算机上安装没有区别，按照提示一步一步往下做即可。操作时鼠标单击虚拟机的屏幕，鼠标和键盘便为虚拟机所使用，若需退出虚拟机，按 Ctrl+Alt 组合键即可。

（4）单击 VM 菜单里的“Install VMware Tools”，将专门的驱动程序和管理程序安装到虚拟机，提高虚拟机的运行性能和管理的方便性。

以上安装过程结束后，Windows XP 完成启动并经简单设置后的界面如图 3.27 所示。

图 3.27　虚拟机 XP 的界面

4. 虚拟机 Windows XP 的基本使用。

（1）练习 View 视图菜单的使用。

View 菜单里有 Full Screen、Unity、Console View、Fit Guest Now、Fit Windows Now、Autosize、Customize 等选项，在虚拟机开机和关机状态下体验其效果，掌握每一个菜单项作用。

虚拟机运行在主机系统里，就是一个应用程序窗口。可以让虚拟机的显示进入“Full Screen”全屏模式，此时虚拟机的桌面将占满整个显示器，除了顶端的工具条会暴露身份外（可以单击最左边的按钮实现隐藏或显示），从外观和使用上很难辨别出其是一台虚拟机。

（2）使用“Removable Devices”可移除设备。

在虚拟机中，CD/DVD、Floppy（软驱）、Network Adapter（网卡）、Printer（打印机）、Sound card（声卡）和 USB 设备都是可移除的，可根据需要与虚拟机链接或断开链接。

（3）练习开机和关机状态下，VM 菜单下 Power 子菜单中各项功能的使用。

Power 子菜单中有 Power On（打开电源）、Power Off（直接关电）、Suspend（暂停）、Reset（复位）等。虚拟机也有自己的 BIOS 设置，启动时按 F2 键或 Delete 键（不同版本可能有差异）进入，如图 3.28 所示。由于虚拟机开机时自检速度很快，开机启动界面一晃而过，来不及按 F2 键，此时可单击“VM|Power|Power On to BIOS”进入 BIOS 设置。

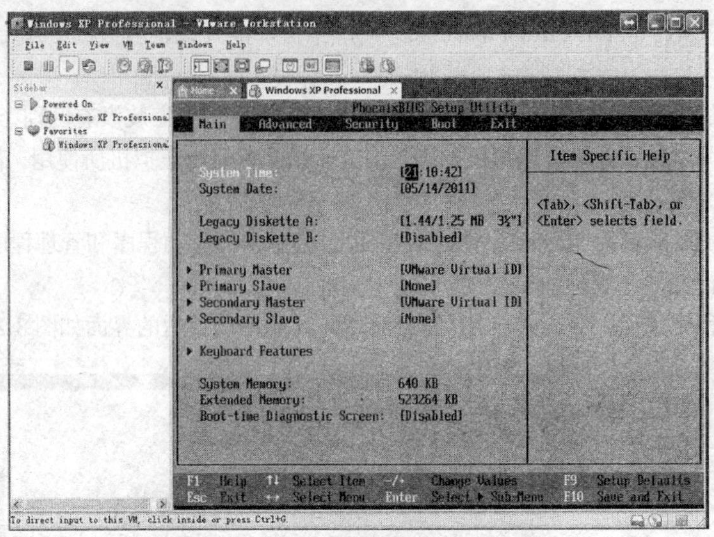

图 3.28　虚拟机 BIOS 的设置

四、实验思考

1. 下载并使用已安装好的虚拟机，如 DOS、Windows 98、Windows 2000、Windows 2003 和 Linux，加深对虚拟机的认识。

2. 创建并安装其他类型的虚拟机，例如 DOS、Windows 98 等，将平时学习需要的虚拟机备份到 U 盘（为避免 U 盘快速损坏，应复制到硬盘后再运行）。

3. 某虚拟机工作过程中死机、无响应，无法单击其“开始”菜单重启，此时该怎么办?

4. 下载并安装 VMware Thin App，体验应用程序的虚拟化：将一个原本需要安装后才能使用的软件做成绿色版，即不需要安装便可使用。

3.3　自我测试

一、选择题

1. 操作系统是计算机系统中的一种（　　）。

A. 应用软件　　B. 通用软件　　C. 系统软件　　D. 工具软件

2. 操作系统是现代计算机系统不可缺少的组成部分，操作系统负责管理计算机的（　　）。

A. 程序　　B. 功能　　C. 资源　　D. 进程

3. 在下列操作系统中，属于分时系统的是（　　）。

A. UNIX　　B. MS DOS　　C. Windows 2000/XP　　D. Novell NetWare

4. 下列（　　）操作系统不是微软公司开发的操作系统。

A. Windows Server 2003　　B. Windows 7

C. Linux　　D. Vista

5. 允许多个用户以交互方式使用计算机的操作系统是（　　）。

A. 批处理单道系统　　B. 分时操作系统

C. 实时操作系统　　D. 批处理多道系统

6. 操作系统对软件的管理主要是指（　　）。

A. 处理器管理　B. 存储管理　C. 文件管理　D. 系统软件管理

7. 网络操作系统的功能是（　）。

A. 处理器管理　B. 存储管理　C. 网络管理　D. 以上都是

8. 进行主存空间分配，保护主存中的程序和数据不被破坏的操作系统功能是（　）。

A. 处理器管理　B. 存储管理　C. 文件管理　D. 作业管理

9. 不属于存储管理的功能是（　）。

A. 存储器分配　B. 地址的转换　C. 硬盘空间管理　D. 信息的保护

10. 将一个以上作业放入主存使它们共享处理机的时间和外围设备等资源的技术称为（　）。

A. 多重处理　B. 多道程序设计　C. 多道批处理　D. 并行执行

11. 操作系统中的进程是（　）。

A. 一个系统软件　B. 一个作业　C. 主存中的程序　D. 执行中的程序

12. 在下列关于线程的说法中，错误的是（　）。

A. 线程又被称为轻量级的进程

B. 线程是所有操作系统分配CPU时间的基本单位

C. 有些进程只包含一个线程

D. 把进程再“细分”成线程的目的是更好地实现并发处理和共享资源

13. 在下列关于处理机管理的说法中，正确的是（　）。

A. 多道程序的特点之一是一个CPU能同时运行多个程序

B. 所有的操作系统都是以进程为单位分配CPU的

C. 一个进程可以同时执行一个或几个程序

D. 当一个处于挂起状态的进程所需的资源满足后就进入了执行状态

14. “裸机”指的是（　）。

A. 安装了操作系统的计算机　B. 安装了应用程序的计算机

C. 安装了系统软件的计算机　D. 没有安装任何软件的计算机

15. 文件系统最基本的目的是为用户提供文件的（　）。

A. 按名存取　B. 共享　C. 保护　D. 使用便利

16. 使用操作系统提供的命令控制作业运行的作业控制方式称为（　）。

A. 自动控制方式　B. 脱机控制方式

C. 批处理方式　D. 联机控制方式

17. Windows 文件系统是（　）。

A. 星状结构　B. 网状结构　C. 环状结构　D. 树状结构

18. 在下列关于文件的说法中，错误的是（　）。

A. 在文件系统的管理下，用户可以按照文件名访问文件

B. 文件的扩展名最多只能有3个字符

C. 在 Windows 中，具有隐藏属性的文件是不可见

D. 在 Windows 中，具有只读属性的文件仍然可以删除

19. 即插即用的含义是指（　）。

A. 不需要 BIOS 支持即可使用硬件

B. Windows 系统所能使用的硬件

C. 安装在计算机上不需要配置任何驱动程序就可使用的硬件

D. 硬件安装在计算机上后，系统会自动识别并完成驱动程序的安装和配置

20. 在 Windows 中，在下面关于即插即用设备的说法中，正确的是（　　）。

A. Windows 保证自动正确地配置即插即用设备，永远不需要用户干预

B. 即插即用设备只能由操作系统自动配置，用户不能手工配置

C. 非即插即用设备只能由用户手工配置

D. 非即插即用设备与即插即用设备不能用在同一台计算机上

21. 在搜索文件或文件夹时，若用户输入“*. *”，则将搜索（　　）。

A. 所有含有*的文件　　B. 所有扩展名中含有*的文件

C. 所有文件　　D. 以上全不对

22. 以下（　　）文件被称为文本文件或 ASCII 文件。

A. 以 EXE 为扩展名的文件　　B. 以 TXT 为扩展名的文件

C. 以 COM 为扩展名的文件　　D. 以 DOC 为扩展名的文件

23. 以下关于 Windows 快捷方式的说法正确的是（　　）。

A. 一个快捷方式可指向多个目标对象

B. 一个对象可有多个快捷方式

C. 只有文件和文件夹对象可建立快捷方式

D. 不允许为快捷方式建立快捷方式

24. 在 Windows 中，各应用程序之间的信息交换是通过（　　）进行的。

A. 记事本　　B. 剪贴板　　C. 画图　　D. 写字板

25. Windows 中，将一个应用程序窗口最小化之后，该应用程序（　　）。

A. 仍在后台运行　B. 暂时停止运行　C. 完全停止运行　D. 出错

26. 不属于 Windows 7 帐户的类型是（　　）。

A. 来宾帐户　　B. 标准帐户　　C. 管理员帐户　　D. 高级用户帐户

27. 不是 Windows 7 默认库的是（　　）。

A. 文件库　　B. 视频库　　C. 音乐库　　D. 图片库

28. 在 Windows 7 操作系统中，显示 3D 桌面效果的快捷键是（　　）。

A. Win+D　　B. Win+Tab　　C. Win+P　　D. Alt+Tab

29. 在 Windows 7 个性化菜单中不能设置的是（　　）。

A. 桌面背景　　B. 窗口颜色　　C. 分辨率　　D. 声音

30. （　　）是 Windows 7 推出的第一大特色，它就是最近使用的项目列表，能够帮助用户迅速地访问历史记录。

A. 跳转列表　　B. Aero 特效　　C. Flip 3D　　D. Windows 家庭组

31. 在 Windows 7 中，获得联机帮助的热键是（　　）。

A. F1　　B. Esc　　C. F2　　D. ALT+F1

32. 在 Windows 7 中在桌面上按 Alt+F4 组合键可以执行的操作的是（　　）。

A. 关闭程序　　B. 关机　　C. 关闭文件　　D. 删除文件

33. 在 Windows 7 的系统控制区右下角的“关机”按钮不可以进行（　　）操作。

A. 关机　　B. 切换用户　　C. 待机　　D. 锁定

34. 在 Windows 7 中，为了调出 Windows 任务管理器使用的组合键是（　　）。

A. Shift+Esc+Tab　　B. Crtl+Shift+Enter
C. Ctrl+Alt+Del　　D. Alt+Shift+Enter

35. 若要在资源管理器中选定一组连续的文件，单击该组第一个文件后并在单击该组的最后一个文件前先按住（　　）。

A. Ctrl 键　B. Shift 键　C. Alt 键　D. Tab 键

36. 删除 Windows 7 桌面上某个应用程序的图标，意味着（　　）。

A. 该应用程序连同其图标一起被隐藏
B. 该应用程序连同其图标一起被删除
C. 只删除了该应用程序，对应的图标被隐藏
D. 只删除了图标，对应的应用程序被保留

37. Windows 7 的回收站实际上是（　　）。

A. 文件目录　B. 内存区域　C. 一个文档　D. 硬盘上的文件夹

38. Linux 操作系统的类型属于（　　）。

A. 单用户单任务　B. 单用户多任务　C. 多用户单任务　D. 多用户多任务

39. 英文和各种中文输入法之间的切换键是（　　）。

A. Alt+Space　B. Ctrl+Alt　C. Ctrl+Shift　D. Ctrl+Space

40. 在 Windows 7 环境下启动程序只要用鼠标（　　）。

A. 左键单击代表该对象的图标　　B. 右键单击代表该对象的图标
C. 左键双击代表该对象的图标　　D. 右键双击代表该对象的图标

41. Windows 7 中的“磁盘碎片整理程序”的主要作用是（　　）。

A. 修复损坏的磁盘　　B. 缩小磁盘空间
C. 扩大磁盘空间　　D. 提高文件访问速度

42. 人们平时所说的“数据备份”中的数据包括（　　）。

A. 内存中的各种数据　　B. 各种程序文件和数据文件
C. 存放在 CD-ROM 上的数据　　D. 内存中的各种数据和程序

43. MS-DOS 属于（　　）。

A. 单用户操作系统　　B. 分时操作系统
C. 实时操作系统　　D. 批处理操作系统

44. 在命令行提示符下，给文件重命名的命令是（　　）。

A. TYPE　B. REN　C. DEL　D. COPY

45. 在下列操作系统中，由 IBM 公司研制开发的是（　　）。

A. Mac OS　B. OS/2　C. Novell NetWare　D. Linux

46. 在下列关于虚拟内存的说法中，正确的是（　　）。

A. 如果一个程序的大小超过了计算机所拥有的内存容量，则该程序不能执行
B. 在 Windows 中，虚拟内存的大小是固定不变的
C. 虚拟内存是指模拟硬盘空间的那部分内存
D. 虚拟内存的最大容量与 CPU 的寻址能力有关

47. 在一台计算机中，与能够同时运行的虚拟机数量无关的是（　　）。

A. 内存大小　　B. 硬盘大小与速度
C. 显示器大小　　D. CPU 速度

48. 在一台计算机中，能够创建的虚拟机数量取决于（　　）。

A. 内存大小　　B. 硬盘大小　　C. 显示器大小　　D. CPU 速度

49. 以下不是数据中心使用虚拟机能带来效益的是（　　）。

A. 节约建设和运行成本　　B. 提高 CPU、内存、硬盘等资源的利用率

C. 增强系统的适应能力　　D. 充分发挥 Windows 系统的作用

50. 以下不是个人用户使用虚拟机的原因是（　　）。

A. 真正的计算机太贵，买不起

B. 创建多种系统演示环境和学习

C. 用于软件测试、安全测试和从事对系统有风险的工作

D. 用于系统安装于配置、复杂应用系统的教学与培训

二、判断题

1. Windows 的剪贴板是内存中的一块区域。（　　）
2. 操作系统既是硬件与其他软件的接口，又是用户与计算机之间的接口。（　　）
3. 在 Windows 中，不能删除有文件的文件夹。（　　）
4. 在 Windows 资源管理器的左侧窗口中，若用鼠标单击文件夹前面“+”，此时“+”将变成“-”。（　　）
5. 只有文件和文件夹对象可建立快捷方式。（　　）
6. 要开启 Windows 7 的 Aero 效果，必须使用 Aero 主题。（　　）
7. 安装 Windows 7，系统磁盘分区必须为 NTFS 格式。（　　）
8. 在 Windows 中，默认库删除后无法恢复。（　　）
9. 虚拟存储系统可以在任何一台计算机上实现。（　　）
10. 文件目录一般存放在外存。（　　）

三、填空题

1. 操作系统是在________上加载的第一层软件，是对计算机硬件功能的首次扩充。

2. 操作系统的功能包括：________、________、________和________管理。

3. 对信号的输入、计算和输出都能在一定的时间范围内完成的操作系统被称为________。

4. 进程的 4 个基本特征是：动态性、________、独立性和异步性。

5. 处于执行状态的进程，因时间片用完就转换为________。

6. 在 Windows 中，分配 CPU 时间的基本单位是________。

7. ______记录了系统管理文件所需的全部信息，是文件存在的标志。

8. ______技术让计算机自动发现和使用基于网络的硬件设备，实现一种“零配置”和“隐性”的联网过程。

9. 按照资源分配角度可将设备分为________、________和________。

10. 选定多个连续的文件或文件夹，操作步骤为：单击所要选定的第一个文件或文件夹，然后按住________ 键，单击最后一个文件或文件夹。

11. ______是一种利用输入/输出缓冲器提高 CPU 与输入/输出设备之间的并行程度以及整个系统的运行效率的技术。

12. ______是为了弥补主存储器不足而采取的一种内外存交换的技术，即根据程序运行的需要，调入要使用的内容，置换出不再使用或暂不使用的内容。

13. 在 Linux 系统中所有内容都被表示为________。

14. 网络操作系统是把计算机网络中的各台计算机有机地联结起来，实现各台计算机之间的__________和网络中___________。

15. 要安装 Windows 7，系统磁盘分区必须为____________格式。

16. 在 Windows 操作系统中，Ctrl+C 是____________命令的快捷键。

17. 在 Windows 操作系统中，Ctrl+X 是____________命令的快捷键。

18. 在 Windows 操作系统中，Ctrl+V 是____________命令的快捷键。

19. Windows7 计算器与 Windows XP 的计算器相比，增加了____________功能。

20. _____指为应用程序虚拟出一个“真实的”操作系统环境，让应用程序能正常工作。

第4章 算法设计与可视化编程

如何能更好的理解算法、评价算法，并将算法的设计过程可视化，对算法的初学者而言是非常重要的。本章主要介绍了算法的选择及利用 Raptor 进行算法设计的可视化操作过程，有助于提高初学者对算法的理解。

4.1 扩展知识

4.1.1 算法与生活有关系吗

大家知道，算法就是解决问题的方法和步骤。算法的思想来源于生活，也在生活中得以体现。在生活中所遇到的每一个问题都需要用到算法进行解决，从洗衣、做饭到修建房屋，每件事中都有着算法的体现。

在生活中，常会遇到这样的情况：准备晚饭熬粥时需要洗锅、洗碗、烧水、淘米、熬粥这些过程。洗锅所用的时间是 2 分钟，洗碗的时间是 1 分钟，淘米的时间是 1 分钟，烧水的时间是 3 分钟，熬粥的时间是 15 分钟。那么如何安排是最合理、最省时的呢？通过对这些过程的分析可以发现，洗锅、淘米、烧水是熬粥的前期必要步骤，因此需先行完成，其中烧水的时间又大于淘米的时间，因此可将淘米的步骤安排在烧水时进行，会更加节约时间，使安排更为合理。

又如，有个农夫带着一只狼、一只羊和一捆菜准备过河，但由于船太小，每次只能载一样东西过河。当农夫不在时，狼会将羊吃掉，而羊也会把菜吃掉。问农夫如何才能把它们都安全渡过河去？对这个问题进行分析后，发现在整个运输的过程中，需要将“羊”与“狼”和“菜”始终分离开来，因此，可以这样来进行解决：农夫载羊过河⇒农夫返回⇒农夫载狼过河⇒农夫载羊返回⇒农夫载菜过河⇒农夫返回⇒农夫载羊过河。当然，也有另外一种解决方法：农夫载羊过河⇒农夫返回⇒农夫载菜过河⇒农夫载羊返回⇒农夫载狼过河⇒农夫返回⇒农夫载羊过河。

再如，相传西汉大将韩信，善于带兵。一次阅兵时，韩信要求士兵排成 5 路纵队，此时末尾多出 1 人，改排成 6 路纵队，末尾多出 5 人，再排成 7 路纵队，末尾余下 4 人，最后排成 11 路，末尾余 10 人，若总人数小于 3000，求兵数有多少人？在这一问题的求解过程中，自然而然的就会用到算法。算法设计的方法有很多，如求和、累乘、迭代、递归、穷举等。在本题中，可以利用穷举法来进行解决。穷举法的基本原理是根据题目中的部分条件来确定解的大致范围，然后在此范围内对所有可能的情况进行逐一验证，直到将全部情况验证完毕。如果某一情况经验证后满足题目的全部条件，则其为本题的一个解。若全部情况经验证后不符合题目的全部条件，则本题无解。假设士兵有 x 人，根据题意得出如下条件：x%5==1，x%6==5，x%7==4，x%11==10，x<3000。我们可采用穷举法，对 x 取值范围内的所有值一一进行试探，最终可找出满足条件的解。

4.1.2　常用计算机算法有哪些

在计算机中，常用的算法有很多，如穷举算法、递归算法、递推算法等，这些在教材中已有介绍。在本小节中，主要介绍如何用回溯算法、贪心算法和动态规划算法来处理实际问题。

1. 回溯算法

回溯算法是一种选优搜索法。按选优条件向前搜索，当搜索到某一步时，发现其无法达到目标，需退回一步重新进行选择，若仍无解，继续退回直到寻到解。计算机处理许多复杂、规模较大的问题时，都可使用回溯法，因此，回溯法有“通用解题方法”的美誉。

经典的八皇后问题就可以用回溯法来进行解决，该问题具体为：在 8×8 的棋盘上摆放 8 个皇后，使其不能互相攻击，即任意的两个皇后不能处在同一行、同一列或同一斜线上。解题思路如下。

（1）从第一行开始，放置皇后位置，然后跳到下一行。

（2）如若当前行上没有可安放符合条件棋子的位置时，则需回溯到上一行，重新安放上一行的棋子，使其符合条件。

（3）如上顺序依次安放皇后，直到在第 8 行上寻到安放皇后的位置，求解结束。

如图 4.1 所示，在解题过程中，在第 6 行出现了无法安放皇后的情况，因此需要退到第 5 行重新安放皇后，若仍无法满足安放的要求，需继续退回寻找，直到求得正确解。最终可以得到如图 4.2 所示的解。

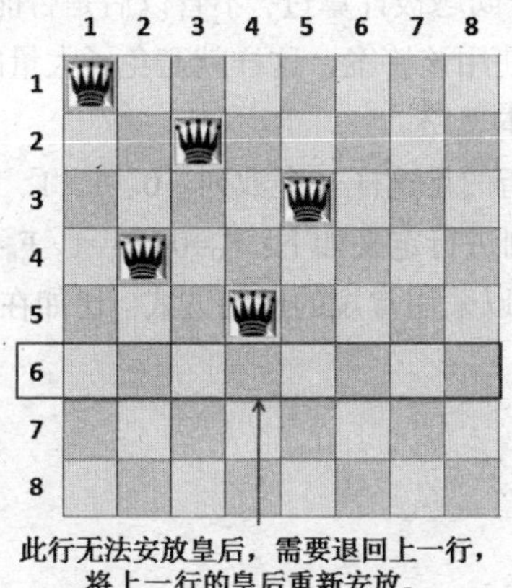

图 4.1　八皇后问题无解图之一

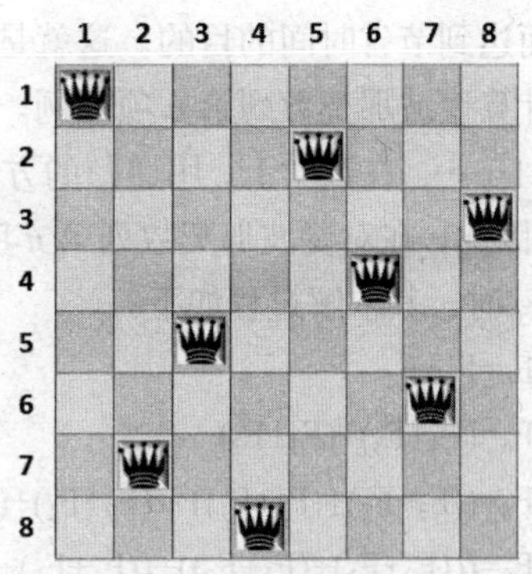

图 4.2　八皇后问题有解图之一

2. 贪心算法

贪心算法是指在求解问题时总是做出在当前看来最优的选择，即其并不从整体最优角度来考虑，它所做出的选择只是在某种状态下的局部最优选择。具体表现为：对解的空间进行搜索时，并不搜遍所有的空间，而是先在局部范围内进行最优选择，根据条件进而决定下一步的搜索方向，直到求解结束。

贪心算法的目的并不是求得最优解，而是找到一种可行解。尽管贪心算法无法获得所有问题的整体最优解，但在一定情况下，它可以产生整体最优解。使用贪心算法时，通常会采用自顶向下的方法来求解，其每一步都是做出在当前状态下最好的选择。

例如，在超市购物，收银员找补零钱时，如何使找出的零钱张数（或硬币枚数）最少。对于这一问题，就可以采用贪心算法来进行解决。解决方法如下：找零时，不去考虑找零钱的各种组合方案，而是从最大面值的币种开始，按递减的顺序考虑各种币种，先尽量用大面值的币种，当不足大面值币种的金额时，才去考虑下一种较小面值的币种。例如，顾客消费 13.5 元，支付 100 元，需找零 86.5 元。由于目前人民币的币种有 100、50、20、10、5、1、0.5、0.1 等多种面额（单位：元），至少可以有以下几种方案：

- 1 张 50，1 张 20、1 张 10、1 张 5、1 张 1、1 张 0.5；
- 1 张 50，3 张 10、1 张 5，1 张 1、1 张 0.5；
- 1 张 50，3 张 10、6 张 1、1 张 0.5；
- 4 张 20、1 张 5、1 张 1、1 张 0.5；
- 3 张 20、2 张 10、6 张 1、1 张 0.5；

……

由贪心算法求解得知，第一种方案“1 张 50，1 张 20、1 张 10、1 张 5、1 张 1、1 张 0.5”为最优解，即先从能找的最大面额 50 开始，接着 20、10、5、1、0.5，最终寻得找出零钱张数最少的组合。

3. 动态规划

动态规划算法常用来求解具有某种最优性质的问题。与分治法相似，动态规划算法也是将求解的问题进行分解处理，继而得到若干子问题，然后先对子问题求解，最终从这些子问题的解中求得原问题的解；与分治法不同的是，适用于动态规划求解的问题，由于分解所得的子问题往往不是互相独立的，若采用分治法来解决此类问题时，就会出现这些子问题被重复计算了很多次的情况，动态规划法可以保存已解决子问题的答案，只要子问题被计算过，不管以后是否能被用到，都将已解子问题的答案记录在一个表中，在需要时直接使用该答案，这样就避免了大量的重复计算，从而达到节省时间的目的。这就是动态规划法的基本思路。

以计算斐波那契数列第 n 项为例。斐波那契数列，指的是这样一个数列：0、1、1、2、3、5、8、13、21……。在数学上，用递归的方法对斐波那契数列进行定义如下：$F_0=0$，$F_1=1$，$F_n=F_{n-1}+F_{n-2}$ $(n\geqslant 2)$。因此，在对斐波那契数列第 n 项进行求解时，可以采用常规的递归方式。比如在求解第 6 项，即 F_6 时，其求解过程如下：

① $F_6=F_5+F_4$

② $F_6=(F_4+F_3)+(F_3+F_2)$

③ $F_6=((F_3+F_2)+(F_2+F_1))+((F_2+F_1)+(F_1+F_0))$

④ $F_6=(((F_2+F_1)+(F_1+F_0))+((F_1+F_0)+F_1))+(((F_1+F_0)+F_1)+(F_1+F_0))$

⑤ $F_6=((((F_1+F_0)+F_1)+(F_1+F_0))+((F_1+F_0)+F_1))+(((F_1+F_0)+F_1)+(F_1+F_0))$

由此可见，在解决上述问题的过程中，有着太多重复计算的操作。因此，可采用动态规划算法，将前面已计算得出的数值保存在表中，这样在后续计算中可以直接使用表中保存的结果，从而避免了重复计算。

4.1.3 如何选择和优化算法

1. 算法的选择

在选择算法之前，需要熟悉各种算法语言，知道其各自的特点，根据不同的需求来选择算法。

下面以旅行商问题（Traveling Salesman Problem，TSP）为例，来分析各种算法在解决同一问题时的表现。TSP 问题是最著名的难题之一，其大体可以描述为：有若干个城市，任何两个城市之间的距离都是确定的，某一旅行商从某个城市出发，必须经过每个城市一次且仅一次，最后回到出发城市，如何安排才能使所走的路线最短。

对于这一问题，有多种算法可供选择。遍历是一种最基本的问题求解策略，即列出每一条可供选择的路线，计算出每条路线的总里程，然后从中选出一条最短的路线。

遍历策略对于小规模的 TSP 问题求解是有效的，但对于大规模的 TSP 问题，该策略在时间上是不能接受的。遍历算法在求取 TSP 问题的精确解时，会遭遇"组合爆炸"，其路径组合数目为 $(n-1)!$，因此遍历算法的时间复杂度是 $O((n-1)!)$。

动态规划法是一种递归算法，在对 TSP 问题进行解决时，可以求得最优解，其时间复杂度为 $O(n^2 \cdot 2^n)$，空间复杂度为 $O(n \cdot 2^n)$，因此适用于小规模的问题。最近邻点贪心策略也可以求解 TSP 问题，其时间复杂度为 $O(n^2)$，速度较快，但其所得结果不一定是最优解。由此可见，在对 TSP 问题的解决过程中，各种算法均有其各自的优缺点。因此，在实际应用中，需要根据不同情况、不同的要求来选择合适的算法。

2. 算法的优化

用空间换时间是常用的一种优化方法。对于算法而言，通常其时间复杂度和空间复杂度往往是相互影响的。例如，在寻求一个较好的时间复杂度时，可能会导致占用较多的存储空间，使空间复杂度变差，反之亦然。因此，在存储空间要求不高的前提下，在算法优化时可考虑用"空间"换"时间"，增加存储空间来存储程序中反复要计算的数据，从而提高算法的运行速度。

例如，在国王的婚姻问题的解决过程中就很好的体现了算法的优化过程。该问题是这样的：传说在古代，有一位酷爱数学的国王向邻国一位美丽的公主求婚。公主出了一题，要求国王求出 48770428433377171 的一个真因子。如果国王能在一天内求解成功，公主便接受国王的求婚。国王回去后立即开始逐个数地进行计算，他从早到晚，共算了 3 万多个数，最终还是没能找到答案，国王向公主求情，公主将答案相告：22309287 是它的一个真因子。国王很快就验证了这一答案。公主说："我再给你一次机会，如果还求不出，将来你只好做我的证婚人了"。

国王立即回国，并向时任宰相的大数学家求教，大数学家给国王出了一个主意，按自然数的顺序给全国的老百姓每人编一个号发下去，等公主给出题目后，立即将它通报全国，让每个老百姓用自己的编号去除这个数，除尽了立即上报并赏金万两。最后，国王用这种办法求婚成功。

在该故事中，国王自己使用的是一种顺序算法，其复杂度表现在时间方面。后来，由宰相提出的是一种并行算法，其复杂度表现在空间方面，这就利用空间换时间的优化方法来在短时间内解决了这一问题。

4.1.4　算法的设计过程能够可视化吗

常用的算法表示方式有多种，如自然语言、流程图、程序设计语言等。自然语言指用普通语言来描述算法，优点是简单、方便，适合描述简单的算法或算法的高层思想，但书写烦琐、冗长，容易引起歧义。流程图是利用各种符号表示算法的每一步骤，由箭头符号将这些步骤按照顺序连接起来，以此表示算法，它可避免自然语言的烦琐、冗长的缺陷，具有直观形象的特点。程序设计语言是人与计算机进行信息通信的工具，实际上它就是一个能完整、规则、准确地表达人们意图，且能指挥或控制计算机工作的"符号系统"，是计算机系统中对算法最准确的表示方式，但因其需在计算机上编译、连接、运行出结果，所以初学者难以进行一般的阅读和交流。

可视化程序设计是一种全新的程序设计方法，它主要是让程序设计人员利用软件本身所提供的各种控件，像搭积木似地构造应用程序的各种界面，其最大的优点是设计人员可以不用编写或只需编写很少的程序代码，就能完成应用程序的设计，这样就能极大地提高设计人员的工作效率。能进行可视化程序设计的集成开发环境很多，比较常用的有微软公司的 Visual Basic、Visual C++、中文 Visual Foxpro，Borland 公司的 Delphi 等。

Raptor（the Rapid Algorithmic Prototyping Tool for Ordered Reasoning，用于有序推理的快速算法原型工具）是一种基于流程图的可视化程序设计环境，专门用于解决非可视化环境下的句法缺点和困难。其允许用户利用基本的流程图符号来创建算法，并可在其环境下直接调试并运行算法，可以采用连续执行或单步执行的模式。因此，Raptor 不仅拥有流程图直观形象的优点，而且最大程度地降低了对使用者语法掌握的要求，进而帮助使用者编写正确的指令语句。

4.1.5 算法设计中如何组织数据

所谓组织数据即确定数据的结构。数据结构是计算机存储、组织数据的方式，是指相互之间存在一种或多种特定关系的数据元素的集合。通常情况下，精心选择的数据结构可以带来更高的运行或者存储效率。数据结构有逻辑上的数据结构和物理上的数据结构之分。逻辑上的数据结构反映成分数据之间的逻辑关系，而物理上的数据结构反映成分数据在计算机内部的存储安排。

常用的数据结构有数组、链表、栈、队列、树、图等。其中，图是一类非常常用的数据结构，它是节点和边的集合，通常用 $G=(V, E)$ 来表示，其中 V 是所有节点的集合，而 E 代表所有边的集合。图根据边之间的连接是否有方向性，又分为有向图和无向图。有向图的每一条线都有一个方向指向后继节点，图中的线称为弧。无向图中的线是无方向的，称为边。在图的边或弧上，有时标有与它们相关的数，这种与图的边或弧相关的数称作权。这些权可以表示从一个顶点到另一个顶点的距离或代价。

有许多日常工作生活中的实际问题都是用图来定义的。例如，计划从 V_0 城市出发，前往 V_3 城市出差或旅游时，最关心的问题是在两个城市之间哪一条路线是最短的或最经济的路线。对于这一问题，就可以用 Dijkstra 算法来进行解决。Dijkstra 算法是典型的最短路径路由算法，用于计算一个节点到其他所有节点的最短路径。主要特点是以起始点为中心向外层层扩展，直到扩展到终点为止，能得出最短路径的最优解。首先用一个图结构来表示交通网络系统，图中顶点表示城市，边表示城市之间的交通关系，权表示直接相连的城镇之间的铁路距离，得到一个赋权图，如图 4.3 所示。

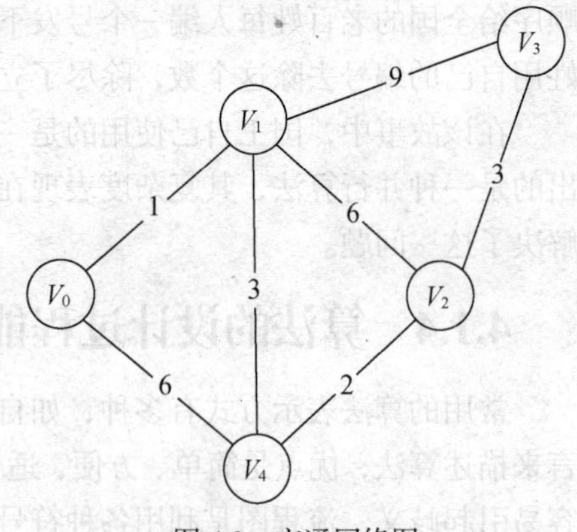

图 4.3 交通网络图

Dijkstra 算法思想为：每次找到离源点最近的一个顶点，然后以该顶点为中心进行扩展，最终得到源点到其余所有点的最短路径。基本步骤如下。

（1）将所有的顶点分为两部分：已知最短路程的顶点集合 S 和未知最短路径的顶点集合 U。最开始，已知最短路径的顶点集合 S 中只有源点一个顶点。

（2）源点到自身的最短路径为 0。若源点与 U 中的顶点有边，则将其权值设为从源点到该顶点的距离值。同时把源点到所有其他（源点不能直接到达的）顶点的距离值设为∞。

（3）从 U 中选取一个距离源点最近的顶点 k，把 k 加入 S 中。

（4）以 k 为中间点，修改从源点到 U 中顶点的距离值。若从源点经过 k 到 U 中顶点的距离比原来距离（不经过 k）短，则修改该顶点的距离值；否则，则保留原最短路径距离值。

（5）重复步骤（3）和步骤（4）直到所有顶点都包含在 S 中。

针对图 4.3 所示的交通网络图，用 Dijkstra 算法找出以 V_0 为起点 V_3 为终点的单源最短路径步骤如表 4.1 所示。

表 4.1　用 Dijkstra 算法找出以 V_0 为起点 V_3 为终点的单源最短路径步骤

步骤	S 集合中	U 集合中
1	选入 V_0，此时 S={ V_0} 此时最短路径 $V_0\to V_0$=0 以 V_0 为中间点，从 V_0 开始找	U={V_1,V_2 V_3,V_4} $V_0\to V_1$=1 $V_0\to V_4$=6 $V_0\to$其他 U 中的顶点=∞ 发现 $V_0\to V_1$=1 权值为最短
2	选入 V_1，此时 S={ V_0，V_1} 此时最短路径 $V_0\to V_0$=0，$V_0\to V_1$=1 以 V_1 为中间点，从 $V_0\to V_1$=1 这条最短路径开始找	U={V_2,V_3,V_4} $V_0\to V_1\to V_4$=4（比上面第一步的 $V_0\to V_4$=6 要短） 此时到 V_4 的权值更改为 $V_0\to V_1\to V_4$=4 $V_0\to V_1\to V_2$=7 $V_0\to V_1\to V_3$=10 $V_0\to V_1\to$其他 U 中的顶点=∞ 发现 $V_0\to V_1\to V_4$=4 权值最短
3	选入 V_4，此时 S={ V_0，V_1，V_4} 此时最短路径 $V_0\to V_0$=0，$V_0\to V_1$=1，$V_0\to V_1\to V_4$=4 以 V_4 为中间点，从 $V_0\to V_1\to V_4$=4 这条最短路径开始找	U={ V_2, V_3} $V_0\to V_1\to V_4\to V_2$=6（比上面第二步的 $V_0\to V_1\to V_2$=7 要短） 此时到 V_2 的权值更改为 $V_0\to V_1\to V_4\to V_2$=6 $V_0\to V_1\to V_4\to$其他 U 中的顶点=∞ 发现 $V_0\to V_1\to V_4\to V_2$=6 权值最短
4	选入 V_2，此时 S={ V_0，V_1，V_4，V_2} 此时最短路径 $V_0\to V_0$=0，$V_0\to V_1$=1，$V_0\to V_1\to V_4$=4，$V_0\to V_1\to V_4\to V_2$=6 以 V_2 为中间点，以 $V_0\to V_1\to V_4\to V_2$=6 这条最短路径开始找	U={ V_3} $V_0\to V_1\to V_4\to V_2\to V_3$=9（比上面第 2 步的 $V_0\to V_1\to V_3$=10 要短） 此时到 V_3 的权值更改为 $V_0\to V_1\to V_4\to V_2\to V_3$=9 发现 $V_0\to V_1\to V_4\to V_2\to V_3$=9 权值最短
5	选入 V_3，此时 S={ V_0，V_1，V_4，V_2，V_3} 此时最短路径 $V_0\to V_0$=0，$V_0\to V_1$=1，$V_0\to V_1\to V_4$=4，$V_0\to V_1\to V_4\to V_2$=6 $V_0\to V_1\to V_4\to V_2\to V_3$=9	U 集合已空，查找完毕。

由此可知，从 V_0 到 V_3 的最短路径为 $V_0\to V_1\to V_4\to V_2\to V_3$。

可见，Dijkstra 算法并不是一下子求出开始节点到尾节点的最短路径，而是一步步求出它们之间顶点的最短路径，过程中都是基于已经求出的最短路径的基础上，求得更远顶点的最短路径，最终得到所要的结果。

4.1.6　Raptor 的基本编程环境是怎样的

Raptor 的基本编程环境由编程窗口和主监控台窗口两个部分组成。图 4.4 所示为编程窗口，它由 4 个区域组成。最上面的区域有菜单和工具栏，用户可以在此更改设置和控制流程执行。左侧的区域为符号区，其中为 Raptor 的 6 种基本符号。符号区下方为监控区，用于给用户查看流程执行时所有变量和数组的当前内容。右侧的空白区域为工作区，用户在此创建他们的流程图。

图 4.5 所示为显示执行结果的主监控台窗口。

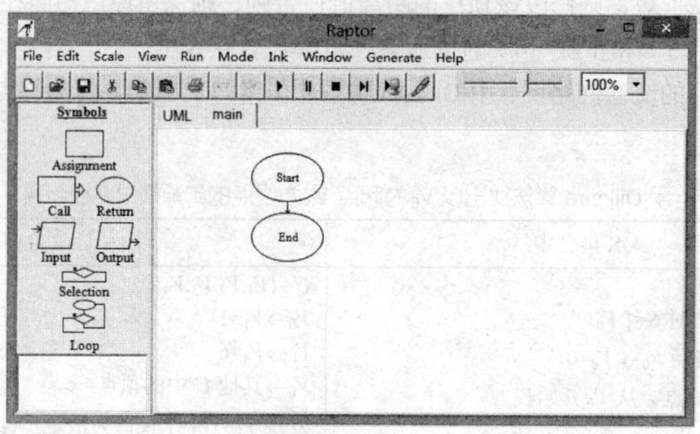

图 4.4 编程窗口

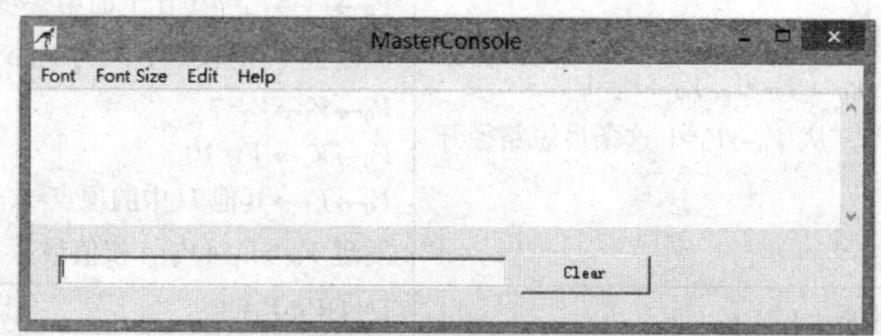

图 4.5 显示执行结果的主监控台窗口

图 4.4 所示工具栏中各按钮的功能如下。

新建按钮，创建一个新的流程图。

打开按钮，打开以前保存的流程图。

保存按钮，将当前流程保存到磁盘。

剪切、复制和粘贴按钮。

打印按钮，打印当前的流程图。

撤销按钮，恢复流程前最后的更改。

恢复按钮，取消以前的撤销的操作。

执行按钮，运行整个程序直到终止。

暂停键，暂时停止执行程序。

停止和复位开始按钮，中止程序执行并清除所有变量的值。

单步执行按钮，执行到流程图中的下一语句。

使用服务器测试按钮。

切换画笔按钮。

执行速度滑块，移动杆向左，执行减慢；移动杆向右，则加快执行速度。当滑块位于最右边时，Raptor 将不再用突出的绿色显示正在被执行的语句。

100% 在下拉菜单中选择流程图显示比例。

4.1.7 Raptor 的编程符号有哪些

与流程图类似，Raptor 使用一系列可连接的符号来表示要执行的一系列指令，符号间的连接箭头确定所有指令的执行顺序。

Raptor 程序在执行时，从开始（Start）符号起，根据箭头所指的方向来执行指令，直到执行至结束（End）符号时停止。比如，一个最短的 Raptor 程序，如图 4.6 所示，此程序即什么也不做。当然，使用者可以根据程序设计的要求，在开始和结束符号之间插入一系列 Raptor 符号，从而创建有意义的 Raptor 程序，来实现用户的目的。

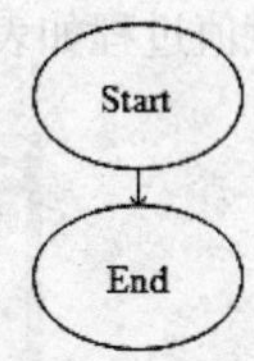

图 4.6　最短的 Raptor 程序

Raptor 基本符号有 6 种，每种符号都代表一个独特的指令，基本符号如图 4.7 所示。选择符号后，在需要添加的流程线处单击鼠标即可将其放置于此位置。下面主要介绍赋值符号、调用符号、输入符号和输出符号。

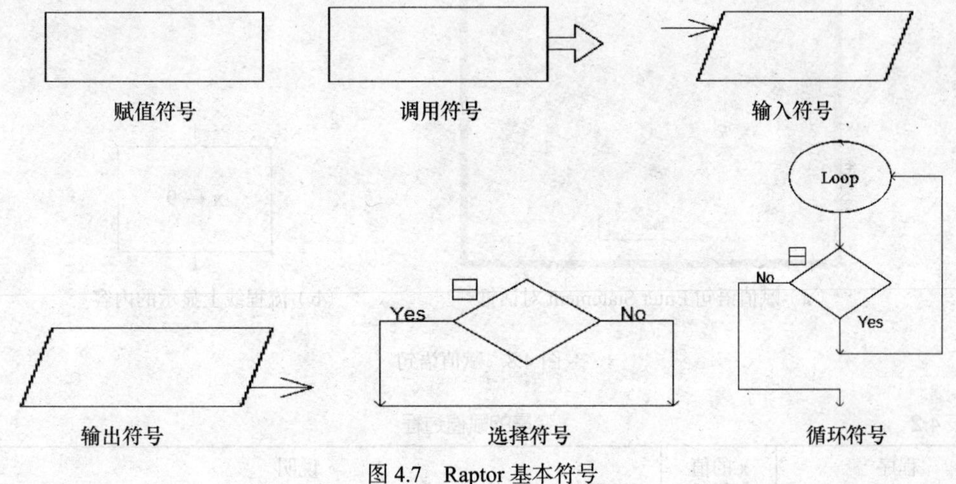

图 4.7　Raptor 基本符号

1. 赋值符号（Assignment symbol）

赋值符号用于执行计算，然后将计算的结果存储于变量之中。双击符号后，即可出现 Enter Statement 对话框，用于赋值语句的定义。将需要赋值的变量名输入到“Set”框中，需要执行的计算输入到“to”框中，然后单击“Done”按钮执行。“to”文本框中输入的计算即为表达式（Expression），它可以是一个值，也可以是一个公式。赋值语句在其符号中的语法为：

变量←表达式（Variable ← Expression）

由运算符和操作数连接起来的式子，习惯称之为表达式。当一个表达式在进行运算时，运算方向并不都是按照从左到右的顺序依次进行，而是按照一定的“优先次序”来进行。Raptor 中运算符的优先等级由高到低依次为：

① 计算所有函数的值；

② 计算括号中表达式；

③ 计算幂运算（^，**）；

④ 从左到右，计算乘法和除法；

⑤ 从左到右，计算加法和减法。

一个赋值符号只能用于改变一个变量的值，即上面箭头左侧所指的变量。例如，在图 4.8 中，利用赋值符号将 9 赋予变量 x。如果该变量在先前的语句中从未出现过，则在执行此语句的时候，Raptor 会创建一个新的变量。如果该变量在先前的语句中已出现过，那么该变量先前的值就会被当前执行表达式的值所替代。但位于箭头右侧表达式中的变量值仍保持先前语句该变量的值。变量的赋值过程如表 4.2 所示。

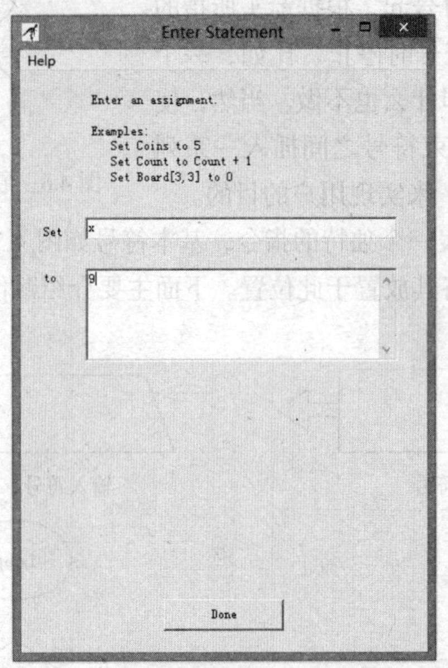

（a）赋值语句 Enter Statement 对话框

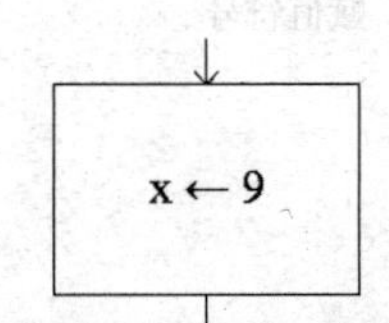

（b）流程线上显示的内容

图 4.8　赋值语句

表 4.2　变量的赋值过程

程序	x 的值	说明
Start	未定义	当程序开始时，无变量存在
x ← 9	9	Raptor 变量在某个语句中首次使用时自动创建。第一个赋值语句，x←9，将 9 赋予变量 x
x ← x + 10	19	第二个赋值语句，x←x+10，检索到箭头右侧表达式中 x 的值为 9，加 10 后，将结果 19 赋予箭头左侧的变量 x

2. 调用符号（Call symbol）

过程即用于完成某项任务、实现某种功能的程序语句集合。调用过程时，会暂停当前程序的执行，开始执行调用过程中的程序指令，待其完成后，回到先前因调用而暂停程序的下一语句恢复继续执行原程序。双击调用符号后，即可出现“Enter Call”对话框。为尽可能减少用户的记忆负担，Raptor 会随用户在 Enter Call 对话框中的输入内容，按部分匹配原则，对该过程名称进行提示，这可有效减少用户的输入错误。如图 4.9 所示，在输入字母“Dr”后，“Enter Call”对话框下部会列出所有以字母“Dr”开头的内置过程，并指出其所需的参数，且会用加粗的方式提示目前应该输入的参数。

【例 4-1】在一个 500 像素（宽）×500 像素（高）RAPTORGraph 窗口中绘制一个矩形，左下角位置为（200，200），右上角位置为（300，300），用黑色填充。

根据题意得知，需要调用“Open_graph_window”与“Draw_Box”来解决这一问题。“Open_graph_window”需要两个参数，用于创建图形窗口的大小。“Draw_Box”需要 6 个参数：

x1，y1，x2，y2，color，filled，其中（x1,y1）为矩形一角的位置，其对角的位置为（x2,y2）；color 为颜色参数；filled 可以是 True 或 False，如果是 True，则矩形用指定的颜色填充，如果是 False，则矩形内部没有被填充。因此，可以用图 4.10（a）所示的流程图来实现例 4-1，运行结果如图 4.10（b）所示。

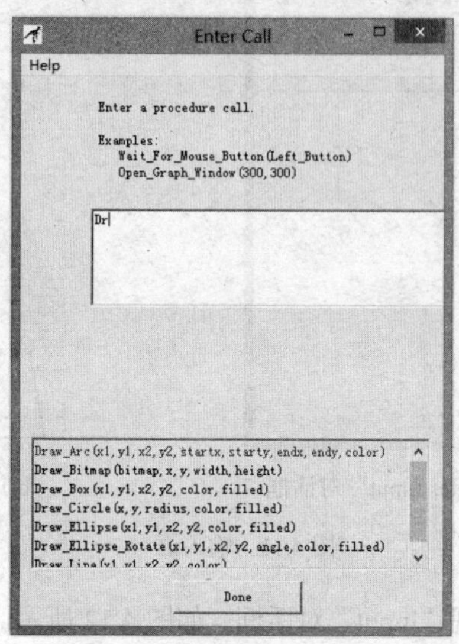

图 4.9 “Enter Call”对话框

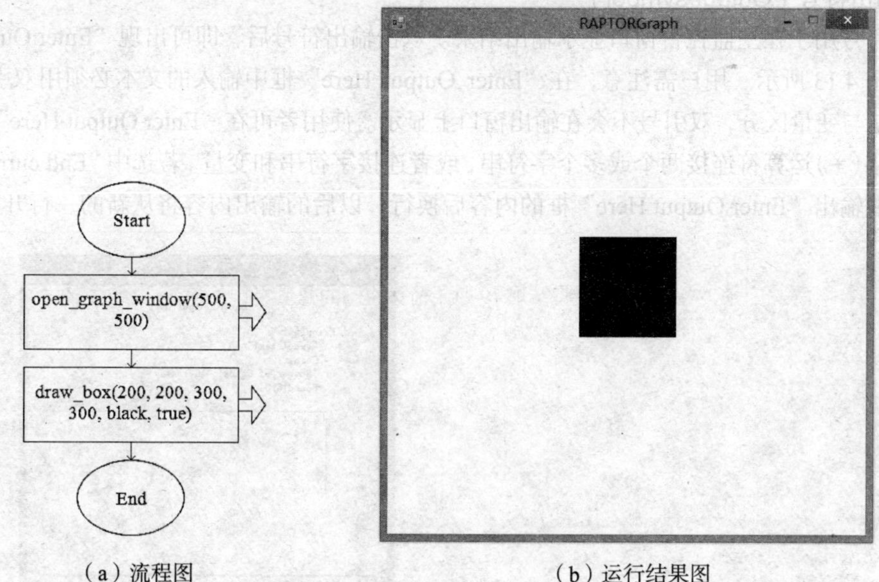

（a）流程图　　（b）运行结果图

图 4.10 调用符号图例及运行结果图

3. 输入符号（Input symbol）

输入符号用于在程序执行过程中输入程序变量的数据值。双击输入符号后，即可出现“Enter Input”对话框。对话框的上部为提示文本输入框，在此框中说明所需的输入；下部为变量文本框，在其中输入变量名。例如，在图 4.11（a）中，利用输入符号来实现身高的输入。流程线上的显示内容如图 4.11（b）所示。

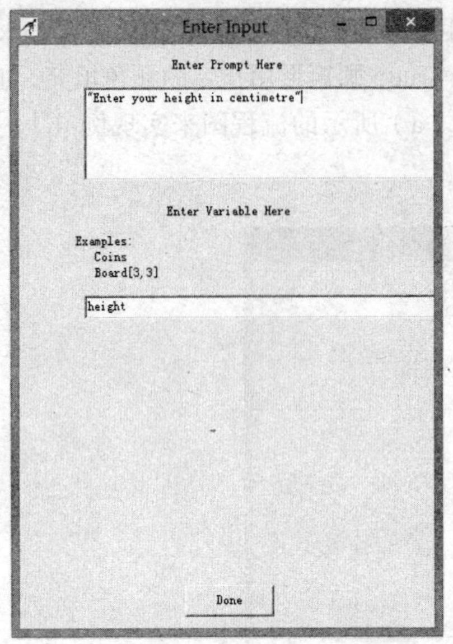

（a）输入语句“Enter Input”对话框

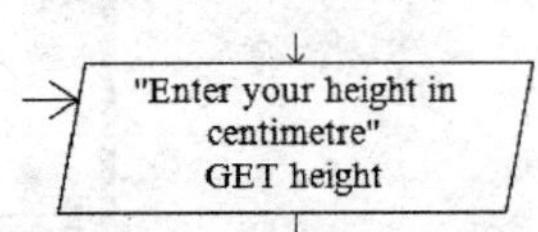

（b）流程线上显示的内容

图 4.11　输入语句

输入语句在运行时，会出现“Input”对话框，如图 4.12 所示。在对话框中输入一个数值，单击“OK”按钮，则该数值赋予变量。

4. 输出符号（Output symbol）

输出符号用于在主监控台窗口显示输出结果。双击输出符号后，即可出现“Enter Output”对话框，如图 4.13 所示。用户需注意，在“Enter Output Here”框中输入的文本必须用双引号括起来，目的是与变量区分，双引号不会在输出窗口上显示。使用者可在“Enter Output Here”对话框中使用连接(+)运算符连接两个或多个字符串，或者连接字符串和变量。若选中“End current line”复选框，在输出“Enter Output Here”框的内容后换行，以后的输出内容将从新的一行开始显示。

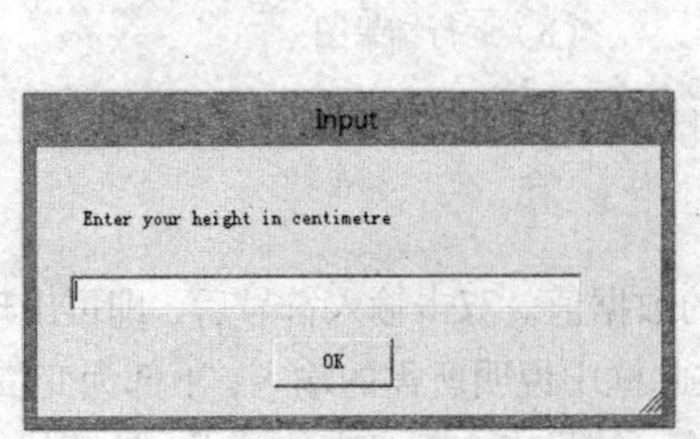

图 4.12　“Input”对话框

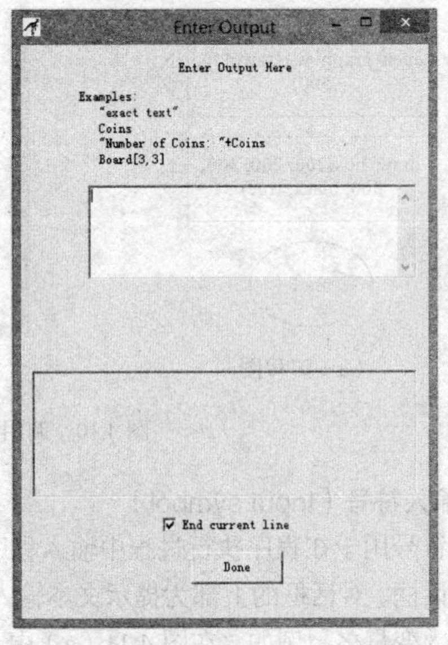

图 4.13　输出语句“Enter Output”对话框

【例 4-2】 小明、小鹏和小福 3 个人的身高分别为 177cm、180cm、183cm，求取其平均身高。通过对题目进行分析，可利用图 4.14（a）所示流程图来实现，其输出结果如图 4.14（b）所示。

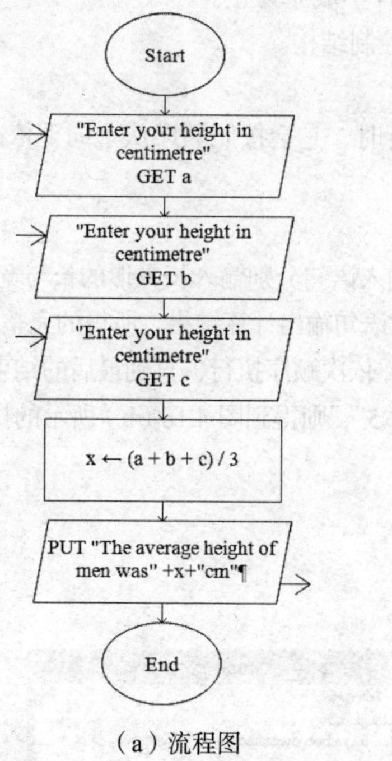

（a）流程图

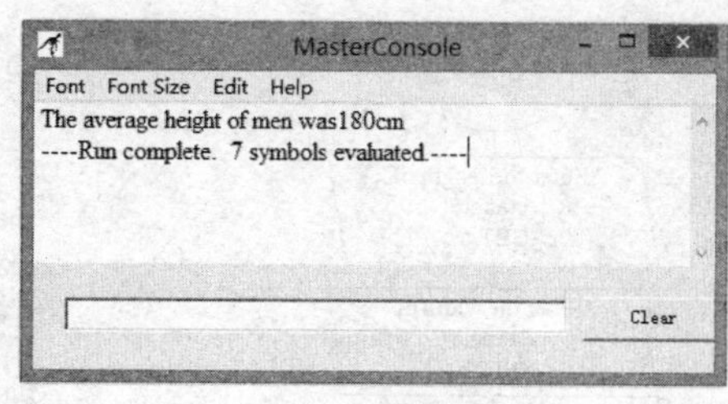

（b）输出结果

图 4.14　例 4-2 流程图及输出结果图

5. Raptor 中的注释

与其他许多编程语言一样，Raptor 允许对程序进行注释。但注释并不被执行，因而注释本身对程序的执行毫无意义。在程序代码较复杂、较难理解情况下，注释可以帮助他人对程序进行理解。如果要在 Raptor 中为某个语句添加注释，可通过鼠标右键单击相关的语句符号，在所出现的菜单中选择“Comment”，打开“Enter Comment”对话框，如图 4.15 所示。Raptor 的注释一般有 4 种类型：编程标题、分节描述、逻辑描述和变量说明。通常情况下，没有必要对每一个程序语句进行注释。

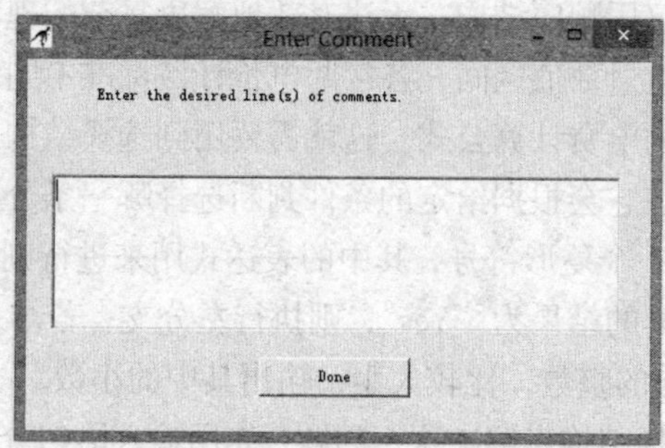

图 4.15　“Enter Comment”对话框

4.1.8　Raptor 描述的基本控制结构有几种

计算机科学家们为算法或结构化程序设计定义了顺序、选择、循环 3 种控制结构。通过这 3 种控制结构，用户可以实现以下过程：

① 按顺序依次自动执行程序语句；

② 根据条件选择执行相应的语句；

③ 在给定条件成立时，反复执行某些语句，直到条件不成立为止。

以上 3 种基本结构是 Raptor 应用最基本、最常用的控制结构。

1. 顺序结构

顺序结构是最简单、最基本的程序构造，当程序执行时，它会按照顺序从上向下依次执行，直到程序结束。

【例 4-3】 输入长方形的长和宽，输出其面积。

在 Raptor 中，可利用顺序结构来解决这一问题：先用输入语句分别输入长方形的长与宽，再使用赋值语句，计算长方形的面积，将其赋予 area，最后用输出语句输出计算结果。所得的完整流程图如图 4.16（a）所示。在程序执行时，从开始（Start）语句起，依次顺序执行，直到最后的结束（End）语句。例如，在程序执行过程分别输入长与宽的值“6”与“5”，则得到图 4.16（b）所示的执行结果。

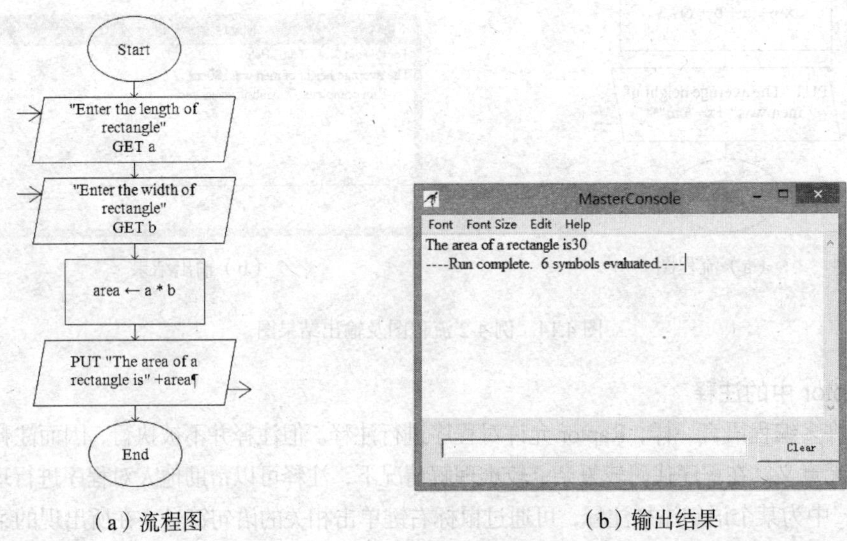

（a）流程图　　　　（b）输出结果

图 4.16 例 4-3 流程图与输出结果图

2. 选择结构

在日常的工作生活中，仅用顺序结构，无法有效地解决复杂的现实问题。例如，阶梯式电价计费，一般会划分若干个用电量数值区间，各区间电价计费标准不同。因此用户在交纳电费时，需要根据用电量来选择相应的电费计算公式。这就需要用到选择结构来解决问题。选择结构包括简单选择和多分支选择结构，它会根据给定的条件判断选择哪一条分支，进而执行相应的步骤。在 Raptor 的选择语句中，有一个菱形符号，其中的表达式用来进行判断决策，“Yes”与“No”表示对决策结果的判断，若决策的结果为“Yes”，则执行左分支；若结果为“No”，则执行右分支。

【例 4-4】 输入两个不同的整数，比较大小，输出其中的小数。

在 Raptor 中，可利用选择结构来解决这一问题：先用输入语句分别输入两个整数，将其分别赋予 a、b 两个变量，再用选择结构判断 a 是否小于 b。若结果为真，即“Yes”，则执行左侧的分支，用输出语句输出 a；若结果为假，即“No”，则执行右侧的分支，用输出语句输出 b。所得的完整流程图如图 4.17（a）所示。在程序执行过程中，从开始（Start）语句起，开始顺序执行语句，直到碰到选择语句，经过判断后选择相应路径来执行。例如，在程序执行过程分别输入两个整数“356”与“869”，则得到如图 4.17（b）所示的执行结果。

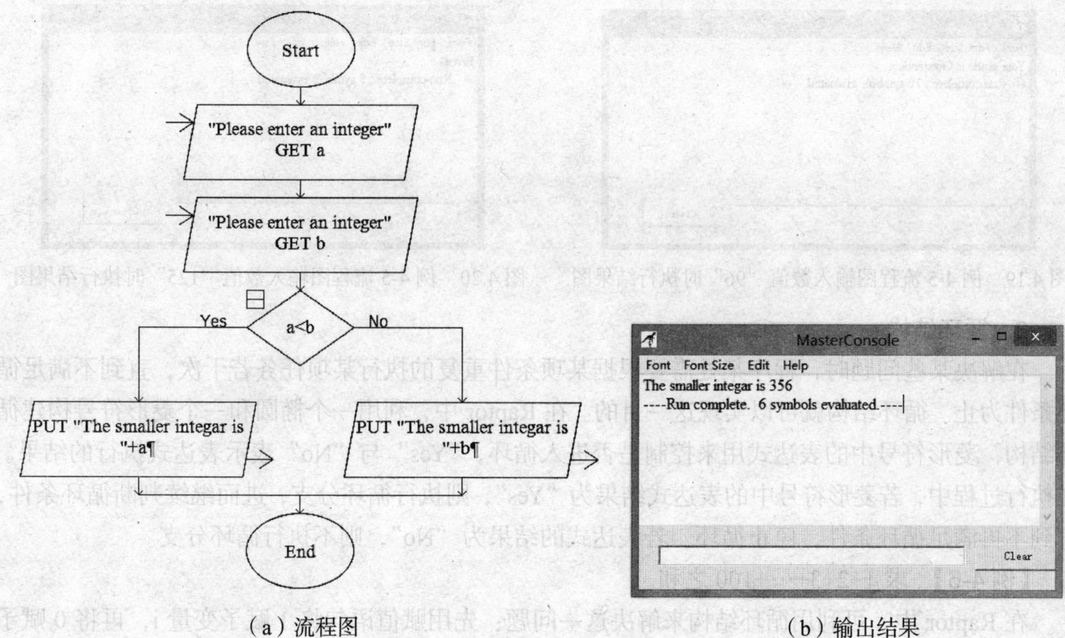

（a）流程图　　（b）输出结果

图 4.17 例 4-4 流程图与输出结果图

【例 4-5】 输入学生成绩，判断输入的数值，若数值>100 或<0，则输出 Error；若≥90 分，则输出 Outstanding；若≥80，则输出 Excellent；若≥70，则输出 Good；若≥60 分，则输出 Pass；若<60，则输出 Fail。

本题在做出决策时，涉及多个选择，因此需要多个选择结构。完整流程图如图 4.18 所示。执行流程图，当输入数值“96”时，执行结果如图 4.19 所示。当输入数值“125”时，执行结果如图 4.20 所示。

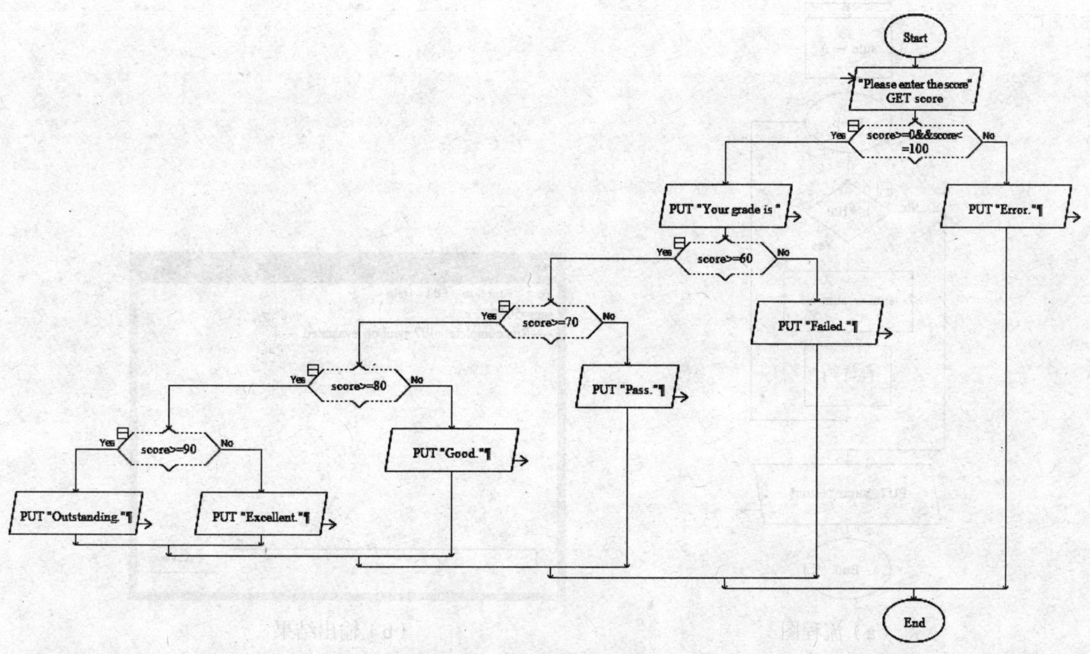

图 4.18 例 4-5 流程图

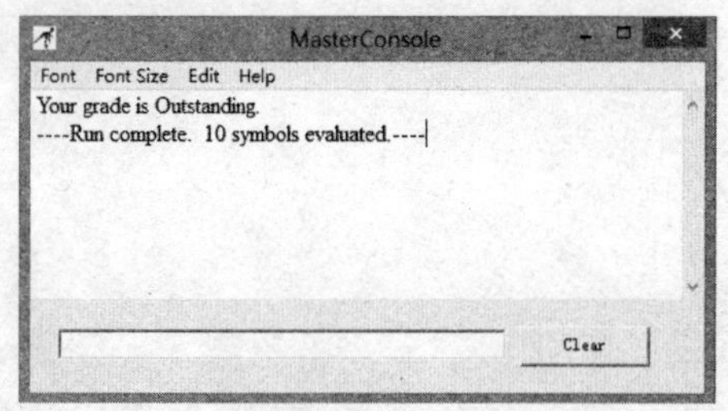

图 4.19 例 4-5 流程图输入数值“96”时执行结果图

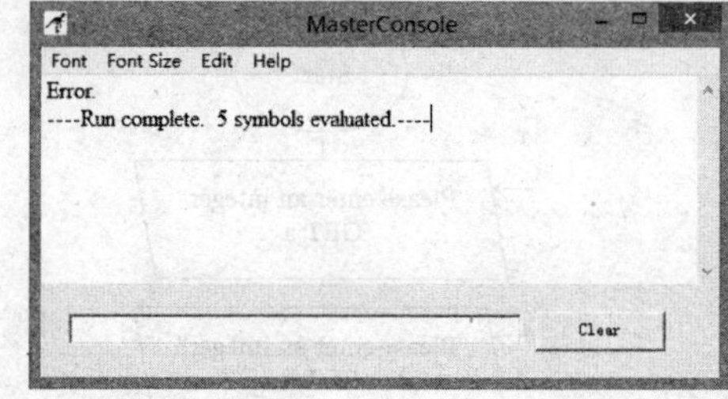

图 4.20 例 4-5 流程图输入数值“125”时执行结果图

3. 循环结构

在解决某些问题时，程序某处需要根据某项条件重复的执行某项任务若干次，直到不满足循环条件为止。循环结构就可以实现这一目的。在 Raptor 中，利用一个椭圆和一个菱形符号构建循环结构，菱形符号中的表达式用来控制是否进入循环，“Yes”与“No”表示表达式执行的结果。在执行过程中，若菱形符号中的表达式结果为“Yes”，则执行循环分支，进而继续判断循环条件，直到不再满足循环条件，停止循环。若表达式的结果为“No”，则不执行循环分支。

【例 4-6】 求 1+2+3+…+100 之和。

在 Raptor 中，可利用循环结构来解决这一问题：先用赋值语句将 1 赋予变量 i，再将 0 赋予 sum，之后为循环结构，其中菱形符号中的表达式为 i<=100。若表达式的判断为“Yes”，则进入循环分支，先将 sum+i 的值赋予 sum，再将 i+1 的值赋予 i，继而再对 i 进行判断，直到 i 不再满足循环条件，跳出循环体，执行其后语句，输出 sum，即 1+2+3+…+100 之和。所得的完整流程图如图 4.21（a）所示，执行结果图如图 4.21（b）所示。

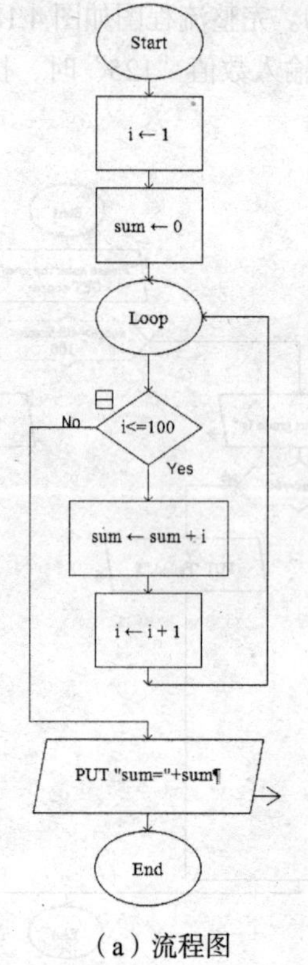

（a）流程图

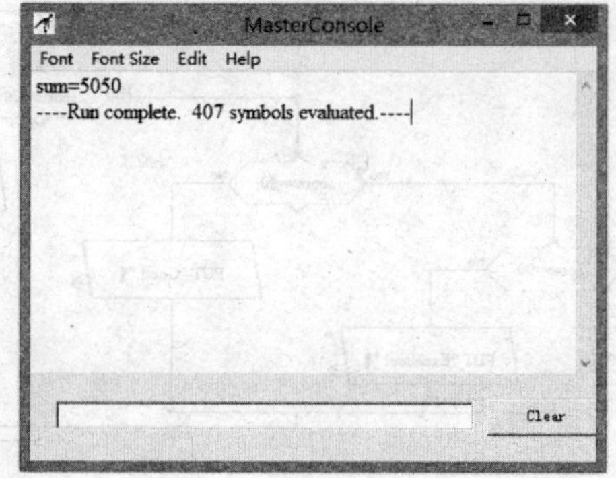

（b）输出结果

图 4.21 例 4-5 流程图与输出结果图

4.1.9　什么是思维导图

思维导图是一种可以有效表达发射性思维的一种图形思维工具，通过在平面上由一个主题关键词出发，画出与之相关联的对象，就好像一颗心脏及其周边的血管图，故而也称为“心智图”。

思维导图以发射性思考为基础，并将其具体化的用图形表现出来。与单纯的文本相比，这种表现方式和人思考时的空间想象更为接近，现在已广泛地应用于创造性思维过程中。

思维导图主要应用线条、符号、图像、文字等，将主题关键词间的关系直观地表现出来，并用图像、颜色等容易被大脑接受的信息建立记忆链接。这样的方法可以让人们在思考的同时运用左右脑的功能，从而有效地协助增强记忆、提高理解能力、增进创造力。这样，通过思维导图的使用，就可以把相对枯燥的信息转化为彩色的、容易记忆的、并且有高度组织性、容易理解的图像。

1. 思维导图的作用

思维导图可用于工作、学习和生活中的任何一个领域里。运用思维导图，可有效的改善学习记忆能力和思维方式。在学习方面，思维导图的应用可以增加学习和记忆的速度，并使大脑对知识进行有效的整合。在工作方面，思维导图的绘制可激发联想与创意，扩展解决问题的思路，有效的与人沟通。在制订计划和做出选择时，思维导图可有效帮助人们整理思路，对计划或问题进行清晰的认识，使思考更加的全面，便于做出决定。

2. 思维导图的优势

思维导图能够清晰的展现人们对一个问题在多个层面上的思考,并能以具体的方式表达出来，不仅重点突出，内容全面，而且可以用丰富多彩的表达方式来表现各主题关键词间的关联。思维导图具有以下一些优势。

① 在思维导图的应用过程中，利用了色彩、线条、关键词、图像等方式，使左脑和右脑的能力均在记忆时得以发挥。

② 思维导图中各主题词间的结构清晰，层次分明，便于大脑对信息的组织和管理，能有效帮助记忆。

③ 思维导图使思维过程可视化，便于思路的梳理，并使其逐渐清晰。

4.1.10　如何绘制思维导图

思维导图类软件中，最有影响力的开源免费软件是 FreeMind 和 XMind。

FreeMind 是一款用 Java 编写开放源码的免费软件，支持 Windows、Linux 和 Mac 多种操作系统，可用于思维导图的绘制。使用 FreeMind 时必须安装 Java Runtime Environment。

XMind 也采用 Java 语言开发，基于 Eclipse RCP 体系结构，兼容 FreeMind 数据格式，不仅可以绘制思维导图，还能绘制鱼骨图、二维图、树形图、逻辑图、组织结构图等。

对比 FreeMind 与 XMind 两款软件，可以发现，二者都是免费、开源的，且均基于 Java，都可以用来绘制思维导图。但 FreeMind 无法同时展开多个思维中心点，而 XMind 更注重于可制作鱼骨图、逻辑图、二维图等其他种类的结构图。

【例 4-7】 常用的三角形面积计算方法有以下几种：

① 已知三角形的底边长为 a，高为 h，则三角形面积 S=底 × 高 ÷ 2 = $\frac{ah}{2}$；

② 已知三角形的周长为 l，内切圆半径为 r，则三角形面积 $S=\frac{lr}{2}$；

③ 已知三角形的三边长的乘积为 L，外接圆半径为 R，则三角形面积 $S=\dfrac{L}{4R}$；

④ 海伦公式，已知三角形三边长分别为 a、b、c，$p=\dfrac{1}{2}(a+b+c)$，则三角形面积 $S=\sqrt{p(p-a)(p-b)(p-c)}$。

利用 FreeMind 软件绘制如图 4.22 所示的“三角形面积”思维导图。

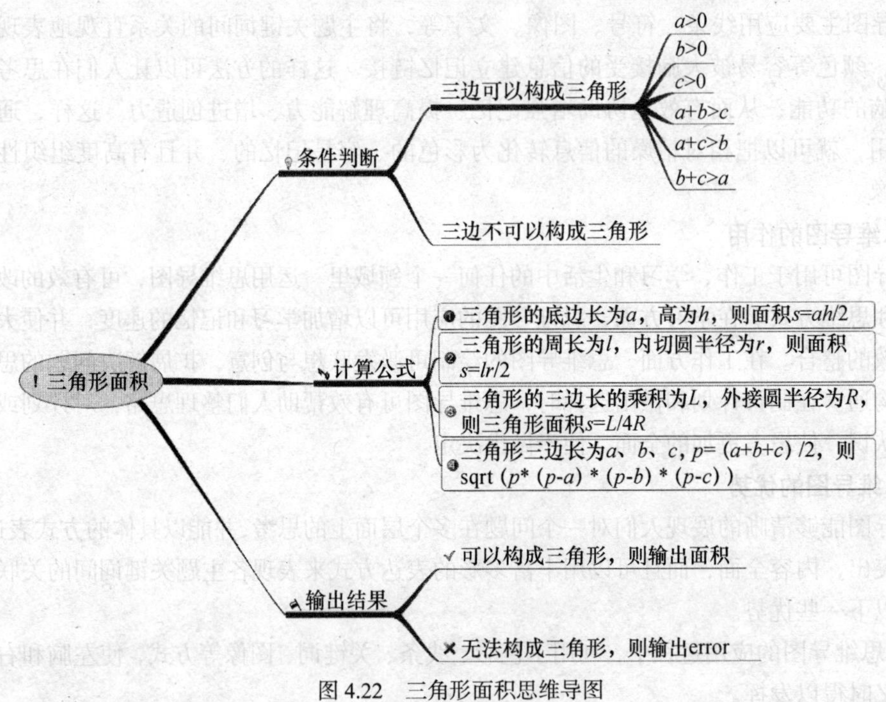

图 4.22 三角形面积思维导图

操作方法如下。

① 打开 FreeMind，进入工作窗口，如图 4.23 所示。

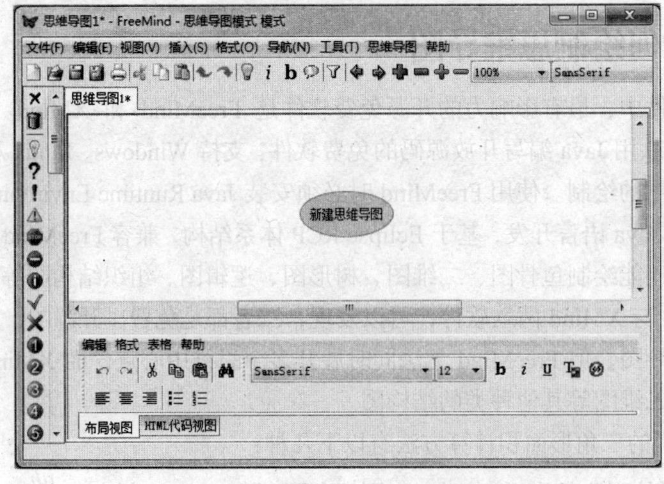

图 4.23 FreeMind 的工作界面

② 编辑中心节点：单击界面中间的“新建思维导图”，即可对该中心节点进行编辑，将其

改为“三角形面积”，将字体设为“楷体”“28”，在“格式”下拉菜单中设置“节点背景颜色”为黄色。

③ 编辑子节点：点选中心节点，鼠标单击“新的子节点”按钮，即可插入一个新子节点。参考图 4.22 分别编辑各子节点的“条件判断”“计算公式”“输出结果”。

④ 编辑二级子节点：点选子节点，鼠标单击“新的子节点”按钮，即可为其增加二级子节点。参考图 4.22 分别编辑其内容。在“格式”下拉菜单中，可将节点的外观设置为“叉状”或“泡框”。

⑤ 图标的插入：选择相应的节点，参考图 4.22，单击左侧工具栏上的相应图标，可在节点左侧插入选择的图标。

⑥ 连线样式的设定及节点位置的移动：选择相应的节点，参考图 4.22，在“格式”下拉菜单中设置“连线样式”为“渐窄贝塞尔曲线”。将鼠标置于要移动的子节点前，待鼠标箭头变为椭圆时，单击选中即可移动该节点。

4.2 设计与实践

4.2.1 用 Raptor 实现顺序结构算法

一、实验目的

1. 熟悉 Raptor 中的基本概念。
2. 掌握 Raptor 软件中符号的使用方法。
3. 掌握使用 Raptor 软件进行顺序结构流程图编程的方法。

二、实验任务

输入两个整数，求它们的和与积。

三、实验步骤

1. 启动 Raptor 软件。
2. 使用输入语句输入两个整数 a、b。
3. 使用赋值语句，计算 a+b，并将其赋予 sum。
4. 使用赋值语句，计算 a*b，并将其赋予 product。
5. 使用输出语句，输出两整数之和并换行。
6. 使用输出语句，输出两整数之积。
7. 得到完整流程图，如图 4.24 所示，并保存。
8. 分别选择正常速度执行，调整至不同执行速度后执行、单步执行流程图，输入整数 35、99，执行结果如图 4.25 所示。

四、实验思考

1. 若将上题流程图中用于计算的赋值语句移至输入语句前，结果有何变化？
2. 如上题，若两个输出语句都选中“End current line”复选框，其执行结果与两个输出语句中只有第一个输出语句选中“End current line”复选框的执行结果相比较， 其在主监控台窗口显示方式是否相同？

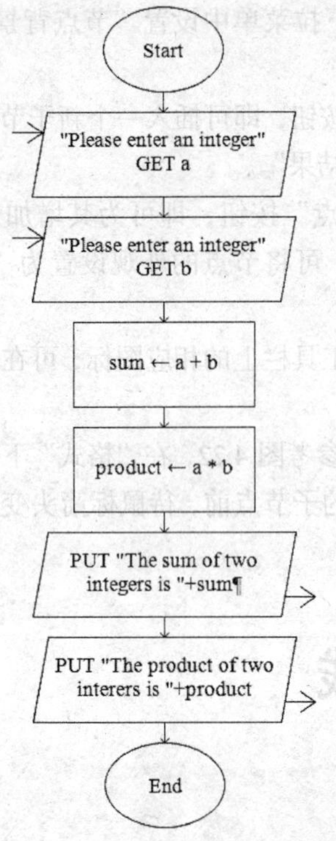

图 4.24　顺序结构实验流程图

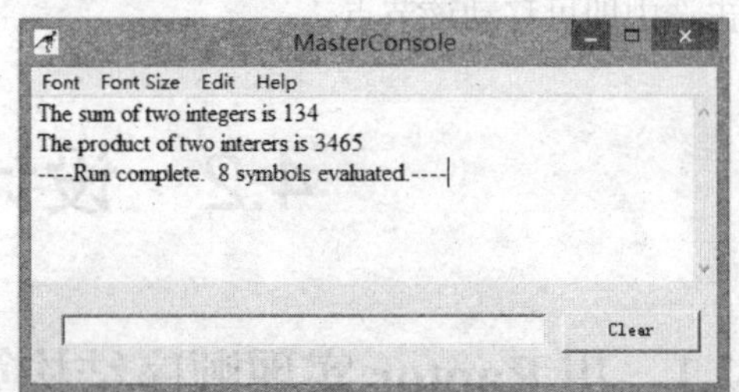

图 4.25　顺序结构实验结果图

4.2.2　用 Raptor 实现选择结构算法

一、实验目的

1. 掌握利用关系运算符构造条件表达式的方法。
2. 掌握利用选择语句构造选择结构的方法。
3. 理解选择结构的执行流程。
4. 掌握使用 Raptor 进行选择结构流程图编程的方法。

二、实验任务

输入 3 个数，判断 3 个数是否可以构成一个三角形，若可以，则求出三角形的面积，若不可以，则输出 error。

三、实验步骤

1. 启动 Raptor 软件。
2. 使用输入语句分别输入 3 个数。
3. 使用选择语句，采用表达式（a>0）and（b>0）and（c>0） and（a+b>c）and（a+c>b） and（b+c>a）来进行判断。
4. 若结果为真，即“Yes”，则执行左侧的分支，使用赋值语句，计算（a+b+c）/2，将其赋予 s。再用赋值语句计算 sqrt（s*（s-a）*（s-b）*（s-c）)，将其赋予 area，最后用输出语句输出 area。
5. 若结果为假，即“No”，则执行右侧的分支，用输出语句输出 error。得到完整流程图，如图 4.26 所示。
6. 执行流程图，输入变量 3、4、5，执行结果如图 4.27 所示。
7. 执行流程图，输入变量 3、6、9，执行结果如图 4.28 所示。

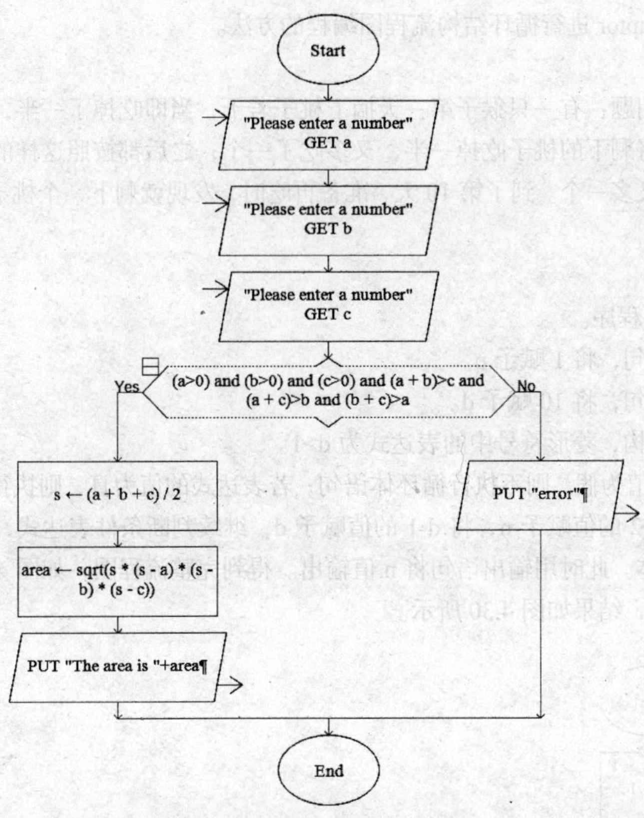

图 4.26　选择结构实验流程图

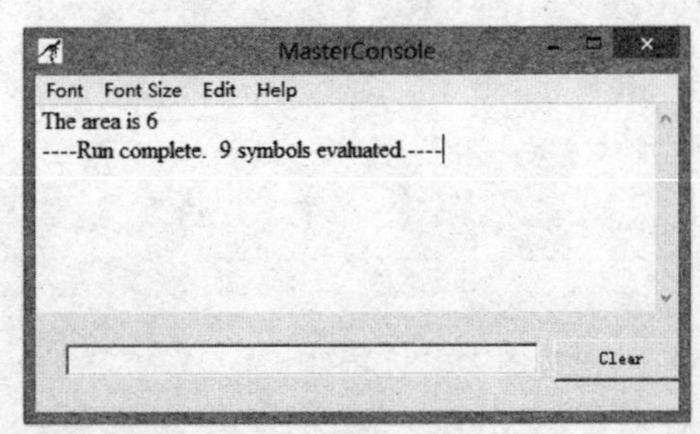

图 4.27　选择结构实验变量为 3、4、5 的结果图

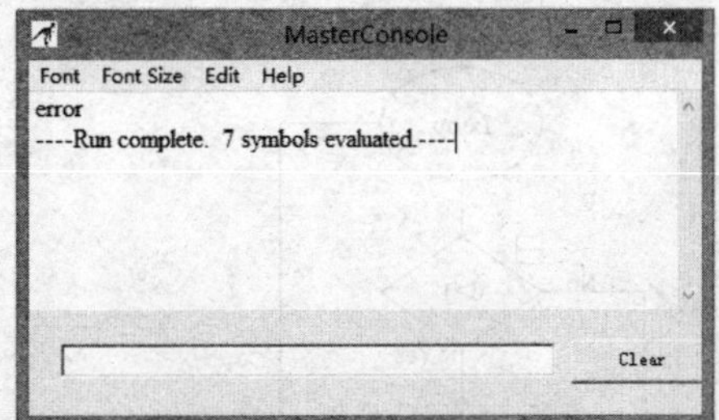

图 4.28　选择结构实验变量为 3、6、9 的结果图

四、实验思考

1. 用 Raptor 选择结构实现如下分段函数的计算。

$$y=\begin{cases}5x+6 & (x>0)\\ x & (x=0)\\ 9x+5 & (x<0)\end{cases}$$

2. 输入 3 个整数，求最大数和最小数之和。

4.2.3　用 Raptor 实现循环结构算法

一、实验目的

1. 掌握 Raptor 中循环变量赋初值的方法。
2. 理解循环结构的执行流程。

3. 掌握使用 Raptor 进行循环结构流程图编程的方法。

二、实验任务

猴子吃桃子的问题：有一只猴子第一天摘下桃子若干，当即吃掉了一半，还不过瘾，又多吃了一个；第二天又将剩下的桃子吃掉一半，又多吃了一个；之后都按照这样的吃法，每天都吃掉前一天剩下的一半又多一个。到了第 10 天，准备再吃时，发现就剩下一个桃子。问这只猴子第一天摘了多少个桃子?

三、实验步骤

1. 启动 Raptor 程序。
2. 使用赋值语句，将 1 赋予 n。
3. 使用赋值语句，将 10 赋予 d。
4. 使用循环结构，菱形符号中的表达式为 d>1。
5. 若表达式的值为假，则不执行循环体语句；若表达式的值为真，则执行循环体语句，通过赋值语句，将(n+1)*2 的值赋予 n，将 d-1 的值赋予 d，继续判断条件表达式，直到 d 不再满足循环条件，跳出循环体。此时用输出语句将 n 值输出。得到完整流程图，如图 4.29 所示。
6. 执行流程图，结果如图 4.30 所示。

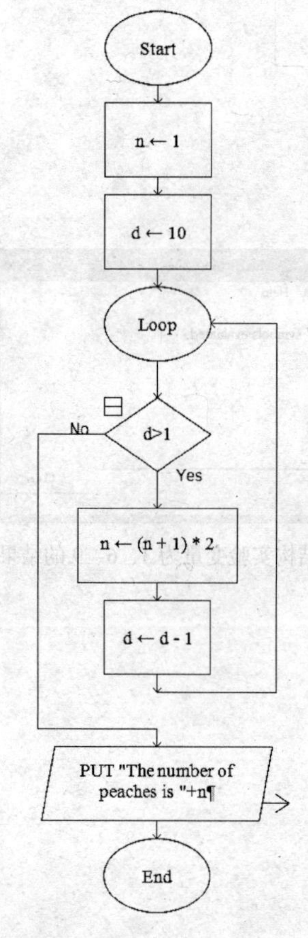

图 4.29　循环结构实验流程图

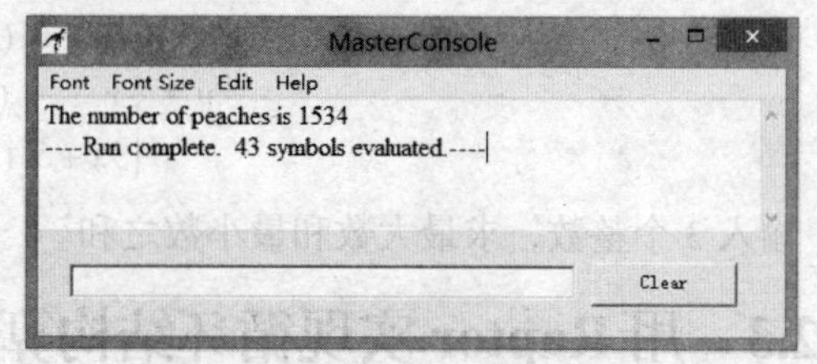

图 4.30　循环结构实验结果图

四、实验思考

1. 利用 Raptor 编程，输入自然数 n 的值，计算并输出 $n!$。

2. 利用 Raptor 编程，输入两个正整数 a、b，求其最大公约数和最小公倍数。

4.3　自我测试

一、选择题

1. 结构化程序设计所规定的 3 种基本控制结构是（　　）。

A. 输入、处理、输出　　B. 树形、网形、环形

C. 顺序、选择、循环　　D. 主程序、子程序、函数

2. 程序流程图中方框表示（　　）。

A. 控制流　　B. 判断　　C. 处理　　D. 分支

3. 从已知的初始条件出发，逐次推出所要求的各中间结果和最后结果的算法是（　　）。

A. 列举　　B. 迭代　　C. 递归　　D. 查找

4. 结构化程序的 3 种基本结构的共同点是（　　）。

A. 有两个入口，一个出口　　B. 有一个入口，两个出口

C. 只有一个入口一个出口　　D. 有两个入口，两个出口

5.（　　）是算法的图形化表示。

A. 流程图　　B. 结构图　　C. 伪代码　　D. 算法

6. 程序流程图中菱形框表示（　　）。

A. 控制流　　B. 循环　　C. 判断　　D. 处理

7. 有关算法的描述，下列（　　）选项是不正确的。

A. 算法有优劣之分

B. 算法是为了实现某个任务采取的方法和步骤

C. 实现某个任务的算法具有唯一性

D. 算法是为了实现某个任务而构造的命令集

8. 在算法设计中（　　）结构用于测试条件。

A. 顺序　　B. 选择　　C. 循环　　D. 逻辑

9. 用于处理重复动作的结构是（　　）。

A. 顺序　　B. 判断　　C. 循环　　D. 逻辑

10. 在下列选项中，（　　）不是一个算法一般应该具有的基本特征。

A. 确定性　　B. 可行性　　C. 无穷性　　D. 输入和输出

11. 将待排序的数据依次进行相邻两个数据的比较，如不符合排列顺序要求就交换的排序方法称为（　　）。

A. 冒泡排序　　B. 选择排序　　C. 插入排序　　D. 二分排序

12. 算法流程图符号圆圈代表（　　）。

A. 一个加工　　B. 一个判断　　C. 程序开始　　D. 连接点

13. 一个算法应该具有“确定性”等 5 个特性，下面对另外 4 个特性的描述中错误的是（　　）。

A. 有零个或多个输入　　B. 有零个或多个输出

C. 有穷性　　D. 可行性

14. 对于有序列表使用的查找算法是（　　）。

A. 顺序查找　　B. 折半查找　　C. 冒泡查找　　D. 排序查找

15. 算法执行过程所需的存储空间称为算法的（　　）。

A. 时间复杂度　　B. 空间复杂度　　C. 计算工作量　　D. 工作空间

16. 将一组数据按照从小到大的顺序进行排列的算法称为（　　）。

A. 查找　　B. 排序　　C. 递归　　D. 迭代

17. 算法的时间复杂度是指（　　）。

A. 执行算法程序所需的时间　　B. 算法执行过程中所需的基本运算次数

C. 算法程序中的指令条数　　D. 算法程序的长度

18. 算法可以没有（　　）。

A. 输入　　B. 输出　　C. 输入和输出　　D. 结束

19. 在计算机中，算法是指（　　）。

A. 查询方法　　B. 加工方法

C. 解题方案的准确而完整的描述　　D. 排序方法

20. 要从一组数据中找到其中一个数据的算法称为（　　）。

A. 迭代　　B. 排序　　C. 递归　　D. 查找

21. 下面的 4 段话，其中不是解决问题的算法的是（　　）。

A. 从济南到北京旅游，先坐火车，再坐飞机抵达

B. 解一元一次方程的步骤是去分母、去括号、移项、合并同类项、系数化为 1

C. 方程 $x^2-1=0$ 有两个实根

D. 求 1+2+3+4+5 的值，先算 1+2=3，再算 3+3=6，6+4=10，10+5=15，最终结果为 15

22. 二分搜索算法是利用（　　）实现的算法。

A. 分治策略　　B. 动态规划法　　C. 贪心法　　D. 回溯法

23. 衡量一个算法好坏的标准是（　　）。

A. 运行速度快　　B. 占用空间少　　C. 时间复杂度低　　D. 代码短

24. 组成数据的基本单位是（　　）。

A. 数据项　　B. 数据类型　　C. 数据元素　　D. 数据变量

25. 线性表的链接实现有利于（　　）运算。

A. 插入　　B. 读表元　　C. 查找　　D. 定位

26. 栈和队列的共同特点是（　　）。

A. 只允许在端点处插入和删除元素　　B. 都是先进后出

C. 都是先进先出　　D. 没有共同点

27. 数据结构是研究数据的（　　）以及它们之间的相互关系。

A. 理想结构、物理结构　　B. 理想结构、抽象结构

C. 物理结构、逻辑结构　　D. 抽象结构、逻辑结构

28. 线性表采用链式存储时，其地址（　　）。

A. 必须是连续的　　B. 部分地址必须是连续的

C. 一定是不连续的　　D. 连续与否均可以

29. 链表不具有的特点是（　　）。

A. 插入、删除不需要移动元素　　B. 可随机访问任一元素

C. 不必事先估计存储空间　　D. 所需空间与线性长度成正比

30. 栈操作的原则是（　　）。

A. 先进先出　B. 后进先出　C. 栈顶插入　D. 栈顶删除

31. 线性表采用顺序存储时，节点的存储地址（　　）

A. 必须是不连续的　　B. 连续与否均可

C. 必须是连续的　　D. 和头节点的存储地址有关

32. 在程序设计过程中，使用字符串运算符"+"，可以将几个字符串合并成一个字符串，如："ab"+"cd"的运算结果是"abcd"，那么"27"+"23"的运算结果是（　　）。

A. "50"　B. "2723"　C. "27+23"　D. FALSE

33. 在内部排序中，排序时不稳定的有（　　）。

A. 插入排序　B. 冒泡排序　C. 快速排序　D. 归并排序

34. 在计算机存储器内表示数据时，物理地址与逻辑地址相同并且是连续的，称之为（　　）。

A. 存储结构　B. 逻辑结构　C. 顺序存储结构　D. 链式存储结构

35. 链接存储的存储结构所占存储空间（　　）。

A. 分为两部分，一部分存放结点值，另一部分存放表示节点之间关系的指针

B. 只有一部分，存放节点值

C. 只有一部分，存储表示节点之间关系的指针

D. 分为两部分，一部分存放节点值，另一部分存放节点所占单元数

36. 下列排序方法中，（　　）是稳定的排序方法。

A. 希尔排序　B. 直接选择排序　C. 快速排序　D. 直接插入排序

37. 对线性表进行二分查找时，要求线性表必须（　　）。

A. 以顺序方式存储　　B. 以顺序方式存储，且数据元素有序

C. 以链接方式存储　　D. 以链接方式存储，且数据元素有序

38. 广义表的长度是指（　　）。

A. 广义表中元素的个数　　B. 广义表中原子元素的个数

C. 广义表中表元素的个数　　D. 广义表中括号嵌套的层数

39. 数据结构在计算机内存中的表示是指（　　）。

A. 数据的存储结构　　B. 数据结构

C. 数据的逻辑结构　　D. 数据元素之间的关系

40. 若节点的存储地址与其关键字之间存在的某种映射关系，则称这种存储结构为（　　）。

A. 顺序存储结构　　B. 链式存储结构

C. 索引存储结构　　D. 散列存储结构

41. 算法分析的目的是（　　）。

A. 找出数据结构的合理性　　B. 研究算法中输入和输出的关系

C. 分析算法的效率以求改进　　D. 分析算法的易懂性和文档性

42. 下列排序算法中，其中（　　）是稳定的。

A. 堆排序，冒泡排序　　B. 快速排序，堆排序

C. 直接选择排序，归并排序　　D. 归并排序，冒泡排序

43. 在数据结构的讨论中把数据结构从逻辑上分为（　　）。

A. 内部结构与外部结构　　B. 静态结构与动态结构
C. 线性结构与非线性结构　　D. 紧凑结构与非紧凑结构

44. 采用线性链表表示一个向量时，要求占用的存储空间地址（　）。
A. 必须是连续的　　B. 部分地址必须是连续的
C. 一定是不连续的　　D. 可连续可不连续

45. 线性表若是采用链式存储结构时，要求内存中可用存储单元的地址（　）。
A. 必须是连续的　　B. 部分地址必须是连续的
C. 一定是不连续的　　D. 连续或不连续都可以

46. 下面叙述正确的是（　）。
A. 算法的执行效率与数据的存储结构无关
B. 算法的空间复杂度是指算法程序中指令的条数
C. 算法的有穷性是指算法必须在执行有限步后终止
D. 以上3种描述都不对

47. 算法分析的目的是（　）。
A. 找出数据结构的合理性　　B. 研究算法中输入和输出的关系
C. 分析算法的效率以求改进　　D. 分析算法的易懂性和文档性

48. 穷举法的适用范围是（　）。
A. 一切问题　　B. 解的个数极多的问题
C. 解的个数有限且可一一列举　　D. 不适合设计算法

49. 下面不属于算法描述方式的是（　）。
A. 自然语言　B. 伪代码　C. 流程图　D. 机器语言

50. 模块化程序设计方法反映了结构化程序设计思想的（　）基本思想。
A. 自顶而下、逐步求精　　B. 面向对象
C. 自定义函数、过程　　D. 可视化编程判断题

二、判断题

1. 算法是解决问题的方法和步骤，程序是指为完成某一任务的所有命令的有序集合，所以算法和程序是一回事。（　）
2. 程序设计语言是算法的表示方式。（　）
3. N-S图是一种结构化程序设计的算法描述方法。（　）
4. 变量用于表示数据对象或计算的结果，通常用变量名标识。（　）
5. 循环结构也称为重复结构，可无限循环执行下去。（　）
6. 算法是一组明确步骤的有序集合，它产生结果，并在有限时间内终止。（　）
7. 顺序查找方法可适用于无序的列表中。（　）
8. 算法同程序一样可以被计算机所理解和执行。（　）
9. 算法是指解决问题的方法和步骤，因而有限性是算法的最基本要求。（　）
10. 递归过程可以无条件的一直进行下去。（　）

三、填空题

1. 计算机算法是指解决某一问题的________。
2. 算法的复杂度主要包括________复杂度和________复杂度。
3. 算法的两大要素是________和________。

4. 原则上算法可以用任何形式的__________来描述，但最常用的算法描述方法还是__________。

5. 算法设计的共同特点是算法应具有有限性、__________、输入、输出和__________。

6. 常见的基本算法的控制结构有__________、__________和__________。

7. 一些常用的基本算法有__________、__________、__________、__________等。

8. 树结构是指数据元素之间存在着__________的关系的数据结构。

9. 对无序列表使用__________查找。

10. 二分查找又称__________，是一种查找效率较高的查找方法。

11. Raptor 是一种基于__________的可视化程序设计环境。

12. 按特定顺序排列的、能使计算机完成某种任务的指令的集合称为__________。

13. 循环有两类结构，即__________和__________。

14. ______是一种用类似于英语语言来表示代码的算法表示方法。

15. 图形依据边之间的连接是否有方向性，分为__________和__________。

16. ______是一种算法自我调用的过程。

17. 程序是可以在计算机上经过__________、__________、__________出结果的算法表示。

18. 在__________排序中，将无序列表的最小元素与无序列表中的第一个元素进行交换。

19. 对有序序列采用__________查找。

20. *N* 个数据需要__________趟冒泡排序才能完成操作。

第5章 程序设计

程序设计可以看作是程序设计人员借助于软件开发工具，通过某种程序设计语言，在特定的计算机平台上进行的程序设计工作，我们把这一活动或过程称之为软件开发。软件开发人员为另一专业领域或特定用途开发出来的软件就是所谓的应用软件。

5.1 扩展知识

5.1.1 程序设计的基本过程是怎样的

软件开发是根据用户需求编制出软件系统的过程和活动。广义的软件开发是一项包括需求获取、需求分析、功能设计、程序编写、代码测试、发布维护等诸多环节的系统工程。而狭义上的软件开发是指编写和维护计算机程序代码的过程。软件开发通常是计算机专业领域的软件开发者为非计算机专业领域的用户提供技术服务，对于用户而言，他们了解所面对的问题，知道必须做什么，但不知道怎样用计算机解决他们的问题，难以完整准确地表达出他们的要求；软件开发人员知道怎样用软件实现人们的要求，但对特定用户的具体要求并不完全清楚。因此，在开发软件之前要进行需求分析，在需求分析阶段要求软件开发方的系统分析员和用户密切配合充分交流信息，构建切合实际的设计模型。本小节以开发一个简单的 Web 浏览器为例，对其进行软件的需求分析和功能设计，帮助读者对应用软件的需求分析和功能设计有一个基本和直观的了解。

1. 用户需求

用户对要开发的浏览器提出了这样的需求：通过这个浏览器，用户可以访问自己指定的网站，也可以快捷的访问先前浏览过的网站页面，还可以对当前的页面进行多次刷新访问；当网站打不开时，用户能够终止对当前网站的访问并转向访问其他网站。

2. 需求分析

通过对以上用户需求进行分析，该浏览器应当具有如下功能以满足用户的需求。

- 访问指定的网站。浏览器可以让用户自行输入要访问网站的网址，然后访问并显示该网站的内容。
- 浏览历史网站页面。浏览器应该能记录用户以前访问过的页面，并快捷的让用户访问前一个或后一个页面。
- 刷新当前网站。浏览器能够对当前页面进行再次访问。

- 终止访问网站。浏览器能够停止对当前网站页面的访问，允许用户输入新的网址，转而访问其他网站页面。

3. **软件功能设计**

通过对用户需求的分析，可以确定该浏览器的软件功能图，将该浏览器命名为 oneBrowser，软件功能如图 5.1 所示。

浏览器“oneBrowser”的界面布局如图 5.2 所示。

- Address：地址栏。输入用户要访问的地址。
- Go：访问按钮。当输入地址完成后，单击此按钮即可访问指定的网站，并在“浏览窗口”中显示该网站的页面。
- Fresh：刷新按钮。单击该按钮浏览器将再次访问当前网页。
- Stop：停止按钮。当网站无法打开时单击此按钮，浏览器将终止对当前网站的访问。
- ← →：上一页和下一页按钮。单击该按钮可以对浏览过的前一个和后一个页面进行再次访问。

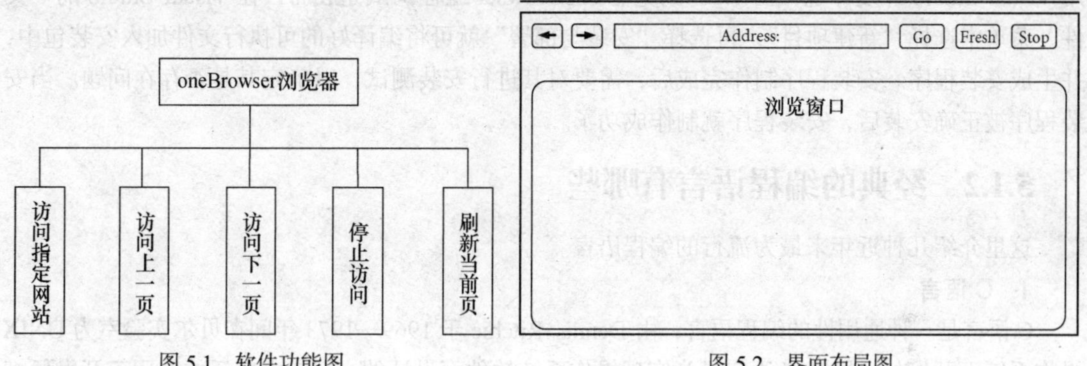

图 5.1　软件功能图　　　图 5.2　界面布局图

4. **编写程序**

软件的需求分析与功能设计完成后，就可以进行程序的编码了。在这一阶段是编写出正确的、容易理解、容易维护的程序模块。程序员应该根据目标系统的性质和实际环境选取一种适当的程序设计语言，把详细设计的结果用选定的语言书写成程序。

5. **上机调试**

程序编写完成后，还要通过计算机的编辑、编译、链接和调试才能正常运行。

① 编辑：将程序输入计算机的过程中，要认真检查，修改所有输入错误。当修改完成检查无误后，将程序以文件的形式存盘。文件名可以由用户自己随意命名，但文件的扩展名必须是所选语言规定的扩展名，文件名和文件扩展名用点号“.”隔开。

② 编译：当程序正确输入且保存为正确的扩展名文件后，就可对其进行编译了。编译的过程通常是将程序员编写的源程序翻译成计算机可执行的机器码的过程，所以编译完成后通常要生成一个和源文件同名但扩展名通常为“obj”的目标程序文件。编译软件对源程序进行语法检查，如果源程序中还有语法错误，目标程序就无法生成。编译程序在结束时给出编译出错信息，表示编译没有通过。这时程序员就要重新检查源程序，进行修改，修改完成后再进行编译，直至编译通过。

③ 链接：编译完成后，就可以链接了。链接是将目标程序和与目标程序相关的代码装配在一起的过程，装配完成后分配内存空间，通常链接完成后的程序文件就是扩展名为“exe”的可执行

文件了。链接也有出错的可能，如没有正确的提供库文件的名称等。如链接没有通过，也要回到编辑阶段进行修改、再编译、再链接，直至链接通过。

④ 调试：高级语言还提供了调试运行环境，以帮助程序员寻找程序编码中的逻辑错误。在程序调试环境中可以设断点、单步执行、单过程执行等各种程序调试方法，当所有逻辑错误找到后，需再回到编辑阶段修改源程序的错误，再进行编译和链接，这样就可得到一个完全正确的可执行文件。

6. 应用软件的打包与安装程序的制作

应用软件开发完成后，通常需要制作安装程序以便其他用户能够方便快捷的将其安装到自己的系统中。安装程序的制作软件有很多种，Microsoft Visual Studio 就是一个自带安装程序制作功能的软件开发工具。它是微软公司推出的主流开发工具，通过 Visual Studio 开发环境，用户可以利用 Visual Basic、C++、C#、J#等多种编程语言快捷的创建 Windows 平台下的各类应用程序、系统服务和 Office 插件等。上述 Web 浏览器的分析示例不仅可用超媒体语言 HTML、网页开发工具 Dreamweaver、FrontPage 来制作，也可用 Visual Studio 下的 Visual Basic.Net 来完成。如果使用 Visual Studio 开发环境，当 Web 浏览器 oneBrowser 编程调试完成后，在 Visual Studio 的“文件”菜单中选择“新建项目”，再选择“安装与部署”就可将编译好的可执行文件加入安装包中，并生成安装程序。安装程序制作完成后，需要对其进行安装测试，以确定其是否存在问题。当安装程序被正确安装后，安装程序就制作成功了。

5.1.2 经典的编程语言有哪些

这里介绍几种近年来最为流行的编程语言。

1. C 语言

C 语言是一种通用性的编程语言，由 Dennis Ritchie 于 1969—1973 年间在贝尔实验室为 UNIX 操作系统而开发的。尽管 C 语言是为实现操作系统软件而设计的，但它也广泛的应用于开发便携式应用软件。

代码如下：

```
#include<stdio.h>
void main()
{  printf(" Hello World\n ");
  return 0;
}
```

2. C++

1979 年，Bjarne Stroustrup 在贝尔实验室发明了 C++，作为一种增强的 C 语言，它曾被命名为 C with Classes。在 1983 年时被重命名为 C++。C++是最流行的编程语言之一，它的应用领域涵盖了系统软件、应用软件、驱动程序、嵌入式软件、高性能的服务器与客户端应用程序和诸如电视游戏等娱乐软件。

代码如下：

```
#include<iostream>
int main()
{
  cout<< " Hello World! " <<endl;
}
```

3. Java

Java 最初是由 James Gosling 在 Sun Microsystems（现在是 Oracle 旗下的子公司）开发的一种

编程语言，并作为 Sun Microsystems 的 Java 平台的核心组件于 1995 年发布。这种语言的大部分语法源自于 C 和 C++，但是它具有简单的对象模型和更少的底层服务。

Java 应用程序是典型的编译程序（生成类文件），这样可以使它运行在任何一个 Java 虚拟机上，而无须考虑计算机的架构。Java 原本设计用于交互式电视，但是它对于当时的有线电视产业过于先进了。

代码如下：

```
public class HelloWorld {
   public static void main(String[] args){
      System.out.println("Hello World");
   }
}
```

4. PHP

PHP 是一种通用的脚本语言，尤其适合于服务器端的网络开发。一个请求文件里的任何 PHP 代码都会在 PHP 的运行周期中被执行，这通常用于构造动态网页内容。PHP 也可以用于命令行脚本和客户端 GUI 应用程序。PHP 可以部署在大部分网络服务器、操作系统和平台上，也能与很多关系型数据库管理系统（RDBMS）相结合。它是免费的，并且 PHP 小组为用户提供完整的源代码去构造、定制或扩展个性化的需求。

代码如下：

```
<!DOCTYPE html>
<html>
<head>
 <meta charset="utf-8/>" printf(" Hello World "):
  <title>PHP Test </title>
</head>
<body>
<?php
 echo "Hello World"
 </body>
</html>
```

5. C#

C#是由微软的.NET 开发而来的，旨在成为一种简单、流行、通用、面向对象型的编程语言。它的开发团队由 Anders Hejlsberg 领导，典型版本有 2010 年 4 月 12 日发布的 C#4.0。

代码如下：

```
usingSystem;
class ExampleClass{
static void main(){
 Console WriteLine(" Hello World!\n ");
}
}
```

6. VB.Net

Visual Basic .NET（VB.NET0）是一种基于.NET Framework 运行的面向对象电脑编程语言。微软公司当前为 Visual Basic 提供两种主要的开发环境：商业软件 Microsoft Visual Studio 以及免费的 Microsoft Visual Studio Express。

代码如下：

```
Public Class Form1
    Private Sub Button1_Click(ByVal sender As System Object, ByVal e As System EventArgs)
```

```
Handles Button.Click
        Msgbox("Hello,World")
        End Sub
    End Class
```

除了以上介绍的语言外，还有 JavaScript、Perl、Python 和 Ruby 等语言也被广大的 IT 业用于软件开发，尤其是网络软件的开发。

5.1.3 为什么说 C 语言是承前启后的语言

C 语言是国际上广泛流行的高级语言。它适合作为系统描述语言，既可以用来编写系统软件，也可用来编写应用软件。C 语言结构简单，有丰富的运算符和数据类型，可以从以下两方面来了解它的典型特征。

1. C 语言既有高级语言的特性，又有低级语言的功能

计算机的程序设计语言分为低级语言和高级语言，低级语言包括机器语言和汇编语言。低级语言与计算机特定硬件密切相关，所以不同的计算机系统对应不同的机器语言和汇编语言，由汇编语言编写的程序，能最高效率的发挥计算机硬件的功能和特长，程序精练而质量高，但低级语言开发效率低且要求开发人员有较高的专业素质，对计算机的内部结构和汇编语言有清楚的了解和掌握，这使得计算机软件的开发受到极大的限制。高级语言就是为了克服这一局限而诞生的，高级语言接近于数学语言或人的自然语言，同时又不依赖于计算机硬件，编出的程序能在所有机器上通用，面向广大的各种不同专业的工程技术人员，只是用高级语言编写的程序需要经过称为编译或解释的软件进行翻译才可执行。通常翻译得到的程序效率只能达到 50%左右，且不能直接控制计算机的内存和外设通道，所以在 C 语言以前，系统软件都是由汇编语言开发的。

C 语言作为一种特殊的高级语言，它不仅有高级语言的特点，又同时具有低级语言的许多许多功能，如允许直接访问内存的物理地址，能进行位操作，可以直接对硬件进行操作等大部分汇编语言的功能。用 C 语言编译程序产生的目标程序，其质量可以与汇编语言产生的目标程序相媲美，具有“可移植的汇编语言”的美称，成为编写应用软件、操作系统和编译程序的重要语言之一。

2. C 语言是面向过程语言的高端，面向对象语言的前奏

C 语言属于标准的结构化编程语言，属于面向过程的语言。就高级语言的发展而言，先是面向过程，后来发展为面向对象。下面就 C 语言在计算机语言发展中的位置看一下其承前其后的又一特征。

① 面向过程的语言特征：所谓的面向过程指的是先分析出解决问题所需要的步骤，然后用程序设计语言把这些步骤一步一步实现。面向过程的语言其发展也经历了两个阶段：早期发展阶段和结构化程序设计阶段。

- 早期发展阶段：在计算机发展的初期，对程序的结构没有严格的要求和限制，使得程序开发人员可以使用一种叫作跳转的语句在程序间跳来跳去，这样编出的程序杂乱无章、难以读懂、难以调试、难以改错。业内人士称其为“意大利面条式的代码”（spaghetti code）。用这样的程序设计方法难以开发大型软件程序，尤其不适合团队合作。
- 结构化程序设计阶段：在结构化程序设计语言中，限制甚至取消了跳转语句，程序以功能块（又叫做模块）为单位，程序之间只能整块调用，并定义了顺序、选择、循环 3 种基本结构，保证了程序的结构化和模块化。这样才可能编写非常大型的程序，如 C 语言和 Pascal 语言。

尽管结构化程序设计克服了程序间跳转带来的软件开发危机，但面向过程的软件开发随着软件开发规模的加大和软件功能的不断提升和复杂度的一再提高仍然不能满足高速发展的软件开发需求。面向过程方法的典型特征是以算法（功能）为核心，将数据和过程作为相互独立的部分，数据代表问题空间中的客体，程序代码用于处理这些数据。把数据和代码作为分离的实体，忽略了数据和操作之间的内在联系。这样，就可能造成代码与数据的不对应而产生错误。为了解决软件开发的这一缺陷，面向对象的程序设计语言诞生了。

② 面向对象的语言特征：面向对象的软件技术以对象为核心，软件系统由对象组成。对象是由描述内部状态的静态属性数据，以及可以对这些数据施加的操作（表示对象的动态行为）封装在一起所构成的统一体。对象之间通过消息互相联系，与人类习惯的思维方式一致。C++、Java、C#等都是面向对象的语言。C++是由 C 语言发展而来的，能兼容 C 语言，并在这个基础上添加了重载和面向对象等特性。C 语言的大多数语法都被沿用到 C++、Java 和 C#等语言中。但需要注意的是，不能简单地认为 C++就是 C 语言的升级版，它们是不同的语言。

Microsoft 的 Visual C++是目前最流行的 C++语言开发环境，同样也适合 C 语言的开发。下一小节的 C 语言开发实例将在 Visual C++ 6.0 环境下进行编译、链接和调试运行。

5.1.4　如何用 C 程序解决八皇后问题

本小节将给出一个实例——八皇后问题。讲解怎样设计八皇后算法，以及怎样用 C 语言实现该算法的程序设计全过程。编译环境选择 Visual C++6.0。

1. 八皇后问题概述

八皇后问题是一个古老而著名的问题，该问题最早是由国际象棋棋手马克斯·贝瑟尔于 1848 年提出。之后陆续有数学家对其进行研究，其中包括高斯和康托，并且将其推广为更一般的 n 皇后摆放问题。

在国际象棋中，皇后是最有权力的一个棋子，当别的棋子在它的同一行或同一列或同一斜线（正斜线或反斜线）上时，它就能把对方吃掉。所以，如何能够在 8×8 的国际象棋棋盘上放置 8 个皇后，使得任何一个皇后都无法直接吃掉其他的皇后，即任意两个皇后都不能处于同一列、同一行或同一条斜线上。问共有多少种摆放方法？图 5.3 所示为其中的一个解。

图 5.3　八皇后解法之一

2. 算法设计

可以先通过手工寻找两组满足需要的值，看数组（M，N），其中 M 代表皇后所在的行，N 代表皇后所在的列。例如：

第一组数据：(1,4)、(2,7)、(3,3)、(4,8)、(5,2)、(6,5)、(7,1)、(8,6)；

第二组数据：(1,5)、(2,2)、(3,4)、(4,7)、(5,3)、(6,8)、(7,6)、(8,1)；

然后进行程序设计，并与编程求得的结果进行比较。如果这两组数据在最后编程求得的结果中，说明程序的编写基本没有什么问题。

对于求解八皇后问题可选用递归算法和非递归算法，递归算法精练但较难理解，所以这里选用了非递归算法。无论是递归或非递归算法，八皇后算法的求解都要用到回溯法。在上一章中对回溯算法已有简要介绍，回溯法的思想是当皇后从第一行到第 m 行已合理摆放后，在摆放第 m+1 行时，如果所有 m+1 行的各列都找不到合理的摆放位置，就要回溯到第 m 行重新摆放。非递归算法的 N-S 图如图 5.4 所示。

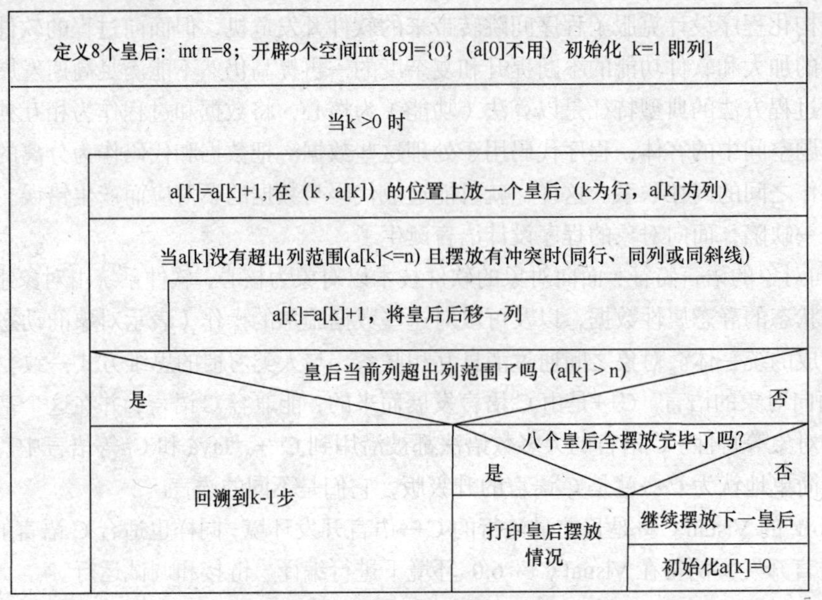

图 5.4 求解八皇后问题非递归算法的 N-S 图

3. 程序设计

在进行程序设计中，要清楚整个程序包含的功能模块及模块间的调用关系。对于八皇后问题，整个程序中应该包括主函数 main()，皇后摆放函数 Queens8()，以及判断皇后的位置是否摆放正确的判断函数 Chongtu(int a[], int n)。对于模块间的调用关系，在主函数中会调用摆放皇后函数，在摆放皇后函数中，又会调用判断皇后位置是否摆放正确的判断函数。非递归问题的程序清单如下：

```
#include <stdio.h>
#include <math.h>
/**********  位置冲突算法  **********/
 int Chongtu(int a[], int n)                          //a[]位置数组 n 皇后个数(a[0]不用)
{ int i=0, j=0;
    for(i=2;i<=n;i++)                                 //i: 位置
     for(j=1;j<=i-1;j++)                              //j: 位置
        if((a[i]==a[j])||(abs(a[i]-a[j])==i-j))       //在同一行或在同一对角线上
            return 1;                                 //冲突
    return 0;                                         //不冲突
}
/***********八皇后问题：回溯法（非递归）**********/
void Queens8()
{  int n=8,count = 0;                            //定义 8 个皇后,记录当前第几种情况
    int a[9]={0};                                //存放皇后位置，如:a[2]=4;表示第 2 行第 4 列有一个皇后
    int i=0, k=1;                                //初始化 k 为第一行
    a[1]=0;                                      //a[1]表示第一行或第一个皇后，0 表示还没摆放。
    while (k>0)     //k==0 时：表示摆放第 1 个皇后就超出了列范围（即已经找完所有情况）
    { a[k]+=1;                                   //a[k]位置，摆放一个皇后
      while((a[k]<=n)&&(Chongtu(a,k))) //如果 a[k]没有超出列范围且摆放有冲突。
        a[k]+=1;                                 //将皇后后移一列
```

```
        if(a[k]<=n)                                    //皇后摆放位置没有超出列范围
         { if(k==n)                                    //k==n 表示，8 个皇后全部摆放完毕
            { printf("第%d 种情况：",++count);
             for(i=1;i<=n;i++)                         //打印情况
               printf("(%d,%d) ",i,a[i]);
             printf("\n");
             }
          else                                         //皇后还未摆放完毕
          {k += 1;                                     //继续摆放下一个皇后
              a[k] = 0;        //此行初始化 a[k] = 0;表示第 k 行，将从第一列开始摆放皇后
          }
         }
        else                   //回溯：当 a[k]>8 进入 else,表示在第 k 列中没有找到合适的摆放位置
          k -= 1;              //回溯到 k-1 步：k 表示第几个皇后，a[k]表示第 k 个皇后摆放的列位置
      }
      return;
 }
/***********主函数**********/
int main()
{  Queens8();
   return 0;
}
```

4. 程序编码说明

- 在以上编码中，“/*”和“*\”中间的部分和“\\”后面的部分是注释，是用来帮助人们理解程序的。
- C 语言的程序模块是用函数来表示的，在这个实例中 int Chongtu(int a[], int n)、void Queens8()是两个子函数，main()是主函数。函数后面大括号括住的部分就是函数体。
- 无论 main()出现在程序的开始部分、中间部分或结束部分，C 程序总是从 main()开始执行。

5.1.5　VC++环境下怎样运行 C 程序

VC++集成开发环境将文本编辑、程序编译、链接以及程序运行一体化，具有标准的 Windows 窗口、菜单栏、工具栏等，大大方便了程序的开发。用 C 语言编写的程序完全可以在 VC++下编辑、编译和调试运行。用 VC++调试八皇后的 C 程序操作如下。

1. 启动 VC++

只要在桌面上、“开始”菜单里或者“所有程序”子菜单中找到 VC++的图标并双击它即可。通常，VC++在 Visual Studio 程序组中，这时只要在“所有程序”中找到 Visual Studio 就找到了 VC++。VC++启动后的界面如图 5-5 所示：单击“每日提示”对话框中的“关闭”按钮，关闭每日提示对话框。VC++启动完成。

2. 创建 sample.c 文件

单击工具栏最左端的“新建文本文件”按钮，打开文本编辑窗口 Text1，如图 5.6 所示。单击工具栏上的“保存”按钮，出现文件保存“Save As”对话框如图 5.7 所示。在“File name”文本框中输入“sample.c”，单击“Save”按钮，文件创建工作完成，就可以输入程序了。

3. 程序的录入编辑

输入程序，输入完成后仔细检查是否有键入错误，检查无误后，再次单击工具栏上的“保存”按钮，将输入的程序存盘。

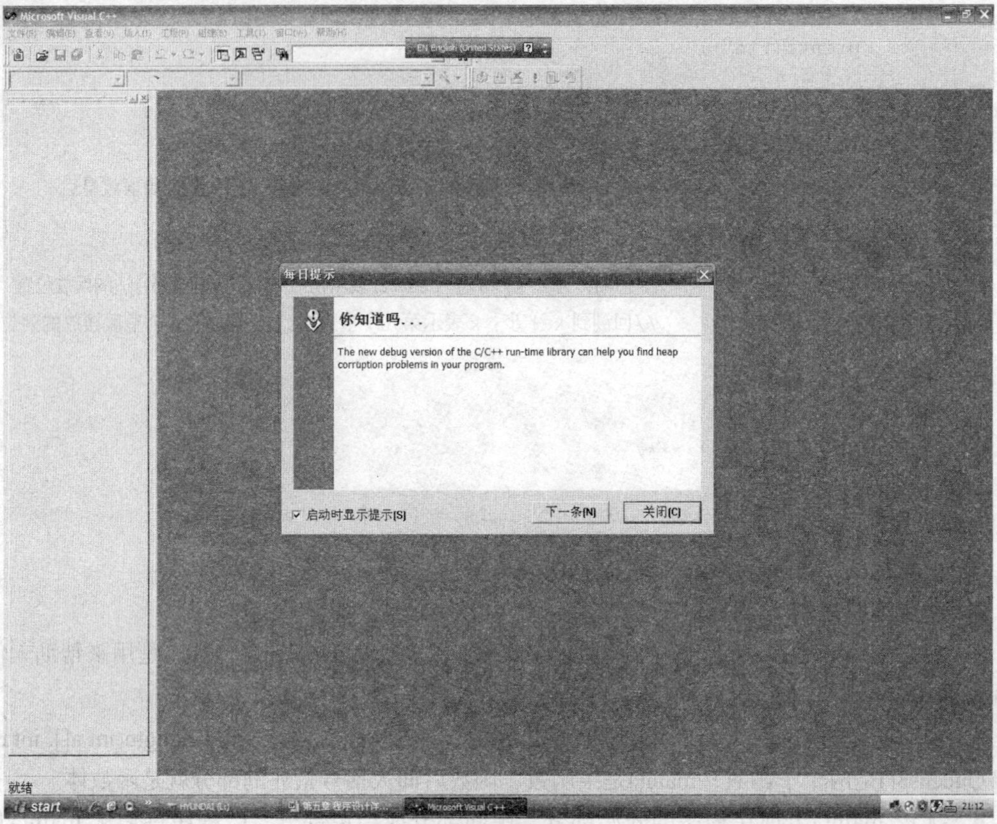

图 5.5　VC++启动后的界面

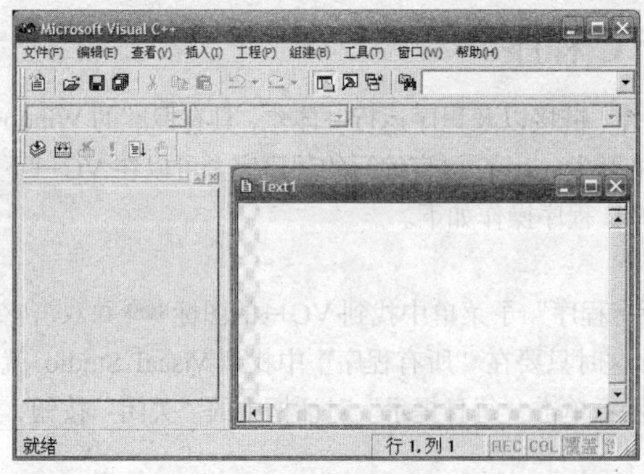

图 5.6　新建文本文档界面图

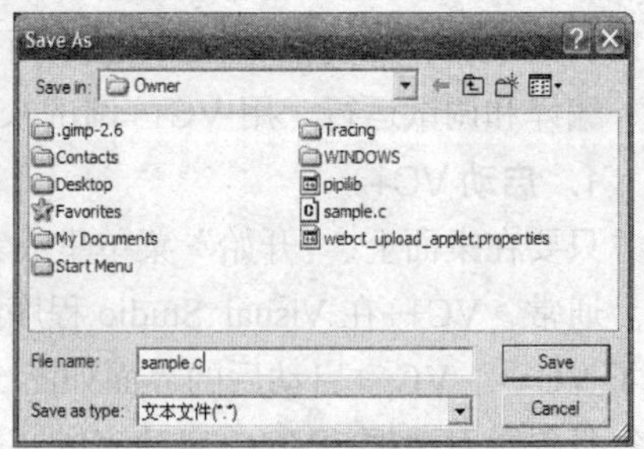

图 5.7　文件保存对话框

4. 编译链接

程序输入完成后就可以编译链接并调试运行了。程序的运行结果如图 5.8、图 5.9 所示。由运行结果可知，八皇后问题共有 92 种解，即在 8*8 的棋盘上有 92 种不同的摆放位置可以满足任意两个皇后不能直接互吃。

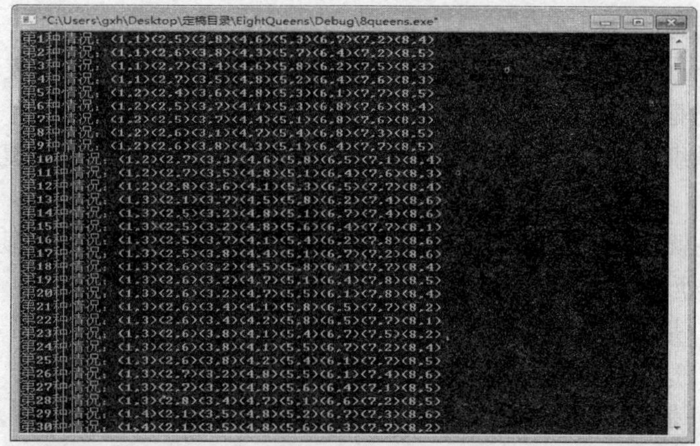

图 5.8 八皇后运行结果前 30 种解

图 5.9 八皇后运行结果后 21 种解

5.1.6 可视化程序设计的优势在哪里

可视化（Visual）程序设计也称为可视化编程，以“所见即所得”的编程思想为原则，力图实现编程工作的可视化。这里的“可视”，指的是无须编程，仅通过直观的操作方式即可完成界面的设计工作，是一种全新的程序设计方法。它主要是让程序设计人员利用软件本身所提供的各种控件，像搭积木式地构造应用程序的各种界面。

可视化程序设计语言，特别适合编写模拟现实生活中各种场景的仿真软件。现实生活中的每一个场景，都可以看作是一个画面，将这个画面在计算机的屏幕上显示出来，用计算机的专业术语讲就是进行界面设计。可视化编程语言可设计动态画面，并可通过键盘、鼠标进行人机交互。目前使用的可视化编程语言有：微软的 Visual Basic、Visual C++、C#、.net、中文 Visual Foxpro、Borland 公司的 Delphi 等。这些语言将二维或三维可视化技术通过编程完美的呈现在计算机屏幕上。

可视化编程语言的特点主要表现在基于面向对象的思想，引入了类的概念和事件驱动。程序开发过程一般遵循以下步骤：先进行交互界面的绘制工作，再基于事件编写程序代码，以响应鼠标、键盘的各种动作。可视化程序设计最大的优点是设计人员可以不用编写或只需编写很少的程序代码，就能完成应用程序的设计，这样就能极大地提高设计人员的工作效率。要了解可视化程序设计需要明白以下几个基本概念。

① 表单（Form）：表单是指进行程序设计时的窗口，我们主要是通过在表单中放置各种部件（如命令按钮、复选框、单选框、滚动条等）来布置应用程序的运行界面。

② 组件：所谓组件，就是组成程序运行界面的各种部件，如命令按钮、复选框、单选框、滚动条等。

③ 属性：属性就是组件的性质。它说明组件在程序运行的过程中是如何显示的、组件的大小是多少、显示在何处、是否可见、是否有效等。属性可分成以下 3 类。

- 设计属性：是在进行设计时就可发挥作用的属性；
- 运行属性：这是在程序运行过程中才发挥作用的属性；
- 只读属性：是一种只能查看而不能改变的属性。

④ 事件：事件就是对一个组件的操作。例如，用鼠标单击一个命令按钮，在这里单击鼠标就称为一个事件（Click 事件）。

⑤ 方法：方法就是某个事件发生后要执行的具体操作。例如，当用鼠标单击“退出”命令按钮时，程序就会通过执行一条命令而结束运行，命令的执行过程就叫方法。

5.1.7 Visual Basic 程序设计知多少

1991 年 Microsoft 公司推出的 Visual Basic（VB）以可视化工具进行界面设计，以结构化 Basic 语言为基础，以基于控件的事件驱动为运行机制。VB 经历了从 1991 年的 1.0 版至现在多次升级，更高版本的 VB 能提供更强的用户控件，增强了多媒体、数据库、网络等功能，使得应用范围更广。使用 VB 既可以开发个人或小组使用的小型软件，又可以开发多媒体软件、数据库应用程序、网络应用程序等大型软件，是国内外最流行的程序设计语言之一。这里介绍 VB 6.0 的开发环境和基本操作。

1. VB 的基本特点

① 具有基于对象的可视化设计工具：在 VB 中，程序设计是可视的、是基于对象的。程序设计员需要利用 VB 集成开发环境所提供的工具，根据设计要求在窗口中直接“画”出文本框、按钮、图形等控件。这些控件都可以看成对象，可为每一个对象设置属性值。

② 事件驱动的编程机制：窗口和控件对象均可以用鼠标或键盘来驱动，程序的执行取决于用户在屏幕上的操作，编程也是基于对象的。每一个程序都是基于某一个对象的某一种事件。这样程序和程序之间关联少，每一个事件对应的程序代码长度短，既易于编写又易于维护，程序设计效率高。

③ 易学易用的集成开发环境：在 VB 集成开发环境中，用户可以设计界面、编辑代码、调试程序、直接运行以获得结果。也可以把应用程序制作在安装盘上，以便在脱离 VB 系统的 Windows 环境中运行。

④ 结构化程序设计语言：对每一个事件的编程仍然是结构化的。VB 是在 Basic 语言的基础上发展起来的，它具有丰富的数据类型、大量的内部函数、模块化的程序结构。用 VB 编写的程序具有结构清晰、简单易学的特点。

2. VB 集成开发环境

启动 VB6.0 与启动 VC++一样，有多种方法，最简单的启动方法是双击桌面上 VB 快捷方式图标，VB 启动后出现如图 5.10 的窗口。窗口中列出了 VB6.0 能够建立的应用程序类型，初学者可以选择默认的选项“标准 EXE”。单击“标准 EXE”图标，进入 VB6.0 集成开发环境，如图 5.11 所示。

① 标题栏：VB 有设计、运行、中断 3 种工作模式，标题栏除了显示当前的工程名外，还给出了当前的工作模式。

② 菜单栏：包括 13 个下拉菜单。除了通用功能外，VB 专用菜单和功能如下。

- 工程：用于控件、模块和窗体等对象的处理。
- 查询：在设计数据库应用程序时用于设计 SQL 属性。

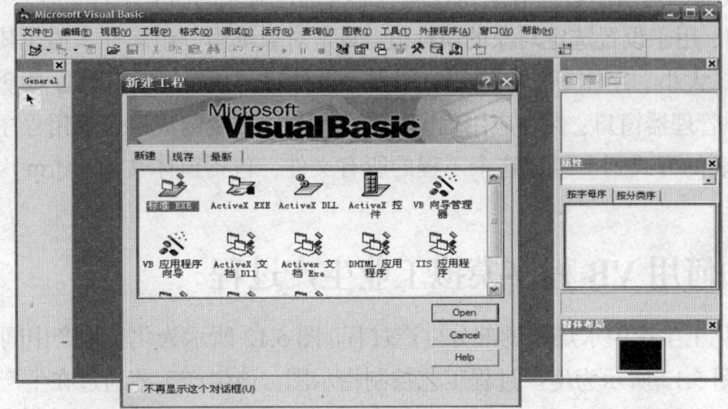

图 5.10　启动 VB6.0 出现的窗口

- 图表：在设计数据库应用程序时编辑数据库的命令。
- 工具：用于集成开发环境下的工具扩展。
- 外接程序：为工程增加或删除外接程序。

③ 工具栏：可以快速访问的常用命令按钮。当光标移动到某一按钮上方时，显示该按钮功能。

④ 工具箱：由 21 个按钮构成，通过选择这些按钮，用户可以在窗体上设计各种控件。

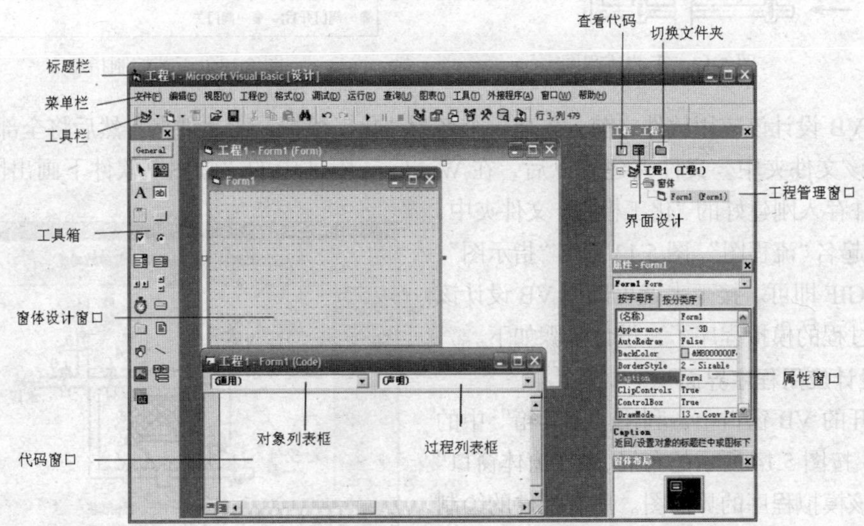

图 5.11　VB6.0 应用程序集成环境

VB6.0 的开发环境中除了 Microsoft 应用软件常规的主窗口外，还包括几个独立的窗口。

① 窗体设计窗口：设计时，程序开发人员可以直接在窗体上绘制、布局各种控件，建立 VB 应用程序的界面；运行时，窗体显示的是正在运行的窗口，通过与窗体上的控件交互激发各种事

件的发生，得到运行结果。一个应用程序可以设计多个窗体，可以通过选择“工程”→“添加窗体”命令增加新窗体。

② 代码设计窗口：用来进行代码设计的。各控件对应的事件程序代码和用户自定义程序的代码编写、修改等均在此窗口进行。图 5.11 所示的代码窗口中有两个列表框。

- 对象列表框：单击该框右边的下三角，列出当前所有已设计对象的名称。
- 过程列表框：列出左边“对象列表框”中所选定对象的所有事件过程。

③ 属性窗口：用于设置选定对象的属性值。每个对象都由一组属性来描述其外部特征，如名称、标题、颜色、大小、字体等。在进行应用程序设计时，在属性窗口设置对象的初始属性。

④ 工程资源管理器窗口：保存应用程序所有的属性，以及组成这个应用程序的所有文件。该窗口以层次化列表的方式列出组成这个工程的所有文件，包括窗体文件（.frm）和标准模块文件（.bas）两种类型。

5.1.8 如何用 VB 程序模拟工业生产过程

本程序模拟化工生产中水煤气的部分生产过程。图 5.12 所示为化工生产中间歇式制半水煤气的工艺流程图，图 5.13 所示为生产过程工艺控制指示图。该生产工艺通过在生产的不同阶段，打开关闭不同的阀门，送入要求的空气和水蒸气，生产出水煤气。

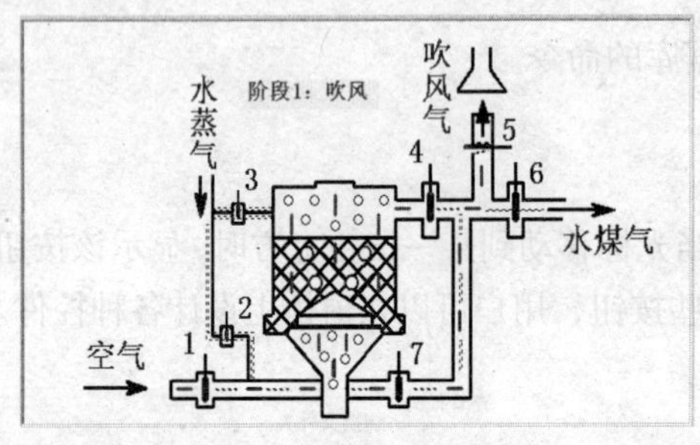

图 5.12 工艺流程图

阶 段	阀门开闭情况						
	1	2	3	4	5	6	7
吹 风	●	●	●	●	●	●	●
上 吹	●	●	●	●	●	●	●
下 吹	●	●	●	●	●	●	●
空气吹净	●	●	●	●	●	●	●
●---阀门开启； ●---阀门关							

图 5.13 工艺控制指示

在用 VB 设计该应用软件之前，先建一个名为“化工模拟”的文件夹，然后将全部有关的文件都存入该文件夹中。文件夹建好以后，在 Windows 附件中的“画图”软件下画出图 5-12 和图 5-13，并存入刚建好的“化工模拟”文件夹中，将图 5.12 起名“流程图”，图 5.13 起名“指示图”，扩展名选 GIF 即可。接下来就可以用 VB 设计该化工生产过程的模拟程序了，设计步骤如下。

1. 设计应用程序界面

在打开的 VB 窗口中，利用“工具箱”中的控件按钮，按图 5.14 所示的布局，在“窗体窗口”中绘制出该模拟程序的界面图。所有控件的绘制方法为：单击工具箱中的对应控件按钮，然后在窗体窗口中的相应位置上画出该控件对象，同时在其属性窗口给出相应的属性值。界面对象的属性按照表 5.1 中所示属性值设置。

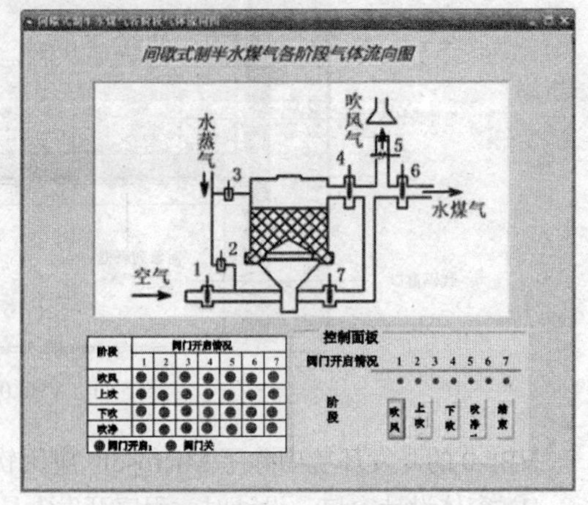

图 5.14 模拟程序的界面

表 5.1　　图 5-16 中各对象的属性设置

控件名（Name）	对象属性设置
form1	Caption：间歇式制半水煤气各阶段气体流向图
Label0	Caption：间歇式制半水煤气各阶段气体流向图 ForeColor：&H000000C0&
Frame1	Caption：控制面板
Label1	Caption：阶段
Label2	Caption：阀门开闭情况
Label3	Caption：1　2　3　4　5　6　7
Command1	Caption：吹风
Command2	Caption：上吹
Command3	Caption：下吹
Command4	Caption：吹净
Command5	Caption：结束
Timer1	Enabled：False Interval：500
Shape1～Shape7	BackColor：&H000000C0& BackStyle：1-Opaque Shape：3-Circle

应用程序的界面可分为 5 部分。

① 标题："间歇式制半水煤气各阶段气体流向图"，是一个标签对象，在工具箱中选"标签"按钮 A，在窗体相应的位置上输入标题，并按表 5.1 设置属性。

② 流程图：用图形框创建，在窗体中画出图形框后打开"画图"下的"流程图"文件，将流程图复制并粘贴到图形框中。

③ 指示图：左下角的工艺控制指示图，绘制方法同流程图。

④ 控制面板：右下角的控制面板是一个"框架对象"，用按钮绘制。该控制面板中有 5 个命令按钮对象，控制生产过程的 5 个阶段；7 个阀门开关指示灯图形（用按钮）对象●，红色表示阀门关闭，绿色表示阀门开启；一条横线图形对象（用按钮）；还有两个作为提示阀门信息和"阶段"的标签对象。连框架对象在内，总共 16 个控件对象。

⑤ 时钟：系统界面应添加时钟控制器对象，用于控制各阶段的工艺流程。

2. 绘制事件过程控件对象

间歇式制半水煤气的生产过程由 4 个阶段组成，在每一个阶段中开启不同的阀门，风和水蒸气从不同的管道入口送入，在图 5.12 所示的各阶段气体流向图中，7 个阀门处的 7 条短线在程序中通过控制其有无来表示阀门的开关。管道和炉中的短线表示空气的流动，虚线和小圆圈表示水蒸气。锅炉上方的"阶段 1：吹风"用于提示工作阶段。当按下某一阶段的按钮后，程序进入该阶段的生产流程，流程图中的相应的阀门打开，控制面板上对应的阀门指示灯变绿，代表空气或水蒸气的线条开始出现，并向阀门打开的方向移动，同时锅炉上方出现阶段提示。表示阀门、空气、水蒸气和阶段提示的对象属性如表 5.2 所示。

表 5.2　　　　事件过程各对象的属性设置

控件名称（Name）	对象属性设置	注释
linep1(0) ～ linep1(3)	BorderColo：暗蓝色 BorderWidth：7	阀门 1，4，6，7
Line2(0) ～ Line2(2)	BorderColor：暗蓝色 BorderWidth：4	阀门 2，3，5
Line3(0) ～ Line3(18)	BorderColor：大红色 BorderWidth：4 Visible：False	空气短线，入口处为 0 号
steam(1)～steam(23)	BorderColor ：深蓝色 BorderStyle ：3-Dot Visible：False	蒸汽虚线：2 号阀门处开始（1）-（5） 出口（22）（23），7 号阀处（27）-（31） 炉中圆圈：从下到上（6）-（21）（26）
	Shape：0-Rectangle	蒸汽虚线：3 号阀门处开始（24）(25)
	Shape：3-Circle	炉中圆圈
	BorderWidth：2	炉中煤间 4 个大一点的圆圈
Label5	Caption：阶段 1：吹风 BackColor：淡黄 ForeColor：红色 Visible：False	炉子上方的阶段显示标签

3. 编写事件驱动程序

当窗体界面设计完成，各控件属性设置完毕以后，就可以开始编写代码程序了。本例中的代码程序全部都是单击控制面板上的 5 个阶段控制按钮："吹风""上吹""下吹""吹净""结束"来触发这 5 个事件的，所以该程序设计一半是针对这 5 个按钮对象进行的事件驱动编程。

事件过程代码的编写总是在代码窗口中进行的，代码窗口中左边的对象下拉列表列出了该窗体的所有对象，右边的过程下拉列表列出了与左边选中对象相关的所有事件。事件和对象都确定后，就可在代码窗口编写程序了。同时，双击任意一个编程的对象，也进入该对象的编程模板。例如，双击"吹风"按钮，打开代码窗口，显示该事件代码的模板，在该模板的过程体加入代码。同样对其他 4 个阶段按钮的事件编程，程序代码如图 5.15 所示。

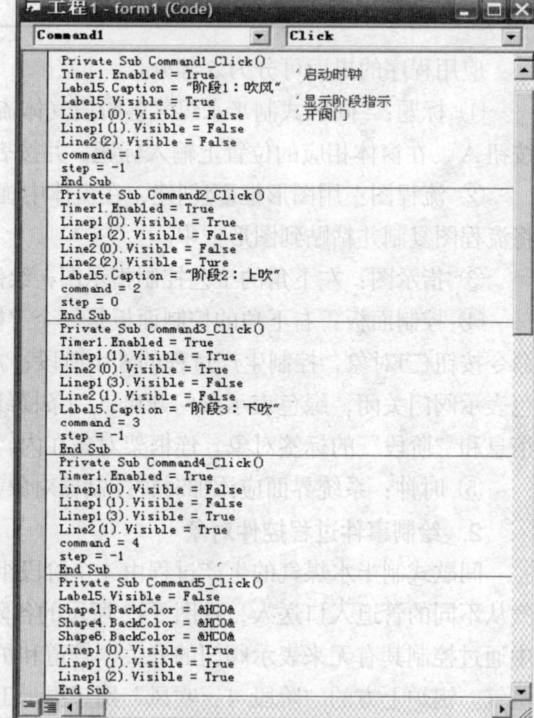

图 5.15　阶段按钮的事件编程代码

4. 调试运行

应用程序设计好后，可以利用工具栏的▶启动按钮或按 F5 键运行程序。VB 程序通常会先编译，检查是否存在语法错误。当存在语法错误时，则显示错误提示信息，提示用户进行修改；若不存在语法错误，则执行程序，用户可根据设计激发各种对象事件程序，如本例中可按顺序单击 5 个阶段的按钮。

5.1.9　云计算环境下的软件开发有哪些特点

云计算是继 20 世纪 80 年代大型计算机到客户端/服务器的大转变之后的又一种巨变。云计算（Cloud Computing）是分布式计算（Distributed Computing）、并行计算（Parallel Computing）、效用计算（Utility Computing）、网络存储（Network Storage Technologies）、虚拟化（Virtualization）、负载均衡（Load Balance）、热备份冗余（High Available）等传统计算机和网络技术发展融合的产物。

在云计算环境下，软件技术、架构将发生显著变化。首先，所开发的软件必须与云相适应，能够与虚拟化为核心的云平台有机结合，适应运算能力、存储能力的动态变化；二是要能够满足大量用户的使用，包括数据存储结构、处理能力；三是要互联网化，基于互联网提供软件的应用；四是安全性要求更高，可以抗攻击，并能保护私有信息；五是可工作于移动终端、手机、网络计算机等各种环境。

在云计算环境下，软件开发的环境、工作模式也将发生变化。虽然，传统的软件工程理论不会发生根本性的变革，但基于云平台的开发工具、开发环境、开发平台将为敏捷开发、项目组内协同、异地开发等带来便利。软件开发项目组内可以利用云平台，实现在线开发，并通过云实现知识积累、软件复用。

云计算环境下，软件产品的最终表现形式更为丰富多样。在云平台上，软件可以是一种服务，如 SAAS，也可以就是一个 Web Services，也可能是可以在线下载的应用，如苹果的在线商店中的应用软件等。

在云计算环境下，由于软件开发工作的变化，也必然对软件测试带来影响和变化。由于软件技术、架构发生变化，要求软件测试的关注点也做出相对应的调整。软件测试在关注传统的软件质量的同时，还应该关注云计算环境所提出的新的质量要求，如软件动态适应能力、大量用户支持能力、安全性、多平台兼容性等。

云计算环境下，软件开发工具、环境、工作模式发生了转变，也就要求软件测试的工具、环境、工作模式也发生相应的转变。软件测试工具也应工作于云平台之上，测试工具的使用也应可通过云平台来进行，而不再是传统的本地方式。软件测试的环境也可移植到云平台上，通过云构建测试环境。软件测试也应该可以通过云实现协同、知识共享、测试复用。

软件产品表现形式的变化，要求软件测试可以对不同形式的产品进行测试，如 Web Services 的测试，互联网应用的测试，移动智能终端内软件的测试等。

云计算的普及和应用还有很长的道路。社会认可、人们习惯、技术能力，甚至是社会管理制度等都应做出相应的改变，方能使云计算真正普及。但无论怎样，基于互联网的应用将会逐渐渗透到每个人的生活中，对我们的服务、生活都会带来深远的影响。

5.2　设计与实践

5.2.1　用 C 语言实现顺序、选择、循环结构

一、实验目的

1. 掌握启动与退出 Visual C++ 6.0 的方法。

2. 了解如何编辑、编译、链接和运行一个 C 程序。

3. 了解程序设计的顺序、选择和循环 3 种基本结构。

4. 了解选择结构中 if 语句的使用；循环结构中 for 语句的使用。

二、实验任务

1. 在 Visual C++ 6.0 集成开发环境下录入、编辑、编译、链接和运行 3 个 C 程序

2. 将提前编写好的一个顺序结构小程序：将一个 3 位正整数的个位、十位和百位分离出来；完成从录入到运行的过程。

3. 上机完成选择结构程序：居民水费计算。

4. 完成计算从 1～100 累加和的循环结构小程序。

三、实验步骤

1. 顺序结构、选择结构和循环结构的 3 个小程序。

（1）顺序结构：将一个 3 位正整数的个位、十位和百位分离出来。

程序代码如下：

```
#include <stdio.h>
int main()
{  int a, b,c,d;                                    /*定义四个整型变量*/
   printf("输入 a(100≤a≤999): " );                  /*提示输入*/
   scanf("%d",&a);                                  /*调用 scanf()函数输入数据三位数 a*/
   b= a%10;                                         /*计算个位*/
   c=a/10%10;                                       /*计算十位*/
   d=a/100;                                         /*计算百位*/
                                                    /*调用 printf()函数输出数据*/
   printf("百位数%d 的个位: %d  十位: %d  百位: %d\n",a,b,c,d);
}
```

（2）选择结构：居民水费计算。

为了鼓励居民节约用水，自来水公司采取按月用水量分段计费的办法，居民应交水费 y（元）与月用水量 x（吨）的函数关系式如下（设 $x \geqslant 0$）。输入用户的月用水量 x（吨），计算并输出 y（元）（保留两位小数）。

$$y = \begin{cases} 4/3x & (x <= 15) \\ 2.5x - 10.5 & (x > 15) \end{cases}$$

程序代码如下：

```
#include <stdio.h>
void main()
{   double x,y;                                     /*定义两个双精度型变量*/
    printf("输入 x(要求 x>=0): ");
    scanf("%lf",&x);                                /*调用 scanf()函数输入数据 x*/
    if(x>=15)
       y=4*x/3;                                     /*if-else 语句*/
    else
       y=2.5*x-10.5;
    printf("y=f(%.2lf)=%.2lf\n",x,y);               /*调用 printf()函数输出数据 x,y*/
}
```

（3）循环结构：计算从 1～100 的累加和。

程序代码如下：

```
#include <stdio.h>
void main()
{
   int i, sum=0;
   for(i=1;i<=100;i++)
         sum=sum+i;                    /*sum 是累加器，实现累加计算*/
   printf("sum=%d\n",sum);
}
```

2. 启动 VC 编辑程序。

启动 VC 的前提是首先要安装软件。如果系统中安装了 VC 软件，当启动了 Windows 系统之后，从“开始”菜单进入“所有程序”子菜单，找到 Microsoft Visual C++ 6.0 并单击它即进入 VC 软件的主窗口，如图 5.16 所示。

然后单击工具栏中的新建按钮，生成一个新的文本文件窗口，如图 5.17 所示。接着，单击保存按钮，激活“保存为”对话框，输入文件名（注意：文件名必须给出.C 的扩展名），再单击“保存”按钮，就生成了一个由读者自己命名的 C 文件（如 ec003.C），接下来就可以进入编辑屏幕输入 C 源程序了。

图 5.16　启动 VC 后窗口

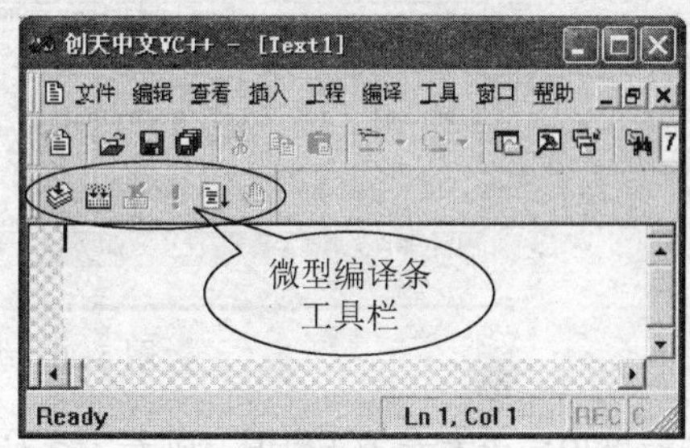

图 5.17　输入程序窗口

由于当前的文件是 C 源程序文件，在其中输入的任何内容（例如关键字、用户标识符及各种运算符），VC 系统都会按 C 源程序的格式进行编排、组织。例如，当输入了一个 C 关键字时，VC 系统自动将其设定为蓝色字体以示区别；在编辑过程中，如果输入了一个块结构语句（例如 for(i=0;i<10;i++)、if(s!= '\0')、while(k<5)），按回车键后，VC 系统会把光标定位在该块语句起始位置开始的下一行的第 5 个字符位置上，以表示下面输入的内容是属于该块语句的，以体现 C 源程序的缩进式书写格式；此时，如果输入一个左花括号“{”并按回车键，VC 系统将把该花括号左移到与上一行块语句起始位置对齐的位置上；接着，再按下回车键，VC 系统会自动采用缩进格式，将当前光标位置定位在此花括号的下一行的第 5 列上；如果上一行语句与下一行语句同属于一个程序段（比如：同一个复合语句中的语句），VC 系统会自动将这两个程序行的起始位置对齐排列；……更详细的内容请读者自行上机实习，并认真体会其中的输入技巧。

3. 编译程序。

程序编辑完后，即可对源程序进行编译处理。按“编译微型条”（见图 5.17）的第一个（Compile，功能键是 Ctrl+F7）按钮，对程序进行编译，这时，屏幕上出现如图 5.18 所示的对话框，问是否建立一个默认的工程工作区，单击“是”按钮确认。紧接着，又出现如图 5.19 所示的对话框，问是否要保存当前的 C 文件，单击“是”按钮。然后，系统开始编译当前程序。如果程序正确，即程序中不存在语法错误，则 VC 窗口的输出如图 5.20 所示的结果。

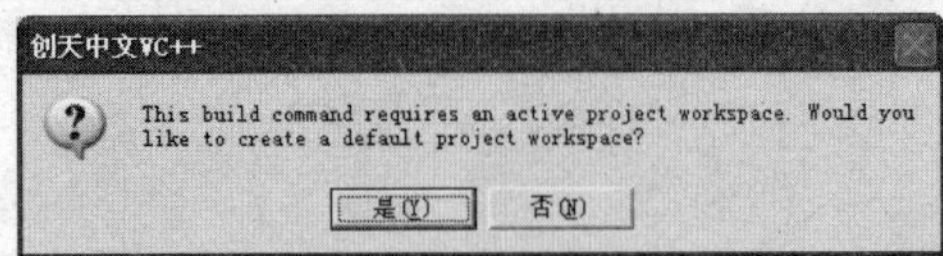

图 5.18　是否建立默认的工程工作区对话框

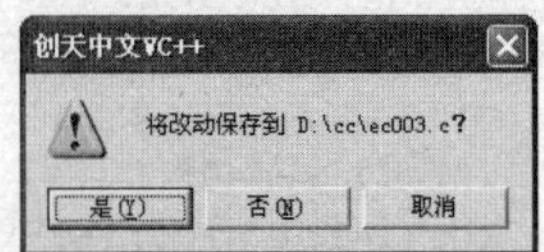

图 5.19　是否要保存当前文件对话框

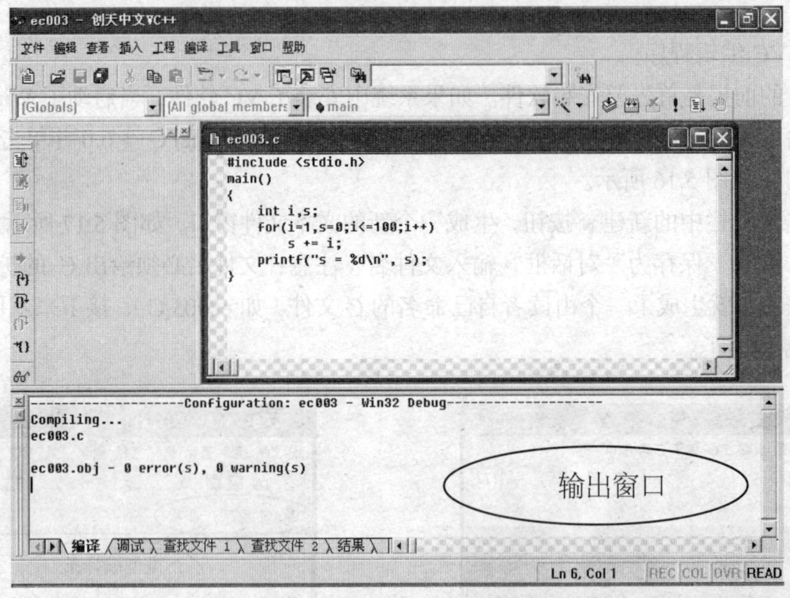

图 5.20　编译链接通过无错的窗口

如果程序中存在语法错误，则在 VC 的输出窗口显示如图 5.21 所示的错误信息。这些信息告诉我们：在编译 ec003.C 的程序时出现错误；错误行是第 7 行；错误原因是标识符 printf 前面丢了分号“;”。按照错误提示修改程序，再一次按 Ctrl+F7 组合键进行编译，直到不存在语法错误为止。

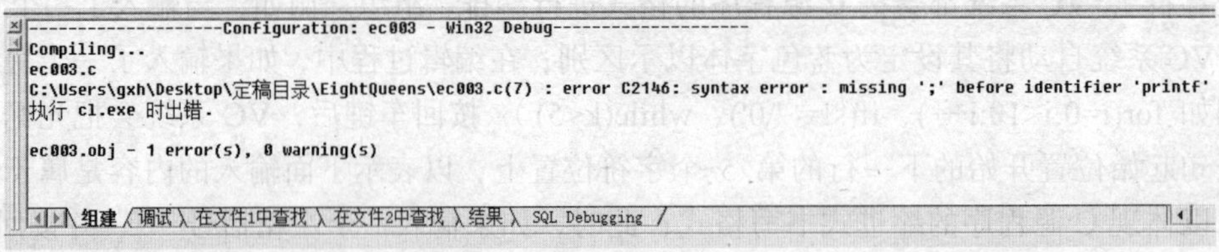

```
--------------------Configuration: ec003 - Win32 Debug--------------------
Compiling...
ec003.c
C:\Users\gxh\Desktop\定稿目录\EightQueens\ec003.c(7) : error C2146: syntax error : missing ';' before identifier 'printf'
执行 cl.exe 时出错.

ec003.obj - 1 error(s), 0 warning(s)
```

组建 调试 在文件1中查找 在文件2中查找 结果 SQL Debugging

图 5.21　编译程序后的信息窗口

4. 链接程序。

当程序编译提示无错误信息（0 error(s)），得到目标程序后，就可以链接程序了。单击“编译微型条”的第二个按钮，对程序进行链接，生成一个可执行文件 ec001.exe，如图 5.22 所示。

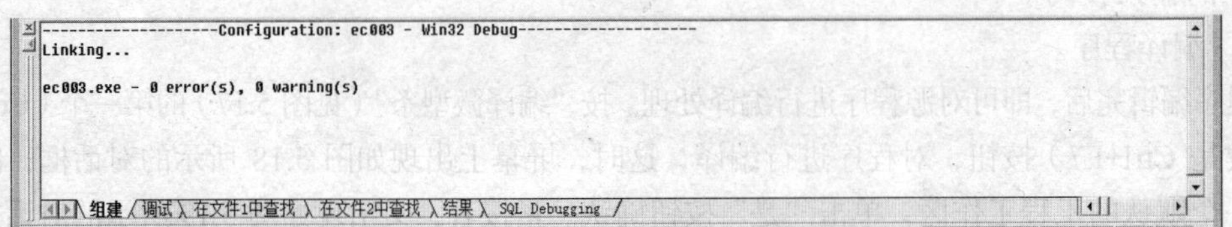

图 5.22　链接程序后的信息窗口

5. 运行程序。

按下微型编译条工具栏上的“建立执行程序”(BuildExecute)按钮 ! ，或相应的功能键 Ctrl+F5，程序开始运行，然后显示程序的输出结果如图 5.23 所示。输出结果的屏幕将等待用户按下任意键后才返回编辑状态，一个 C 程序的执行过程结束。

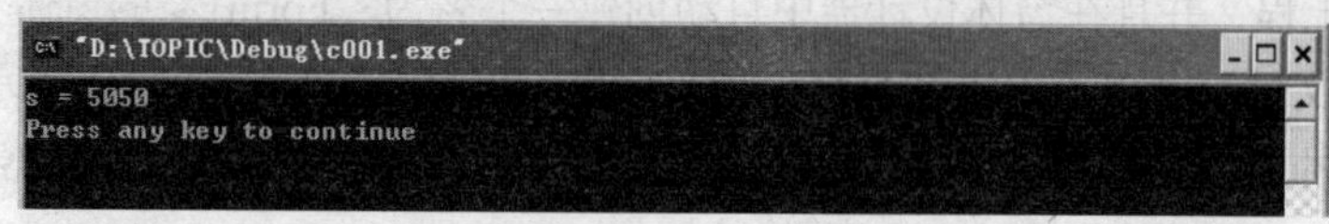

图 5.23　输出结果

当一个程序运行得到正确的结果后，可开始录入下一个程序。在录入下一个程序以前，需要关闭当前的工作空间。操作方法：单击“文件”→“关闭工作空间”菜单命令。

四、实验思考

1. 有两个瓶子 A 和 B，分别盛放醋和酱油，怎样将它们互换（即 A 瓶原来盛醋，现改盛酱油，B 瓶则相反）？

2. 输出 21 世纪所有闰年。判断闰年的条件：能被 4 整除但不能被 100 整除，或能被 400 整除。

5.2.2　用 VB 编制一个计算器程序

一、实验目的

1. 掌握启动与退出 Visual Basic 系统的方法。
2. 熟悉 Visual Basic 的集成开发环境。
3. 了解常用控件的应用。
4. 了解建立、编辑和运行一个简单的 Visual Basic 应用程序的全过程。

二、实验任务

1. 学会在 VB 集成开发环境下录入、编辑和运行一个 VB 程序。
2. 学会创建 VB 的各个控件。
3. 掌握 Windows 应用程序的事件驱动的原理。

三、实验步骤

计算器是日常工作经常用到的小工具。微软公司在其操作系统中集成了一个标准的多功能计算器（见图 5.24）。下面编写一个简单的计算器应用程序，程序设计界面如图 5.25 所示。

图 5.24　Windows 中的计算器

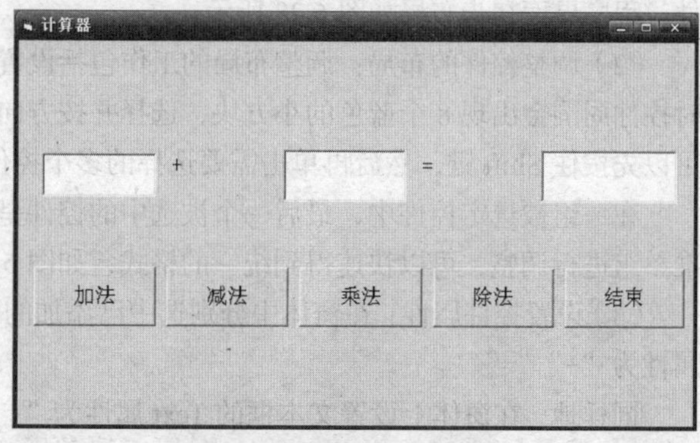

图 5.25　“计算器”程序界面

1. 创建计算器应用程序。

（1）首先启动 VB 6.0，在“文件”菜单中，单击“新建工程”命令，屏幕上会出现一个“新建工程”对话框，如图 5.26 所示。

（2）在该对话框中选择“标准 EXE”，单击“确定”按钮。这时 VB 集成环境将创建一个名为“工程 1”的工程，并且在窗体设计器中自动创建一个名为“Form1”的窗体文件。

（3）打开“文件”菜单，单击“保存工程”命令，屏幕会出现一个“文件另存为”对话框要求用户保存当前的窗体文件，选择合适的路径，在文件名文本框中输入“计算器”，然后单击“保存”按钮，如图 5.27 所示。

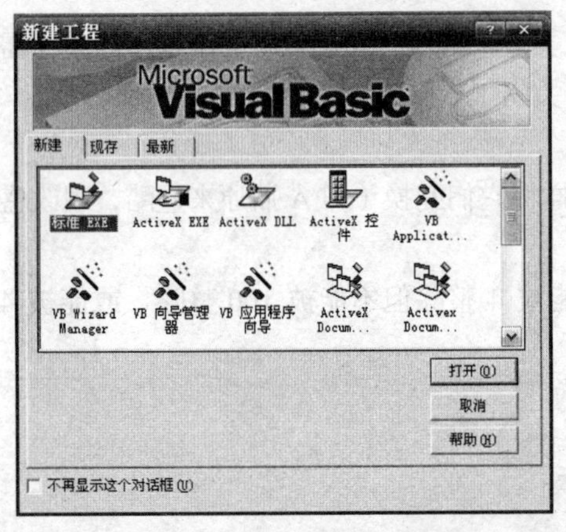

图 5.26 “新建工程”对话框

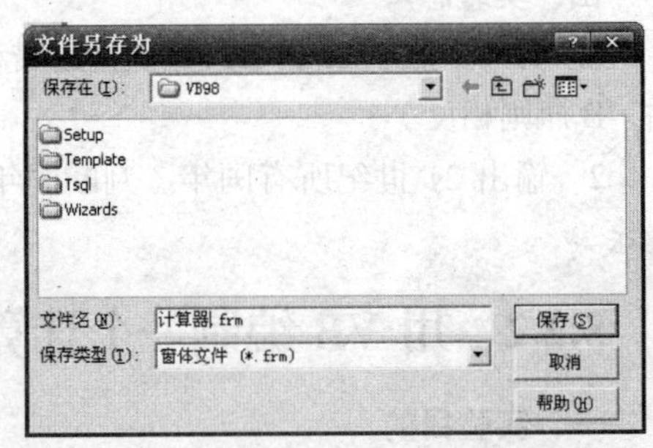

图 5.27 “文件另存为”对话框

（4）在存储了窗体文件后，集成环境会要求用户存储工程文件，按照上一步的操作，将新建的工程保存为“计算器”工程文件。

这样，一个新的工程就创建完毕了。不是所有的新工程一定要先进行存储操作，这里只是提醒用户注意及时存盘，能够防止出现意外情况时数据丢失。

2. 设计应用程序界面。

应用程序的界面是指程序启动后，用户在屏幕上看到的程序的“样子”，或者说是程序的“外观”。VB 程序特点是界面设计方便、灵活，成品效果丰富多彩。

（1）在窗体中添加控件：用鼠标单击工具箱中的 Label（标签）控件，并将其添加到窗体设计窗口，用同样的方法添加第 2 个 Label 控件到窗口界面。

同样地，在窗体上添加 3 个 TextBox（文本框）控件和 5 个 CommandButton（命令按钮）控件，程序界面初步布局如图 5.28 所示。

（2）调整控件的布局：调整布局的工作包括设置控件的大小和间距。鼠标单击选定控件，此时控件周围会出现 8 个蓝色的小方块，选择并按方向调整其大小。如果需要同时选择多个控件，可以先按住 Shift 键，然后再单击需要选择的多个控件，形成一组被选控件。

在一组被选定控件中，最后一个被选中的控件呈蓝色，是这一组的基准控件，一般以其为基准整组进行调整，可以快速得到统一的格式，如图 5.29 所示。

（3）设置控件属性：在窗体中分别选中已添加的两个标签控件，分别设置标签控件的 Caption 属性为“+”“=”。

同样地，在窗体上设置文本框的 Text 属性为“ ”，设置 5 个命令按钮的 Caption 属性依次为“加法”“减法”“乘法”“除法”“退出”。属性设置完成后，可按 F5 键启动程序，观察程序界面设置效果。

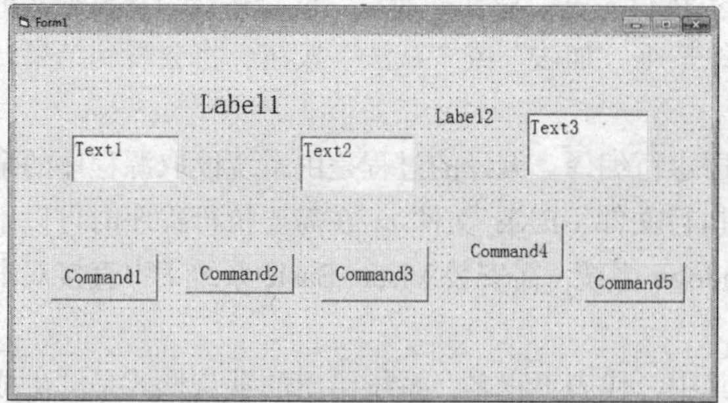

图 5.28　控件的初步布局

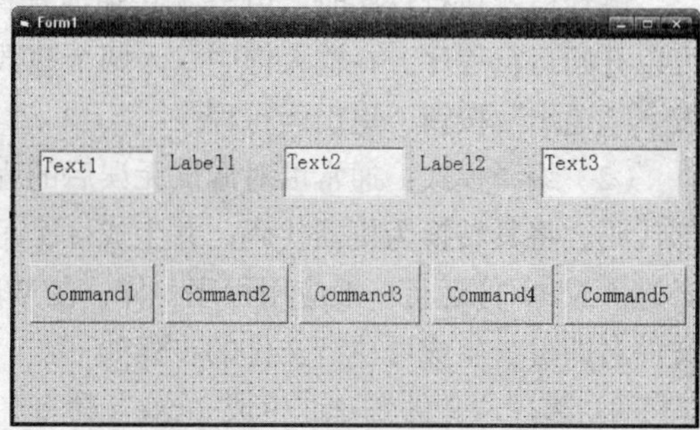

图 5.29　调整后的控件布局

3. 编写代码。

在 VB 系统中，程序运行是由控件对象的事件驱动的。也就是说，事件代码的编写是程序设计的根本任务。事件代码的编写在代码编辑窗口进行。

用鼠标双击对象（窗体或控件）或选择“视图”→“代码窗口”命令，均可打开代码编辑窗口。代码窗口布局如图 5.30、图 5.31 所示，左边列表显示程序中设计的所有对象，右边列表显示选定对象的所有事件。具体可以按照下面的步骤进行。

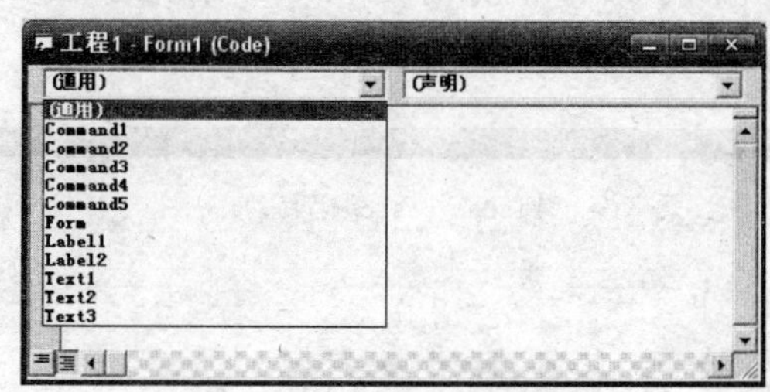

图 5.30　代码窗体中对象列表

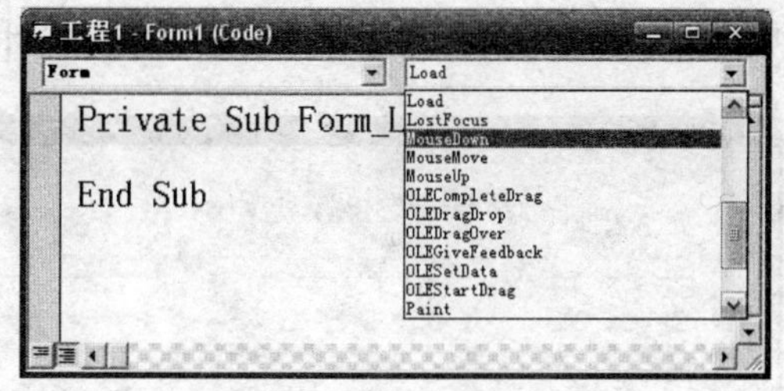

图 5.31　代码窗体中对应事件列表

（1）打开代码编辑窗口，在左边列表中选择 Command1，右边列表中选择 Click 事件，编写“加法”命令的单击事件代码。

程序代码如下：

```
Private Sub Command1_Click()
   Text3.Text = Val(Text1.Text) + Val(Text2.Text)
End Sub
```

启动程序运行，在第一个文本框中输入数字“12”，在第二个文本框中输入数字“34”，单击加法按钮，观察程序运行结果。

（2）同样地，依次编写“减法”“乘法”“除法”命令的单击事件代码。

“退出”命令的单击事件代码如下：

```
Private Sub Command5_Click()
   End
End Sub
```

4. 运行程序。

VB 系统中有两种程序运行模式：解释模式和编译模式。

（1）解释模式：解释运行模式是由系统读取程序代码，先将其转化为机器代码，然后再执行该机器代码。由于系统并不保存转换后的机器代码，每次执行时都要经过转换，所以运行速度比编译运行模式要慢。

解释模式执行程序时，单击 ▸ 按钮或选择“运行”→“启动”命令，或直接按下 F5 键，都可以开始运行程序。在输入框中输入两个整数，按下“加法”或“减法”按钮，将会看到结果，按下“退出”按钮，退出运行程序。

（2）编译模式：通常可对调试无误后的程序进行编译。编译的过程是由系统读取源程序的全部代码，将其转换为机器代码，并生成一个可执行文件（EXE 文件）。在需要执行程序时可以不必进入 VB，像运行一般应用程序一样，在 Windows 系统（需安装 Visual Basic 系统）中直接双击文件名即可。生成可执行文件的步骤如下：

① 选择“文件”→“生成…exe”命令，其中…代表工程名，系统给出的默认形式是“生成工程 1.exe”，本实验中为“生成计算器.exe”。

② 生成命令发出后，系统显示“生成工程”对话框，确定可执行文件存放的位置。系统在对话框的文件名框内显示与工程名相同的可执行文件名，如果想改变，可直接在文本框内进行修改。单击“确定”按钮，系统在选定的文件夹内生成一个可执行文件。

四、实验思考

1. 继续完善“计算器”程序内容，当设计“除法”操作时，是否需要考虑特殊数值（如除数为 0）的处理？程序运行界面能否添加函数的运算？

2. 若将“计算器”运行界面设计成如图 5.32 所示的形式，将如何设计？VB 系统的 MSDN 可以帮助快速了解和学习 VB 编程命令及设计方式，建议大家积极参阅学习。

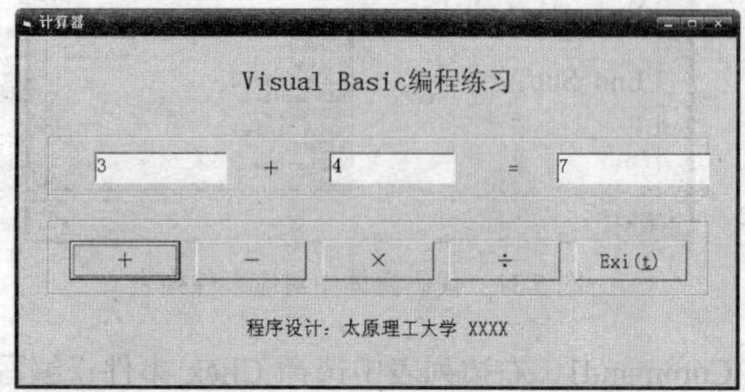

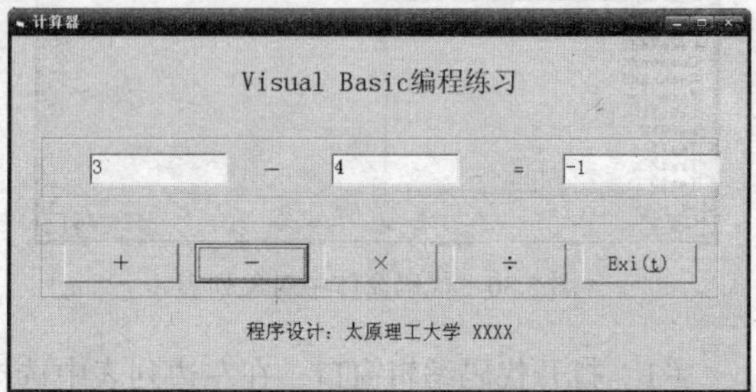

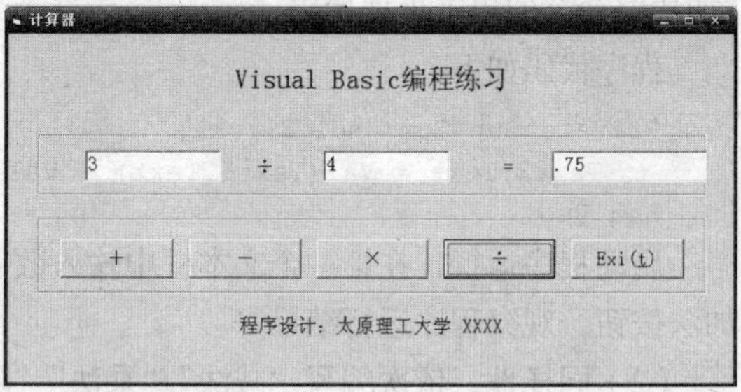

图 5.32 “计算器”改进设计界面

5.3 自我测试

一、选择题

1.（ ）语言又被称为汇编语言。

A. 机器 B. 符号 C. 高级 D. 自然

2. 计算机能直接执行的程序是（ ）。

A. 汇编语言程序 B. BASIC 程序 C. 机器语言程序 D. C 语言程序

3. 在语言处理程序中，编译程序的功能是（ ）。

A. 解释执行高级语言程序 B. 将汇编语言程序翻译成目标程序

C. 解释执行汇编语言程序 D. 将高级语言程序编译成目标程序

4. （ ）的叙述是错误的。

A. 用机器语言编写的程序可以直接被计算机执行

B. 汇编语言源程序需要经过汇编程序翻译后才能被计算机执行

C. 用机器语言编写的程序，可以在各种不同类型的计算机上直接执行

D. 操作系统和计算机语言的编译程序都属于系统软件

5. （ ）是过程性语言。

A. Java 语言 B. C++语言 C. Fortran 语言 D. Visual C++语言

6. 现代程序设计目标主要是（ ）。

A. 追求程序运行速度快

B. 追求程序行数少

C. 既追求运行速度，又追求节省存储空间

D. 追求结构清晰、可读性强、易于分工合作编写和调试

7. 程序流程图中菱形框表示（ ）。

A. 控制流 B. 循环 C. 判断 D. 处理

8. “软件危机”是指（ ）。

A. 利用计算机进行经济犯罪活动 B. 软件开发和维护中出现的一系列问题

C. 计算机病毒的出现 D. 人们过分迷恋计算机系统

9. 软件工程的基本要素包括（ ）。

A. 软件系统 B. 过程 C. 硬件环境 D. 人

10. 对 Visual Basic 说法不正确的是（ ）。

A. 是一种可视化的编程工具 B. 采用面向对象的思想

C. 是一种过程性语言 D. 采用事件驱动的编程机制

11. 在面向对象方法中，一个对象请求另一个对象为其服务的方式是通过发送（ ）来实现的。

A. 调用语句 B. 命令 C. 指令 D. 消息

12. 程序从一个计算机环境移植到另一个计算机环境的容易程度称为（ ）。

A. 可维护性 B. 可移植性

C. 软件的可重用性 D. 开发工具的可利用性

13. 提高程序效率的根本途径并不在于（ ）。

A. 选择良好的算法 B. 对程序语句做调整

C. 选择良好的设计方法 D. 选择良好的数据结构

14. 下述概念中，不属于面向对象基本机制的是（ ）。

A. 消息 B. 方法 C. 继承 D. 模块调用

15. 下面不属于软件工程 3 个要素的是（ ）。

A. 工具　B. 过程　C. 方法　D. 环境

16. 下列选项中不属于结构化程序设计方法的（　　）。

A. 自顶向下　B. 逐步求精　C. 模块化　D. 可复用

17. 下列叙述中正确的是（　　）。

A. 软件测试应该由程序开发者来完成

B. 程序经调试后一般不需要再测试

C. 软件维护只包括对程序代码的维护

D. 以上3种说法都不对

18. 下列描述正确的是（　　）。

A. 软件工程只是解决软件项目的管理问题

B. 软件工程主要解决软件产品的生产率问题

C. 软件工程的主要思想是在软件开发过程中需要应用工程化的原则

D. 软件工程只是解决软件开发中的技术问题

19. 下述概念中，不属于面向对象的方法是（　　）。

A. 对象、类　B. 类、封装　C. 继承、多态　D. 过程调用

20. 在编写程序时，应采纳的原则之一是（　　）。

A. 不限制goto语句的使用　B. 程序越短越好

C. 减少或取消注解　D. 程序结构应有助于读者理解

21. 有关算法的描述，下列（　　）选项是不正确的。

A. 算法有优劣之分

B. 算法是为了实现某个任务采取的方法和步骤

C. 实现某个任务的算法具有唯一性

D. 算法是为了实现某个任务而构造的命令集

22. 程序有良好的结构性是指程序仅由3种基本的控制结构构造出来，下面不属于这3种基本结构的是（　　）。

A. 选择控制结构　B. 顺序控制结构

C. 无终止循环结构　D. 重复控制结构

23. 结构化程序的3种基本结构的共同点是（　　）。

A. 有两个入口，一个出口　B. 有一个入口，两个出口

C. 有一个入口一个出口　D. 有两个入口，两个出口

24. 计算机硬件唯一可以理解的语言是（　　）。

A. 机器语言　B. 符号语言　C. 高级语言　D. 自然语言

25. C、C++和Java可归类于（　　）语言。

A. 机器　B. 符号　C. 高级　D. 自然

26. VB语言是一种（　　）类型的语言。

A. 过程化　B. 函数型　C. 说明性　D. 面向对象

27.（　　）程序与语言强调用结构化的方法来设计程序。

A. C语言　B. Java语言　C. HTML　D. Prolog语言

28. 在算法设计中，（　　）结构用于测试条件。

A. 顺序　B. 选择　C. 循环　D. 逻辑

29. （　　）是算法的图形化表示。

A. 流程图　B. 结构图　C. 伪代码　D. 算法

30. 高级语言编写的程序必须将它转换成（　　）程序，计算机才能执行。

A. 汇编语言　B. 机器语言　C. 中级语言　D. 算法语言

31. 用C语言编写的程序需要用（　　）程序翻译后计算机才能识别。

A. 汇编　B. 编译　C. 解释　D. 链接

32. 下列关于解释程序和编译程序的叙述中，正确的一条是（　　）。

A. 解释程序产生目标程序而编译程序不产生目标程序

B. 编译程序产生目标程序而解释程序不产生目标程序

C. 解释程序和编译程序都产生目标程序

D. 解释程序和编译程序都不产生目标程序

33. （　　）都属于计算机的低级语言。

A. 机器语言和高级语言　B. 机器语言和汇编语言

C. 编语言和高级语言　D. 高级语言和数据库语言

34. 由二进制编码构成的语言是（　　）。

A. 汇编语言　B. 高级语言　C. 中级语言　D. 机器语言

35. 软件与程序的区别是（　　）。

A. 程序价格便宜、软件价格昂贵

B. 程序是用户自己编写的，而软件是由厂家提供的

C. 程序是用高级语言编写的，而软件是由机器语言编写的

D. 软件是程序以及开发、使用和维护所需要的所有文档的总称，而程序是软件的一部分

36. 在语言处理程序中，解释程序的功能是（　　）。

A. 解释执行高级语言程序　B. 将汇编语言程序编译成目标程序

C. 解释执行汇编语言程序　D. 将高级语言程序翻译成目标程序

37. 用高级语言编写的程序，要转换成等价的可执行程序，必须经过（　　）。

A. 汇编　B. 编辑　C. 解释　D. 编译和链接

38. 一般用高级语言编写的应用程序称为（　　）。

A. 编译程序　B. 编辑程序　C. 链接程序　D. 源程序

39. 程序流程图中方框表示（　　）。

A. 控制流　B. 判断　C. 处理　D. 分支

40. 提高程序效率的根本途径在于（　　）。

A. 选择良好的算法　B. 对程序语句做调整

C. 选择多个设计方法　D. 选择一个数据库

41. 软件是指（　　）。

A. 程序　B. 程序和文档

C. 算法加数据结构　D. 程序、数据与相关文档的完整结合

42. 面向对象的设计方法与传统的面向过程的方法有本质不同，它的基本原理是（　　）。

A. 模拟现实世界中不同事物之间的联系

B. 强调模拟现实世界中的算法而不强调概念

C. 使用现实世界的概念抽象地思考问题从而自然地解决问题

D. 鼓励开发者在软件开发的绝大部分中都用实际领域的概念去思考

43.（　　）不属于微机的指令组成范围。

A. 十进制码　　B. 二进制码　　C. 操作码　　D. 操作数

44. 下列关于计算机指令的论述中，不正确的是（　　）。

A. 机器指令是计算机硬件系统能够识别并直接执行的十进制代码命令

B. 为了区别不同的指令及指令中的各种代码段，指令必须具有特定的编码格式

C. 计算机指令编码的格式称为指令格式

D. 指令格式与机器的字长、存储器的容量及指令功能和CPU的性能有很大关系

45. 为解决某一特定问题而设计的指令序列称为（　　）。

A. 文档　　B. 语言　　C. 程序　　D. 系统

46. 对建立良好的程序设计风格，下面描述正确的是（　　）。

A. 程序应简单、清晰、可读性好　　B. 符号名的命名只要符合语法

C. 充分考虑程序的执行效率　　D. 程序的注释可有可无

47. 程序调试的目的是（　　）。

A. 发现错误　　B. 改正错误

C. 改善软件的性能　　D. 挖掘软件的潜能

48. 下列叙述中正确的是（　　）。

A. 程序设计就是编制程序　　B. 程序的测试必须由程序员自己去完成

C. 程序经调试改错后还应进行再测试　D. 程序经调试改错后不必进行再测试

49. 下面不是程序设计中最基本的软件工具为（　　）。

A. 编辑工具　　B. 查错工具　　C. 编译工具　　D. 加密工具

50. 软件工程的思想就是使用工程化的概念、思想方法和技术来指导软件开发的全过程，在软件开发过程中，软件设计一般分为两步，即（　　）。

A. 总体设计和详细设计　　B. 算法设计和程序设计

C. 流程设计和程序设计　　D. 结构设计和模块设计

二、判断题

1. 变量用于表示数据对象或计算的结果，通常用变量名标识。（　　）

2. N-S 图是一种结构化程序设计的算法描述方法。（　　）

3. 程序是能被计算机识别和执行的一组命令。（　　）

4. 早在 20 世纪 40 年代时期，机器语言和汇编语言都是高级语言。（　　）

5. 算法是解决问题的方法和步骤，程序是指为完成某一任务的所有命令的有序集合，所以算法和程序是一回事。（　　）

6. 结构化程序设计的目标是提高程序的运行效率。（　　）

7. 在结构化程序设计中，一个模块就是一个函数或过程。（　　）

8. 任何一个结构化程序都可分解为一个个的顺序、选择和循环 3 种基本结构。（　　）

9. 面向对象程序可简单地描述为：程序=对象+消息。（　　）

10. 软件工程就是用工程管理的缜密思想来指导软件的开发与维护。（　　）

三、填空题

1. 按特定顺序排列的、能使计算机完成某种任务的指令的集合称为________。

2. 仅由顺序、选择（分支）和重复（循环）结构构成的程序称作____________程序。

3. 结构化程序设计的原则是采用自顶向下、逐步求精的方法；程序结构模块化，每个模块只有____________入口和出口；使用____________基本控制结构描述程序流程。

4. 高级语言源程序的翻译有两种方式，一种是解释方式，另一种是____________。

5. 结构化程序设计的原则是采用____________的方法；程序结构____________，每个模块只有一个入口和出口；使用 3 种基本控制结构描述程序流程。

6. 微机中常用的高级语言主要有 3 类：它们是面向过程的程序设计语言、面向问题的程序设计语言和____________。

7. 通常一个计算机程序主要描述两部分内容：____________和____________。

8. 结构化程序设计方法的主要原则可以概括为____________的模块化程序设计原则和单入口，单出口的控制结构，少用最好不用 GOTO 语句。

9. 一般而言，程序设计的基本过程包括：问题分析、____________、程序编码、调试运行。而且整个过程都要编制相应的____________，以便管理。

10. 将程序的编辑、编译、运行、调试集成在同一环境下，形成____________。

11. 高级程序语言中最基本的程序控制结构是____________、____________和____________。通过这 3 种控制结构的任意组合、重复、嵌套就可以描述任意复杂的程序。

12. 高级程序语言的构成要素方面都有相似的地方，即包括一些共同的成分：数据类型、表达式、赋值语句、____________、输入/输出、函数和过程等。

13. 类与____________的概念是面向对象程序设计的核心思想。

14. 面向对象程序设计方法具有 4 个基本特征：____________、封装性、继承性、多态性。

15. 类是一个支持集成的抽象数据类型，而对象是类的____________。

16. 面向对象的程序设计方法中涉及的对象是系统中用来描述客观事物的一个____________。

17. 在面向对象方法中，信息隐蔽是通过对象的____________性来实现的。

18. 面向对象的模型中，最基本的概念是对象和____________。

19. 在面向对象的程序设计中，类描述的是具有相似性质的一组____________。

20. 在面向对象的程序设计中，用来请求对象执行某一处理或回答某些信息的要求，称为____________。

第6章 面向应用领域的数据库新技术

随着计算机技术和网络通信技术的发展，数据库技术已成为信息社会中对大量数据进行组织与管理的重要技术手段及软件技术，是网络信息化管理系统的基础。数据库的应用领域非常广泛，不管是家庭、公司还是大型企业，都需要数据库来存储信息，管理信息，在各种相关技术的推动下，数据库技术出现了新的突破和发展。

6.1 扩展知识

6.1.1 什么是数据仓库

随着计算机应用技术的迅猛发展，数据库已经渗透到工业生产、商业、行政、科学研究工程技术等行业。数据库技术的广泛应用，使得企业的信息系统产生了大量的数据，如何从这些海量数据中提取对企业决策分析有用的信息成为企业决策管理人员所面临的重要难题。传统的企业数据库系统即联机事务处理系统（On-Line Transaction Processing，OLTP）作为数据管理手段，主要用于事务处理，但它对分析处理的支持一直不能令人满意。因此，人们逐渐尝试对 OLTP 数据库中的数据进行再加工，形成一个综合的、面向分析的、更好的支持决策制定的决策支持系统（Decision Support System，DSS）。企业目前的信息系统的数据一般由 DBMS 管理，但决策数据库和运行操作数据库在数据来源、数据内容、数据模式、服务对象、访问方式、事务管理乃至物理存储等方面都有不同的特点和要求，因此直接在运行操作的数据库上建立 DSS 是不合适的。数据仓库（Data Warehouse）技术就是在这样的背景下发展起来的。

数据仓库（Data Warehouse），简称 DW 或 DWH，由数据仓库之父比尔·恩门（Bill Inmon）提出。数据仓库的概念提出于 20 世纪 80 年代中期，20 世纪 90 年代，数据仓库已从初期的探索阶段走向实用阶段。根据 Inmon 在 1991 年出版的《Building the Data Warehouse》(《建立数据仓库》)一书中所提出的定义——数据仓库（Data Warehouse）是一个面向主题的（Subject Oriented）、集成的（Integrated）、相对稳定的（Non-Volatile）、随时间变化（Time Variant）的数据集合，用于支持管理决策（Decision Making Support）。构建数据仓库的过程就是根据预先设计好的逻辑模式从分布在企业内部各处的 OLTP 数据库中提取数据并对经过必要的变换最终形成全企业统一模式数据的过程。当前数据仓库的核心仍是 RDBMS 管理下的一个数据库系统。数据仓库中数据量巨大，为了提高性能，RDBMS 一般也采取一些提高效率的措施：采用并行处理结构、新的数据组织、查询策略、索引技术等。

数据仓库的主要功能是将组织透过资讯系统之联机事务处理（OLTP）经年累月所累积的大量资料，透过数据仓库理论所特有的资料储存架构，作系统的分析整理，以利用各种分析方法如联机分析处理（OLAP）、数据挖掘（Data Mining）之进行，并进而支持如决策支持系统（DSS）、主管资讯系统（EIS）的创建，帮助决策者能从浩瀚的资料中，快速有效地分析出有价值的资讯，以利于拟定决策及快速回应外在环境变动，帮助建构商业智能，如图 6.1 所示。比尔・恩门认为，数据仓库是为企业所有级别的决策制定过程提供支持的所有类型数据的战略集合。它是单个数据存储，出于分析性报告和决策支持的目的而创建，为企业提供需要业务智能来指导业务流程改进和监视时间、成本、质量和控制。

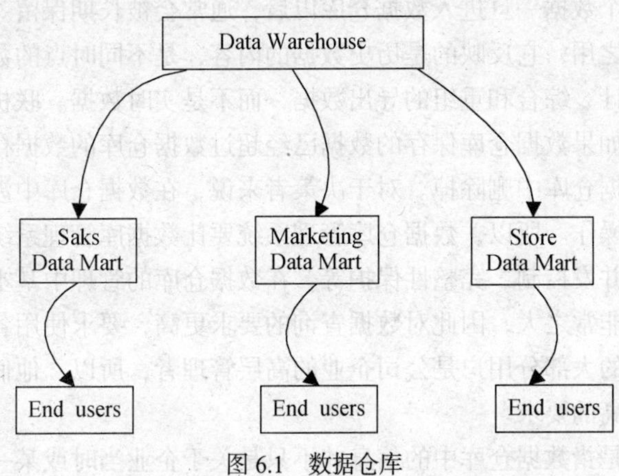

图 6.1　数据仓库

数据仓库是一种环境，不是一件产品，为用户提供用于决策支持的当前和历史数据，这些数据在传统的操作型数据库中很难或不可能得到。数据仓库技术是为了有效地把操作型数据集成到统一的环境中以提供决策型数据访问的各种技术和模块的总称，所做的一切都是为了让用户更快更方便查询所需要的信息，提供决策支持。

建立数据仓库的目的有 3 个：

① 为了解决企业决策分析中的系统响应问题，数据仓库能提供比传统事务数据库更快的大规模决策分析的响应速度。

② 解决决策分析对数据的特殊需求问题。决策分析需要全面的、之前的集成数据，这是传统事务数据库不能直接提供的。

③ 解决决策分析对数据的特殊操作要求。决策分析是面向专业用户而非一般业务员，需要使用专业的分析工具，对分析结果还要以商业智能的方式进行表现，这是事务数据库不能提供的。

6.1.2　数据仓库有哪些特征

数据仓库是决策支持系统和联机分析应用数据源的结构化数据环境，就是一个用来更好地支持企业或组织决策分析处理的、面向主题的、集成的、不可更新的、随时间不断变化的数据集合，研究和解决从数据库中获取信息的问题。

面向主题：是与传统数据库面向应用进行数据组织的特点相对应的。数据仓库中的数据是面向主题进行组织的。什么是主题呢？首先，主题是一个在较高层次将数据归类的标准，是抽象的概念。在逻辑意义上，每一个主题对应企业中某一宏观分析领域。例如，主题可以是客户、产品和销售，如果按照应用划分，可能是顾客开票、仓库控制和生产制造等。按主题进行组织，就是在较高层次上对分析对象的数据的一个完整、一致的描述，能完整、统一刻划各个分析对象所涉及的企业的各项数据，以及数据之间的联系，为决策提供信息，而不是存放面向应用的数据。

集成：是由于数据仓库中的数据来自于企业不同系统的面向应用的数据。这些数据在原有的各分散数据库中有许多重复和不一致的地方，如字段的同名异义、异名同义、单位不统一、字长不一致等，且来源于不同系统的数据都和不同的应用逻辑捆绑在一起的，而且数据仓库中的综合数据不能从原有的数据库系统直接得到。因此数据在进入数据仓库前，必然要经过统一与综合，这是数据仓库建设中最关键、最复杂的。集成的数据必须是一致的，让决策者看到的是一个统一的数据视图。

不可更新：是指某个数据一旦进入数据仓库以后，通常会被长期保留。这些数据主要是被提供给企业进行决策分析之用，它反映的是历史数据的内容，是不同时点的数据库快照的集合，以及基于这些快照进行统计、综合和重组的导出数据，而不是实时数据。联机处理过的数据经过集成输入到数据仓库中，如果数据仓库保存的数据已经超过数据仓库的数据存储期限，那么，这些数据就会被从当前的数据仓库中删除掉。对于决策者来说，在数据仓库中涉及的操作主要是数据查询，一般不进行修改操作。所以，数据仓库管理系统要比数据库管理系统简单。数据库管理系统中很多技术难点，如并发控制、完整性保护等，在数据仓库的管理中基本可以省掉。但是因为数据仓库的查询数据量非常之大，因此对数据查询的要求更高，要求使用各种复杂的索引技术。而且因为使用数据仓库的大部分用户是公司企业的高层管理者，所以，他们对数据查询的界面友好性和数据表示有着更高的要求。

随时间不断变化，是指数据仓库中的信息并不只是关于企业当时或某一时点的信息，而是系统记录了企业从过去某一时点到目前的各个阶段的信息。通过这些信息，可以对企业的发展历程和未来趋势做出定量分析和预测。数据仓库中的数据不可更新是针对应用来说的，也就是说，数据仓库的用户进行分析处理时是不进行数据更新操作的。但并不是说，在从数据集成输入数据仓库开始到最终被删除的整个数据生存周期中，所有的数据仓库数据都是永远不变的。虽然数据仓库中一般不会修改数据，但随时都会增加新数据和删除过时的数据。

此特征表现在下列方面。

① 数据仓库随时间变化不断增加新的数据内容。数据仓库系统必须不断捕捉 OLTP 数据库中变化的数据，追加到数据仓库中去，也就是要不断地生成 OLTP 数据库的快照，经统一集成后增加到数据仓库中去；但对于确实不再变化的数据库快照，如果捕捉到新的变化数据，则只生成一个新的数据库快照增加进去，而不会对原有的数据库快照进行修改。

② 数据仓库随时间变化不断删去旧的数据内容。数据仓库的数据也有存储期限，一旦超过了这一期限，过期数据就要被删除。只是数据仓库内的数据时限要远远长于操作型环境中的数据时限。在操作型环境中一般只保存有 60～90 天的数据，而在数据仓库中则需要保存较长时限的数据（如 5～10 年），以适应 DSS 进行趋势分析的要求。

③ 数据仓库中包含有大量的综合数据，这些综合数据中很多跟时间有关，如数据经常按照时间段进行综合，或隔一定的时间片进行抽样等等。这些数据要随着时间的变化不断地进行重新综合。

因此，数据仓库的数据特征都包含时间项，用来标记数据的历史时期。

6.1.3 数据库和数据仓库是一回事吗

随着网络技术的发展和 Internet 的广泛应用，人们的视野越来越广，数据量急剧增加，数据的流动变得非常简单、方便，但是这些数据只有通过有效的管理才能发挥作用。

20 世纪 50 年代，当时的计算机主要用来进行科学计算，一般不需要长期保存数据，而且也没有可以直接存储的设备，没有操作系统，更没有专门管理数据的软件，数据是面向应用的，不共享。到了 20 世纪 60 年代，已经有了磁盘等直接存储设备，数据可以长期保存，操作系统里的文件系统也专门用来管理数据，实现“按名存取”，但是数据共享性差，冗余度大。随着各行各业使用计算机的规模越来越大，数据量也非常庞大，用户强烈希望能够实现多种应用共享数据集合。此时，硬件市场上已经有了大容量存储器，而且价格也不贵，但是利用文件系统来管理数据已经不能满足应用的要求，于是为解决多用户、多应用共享数据的需求，让数据可以为更多的应用服务，数据库诞生了。

我们将数据的收集、整理、组织、存储、维护、检索、传递等这些操作统称为数据管理，在数据非常多的情况下，数据管理的任务非常繁重、复杂，所以需要一个通用、高效而且使用方便的管理软件，这就是数据库技术。

1．数据库

数据库（Database，DB）是指长期储存在计算机内的、有组织的、可共享的数据集合，按照数据结构来组织、存储和管理数据的仓库，具有较小的冗余度、较高的数据独立性和易扩展性，并可为各种用户共享。

传统的数据库技术是以单一的数据资源为中心，进行各种操作型处理，即事务处理，是对数据库联机的日常操作，通常是对一个或一组记录的查询和修改，主要是为企业的特定应用服务，关心的是响应时间，数据的安全性和完整性。分析型处理则用于管理人员的决策分析，如 DSS 和多维分析等，经常要访问大量的历史数据。所以，数据库从传统的操作型环境发展为体系化的一种新环境。数据仓库是体系化环境的核心，它是建立决策支持系统的基础。

在信息化社会，充分有效地管理和利用各类信息资源，是进行科学研究和决策管理的前提条件。数据库技术是管理信息系统、办公自动化系统、决策支持系统等各类信息系统的核心部分，是进行科学研究和决策管理的重要技术手段。

在日常工作中，常常需要把某些相关的数据放进这样的“仓库”，并根据管理的需要进行相应的处理。例如，企业或事业单位的人事部门常常要把本单位职工的基本情况（职工号、姓名、年龄、性别、籍贯、工资、简历等）存放在表中，这张表就可以看成是一个数据库。有了这个“数据仓库”我们就可以根据需要随时查询某职工的基本情况，也可以查询工资在某个范围内的职工人数等等。这些工作如果都能在计算机上自动进行，那么人事管理就可以达到极高的水平。此外，在财务管理、仓库管理、生产管理中也需要建立众多的这种“数据库”，使其可以利用计算机实现财务、仓库、生产的自动化管理。

数据库是一个单位或是一个应用领域的通用数据处理系统，它存储的是属于企业和事业部门、团体和个人的有关数据的集合。数据库中的数据是从全局观点出发建立的，按一定的数据模型进行组织、描述和存储。其结构基于数据间的自然联系，从而可提供一切必要的存取路径，且数据不再针对某一应用，而是面向全组织，具有整体的结构化特征。

数据库中的数据是为众多用户所共享其信息而建立的，已经摆脱了具体程序的限制和制约。不同的用户可以按各自的用法使用数据库中的数据；多个用户可以同时共享数据库中的数据资源，即不同的用户可以同时存取数据库中的同一个数据。数据共享性不仅满足了各用户对信息内容的要求，同时也满足了各用户之间信息通信的要求。

2．数据仓库

数据仓库，就是一个用来存储数据的仓库，里面可能包含了当前或者历史的某个时间段的数据。本质上，它也是一个数据库，只是使用的方式不一样。数据仓库是相对联机事务数据的一个概念，只是一些事务数据的重新整合。

在大量数据库存在的情况下，为了进一步有效挖掘数据资源、为了决策需要产生了数据仓库。传统数据库主要是为应用程序进行数据处理，不一定按照同一主题存储数据，而数据仓库则侧重于数据分析工作，是按照主题存储的。就像农贸市场里，西红柿、白菜、土豆、香菜会在同一个摊位上；而在超市里，西红柿、白菜、土豆、香菜则各自一块。可以看出，农贸市场里的菜（数据）是按照摊主（应用程序）归置（存储）的，超市里面则是按照菜的种类（同主题）归置的。

数据库保存信息时，不一定要有时间信息。数据仓库则不同，为了决策的需要，数据仓库中的数据都要标明时间信息。这是因为时间信息不一样，对决策者所做的决定影响很大。比如，要统计购买过某品牌产品的顾客，一个是最近三个月购买的，一个是最近一年从没买过，这样的时间信息对决策者来说，意义是不同的。

数据仓库中的数据并不是最新的，而是来源于其他数据源。数据仓库反映的是历史信息，并不是很多数据库处理的那种日常事务数据。因此，数据仓库中的数据是极少或根本不修改的，当然，向数据仓库添加数据是可以的。

数据仓库的出现，并不是要取代数据库。目前，大部分数据仓库还是利用关系数据库管理系统进行数据的管理工作。所以，数据库、数据仓库相辅相成、各有特点。

6.1.4 什么是联机分析处理

有了数据就好像有了矿藏一样，而想要从大量数据中得到决策所需要的数据就如同开采矿藏一样，需要有效的工具。

在以往的 20 年里，很多公司业务数据的存储、管理都是采用传统的数据库进行的，而且还建立相应的应用系统来支持日常业务的运作。这种应用以支持业务处理为主要目的，称为联机事务处理（On-line Transaction Processing，OLTP）应用，它存储的数据称为操作数据或者业务数据。但随着企业数据的大量累积，市场竞争的日益激烈，企业也希望能够充分利用已有的信息资源，实现决策的及时性和准确性，这种趋势使得各种以支持决策管理分析为主要目的的应用迅速发展崛起，它们一般要从大量数据集合中检索大量记录，对所得到的数据进行概况、分析，这类型的应用称为联机分析处理。

联机分析处理（On-Line Analysis Processing，OLAP）的概念是在 1993 年由关系数据库之父爱德华·库德（E·F·Codd）博士提出的。如图 6.2 所示，用户对传统数据库进行大量计算才能得到结果，而结果并不能够满足决策者提出的要求，爱德华·库德认为联机事务处理（OLTP）已经不能满足用户对数据库查询分析的要求，所以他提出了多维数据库和多维分析的概念。联机分析处理的目标是满足决策支持或多维环境特定的查询和报表需求，技术核心是“维”的概念。

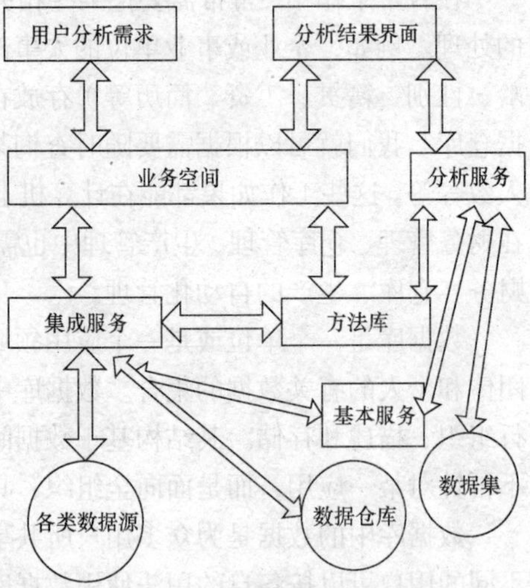

图 6.2 联机分析处理

联机分析处理就是从原始数据中转化出来的、能够真正为用户理解的、能够真实反映企业多维特性的数据，使分析人员、管理人员或执行人员能够从多种角度对数据进行快速、一致、交互地存取，从而可以更深入地了解数据是一类技术。它是一种用于组织大型商务数据库和支持商务智能的技术。联机分析处理数据库分为一个或多个多维数据集，为了适应用户检索和分析数据的方式，每个多维数据集都由多维数据集管理员组织和设计，从而更易于创建和使用所需的数据透视表和数据透视图。

联机分析处理是对大量多维数据的动态综合、分析以及归纳的快速软件技术，其中一个主要操作是“多维分析”。决策数据是多维数据，多维数据就是决策的主要内容。维是人们观察现实世界的角度，维度有可能是地理位置，也可能是产品类型。多维分析是指对以多维形式组织起来的数据采取切片、切块、旋转等各种分析动作以求剖析数据，使最终用户能从多角度、多侧面观察数据库中的数据，从而深入地了解包含在数据中的信息、内涵。

联机分析处理技术具有灵活的分析功能、直观的数据操作和分析结果可视化表示等优点，主要就是支持复杂的分析操作，服务于企业的决策人员和高层管理人员，能够根据分析人员的要求，灵活、快速地进行大量数据的复杂查询操作，并且将查询结果以一种直观易懂的形式提供给决策者，方便他们准确掌握企业的经营状况，了解对象的需求，从而制定合适的解决方案。

联机分析处理技术是数据仓库系统最主要的应用，它通常根据用户分析的主题进行分割，比如销售分析、客户利润率分析、市场推广分析等，每一个分析的主题形成一个联机分析处理应用，而所有的联机分析处理应用实际上只是数据仓库系统的一部分。数据仓库系统除了联机分析处理以外，也可以利用传统的报表，或者利用数理统计和人工智能等数据挖掘技术，范围更广。数据仓库技术的发展又促进了联机分析处理技术的发展。

当今的数据处理基本上可以分成两大类：联机事务处理和联机分析处理。联机事务处理是传统的关系型数据库的主要应用，主要是基本的、日常的事务处理，如银行交易。联机分析处理是数据仓库系统的主要应用，支持复杂的分析操作，侧重决策支持，并且提供直观易懂的查询结果。二者的区别如表 6.1 所示。

表 6.1　　OLTP 与 OLAP 的区别

	OLTP	OLAP
用户	操作人员，低层管理人员	决策人员，高级管理人员
功能	日常操作处理	分析决策
面向	面向应用	面向主题
数据	当前的，最新的细节的，二维的分立的	历史的，聚集的，多维的集成的，统一的
存取	读/写数十条记录	读上百万条记录
工作单位	简单的事务	复杂的查询
用户数	上千个	上百万个
大小	100MB～1GB	100GB～1TB
时间要求	具有实时性	对时间的要求不严格
主要应用	数据库	数据仓库

6.1.5　联机分析处理是如何实现的

使用联机分析处理技术的用户，通常都是企业中的专业分析人员及管理决策人员，他们在分析业务经营的数据时，很自然的会从不同的角度来审视业务的衡量指标。比如，分析销售数据时，可能会综合考虑时间周期、产品类别、分销渠道、地理分布、客户群类等多种因素。这些分析结果都可以通过报表反映，但是不同的分析角度生成不同的报表，还有交叉分析生成的报表，工作量非常庞大，往往滞后于管理决策人员的想法。

所以，联机分析处理直接仿照用户的多角度思考模式，预先给用户组建多维数据模型。比如，对销售数据分析时，时间周期是一个维度，产品类别、分销渠道、地理分布、客户群类也分别是一个维度。一旦多维数据模型建立完成，用户可以快速从各个分析角度获取数据，也可以动态进行多角度综合分析。

按照用户的多角度思考模式分类，联机分析处理可分为 3 种不同的实现方法：关系型联机分析处理（Relational OLAP，ROLAP）、多维联机分析处理（Multi-Dimensional OLAP，MOLAP）和前端展示联机分析处理（Desktop OLAP）。

1. 关系型联机分析处理

关系型联机分析处理是以关系型数据库为基础，它用关系型的结果进行多维数据的表示与存储，一般采用星状模式或雪花模式来表达多维数据视图。例如，分析产品销售的财务情况，分析的角度有时间、市场分布、产品类别、实际发生与预算几个方面的内容，分析的财务指标包括销售额、销售支出、毛利（等于销售额与销售支出的差额）、费用、纯利（等于毛利减去费用）等内容，我们可以建立下面的数据结构：

该数据结构的中心是主表，里面包含了所有分析维度的外键，以及所有的财务指标，称之为事实表。周围的表分别是对于各个分析角度的维表（Dimension Table），每个维表除了主键外，还包含描述和分类信息。不管原来的数据结构是什么样子，只要原业务数据能够整理成这些模式，就可以用 SQL 语句进行表连接或汇总实现数据查询，解答业务人员提出的问题。这种模式就是星状模式（Star-Schema），可以应用于不同的联机分析处理应用中。

在联机分析处理是数据模型的设计中，有时候，维表的定义会很复杂，如对产品维，既要按产品种类进行划分，对某些特殊商品，又要额外进行品牌划分，商品品牌和产品种类划分方法是不一样的。所以，单张维表不是理想的解决方法，可以采用另外一种方式，其分析的角度和指标与星状模式有所不同，但它的数据模型实际上是星状模式的拓展，我们称之为雪花模式（Snow-Flake Schema）。

当然，不管采用星状模式还是雪花模式，关系型联机分析处理都有下列特点：

- 需要预先设计、建立数据结构和组织模型；
- 数据查询要进行表连接，往往会影响速度；
- 数据汇总查询操作，虽然得到的数据量很少，但查询时间很长。

2. 多维联机分析处理

多维联机分析处理利用一种专有的多维数据库来存储联机分析处理分析所需要的数据。数据采用 n 维数组的多维方式存储，形成“立方体”结构。其存储模式将数据与计算结果都存储在立方体结构中，即将多维数据集区的聚合、维度、汇总数据以及其源数据的副本等信息均以多维数据结构存储在分析服务器上。

功能：与多维数据库进行交互，快速反应，挖掘信息间内在联系。

优缺点：迅速响应决策分析人员的分析请求，预处理程度高；用户很难对维数进行动态变化，如增加一维；对数据变化的适应能力较差，需重构多维数据库；处理大量细节数据的能力差。

3. 前端展示联机分析处理

前端展示联机分析处理需要将所有数据下载到客户机上，然后在客户机上进行数据结构以及报表格式重组，使用户能在本机实现动态分析。该方式比较灵活，但是它能够支持的数据量非常有限，严重地影响了使用的范围和效率。因此，随着时间的推移，这种方式已退居次要地位。

6.1.6　你听说过数据挖掘吗

什么是数据挖掘呢?

对于银行来说，推出一个新产品，哪些老客户可能会购买呢?

蒙特利尔银行是加拿大历史最为悠久的银行，也是加拿大的第三大银行。在 20 世纪 90 年代，行业竞争的加剧导致该银行需要通过交叉销售来锁定 1800 万客户。银行智能化商业高级经理 JanMrazek 说，这反映了银行的一个新焦点——客户（而不是商品）。银行应该认识到客户需要什么产品以及如何推销这些产品，而不是等待人们来排队购买。

当开发了新产品后，银行的销售代表必须于晚上 6 点至 9 点间在特定地区通过电话向客户推销产品。但是，就像每个接听过这类电话的人所了解的那样，大部分人在工作结束之后对于销售并不感兴趣，甚至很反感。所以，在晚饭时间进行电话推销的反馈率非常低。

针对这一现象，银行开始分析客户的消费数据，基于银行帐户余额、客户已拥有的银行产品以及所处地点和信贷风险等标准来评价记录档案。这些评价可以用于确定客户购买某一具体产品的可能性。

“我们对客户的财务行为习惯及其对银行收益率的影响有了更深入的了解。现在，当进行更具针对性的营销活动时，银行能够区别对待不同的客户群，来提升产品和服务质量，同时还能制订适当的价格和设计各种奖励方案，甚至确定利息费用。”

蒙特利尔银行采用的就是 IBM DB2 Intelligeng Miner Scoring 这种数据挖掘工具，该系统可以通过浏览器窗口进行观察，让管理人员不需要分析基础数据，就可以得到对他们有价值的大量信息，从而帮助他们对于从营销到产品设计的任何事情进行决策。

让我们来看一些身边俯拾即是的现象:《纽约时报》由 20 世纪 60 年代的 10～20 版扩张至现在的 100～200 版，最高曾达 1572 版;《北京青年报》也已是 16～40 版；市场营销报已达 100 版。然而在现实社会中，人均日阅读时间通常为 30～45min，只能浏览一份 24 版的报纸。大量信息在给人们带来方便的同时也带来了一大堆问题：第一是信息过量，难以消化；第二是信息真假难以辨识；第三是信息安全难以保证；第四是信息形式不一致，难以统一处理。人们开始提出一个新的口号：“要学会抛弃信息”。人们开始考虑：如何才能不被信息淹没，而是从中及时发现有用的知识、提高信息利用率?

随着网络技术的发展，人们接触到的信息量成倍增长，但是又不可能把所有信息都全盘接收，所以，怎么能够从海量的数据中提取对我们有用的信息就变得非常重要。我们把为了解决这个问题而发展起来的数据处理技术，称为数据挖掘。

数据挖掘（Data mining），一般指从大量的、不完全的、有噪声的、模糊的、随机的数据中通过算法提取隐藏于其中的、人们事先不知道的但又是潜在有用的信息和知识的过程。它是数据库研究中一个很有应用价值的新领域，是一个多学科交叉研究领域，它融合了数据库技术、人工智能、机器学习、统计学、知识工程、面向对象方法、信息检索等最新技术的研究成果。

数据挖掘技术是一个逐渐演变的过程，电子数据处理初期，各种商业数据是存储在计算机的数据库中的，为了实现自动决策支持，人们想过一些方法，如学习机器。随着神经网络技术的不断发展，人们又把目光转向了知识工程，计算机通过知识工程给出的规则解决问题。随着知识发现（Knowledge Discovery in Database，KDD，泛指从源数据中发掘模式或联系的方法）的出现，人们用它来描述整个数据挖掘的过程。

典型的数据挖掘系统结构如图 6.3 所示。

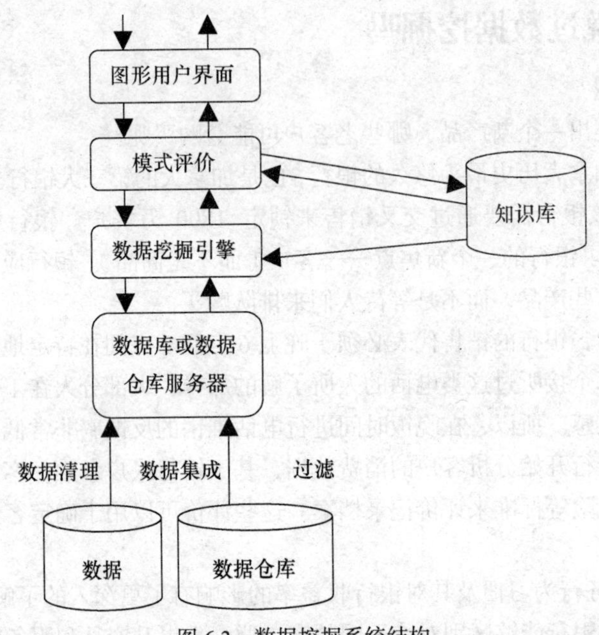

图 6.3　数据挖掘系统结构

在图 6.3 所示的结构中，数据库或数据仓库服务器存储着用户将要挖掘的所感兴趣的数据。

数据挖掘技术是人们长期对数据库技术进行研究和开发的结果。起初各种商业数据是存储在计算机的数据库中的，然后发展到可对数据库进行查询和访问，进而发展到对数据库的即时遍历。数据挖掘使数据库技术进入了一个更高级的阶段，它不仅能对过去的数据进行查询和遍历，并且能够找出过去数据之间的潜在联系，从而促进信息的传递。现在数据挖掘技术在商业应用中已经可以马上投入使用。

数据挖掘的发展经历了下面几个阶段。

第一阶段，电子邮件阶段。

这个阶段通常认为是从 20 世纪 70 年代开始的，那时的通信量成倍地增长。

第二阶段，信息发布阶段。

从 20 世纪 90 年代中期开始，以网络技术为代表的信息发布系统，快速地成长起来，成为现在互联网的主要应用。

第三阶段，电子商务阶段。

Internet 的最终主要商业用途就是电子商务。1997 年年底在加拿大温哥华举行的第五次亚太经合组织非正式首脑会议（APEC）上美国总统克林顿提出敦促各国共同促进电子商务发展的议案，其引起了全球首脑的关注。

第四阶段，全程电子商务阶段。

随着 SaaS（Software as a Service）软件服务模式的出现，各种相应软件纷纷登录互联网，延长了电子商务链条，形成了当下最新的“全程电子商务”概念模式。

6.1.7　数据仓库和数据挖掘有关系吗

数据仓库技术的发展与数据挖掘有着密切的关系。数据仓库的发展是促进数据挖掘越来越热的原因之一。

如果把 Data Warehousing（数据仓库）看作是一座矿坑，Data Mining（数据挖掘）就是深入矿坑采矿的工作。毕竟数据挖掘不是一种无中生有的魔术，也不是点石成金的炼金术，要是没有足够丰富完整的数据，我们是很难期待数据挖掘能挖掘出什么有意义的信息。

庞大的数据想要被转换成为有用的信息，必须先有效地收集信息。随着科技的进步，功能完善的数据库系统就成了最好的收集数据的工具。数据仓库，简单地说，就是搜集来自其他系统的有用数据，存放在一个整合的储存区内。所以其实就是一个经过处理整合，且容量特别大的关系型数据库，用以储存决策支持系统（Decision Support System）所需的数据，供决策支持或数据分析使用。从信息技术的角度来看，数据仓库的目标是在组织中，在正确的时间，将正确的数据交给正确的人。

很多人对于数据仓库和数据挖掘时常混淆，不知道怎么样来分辨。实际上，数据仓库是数据库技术的一个新主题，利用计算机系统帮助我们操作、计算和思考，让作业方式改变，决策方式也跟着改变。

数据仓库本身是一个非常大的数据库，它储存着由组织作业数据库中整合而来的数据，特别是指事务处理系统 OLTP（On-Line Transactional Processing）所得来的数据。将这些整合过的数据储存在数据仓库中，而企业、公司的决策者就利用这些数据来做决策；但是，这个转换及整合数据的过程，是建立一个数据仓库最大的挑战。因为将作业中的数据转换成有用的策略性信息是整个数据仓库的重点。综上所述，数据仓库应该具有这些数据：整合性数据（integrated data）、详细和汇总性的数据（detailed and summarized data）、历史数据、解释数据的数据。从数据仓库挖掘出对决策有用的信息与知识，是建立数据仓库与使用数据挖掘的最大目的，两者的本质与过程是两回事。换句话说，数据仓库应先行建立完成，数据挖掘才能有效率地进行，因为数据仓库本身所含数据是干净（不会有错误的数据参杂其中）、完备，且经过整合的。因此两者关系或许可解读为数据挖掘是从巨大数据仓库中找出有用信息的一种过程与技术。

大部分情况下，数据挖掘都要先把数据从数据仓库中拿到数据挖掘库或数据集市中（见图 6.4）。

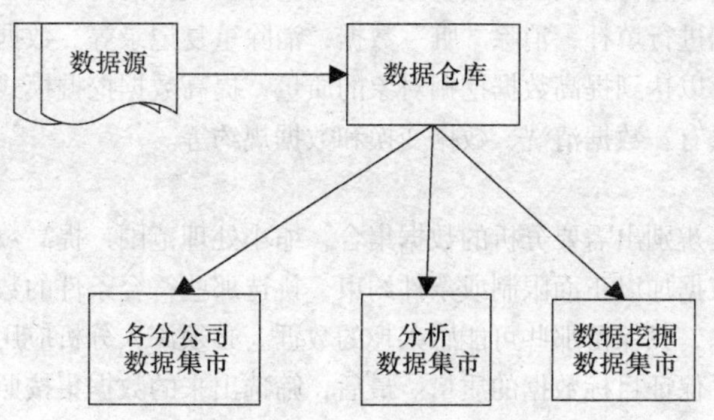

图 6.4　数据挖掘从数据仓库中得出

从数据仓库中直接得到进行数据挖掘的数据有许多好处。就如我们后面会讲到的，数据仓库的数据清理和数据挖掘的数据清理差不多，如果数据在导入数据仓库时已经清理过，那很可能在做数据挖掘时就没必要再清理一次了，而且所有的数据不一致的问题都已经被解决了。

数据挖掘库可能是数据仓库的一个逻辑上的子集，而不一定非得是物理上单独的数据库。但如果数据仓库的计算资源已经很紧张，那么最好还是建立一个单独的数据挖掘库。

当然为了数据挖掘也不必非得建立一个数据仓库，数据仓库不是必需的。建立一个巨大的数据仓库，把各个不同源的数据统一在一起，解决所有的数据冲突问题，然后把所有的数据导到一个数据仓库内，是一项巨大的工程，可能要用几年的时间才能完成。只是为了数据挖掘，则可以把一个或几个事务数据库导到一个只读的数据库中，就把它当作数据集市，然后在他上面进行数据挖掘，如图 6.5 所示。

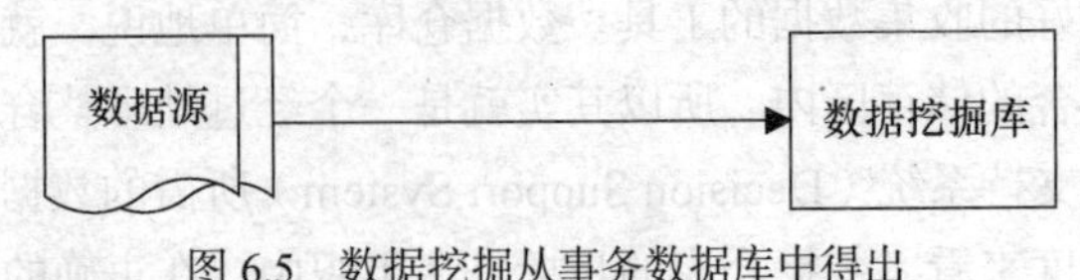

图 6.5　数据挖掘从事务数据库中得出

6.1.8　如何实现数据挖掘

数据挖掘的对象可以是传统的关系数据库，或者是面向对象的高级数据库，也可以是多媒体数据库等各种新型数据库。

数据挖掘的过程一般由 5 个主要的阶段组成：数据抽取和集成、数据预处理、数据选择、数据挖掘、结果评估和表示。

1. 数据抽取和集成

在弄清源数据的信息和结构的基础上，首先需要准确地界定所选取的数据源和抽取原则，将多数据库运行环境中的数据进行合并处理达到数据集成的目的，然后设计存储新数据的结构和准确定义它与源数据的转换和装载机制，以便正确地从每个数据源中抽取所需的数据。在数据抽取过程中，必须要全面掌握源数据的结构特点，在抽取多个异构数据源的过程中，可能需要将不同的源数据格式转换成一种中间模式，再把它们集成起来。由于应用领域的分析数据通常来自多个数据源，所以必须进行数据的抽取和集成。

2. 数据预处理

现实世界数据库中常常包含许多含有噪声、不完整甚至是不一致的数据，因此必须对数据对象进行预处理，对数据源进行再加工，检查数据的完整性及数据的一致性，对其中的噪声数据进行平滑，对丢失的数据进行填补，消除“脏”数据，消除重复记录等。数据预处理是数据挖掘过程中的一个重要步骤，以达到提高数据挖掘对象的质量，提高数据挖掘模式知识质量的目的。常用的数据预处理的方法有：数据清洗、数据变换和数据规约等。

3. 数据选择

数据选择的目的是辨别出需要分析的数据集合，缩小处理范围，提高数据挖掘的质量。数据选择可以采用对目标数据加以正面限制或条件约束，挑选那些符合条件的数据。也可以通过对不感兴趣的数据加以排除，只保留那些可能感兴趣的数据。必须深入分析应用目标对数据的要求，确定合适的数据选择，保证目标数据的质量。最后，筛选出来的数据集按照数据挖掘算法的要求进行数据格式的预处理。

4. 数据挖掘

经过数据清洗、抽取、选择和整理后，就可以进入数据挖掘阶段。这个阶段是整个挖掘过程的核心，通过建立挖掘模型并通过实施对应算法来完成知识形成的。主要由一组功能模块组成，用于特征化、关联、分类、聚类分析以及演变和偏差分析等。数据挖掘是一个反复的过程，通过反复的交互式执行和验证才能找到解决问题的最好途径。

5. 结果评估和表示

这个阶段主要是将发现的知识以用户能了解的方式呈现，根据需要对知识发现过程中的某些处理阶段进行优化，直到满足要求。最后对生成的知识模式进行评估，并把有价值的知识集成到企业的智能系统中。解释某个发现的模式，去掉多余的不切题意的模式，转换某个有用的模式，以使用户明白。

在数据挖掘过程中，要想实现挖掘目标，在不同的数据挖掘阶段就需要具有不同知识结构的人员。业务人员，要求精通业务，能够解释业务对象，并根据各业务对象确定出用于数据定义和挖掘算法的业务需求。数据分析人员，精通数据分析技术，并对统计学有较熟练的掌握，有能力把业务需求转化为数据挖掘的各步操作，并为每步操作选择合适的技术。数据管理人员，精通数据管理技术，并从数据库或数据仓库中收集数据。

众所周知，超市货品架柜摆设是经过规划的，并不是随便摆放的。市场分析师在为此进行规划时，可能会先入为主地认为，婴儿尿布和婴儿奶粉应该会是常被一起购买的产品，所以，把它们摆放在一起。但是，通过数据挖掘技术对顾客的消费数据调查后，结果让人意外，和尿布同时购买较多的是啤酒，于是，超市将两种商品摆放在一起，使得商品的销售量大幅增加。

6.1.9 数据挖掘过程中使用哪些方法和算法

在大数据时代，数据挖掘是最关键的工作。大数据的挖掘是从海量、不完全的、有噪声的、模糊的、随机的大型数据库中发现隐含在其中有价值的、潜在有用的信息和知识的过程，也是一种决策支持过程。其主要基于人工智能，机器学习，模式学习，统计学等。通过对大数据高度自动化地分析，做出归纳性的推理，从中挖掘出潜在的模式，可以帮助企业、商家、用户调整市场政策，减少风险，理性面对市场，并做出正确的决策。目前，在很多领域尤其是在商业领域，如银行、电信、电商等，数据挖掘可以解决很多问题，包括市场制定营销策略、背景分析、企业管理危机等。

1. 数据挖掘使用的方法

数据挖掘常用的方法有分类、回归分析、聚类、关联规则、神经网络方法、特征分析和 Web 数据挖掘等。这些方法从不同的角度对数据进行挖掘。

（1）分类

分类是找出数据库中的一组数据对象的共同特点并按照分类模式将其划分为不同的类，其目的是通过分类模型，将数据库中的数据项映射到某个给定的类别中。可以应用到涉及应用分类、趋势预测中，如淘宝商铺将用户在一段时间内的购买情况划分成不同的类，根据情况向用户推荐关联类的商品，从而增加商铺的销售量。

（2）回归分析

回归分析反映了数据库中数据的属性值的特性，通过函数表达数据映射的关系来发现属性值之间的依赖关系。它可以应用到对数据序列的预测及相关关系的研究中去。在市场营销中，回归分析可以被应用到各个方面，如通过对本季度销售的回归分析，对下一季度的销售趋势做出预测并做出针对性的营销改变。

（3）聚类

聚类类似于分类，但与分类的目的不同，是针对数据的相似性和差异性将一组数据分为几个类别。属于同一类别的数据间的相似性很大，但不同类别之间数据的相似性很小，跨类的数据关联性很低。

聚类可以应用到客户群体的分类、客户背景分析、客户购买趋势预测、市场的细分等。

（4）关联规则

关联规则是隐藏在数据项之间的关联或相互关系，即可以根据一个数据项的出现推导出其他数据项的出现。关联规则的挖掘过程主要包括两个阶段：第一阶段从海量原始数据中找出所有的高频项目组；第二阶段从这些高频项目组产生关联规则。关联规则挖掘技术已经被广泛应用于金融行业企业中用以预测客户的需求，各银行在自己的 ATM 机上通过捆绑客户可能感兴趣的信息供用户了解并获取相应信息来改善自身的营销。

（5）神经网络方法

神经网络作为一种先进的人工智能技术，因其自身自行处理、分布存储和高度容错等特性非常适合处理非线性的以及那些以模糊、不完整、不严密的知识或数据为特征的处理问题，它的这一特点十分适合解决数据挖掘的问题。典型的神经网络模型主要分为三大类：第一类是以用于分类预测和模式识别的前馈式神经网络模型，其主要代表为函数型网络、感知机；第二类是用于联想记忆和优化算法的反馈式神经网络模型，以 Hopfield 的离散模型和连续模型为代表；第三类是用于聚类的自组织映射方法，以 ART 模型为代表。虽然神经网络有多种模型及算法，但在特定领域的数据挖掘中使用何种模型及算法并没有统一的规则，而且人们很难理解网络的学习及决策过程。

（6）特征分析

特征分析是从数据库中的一组数据里面提炼出有关这些数据的特征式，这些特征式表达了该数据集的总体特征。比如，营销人员通过对客户流失因素的特征提取，能够得到引起客户流失的很多原因和主要特征，从而利用这些特征有效预防客户的流失。

（7）Web 数据挖掘

Web 数据挖掘是一项综合性技术，可以简单理解为是数据挖掘技术在网络数据的泛称。

为什么你在网站上搜索过的东西，下次登录时就会有同类产品展现在你面前？相信很多人都会遇到这样的事情。

这就是 Web 数据挖掘的功劳。什么样的网站是成功的？人气最旺的内容、优惠、广告是什么？谁访问网站最多？如何从堆积如山的由网络所得数据中找出让网站运作更有效率的操作因素？这些都属于 Web Mining 分析范畴。Web Mining 不仅只限于一般较为人所知的 log file 分析，除了计算网页浏览率以及访客人次外，举凡网络上的零售、财务服务、通信服务、政府机关、医疗咨询、远距教学等，只要由网络联结出的数据库够大够完整，所有 Off-Line 可进行的分析，Web Mining 都可以做，甚或更可整合 Off-Line 及 On-Line 的数据库，实施更大规模的模型预测与推估，毕竟凭借网际网络的便利性与渗透力再配合网络行为的可追踪性与高互动特质，一对一行销的理念是最有机会在网络世界里完全落实的。

网络信息挖掘是数据挖掘技术在网络信息处理中的应用。它是从大量训练样本的基础上得到数据对象间的内在特征，并以此为依据进行有目的的信息提取。网络信息挖掘技术沿用了 Robot、全文检索等网络信息检索中的优秀成果，同时以知识库技术为基础，综合运用人工智能、模式识别、神经网络领域的各种技术。应用网络信息挖掘技术的智能搜索引擎系统能够获取用户个性化的信息需求，根据目标特征信息在网络上或者信息库中进行有目的的信息搜寻。

利用数据挖掘技术建立更深入的访客数据剖析，并赖以架构精准的预测模式，以期呈现真正智能型个人化的网络服务，是 Web 数据挖掘努力的方向。

2. 数据挖掘常用的算法

现在越来越多的 Web 数据都是以数据流的形式出现的，因此对 Web 数据流挖掘就具有很重要的意义。目前常用的 Web 数据挖掘算法有：PageRank 算法、HITS 算法以及 LOGSOM 算法。

数据挖掘的算法有很多，按照挖掘目标的不同，数据挖掘可以分成几种类型：关联规则算法、分类算法、聚类算法和序列算法。

（1）关联规则算法

给定一个事务数据库，关联规则挖掘问题就是通过用户指定最小支持度和最小可信度来寻找强关联规则的过程。

关联规则挖掘问题可以划分成两个子问题。

- 发现频繁项目集。通过用户给定的最小支持度，寻找所有频繁项目集，即满足支持度不小于最小支持度的所有项目子集。
- 生成关联规则。通过用户给定的最小可信度，在每个最大频繁项目集中，寻找信任度不小于最小信任度的关联规则。

常用的关联规则算法有 Apriori、Close、FP-tree 等算法。

（2）分类算法

数据分类的目的是提取数据库中数据项的特征属性，生成分类模型，该模型可以把数据库中的记录映射到给定类别中的一个。分类可用于预测，预测的目的是从利用历史数据记录中自动推导出对给定数据的推广描述，从而能对未来数据进行预测。

数据分类的步骤如下。

① 获得训练数据集，该数据集中的数据记录具有和目标数据库中数据记录相同的数据项。

② 训练数据集中每一条数据记录都有已知的类型标识与之相关联。

③ 分析训练数据集，提取记录的特征属性，为每一种类型生成精确的描述模型。

使用得到的类型描述模型对目标数据库中的数据记录进行分类或生成优化的分类模型。

分类算法主要用来构造入侵特征，通过从关系规则挖掘和频繁情节模式挖掘所提取的一系列属性，用易于理解的启发式规则来描述攻击特征并构建分类器，最后使用训练好的分类器来执行入侵检测功能。一般把分类方法归结为 4 种类型：基于距离的分类方法、决策树分类方法、贝叶斯分类方法和规则分类方法。

常用的分类算法有：最临近方法（基于距离的分类方法）；ID3 算法和 C4.5 算法（决策树分类方法）；朴素贝叶斯分类法和 EM 算法（贝叶斯分类方法）；AQ 算法、CN2 算法和 FOIL 算法（规则分类方法）。

（3）聚类算法

聚类分析源于许多研究领域，包括数据挖掘、统计学、机器学习、模式识别等。它是数据挖掘中的一个功能，但也能作为一个独立的工具来获得数据分布的情况，概括出每个簇的特点，或者集中注意力对特定的簇做进一步的分析。此外，聚类分析也可以作为其他分析算法的预处理步骤。

聚类就是将数据对象分组成为多个类或簇，划分的原则是在同一个簇中的对象之间具有较高的相似度，而不同簇中的对象差别较大。聚类操作中要划分的类是事先未知的，类的形成完全是数据驱动的，属于一种无指导的学习方法。

数据挖掘技术的一个突出的特点是处理巨大的、复杂的数据集，这对聚类分析技术提出了特殊的挑战，要求算法具有可伸缩性、处理不同类型属性的能力、发现任意形状的类的能力、对于输入记录数据顺序不敏感、处理高维数据的能力、处理噪声数据的能力等。

常用的聚类算法有：k-平均、k-中心点、PAM、CLARANS、BIRTH、CURE、OPTICS、DBSCAN、

STING、CLIQUE、WaveCluster 等。

（4）序列算法

序列挖掘，又称序列模式挖掘，是指从序列数据库中发现相对时间或者其他顺序所出现的高频率子序列。通过序列分析能发现不同数据记录之间的相关性，其目标是在事务数据库中发掘出序列模式，即满足用户指定的最小支持度要求的大序列，并且改序列模式必须是最高序列。通常按以下 5 个阶段进行。

- 排序阶段：以事务的主题为主键，事务时间为次键，对原始数据库进行排序，排序的结果是将原始的数据库转换成序列数据库，通常需要其他的预处理手段来辅助进行。
- 大数据项阶段：这个阶段要找出所有的大数据项集。实际操作中，把大数据项集映射为一组相邻的整数，每个大数据项对应一个整数，这样的映射是为了处理的方便和高效率。
- 转换阶段：在寻找序列模式的过程中，要不断地检测一个给定的大序列集合是否包含于一个客户序列中。为了使这个过程尽量的快，将数据库中主题序列的每一次事务用该事务包含的大数据项集代替。
- 序列阶段：利用大数据项集发掘序列模式。
- 序列最高化阶段：找出所有序列模式的最高序列集。

常用的序列算法有：AprioiAll 算法、Dynamic Some 算法、GSP 算法等。

6.1.10 数据挖掘与大数据有什么关系

数据挖掘是基于数据库理论、机器学习、人工智能、现代统计学的迅速发展的交叉学科，在很多领域中都有应用。它涉及很多的算法，源于机器学习的神经网络、决策树，也有基于统计学习理论的支持向量机、分类回归树和关联分析的诸多算法。数据挖掘的定义是从海量数据中找到有意义的模式或知识。

大数据是最近两年提出来的一个概念。有 4 个重要的特征：第一，数据体量巨大，从 TB 级别，跃升到 PB 级别；第二，数据类型繁多，有网络日志、视频、图片、地理位置信息等；第三，处理速度快，1 秒定律，可从各种类型的数据中快速获得高价值的信息，这一点也是和传统的数据挖掘技术有着本质的不同；第四，只要合理利用数据并对其进行正确、准确的分析，将会带来很高的价值回报。业界将其归纳为 4 个“V”——Volume（数据体量大）、Variety（数据类型繁多）、Velocity（处理速度快）、Value（价值密度低）。

随着 Web 技术的发展，Web 用户产生的数据自动保存、传感器也在不断收集数据，以及移动互联网的发展，数据自动收集、存储的速度在加快，全世界的数据量在不断膨胀，数据的存储和计算超出了单个计算机（小型机和大型机）的能力，这给数据挖掘技术的实施提出了挑战（一般而言，数据挖掘的实施基于一台小型机或大型机，也可以进行并行计算）。Google 提出了分布式存储文件系统，发展出后来的云存储和云计算的概念。

从某种程度上说，大数据是数据分析的前沿技术。简言之，从各种各样类型的数据中，快速获得有价值信息的能力，就是大数据技术。也正是这一点促使该技术具备走向众多企业的潜力。

大数据最核心的价值就是在于对于海量数据进行存储和分析。而数据挖掘的定义就是从海量数据中找到有意义的模式或知识，所以二者的重合度很高。

大数据分析是商业智能的演进。现在社会，传感器、GPS 系统、社交网络等正在创建新的数据流。所有这些都可以得到发掘，正是这种真正广度和深度的信息在创造不胜枚举的机会。要使大数据言之有物，以便让大中小企业都能通过更加贴近客户的方式取得竞争优势，数据集成和数据管理是核心所在。

大数据的意义是由人类日益普及的网络行为所伴生的，受到相关部门、企业采集的，蕴含数据生产者真实意图、喜好的，非传统结构和意义的数据。

2013 年 5 月 10 日，阿里巴巴集团董事局主席马云在淘宝十周年晚会上，卸任了阿里集团 CEO 的职位，并在晚会上做卸任前的演讲，马云说，大家还没搞清 PC 时代的时候，移动互联网来了，还没搞清移动互联网的时候，大数据时代来了。

大数据正在改变着产品和生产过程、企业和产业，甚至竞争本身的性质。把信息技术看作是辅助或服务性的工具已经成为过时的观念，管理者应该认识到信息技术的广泛影响和深刻含义，以及怎样利用信息技术来创造有力而持久的竞争优势。无疑，信息技术正在改变着我们习以为常的经营之道，一场关系到企业生死存亡的技术革命已经到来。

当然，企业仍将需要聪明的人员做出睿智的决策，了解他们面临着什么，在充分利用的信息技术的情况下，大数据可以赋予人们近乎超感官知觉的能力。美国零售商 Target，其发现妇女在怀孕的中间三个月会经常购买没有气味的护肤液和某些维生素。通过锁定这些购物者，商店可提供将这些妇女变成忠诚客户的优惠券。实际上，Target 知道一位妇女怀孕时，那位妇女甚至还没有告诉最亲近的亲朋好友——更不要说商店自己了。

很明显，在可以预见的将来，隐私将仍是重要的考量，但是归根结底，用于了解行为的技术会为方方面面带来双赢，让卖家了解买家，让买家喜欢买到的东西。

6.2 设计与实践

6.2.1 数据库的创建与维护

一、实验目的

1. 熟悉 SQL Server Management Studio，并掌握使用 SQL Server Management Studio 创建数据库的方法。

2. 掌握使用 SQL Server Management Studio 维护数据库的方法。

二、实验任务

1. 创建名称为“图书-管理”的数据库，按数据库初始大小是 5MB，数据库自动增长（数据库文件的容量能根据实际数据的需要自动增加），增长方式是按 10%比例增长，日志文件初始大小是 2MB。

2. 查看数据库的属性，对数据库相关属性进行修改。

三、实验步骤

1. 创建数据库。

（1）依次选择“开始”→“所有程序”→“Microsoft SQL Server 2008”→“SQL Server Management Studio”命令，打开 SQL Server Management Studio 登录界面，选择需要在其上创建数据库的服务器。

（2）服务器连接成功后，选择“对象资源管理器”，单击服务器前面的“+”，使其展开。

（3）右键单击“数据库”，选择“新建数据库”快捷菜单命令，出现如图 6.6 所示的对话框，输入数据库名称“图书-管理”，在数据库文件列表框中设置数据文件和日志文件的属性。

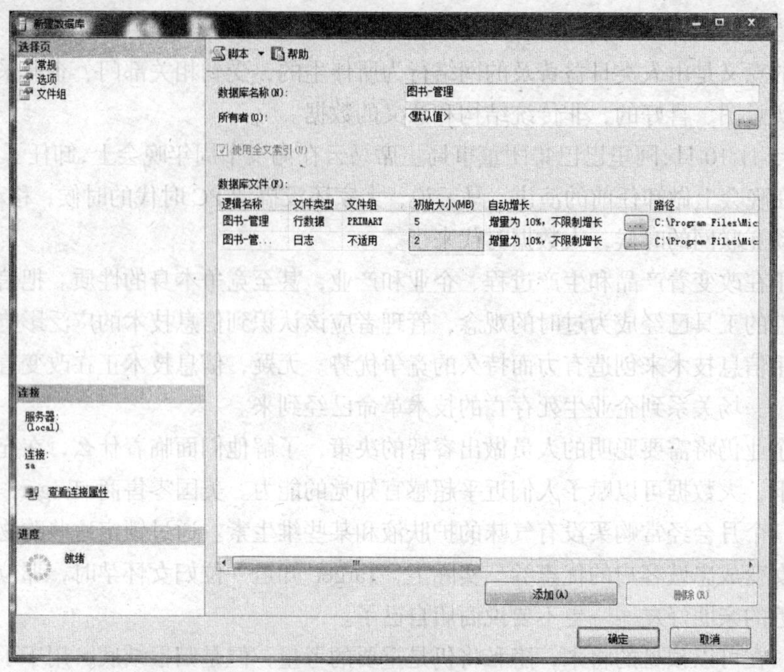

图 6.6　创建数据库

在打开的“自动增长设置”对话框中，按照实验要求进行设置，如图 6.7 和图 6.8 所示。

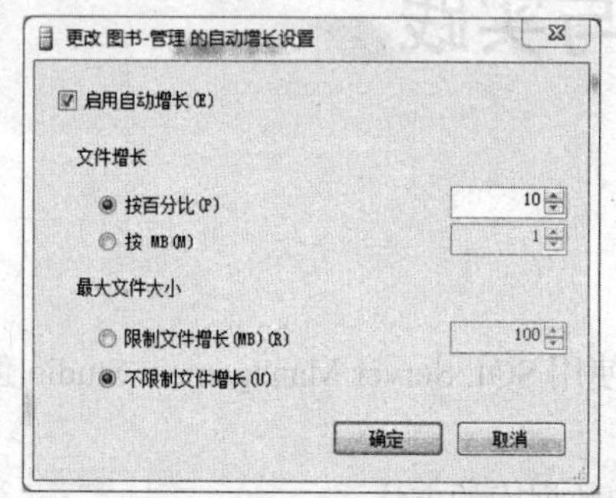

图 6.7　数据库自动增长设置窗口

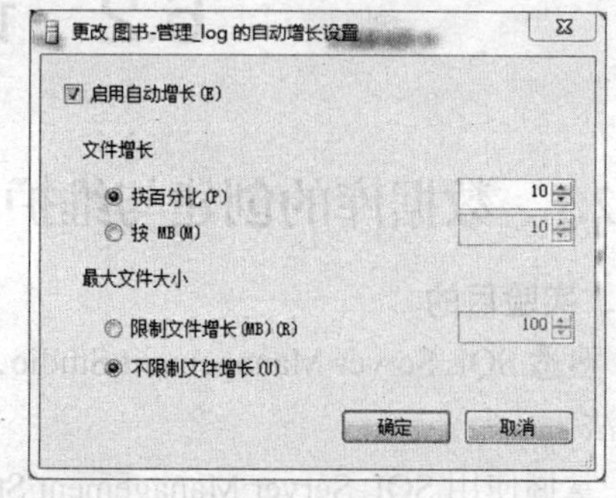

图 6.8　日志文件自动增长设置窗口

（4）单击“确定”按钮，数据库创建完成。

2. 数据库创建成功后，可以根据需要对数据库的大小进行修改。操作步骤如下。

（1）选中需要修改的数据库，右击，选中“属性”命令，在弹出的“数据库属性”对话框左上角区域选择不同的页，可以查看数据库的相关信息。

（2）选中“文件”页，可以更改数据文件的大小以及增长方式。

四、实验思考

1. 如何删除数据库？
2. 如何备份数据库？

6.2.2　数据表的创建与维护

一、实验目的

1. 掌握使用 SQL Server Management Studio 创建表。

2. 熟练使用 SQL Server Management Studio 维护表。

二、实验任务

1. 在“图书-管理”数据库中创建表。
2. 在表中添加、修改、删除数据。

三、实验步骤

1. 在“图书-管理”数据库中创建表。

（1）创建“读者”“图书”“借书”数据表。在“对象资源管理器”中，依次展开“数据库”→“图书-管理”，选中“表”，单击鼠标右键，选择快捷菜单中的“新建表”命令。

表 6-2 读者基本信息

列名	数据类型	允许 NULL 值
读者编号	nchar(5)	否
姓名	nchar(5)	否
性别	nchar(1)	
年龄	Tinyint	
电话	nchar(11)	

（2）按照表 6.2 输入列名并设置好相应属性，右键单击“读者编号”列，选择“设置主键”命令，将该列定义为主键，在该行上出现一个钥匙图标。单击“保存”按钮，输入表名，数据表创建成功，如图 6.9 所示。

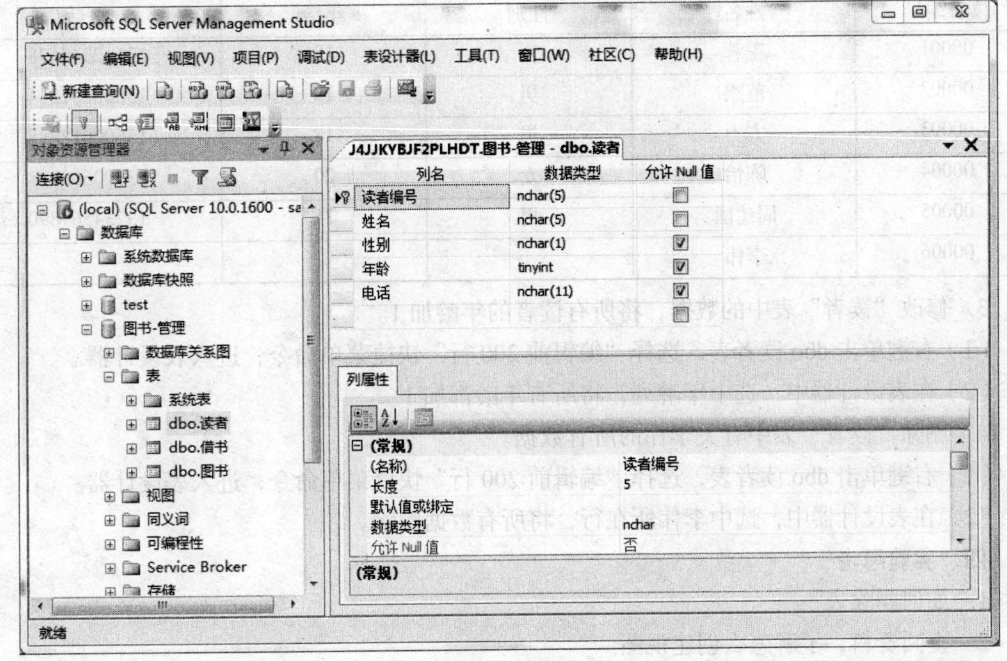

图 6.9 创建表

（3）使用同样的方法创建“图书”“借书”两个数据表，它们的结构如表 6.3 和表 6.4 所示。

表 6.3　　　　　　　　　　　　图书基本信息

列名	数据类型	允许 NULL 值
图书编号	nchar(5)	否
图书名称	nvarchar(20)	否
作者	nchar(5)	否
出版社	nvarchar(20)	
出版日期	smalldatetime	
定价	smallmoney	

表 6.4　　　　　　　　　　　　借书基本信息

列名	数据类型	允许 NULL 值
图书编号	nchar(5)	否
读者编号	nchar(5)	否
借书日期	smalldatetime	否
还书日期	smalldatetime	

2. 向“读者”表添加数据。

（1）依次打开“对象资源管理器”→“数据库”→“图书-管理”，右键单击 dbo.读者表，选择“编辑前 200 行”快捷菜单命令，进入表设计器。

（2）在表设计器中，依次向表中添加如表 6.5 所示的数据。

表 6.5　　　　　　　　　　　　读者表的内容

读者编号	姓名	性别	年龄	电话
00001	王蓉	女	18	13512345678
00002	范杰	男	19	13600001234
00003	方力	男	18	13600018888
00004	陈怡	女	20	13500660088
00005	周建国	男	21	13734567890
00006	李伟			

3. 修改“读者”表中的数据，将所有读者的年龄加 1。

（1）右键单击 dbo.读者表，选择“编辑前 200 行”快捷菜单命令，进入表设计器。

（2）在表设计器中，选中年龄列，将所有年龄都加 1。

4. 删除“读者”表中有关李伟的所有数据。

（1）右键单击 dbo.读者表，选择“编辑前 200 行”快捷菜单命令，进入表设计器。

（2）在表设计器中，选中李伟所在行，将所有数据删除。

四、实验思考

1. 如何删除表？
2. 查阅资料，了解怎么创建视图。

6.2.3　数据查询

一、实验目的

1. 掌握 SELECT 语句的基本使用方法。

2. 掌握 WHERE 语句查询方法。

二、实验任务

1. 熟练使用查询编辑器。
2. 熟练使用 SELECT 语句查询。
3. 熟练使用 WHERE 语句查询。

三、实验步骤

1. 查询编辑器的使用。

（1）运行 SQL Server Management Studio，选中查询的数据库名，单击鼠标右键，选择“新建查询”命令。

（2）在查询编辑器窗口输入代码，单击“执行”按钮，选择“结果”选项卡，查看查询结果。

2. 基本查询。

查询之前，先按照表 6.6 和表 6.7 中的数据把“图书”和“借书”两个表填充完整。

表 6.6　图书表的内容

图书编号	名称	作者	出版社	出版日期	定价
10001	新概念英语	王悦来	外语出版社	2011/5/2	25
10002	计算机网络	韩军平	人民邮电出版	2012/7/20	30
10003	高等数学	温宜	清华大学出版社	2005/8/8	28
10004	大学物理	孔玲	工业出版社	2013/2/4	29
10005	信息安全	李泽辉	机械出版社	2015/3/5	36

表 6.7　借书表的内容

图书编号	读者编号	借书日期	还书日期
10001	00001	2014.5.1	2014.7.1
10002	00002	2014.6.1	2014.9.1
10003	00003	2015.5.20	2015.7.20
10004	00004	2015.3.5	2015.5.5
10005	00005	2014.9.9	2014.11.9
10001	00002	2013.4.8	2013.6.8
10002	00005	2013.10.8	2013.12.8
10003	00005	2013.10.8	2013.12.8

（1）查询所有读者的全部信息。在查询窗口输入下列命令：

```
SELECT *
FROM 读者
```

查询结果如图 6.10 所示。

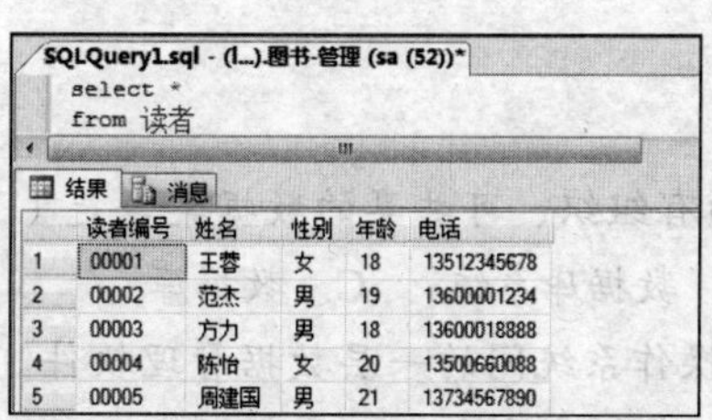
SQLQuery1.sql - (l...).图书-管理 (sa (52))*

```
select *
from 读者
```

结果 | 消息

	读者编号	姓名	性别	年龄	电话
1	00001	王蓉	女	18	13512345678
2	00002	范杰	男	19	13600001234
3	00003	方力	男	18	13600018888
4	00004	陈怡	女	20	13500660088
5	00005	周建国	男	21	13734567890

图 6.10　查询结果

（2）查询年龄为 18 岁的读者姓名：

```
SELECT 姓名
FROM 读者
WHERE 年龄=18
```

查询结果如图 6.11 所示。

（3）查询年龄为 20～22 岁的读者姓名、年龄：

```
SELECT 姓名,年龄
FROM 读者
WHERE 年龄 BETWEEN  20 AND 22
```

查询结果如图 6.12 所示。

	姓名
1	王蓉
2	方力

图 6.11　查询结果

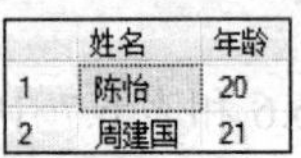

	姓名	年龄
1	陈怡	20
2	周建国	21

图 6.12　查询结果

（4）查询每个读者及其借阅图书的情况：

```
SELECT 读者.*,借书.*
FROM 读者,借书
WHERE 读者.读者编号=借书.读者编号
```

查询结果如图 6.13 所示。

	读者编号	姓名	性别	年龄	电话	图书编号	读者编号	借书日期	还书日期
1	00001	王蓉	女	18	13512345678	10001	00001	2014-05-01 00:00:00	2014-07-01 00:00:00
2	00002	范杰	男	19	13600001234	10001	00002	2013-04-08 00:00:00	2013-06-08 00:00:00
3	00002	范杰	男	19	13600001234	10002	00002	2014-06-01 00:00:00	2014-09-01 00:00:00
4	00005	周建国	男	21	13734567890	10002	00005	2013-10-08 00:00:00	2013-12-08 00:00:00
5	00003	方力	男	18	13600018888	10003	00003	2015-05-10 00:00:00	2015-07-20 00:00:00
6	00005	周建国	男	21	13734567890	10003	00005	2013-10-08 00:00:00	2013-12-08 00:00:00
7	00004	陈怡	女	20	13500660088	10004	00004	2015-03-05 00:00:00	2015-05-05 00:00:00
8	00005	周建国	男	21	13734567890	10005	00005	2014-09-09 00:00:00	2014-11-09 00:00:00

图 6.13　查询结果

四、实验思考

1. 分析下列语句是否正确，若错误请改正。

```
SELECT 姓名,年龄
WHERE 读者编号='00001'
FROM 读者
```

2. 查阅资料，了解聚集函数在查询中的使用。

6.3　自我测试

一、选择题

1. 长期存储在计算机内的有组织、可共享的数据集合是（　　）。

   A. 数据库管理系统　B. 数据库系统　C. 数据库　D. 文件组织

2. （　　）是位于用户和操作系统间的一层数据管理软件。

   A. 数据库管理系统　B. 数据库系统　C. 数据库　D. 数据库应用系统

3. 数据库系统不仅包括数据库本身，还要包括相应的硬件、软件和（ ）。

A. 数据库管理系统 B. 数据库应用系统

C. 相关的计算机系统 D. 各类相关人员

4. 一个面向主题的、集成的、不同时间的、稳定的数据集合是（ ）。

A. 分布式数据库 B. 面向对象数据库

C. 数据仓库 D. 联机事务处理系统

5. 用二维表结构表示实体以及实体间联系的数据模型称为（ ）。

A. 网状模型 B. 层次模型 C. 关系模型 D. 面向对象模型

6. 不属于数据库管理系统3个要素组成的是（ ）。

A. 数据结构 B. 数据操作 C. 完整性约束 D. 数据分析

7. 下列特点中，不属于数据库特点的是（ ）。

A. 数据共享 B. 数据完整性 C. 数据冗余很高 D. 数据独立性高

8. SQL Server 2008是一种（ ）的数据库管理系统。

A. 关系型 B. 层次型 C. 网状 D. 树型

9. SQL Server安装程序创建4个系统数据库，下列（ ）不是系统数据库。

A. master B. model C. pub D. msdb

10. 下面命令不属于DBMS的数据定义语言的是（ ）。

A. CREATE B. DROP C. INSERT D. ALTER

11. 对于数据库的管理，SQL Server的授权系统将用户分成4类，其中权限最大的用户是（ ）。

A. 一般用户 B. 系统管理员 C. 数据库拥有者 D. 数据库对象拥有者

12. 数据定义语言的缩写是（ ）。

A. DML B. DDL C. DCL D. DBL

13. SQL Server系统中的所有服务器级系统信息存储在（ ）数据库。

A. tempdb B. msdb C. master D. model

14. 下列说法不正确的是（ ）。

A. 数据库减少了数据冗余

B. 数据库中的数据可以共享

C. 数据库避免了一切数据的重复

D. 数据库具有较高的数据独立性

15. 下列（ ）不是SQL数据库文件的后缀。

A. .mdf B. .ldfc C. .tif D. .ndf

16. 下列（ ）不是数据库对象。

A. 数据模型 B. 视图 C. 表 D. 用户

17. 数据模型的三要素，不包含（ ）。

A. 数据结构 B. 数据预处理机 C. 数据操作 D. 数据的约束条件

18. 目前，（ ）数据库系统已经逐渐淘汰了网状数据库和层次数据库，成为最流行的商用数据库系统。

A. 关系 B. 面向对象 C. 分布 D. 实时

19. DBS是采用了数据库技术的计算机系统，它是一个集合体，包含数据库、计算机硬件、软件和（　　）。

A. 系统分析员　B. 程序员　C. 数据库管理员　D. 操作员

20. 数据库设计中的概念结构设计的主要工具是（　　）。

A. 数据模型　B. E-R模型　C. 新奥尔良模型　D. 概念模型

21. 下列不属于大数据的特点的是（　　）。

A. 规模性　B. 复杂性　C. 多样性　D. 真实性

22. 每个数据库有且只有一个（　　）。

A. 主要数据文件　B. 次要数据文件　C. 日志文件　D. 索引文件

23. 在数据库中，可以有（　　）主键。

A. 1个　B. 2个　C. 3个　D. 任意多个

24. 在E-R模型中，实体间的联系是用（　　）图标来表示。

A. 矩形　B. 直线　C. 菱形　D. 椭圆

25. 下列不属于数据库人工管理阶段特点的是（　　）。

A. 数据冗余高　B. 数据独立性高　C. 数据不保存　D. 数据不共享

26. 下列不属于数据库系统相关人员的是（　　）。

A. 数据库管理员　B. 应用程序开发员

C. 系统分析员　D. 最终用户

27. 数据库系统体系结构中，处于最外层的是（　　）。

A. 外模式　B. 内模式　C. 模式　D. 概念模式

28. 数据库的三级模式结构中，内模式有（　　）。

A. 2个　B. 1个　C. 3个　D. 多个

29. 数据库的三级模式结构中，外模式有（　　）。

A. 2个　B. 1个　C. 3个　D. 多个

30. 在E-R模型中，（　　）图标用来表示实体。

A. 矩形　B. 直线　C. 菱形　D. 椭圆

31. 在E-R模型中，实体的属性是用（　　）图标来表示。

A. 矩形　B. 直线　C. 菱形　D. 椭圆

32. 下列不属于常用数据模型的是（　　）。

A. 层次模型　B. 网状模型　C. 关系模型　D. 分布式模型

33. 下列不正确的是（　　）。

A. SQL语言是关系数据库的国际标准语言

B. SQL语言具有数据定义、查询、操作和控制功能

C. SQL语言可以自动实现关系数据库的规范化

D. SQL语言称为结构查询语言

34. SQL中创建基本表应使用（　　）语句。

A. CREATE TABLE　B. CREATE SCHEMA

C. CREATE VIEW　D. CREATE DATABASE

35. 在关系运算中，选取符合条件的元祖是（　　）运算。

A. 除法　B. 投影　C. 连接　D. 选择

36. 一个规范化的关系至少应当满足（　　）的要求。

A. 一范式　B. 二范式　C. 三范式　D. 四范式

37. 在关系数据库中，为了简化用户的查询操作，而又不增加数据的存储空间，常用的方法是创建（　　）。

A. 另一个表　B. 游标　C. 视图　D. 索引

38. 数据库设计中的逻辑结构设计的任务是把（　　）阶段产生的概念数据库模式变换为逻辑结构的数据库模式。

A. 需求分析　B. 物理设计　C. 逻辑结构设计　D. 概念结构设计

39. 在 SQL Server 2008 中，删除表中记录的命令是（　　）。

A. DELETE　B. SELECT　C. UPDATE　D. DROP

40. 关于主键的描述正确的是（　　）。

A. 标识表中唯一的实体　B. 创建唯一的索引，允许空值

C. 只允许以表中第一字段建立　D. 表中允许有多个主键

41. 为数据表创建索引的目的是（　　）。

A. 提高查询的检索性能　B. 创建唯一索引

C. 创建主键　D. 归类

42. 下列不属于实体间联系的是（　　）。

A. 一对一联系　B. 一对多联系　C. 多对多联系　D. 多对一联系

43. 一个仓库可以存放多种产品，一种产品只能存放在一个仓库中，仓库和产品间的联系类型是（　　）。

A. 一对一联系　B. 一对多联系　C. 多对多联系　D. 多对一联系

44. 公司中有多个部门和多名职员，每个职员只能属于一个部门，一个部门可以有多名职员，从部门到职员的联系类型是（　　）。

A. 一对一联系　B. 多对多联系　C. 一对多联系　D. 多对一联系

45. 下列不属于数据库系统管理阶段特点的是（　　）。

A. 数据不保存　B. 数据冗余低　C. 数据共享性好　D. 数据独立性高

46. 关系数据库的规范化理论指出，关系数据库中的关系应满足一定的要求，最起码的要求是达到 1NF，既满足（　　）。

A. 主关键字唯一标识表中的每一行

B. 关系中的行不允许重复

C. 每个关键字列都完全依赖于主关键字

D. 每个属性都是不可再分的基本数据项

47. 下列不属于数据处理工作的是（　　）。

A. 数据管理　B. 数据加工　C. 数据搜集　D. 数据传播

48. 下列不属于文件系统管理阶段特点的是（　　）。

A. 数据长期保存　B. 数据冗余低

C. 数据共享性差　D. 数据独立性低

49. SQL Server 2008 中查询的命令是（　　）。

A. USE　B. SELECT　C. UPDATE　D. DROP

50. 下列选项中，不属于 SQL Server 2008 实用程序的是（　　）。

A. 企业管理器　B. 查询分析器　C. 服务管理器　D. 媒体播放器

二、判断题

1. 数据库系统的核心是数据库管理系统。（ ）

2. 数据结构描述的是系统的静态特性。（ ）

3. 有了外模式/模式映像，可以保证数据和应用程序之间的物理独立性。（ ）

4. 任何一个二维表就是一个关系。（ ）

5. 主键字段允许为空。（ ）

6. 关系模型的完整性规则是对关系的约束条件，包括3类完整性约束：实体完整性、参照完整性和用户定义完整性。（ ）

7. 只要能用表格表示的数据，就可以用关系数据模型表示。（ ）

8. 满足第一范式的关系必定满足第二范式。（ ）

9. 数据库设计的中心问题是数据库的概念模型的设计。（ ）

10. 一个表可以创建多个主键。（ ）

三、填空题

1. 数据管理经历了人工管理阶段、文件管理阶段到________阶段的变迁。

2. 数据模型由3部分组成：数据结构、数据操作、________。

3. 关系模型用________结构表示实体集，用键来表示实体间联系。

4. 二维表中每一列的所有数据在关系模型中称为________。

5. 数据库系统具有数据的________、________和内模式三级模式结构。

6. 模式是数据库中全体数据的________和特征的描述。

7. 实体间的联系类型有3种，分别是________、________和________。

8. 关系数据模型的逻辑结构是________。

9. ________是现实世界的模拟。

10. 数据模型分为概念模型和________。

11. 概念模型主要描述信息世界中________的联系。

12. 数据管理是指对数据的分类、组织、编码、储存、________和维护。

13. 数据的完整性约束条件是为了使数据能够符合现实世界的一起，保证数据的________、正确性和相容性而设定的一组完整性规则的集合。

14. 数据结构是对数据的组织方式和类型的描述，以二维表为组织方式的数据库称为________。

15. 结构数据模型是直接面向数据库中数据的逻辑结构，主要包括________、________和关系模型。

16. 在关系模型中，数据的组织方式和其逻辑结构是________。

17. 数据库的三级模式结构保证了数据的________和逻辑独立性。

18. 在数据库系统体系结构中，________处于最外层，反映了用户对数据库的实际要求。

19. 关系的实体完整性是指关系主键的值必须________且是唯一的。

20. 关系数据库中的关系必须满足一定的规范化要求，对不同的规范化程度可以用________来衡量。

第 7 章 计算机网络与信息安全

随着计算机技术的快速发展，计算机网络也越来越普及，给人们的学习、工作和生活带来了极大的便利性，同时网络安全也成为目前人们非常关注的一个问题。本章针对在计算机网络应用中所涉及的知识进行介绍，有助于用户提高在网络组建、测试、使用及安全等方面的实际应用能力。

7.1 扩展知识

7.1.1 如何制作网线

同轴电缆、双绞线和光纤是网络通信中的有线传输介质，而双绞线是在组建局域网过程中用到最多的传输介质。虽然目前无线传输介质应用广泛，但是双绞线凭借其信号稳定，抗干扰能力强，价格比较便宜，易于安装和使用的特点，在局域网网络通信中仍然占有主导的地位。

现在市面上有出售已经做好的双绞线，直接连接到通信设备上就可以使用，非常方便。但是，在目前激烈的竞争中，本着“多学一门技术，就多一份机会”的情况下，学会制作双绞线对于学习计算机网络的用户来说也是必要掌握的一项技能。

1. 准备工作

双绞线（Twisted Pair，TP）是由两根具有绝缘保护层的铜导线组成。把两根绝缘的铜导线按一定密度互相缠绕在一起，“双绞线”的名字也是由此而来。每一根导线在传输过程中产生的电磁场会被另一根导线上产生的电磁场抵消，这样可以有效降低信号干扰的程度。在实际使用时，双绞线是由多对双绞线一起包裹在一个绝缘电缆套管里面。如果把一对或多对双绞线放在一个绝缘套管中便成了双绞线电缆，简称双绞线。

制作工具：双绞线，RJ-45 接头（俗称 RJ-45 水晶头），双绞线压线钳，如图 7.1 所示。

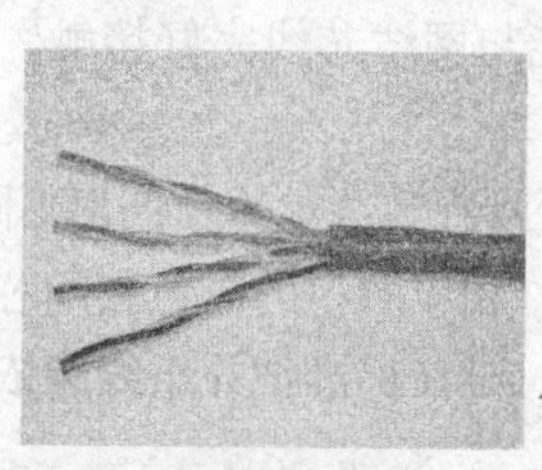

（a）双绞线

（b）RJ-45 接头

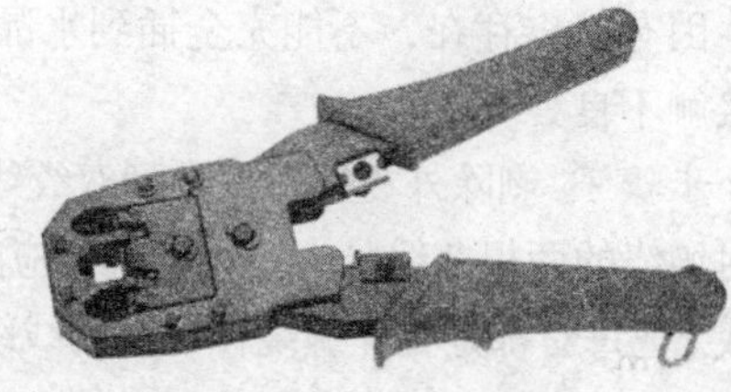

（c）双绞线压线钳

图 7.1　制作工具

2. 双绞线的制作方法

双绞线的制作实际上就是把一个 RJ-45 接头安装在双绞线上的简单过程，但是，连接不同的设备网线有不同的跳线规则。双绞线由不同颜色的 4 对线组成，橙和橙白形成一对，绿和绿白形成一对，蓝和蓝白形成一对，棕和棕白形成一对。双绞线有两个标准：EIA/TIA 568A 和 EIA/TIA 568B。下面主要介绍这两种标准的区别和制作方法。

EIA/TIA 568A 和 EIA/TIA 568B 的排线顺序如下。

① EIA/TIA 568A 排线顺序为：绿白、绿、橙白、蓝、蓝白、橙、棕白、棕。

② EIA/TIA 568B 排线顺序为：橙白、橙、绿白、蓝、蓝白、绿、棕白、棕。

如果双绞线两端 RJ-45 接头的制作都遵循 EIA/TIA 568B 标准，则制作的是直连线，如图 7.2（a）所示，用于连接不同类型的设备，如连接计算机和交换机。如果双绞线一端采用 EIA/TIA 568B 标准，另一端采用 EIA/TIA 568A 标准，则制作的是交叉线，如图 7.2（b）所示，用于连接相同类型的设备，如连接计算机和计算机。

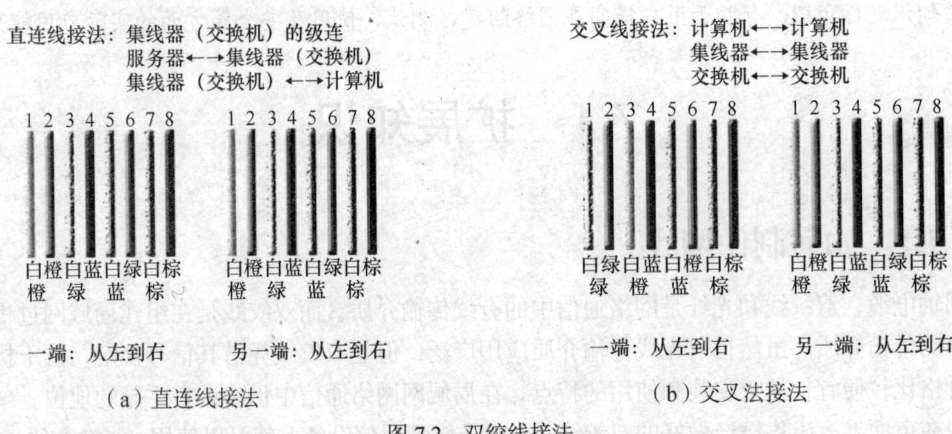

（a）直连线接法　　（b）交叉法接法

图 7.2　双绞线接法

3. 制作步骤

下面介绍最基本的直连线的制作方法，其他类型网线的制作方法类似，不同的只是跳线方法不一样。

步骤 1：用双绞线压线钳把双绞线的一端剪齐，然后把剪齐的一端插入网线钳用于剥线的缺口中，如图 7.3 所示。

步骤 2：握紧压线钳慢慢旋转一圈（无须担心会损坏网线里面芯线的皮，因为剥线的两刀片之间留有一定距离，该距离通常就是 4 对芯线的直径），让刀口划开双绞线的保护胶皮，拔下胶皮，如图 7.4 所示。注意：剥线长度通常应恰好为水晶头长度，这样可以有效避免剥线过长或过短造成的麻烦。剥线过长则不美观，另一方面因网线不能被水晶头卡住，容易松动；剥线过短，因有外皮存在，不能完全插到水晶头底部，造成水晶头插针不能与网线芯线完好接触，导致接触不良。

步骤 3：剥除外皮后即可见到双绞线网线的 4 对 8 条芯线，并且可以看到每对的颜色都不同。每对缠绕的两根芯线是由一种染有相应颜色的芯线加上一条只染有少许相应颜色的白色相间芯线组成。把每对都是相互缠绕在一起的线缆逐一解开。然后根据 EIA/TIA 568B 标准把几组线缆依次排列好顺序并理顺，如图 7.5 所示。

步骤 4：把线缆依次排列好并理顺压直之后，利用压线钳的剪线刀口把线缆项部裁剪整齐，如图 7.6 所示。

图 7.3 步骤 1

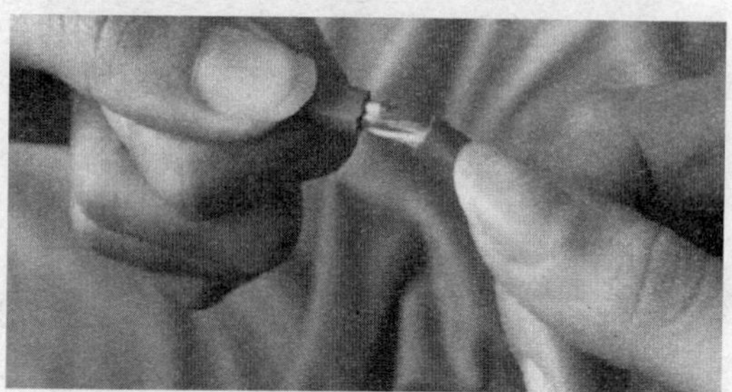

图 7.4 步骤 2

图 7.5 步骤 3

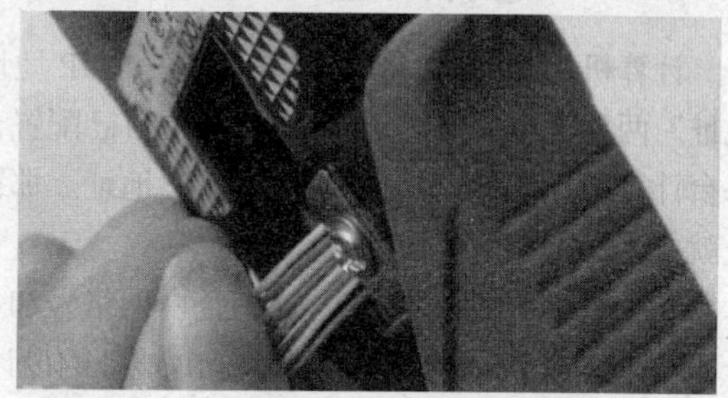

图 7.6 步骤 4

步骤 5：把整理好的线缆插入水晶头内。需要注意的是，要将水晶头有塑料弹簧片的一面向下，有针脚的一面向上，使有针脚的一端指向远离自己的方向，有方型孔的一端对着自己。此时，最左边的是第 1 引脚，最右边的是第 8 引脚，其余依次顺序排列。插入的时候需要注意缓缓地用力把 8 条线缆同时插入 8 个线槽，一直插到线槽的顶端，如图 7.7 所示。

步骤 6：压线。在最后一步压线之前，检查水晶头的顶部，看是否每一组线缆都紧紧地顶在水晶头的末端，确认无误后把水晶头插入压线钳的 8P 槽内，用力压紧水晶头，完成后抽出即可，如图 7.8、图 7.9 所示。

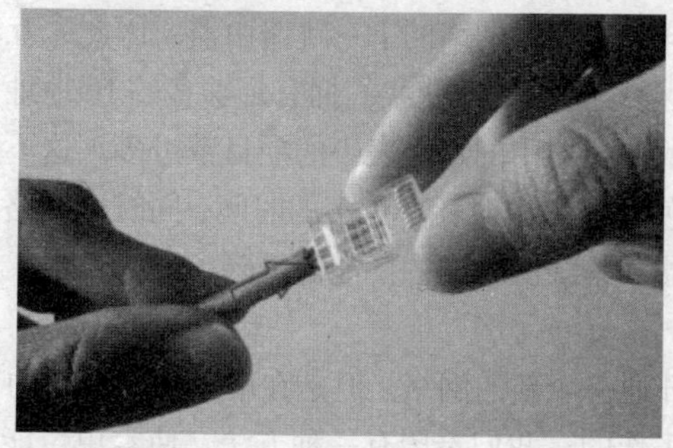

图 7.7 步骤 5

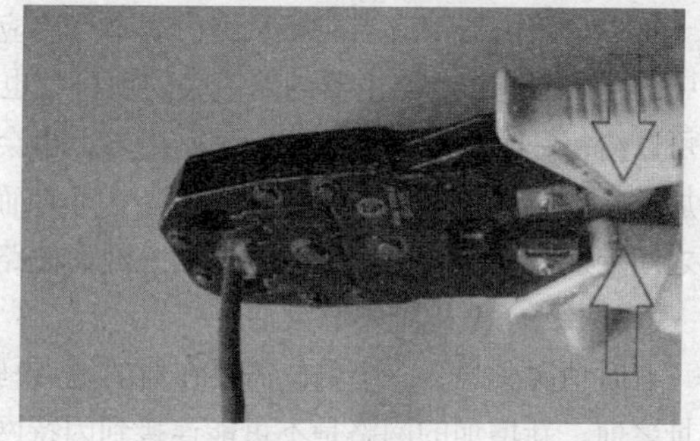

图 7.8 步骤 6

这样，一端的网线就制作好了，用同样方法制作另一端网线即可。如果有双绞线测试仪，可以将网线的两头分别插到双绞线测试仪上进行测试，如图 7.10 所示。如果网线正常，两排的指示灯都会同步亮起，如果有的灯没同步亮起，证明该线芯连接有问题，应重新制作。

在实际使用过程中，根据应用的环境不同，使用不同的标准制作不同的网线。现在市面上出售的大部分都是直连网线，可以连接不同种类的设备。但是，如果连接同种设备时，就必须使用交叉网线，这时就需要自己动手制作了。

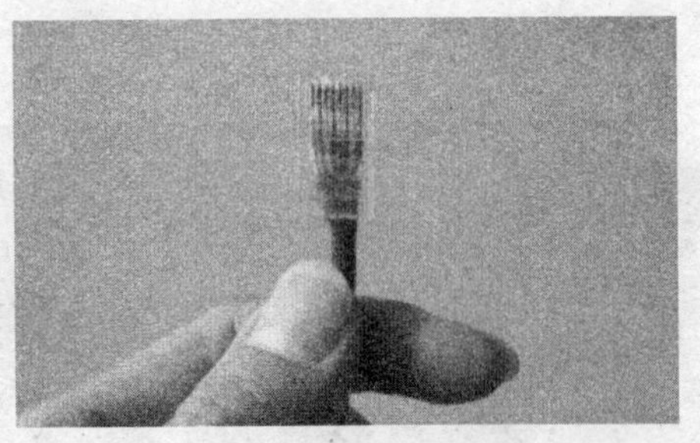

图 7.9　制作好的网线

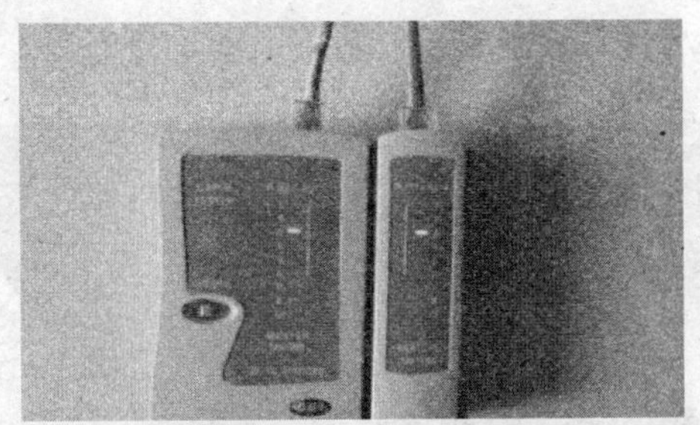

图 7.10　测试网线

7.1.2　怎样配置局域网中的 IP 地址

计算机接入网络，其必然要分配一个 IP 地址。在具体使用中有“动态 IP 地址”和“静态 IP 地址”两种类型。动态 IP 地址不需要自己配置，系统会自动分配。而静态 IP 地址需要人为地为每台计算机设置一个网络中唯一的 IP 地址。那么，在局域网组建过程中如何为计算机配置 IP 地址就成为必须要解决的问题。

在主教材中我们了解了 IP 地址由网络号和主机号两部分组成，称为两级 IP 地址。但是，从今天看来，在 ARPANET 的早期，IP 地址的设计是不够合理的。

1. 两级 IP 地址存在的问题

① IP 地址空间利用率低。

每一个 A 类地址网络可连接的主机数超过 1 千万，而每一个 B 类地址网络可连接的主机数也超过 6 万。然而有些网络对连接在网络上的计算机数目是有限制，根本达不到这样大的数值。例如，IOBASE-T 以太网规定其最大节点数只能有 1024 个。这样的以太网若使用一个 B 类地址就浪费 6 万多个 IP 地址，地址空间的利用率还不到 2%，而其他单位的主机也无法使用这些浪费的地址。根据统计，超过半数的 B 类地址网络所连接的主机还不到 50 台。IP 地址的浪费，会使 IP 地址空间的资源过早地被用完。

② 给每一个物理网络分配一个网络号会使路由表变得太大，因而使网络性能变坏。

每一个路由器都应当能够从路由表中查出应怎样到达其他网络的下一跳路由器。因此，互联网中的网络数越多，路由器的路由表的项目数也就越多。这样，即使我们拥有足够多的 IP 地址资源可以给每一个物理网络分配一个网络号，也会导致路由器中的路由表中的项目数过多。这不仅增加了路由器的成本（需要更多的存储空间），而且使查找路由时耗费更多的时间，同时也使路由器之间定期交换的路由信息急剧增加，因而使路由器和整个因特网的性能都下降了。

③ 两级的 IP 地址不够灵活。

有时情况紧急，一个单位需要在新的地点马上开通一个新的网络。但是在申请到一个新的 IP 地址之前，新增加的网络是不可能连接到因特网上工作的。我们希望有一种方法，使本单位能随时灵活地增加本单位的网络，而不必事先到因特网管理机构去申请新的网络号。原来的两级的 IP 地址无法做到这一点。

因此，在实际应用过程中，二级 IP 地址是无法满足实际情况的需要。

2. 划分子网

为解决两级 IP 地址存在的问题，从 1985 年起在 IP 地址中增加了一个“子网号字段”，使两级 IP 地址变成为三级 IP 地址，这样能够较好地解决上述问题，并且使用起来更加灵活。这种做法叫作划分子网。划分子网已经成为因特网的正式标准协议。

划分子网的基本思路如下。

① 一个拥有许多物理网络的单位，可将所属的物理网络划分为若干个子网。划分子网纯属一个单位内部的事情，本单位以外的网络看不见这个网络是由多少个子网组成，因为这个单位对外仍然表现为一个没有划分子网的网络。

② 划分子网的方法是从网络的主机号中借用若干个比特作为子网号，而主机号也就相应减少了若干个比特。于是两级IP地址在本单位内部就变为三级IP地址。

两级IP地址：|-------网络号---------|----------主机号----------|

三级IP地址：|-------网络号---------|--子网号--|-主机号---|

IP地址::={<网络号>,<子网号>,<主机号>}

③ 凡是从其他网络发送给本单位某个主机的IP数据报，仍然是根据IP数据报的目的网络号找到连接在本单位网络上的路由器。但此路由器在收到IP数据报后，再按目的地的网络号和子网号找到目的子网，将IP数据报交付给目的地主机。

下面用例子说明划分子网的概念。图7.11表示一个单位拥有一个B类IP地址，网络地址为145.13.0.0（网络号是145.13）。凡是目的地址为145.13.x.x的数据报都被送到这个网络上的路由器R_1。

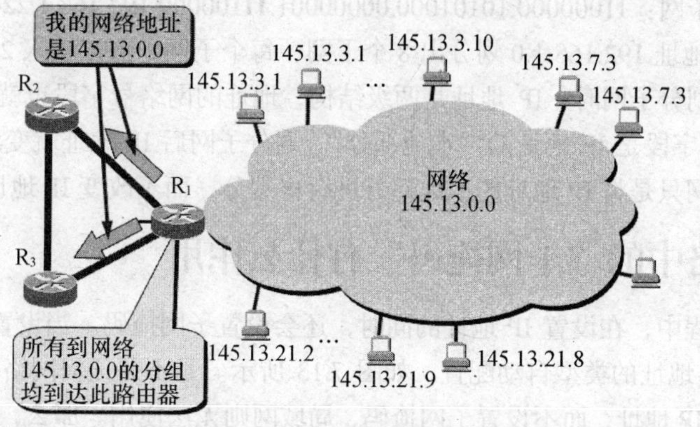

图7.11 未划分子网时的B类网络

现将图7.11的网络划分为3个子网，如图7.12所示。假定子网号占用8位（一个字节），因此在增加了子网号后，主机号就只有8位了。所划分的3个子网分别是：145.13.3.0，145.13.7.0和145.13.21.0。在划分子网后，整个网络对外部仍表现为一个网络，其网络地址仍为145.13.0.0。但网络145.13.0.0上的路由器R_1在收到数据报后，再根据其子网号将其转发到相应的子网。

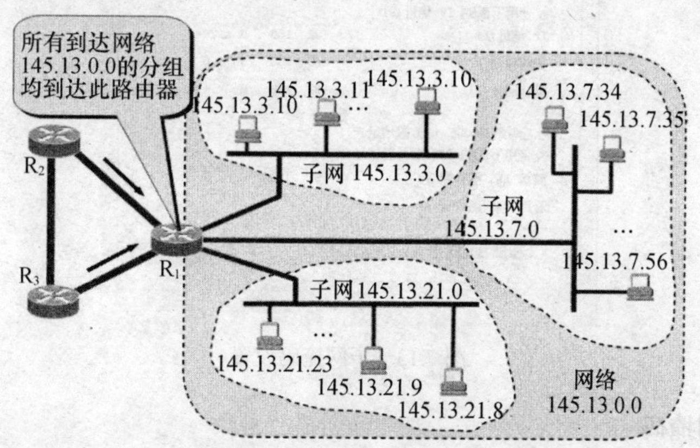

图7.12 划分子网后的B类网络145.13.0.0

【例 7-1】 如何将 C 类地址 192.168.1.0 划分为 8 个子网。

划分方法如下。

① 192.168.1.0 写成二进制，因为是 C 类地址，所以其中前 3 个字节是网络号，最后一个字节是主机号。这里用粗体表示网络号：**11000000.10101000.00000001**.00000000。

② 最后一个字节是主机号，划分子网时需要从主机号中借出 3 位正好符合要求：$2^3=8$ 个子网。剩下的 5 位就是划分子网后的主机号。

③ 划分子网，粗体部分是子网号。

划分的第一个子网：11000000.10101000.00000001.**000**00000 192.168.1.0

划分的第二个子网：11000000.10101000.00000001.**001**00000 192.168.1.32

划分的第三个子网：11000000.10101000.00000001.**010**00000 192.168.1.64

划分的第四个子网：11000000.10101000.00000001.**011**00000 192.168.1.96

划分的第五个子网：11000000.10101000.00000001.**100**00000 192.168.1.128

划分的第六个子网：11000000.10101000.00000001.**101**00000 192.168.1.160

划分的第七个子网：11000000.10101000.00000001.**110**00000 192.168.1.192

划分的第八个子网：11000000.10101000.00000001.**111**00000 192.168.1.224

这样就将 C 类地址 192.168.1.0 划分出 8 个子网，每个子网中可以接入 $2^5=32$ 台计算机。

总之，当没有划分子网时，IP 地址是两级结构，地址的网络号字段也就是 IP 地址的“因特网部分”，而主机号字段是 IP 地址的“本地部分”。划分子网后 IP 地址就变成了三级结构。需要注意的是，划分子网只是将 IP 地址的本地部分进行再划分，而不改变 IP 地址的因特网部分。

7.1.3 网络中的“子网掩码”有什么作用

局域网配置过程中，在设置 IP 地址的同时，还会设置子网掩码。当设置好 IP 地址后，子网掩码通常会根据 IP 地址的类型自动配置，如图 7.13 所示。是不是任何网络的子网掩码都是自动配置呢？如果只有 IP 地址，而不设置子网掩码，局域网则无法使用。那么，什么是子网掩码，子网掩码具有什么功能，又如何设置子网掩码呢？

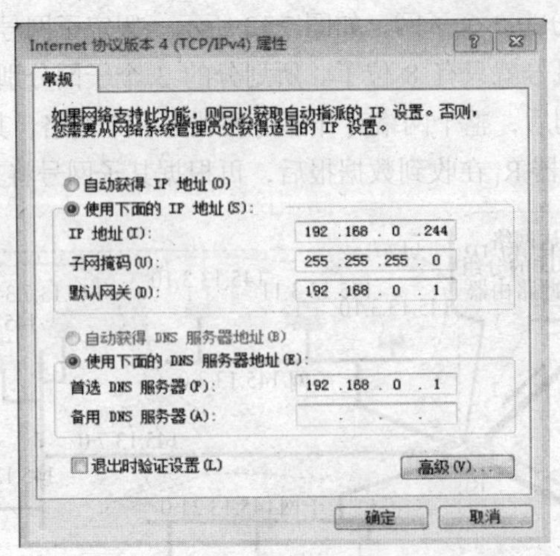

图 7.13 子网掩码设置

1. 什么是子网掩码

为了充分利用 IP 地址资源，在 7.1.2 小节介绍了如何划分子网。那么划分子网以后，有数据报传输时，如何知道其目的地址属于哪个子网呢？这时候就需要使用子网掩码。

子网掩码（subnet mask）也是一个 32 位的模式，它是一种用来指明一个 IP 地址中哪些位标识的是子网号，以及哪些位标识的是主机号。子网掩码不能单独存在，它必须结合 IP 地址一起使用。子网掩码只有一个作用，就是将某个 IP 地址划分成网络地址和主机地址两部分。通过网络地址找到子网，通过主机地址就可以找到子网中的主机。这里需要注意，网络地址（划分子网后称为子网地址）并不是指的子网号，而是将主机号置为 0 的 IP 地址，代表一个网络，而不是某一台主机。例如，例 7.1 中的 192.168.1.0 就是第一个子网的子网地址。

2. 子网掩码的设置

设置子网掩码的规则是：凡 IP 地址中表示网络地址的那些位，在子网掩码对应位上设置为 1，表示主机地址的那些位设置为 0，如图 7.14 所示。例如，中国教育科研网的 IP 地址 202.112.0.36，属于 C 类，网络地址共 3 个字节，故它默认的子网掩码为 11111111 11111111 11111111 00000000，其点分十进制形式是 255.255.255.0。显然，A 类地址默认的子网掩码应是 255.0.0.0，B 类地址默认的子网掩码是 255.255.0.0。

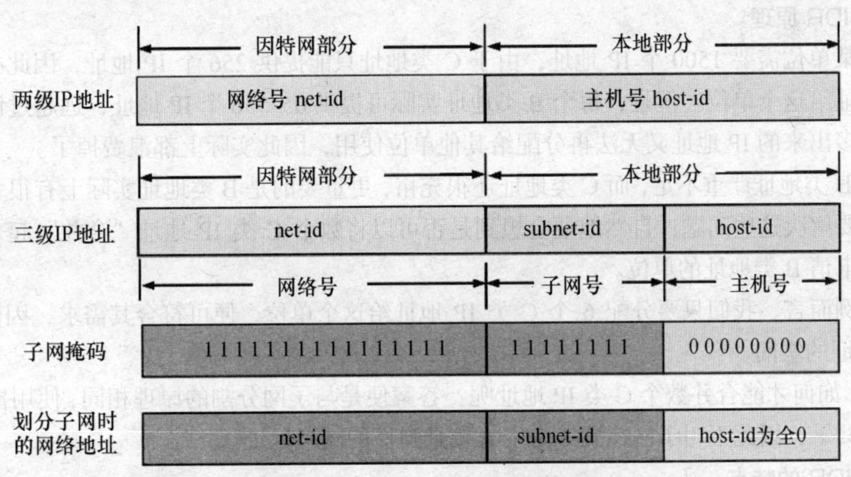

图 7.14　IP 地址各字段和子网掩码

当主机之间通信时，通过子网掩码与 IP 地址的逻辑与运算，可分离出网络地址，如果得出的结果是相同的，则说明这两台计算机是处于同一个子网络上的，可以进行直接通信。

【例 7-2】 计算机 A 的 IP 地址是 192.168.0.1，计算机 B 的 IP 地址是 192.168.0.254，子网掩码都是 255.255.255.0，判别它们是否在同一局域网上。

将计算机 A 与计算机 B 的 IP 地址转化为二进制进行运算，运算结果如表 7.1 所示。运算结果网络地址均为 192.168.0.0，所以系统会把这两台计算机视为在同一个子网中，可以进行直接通信。

表 7.1　　例 7-2 运算结果

	计算机 A	计算机 B
IP 地址	11000000 10101000 00000000 00000001	11000000 10101000 00000000 11111110
子网掩码	11111111 11111111 11111111 00000000	11111111 11111111 11111111 00000000
AND 运算结果	11000000 10101000 00000000 00000000	11000000 10101000 00000000 00000000
十进制网络地址	192.168.0.0	192.168.0.0

在例 7-1 中，网络号 3 个字节 24 位，子网号占用了主机号的 3 位，因此划分三级 IP 地址以后，网络号共有 27 位，而主机号只有 5 位。根据子网掩码的设置规则，本例中的子网掩码是：11111111 11111111 11111111 11100000，对应的点分十进制表示是：255.255.255.224。

7.1.4 如何充分利用 IP 地址

当初在设计 IP 地址的等级时，网络环境主要是由大型主机所组成，主机与网络的总数都相当有限。但随着个人计算机与网络技术的快速普及，对于 IP 地址的需求也迅速增加。3 种等级的 IP 地址分配方式，很快便产生了一些问题。其中最严重的便是 B 类 IP 地址面临紧缺；但是相对地，C 类 IP 地址使用的数量则仅是缓慢增长。

为了解决这个问题，便产生了 Classless Inter-Domain Routing（CIDR），即无分类域间路由选择，也称为无分类编址方法。CIDR 消除了传统的 A 类、B 类和 C 类地址以及划分子网的概念，因而可以更加有效地分配 IPv4 的地址空间，并且可以在新的 IPv6 使用之前允许因特网的规模继续增长。CIDR 将网络前缀都相同的连续的 IP 地址组成“CIDR 地址块”。

1. CIDR 原理

假设某单位需要 1500 个 IP 地址，由于 C 类地址只能提供 256 个 IP 地址，因此必须分配 B 类网络地址给这个单位。但是，每个 B 类地址实际可提供 65 536 个 IP 地址，远超过该单位的需求，这些多出来的 IP 地址又无法再分配给其他单位使用，因此实际上都浪费掉了。

既然 B 类地址严重不足，而 C 类地址还很充裕，更重要的是 B 类地址实际上有很多是浪费掉了，那么要解决这些问题，自然地便会想到是否可以将数个 C 类 IP 地址“合并”起来，分配给原先需要申请 B 类地址的单位。

以前例而言，我们只要分配 6 个 C 类 IP 地址给这个单位，便可符合其需求，因而节省下 1 个 B 类地址的空间。

那么，如何才能合并数个 C 类 IP 地址呢？答案便是与子网分割的原理相同，使用掩码（CIDR 不使用子网了，因此不叫子网掩码）来定义较具弹性的网络地址。

2. CIDR 的特点

① CIDR 消除了传统的 A 类、B 类和 C 类地址以及划分子网的概念，可以更加有效地分配 IP 地址空间。CIDR 使用各种长度的“网络前缀”来代替分类地址中的网络号和子网号，而不是像分类地址中只能使用 1 字节、2 字节、3 字节长的网络号。CIDR 不再使用“子网”的概念而使用网络前缀，使 IP 地址从三级编址又回到了两级编址，即无分类的两级编址。

IP 地址：：={<网络前缀>，<主机号>}

CIDR 使用“斜线记法”，即在 IP 地址后写上斜线“/”，然后写上网络前缀所占的位数（对应掩码中 1 的个数）。如 128.14.46.34/20，表示在 32 位的 IP 地址中，前 20 位表示网络前缀，而后 12 位表示主机号。

② CIDR 把网络前缀都相同的连续的 IP 地址组成“CIDR 地址块”，一个 CIDR 地址块是由地址块的起始地址（即地址块中地址数值最小的一个）和地址块中的地址数来定义的。CIDR 地址块也可用斜线记法来表示，如 128.14.32.0/20 表示的地址共有 2^{12} 个地址（因为斜线后面的 20 是网络前缀的位数，所以主机号的位数是 12，因而地址数是 2^{12}），而该地址块的起始地址是 128.14.32.0。

最小地址	128.14.32.0	10000000 00001110 0010000 00000000
最大地址	128.14.47.255	10000000 00001110 00101111 11111111

由于一个 CIDR 地址块可以表示很多地址，所以在路由表中就利用 CIDR 地址块来查找目的网络。这种地址的聚合通常称为路由聚合，它使得路由表中的一个项目可以表示原来传统分类地址的很多个路由。路由聚合也称为构成超网。路由聚合有利于减少路由器之间的路由选择信息的交换，从而提高了整个因特网的性能。

3. CIDR 实例

回到上述的例子，由于这个单位所需的 1500 个 IP 地址，数量介于 B 类地址（可提供 65 535 个 IP 地址）与 C 类地址（可提供 255 个 IP 地址）的范围之间。通过 CIDR 的方式，可以分配一个长度为 21 位的网络地址给这个单位，那么这个单位可运用的主机地址将会有 32-21=11 字节，总共可产生 2^{11}=2048 个 IP 地址，与这个单位所需的 1500 个 IP 地址相近。与直接分配 B 类地址相比，可以节省下许多 IP 地址空间。

上述方式其实是将 8 个 C 类 IP 地址合并，再分配给这个单位。由于合并是通过变更网络地址长度来进行，因此会有以下的限制：

- 用来合并的 Class C 的网络地址必然是连续的；
- 用来合并的 Class C 的网络地址数目必然是 2 的 *n* 次方。

因此，这个单位实际上分配到的可能是如下的 8 个连续 C 类地址空间：

203.74.208.0(11001011 01001010 11010000 00000000)

203.74.209.0(11001011 01001010 11010001 00000000)

203.74.210.0(11001011 01001010 11010010 00000000)

203.74.211.0(11001011 01001010 11010011 00000000)

203.74.212.0(11001011 01001010 11010100 00000000)

203.74.213.0(11001011 01001010 11010101 00000000)

203.74.214.0(11001011 01001010 11010110 00000000)

203.74.215.0(11001011 01001010 11010111 00000000)

这 8 个连续的 Class C 地址可以利用下列方式来表示：203.74.208.0/21。将网络地址的 3 字节当成主机地址来使用。

虽然 CIDR 原先是为了合并 C 类地址所设计，但在实际操作上可适用于任何的 IP 地址范围，如 ISP 可分配长度为 30 字节的网络地址给一些只有两台计算机的个人公司。

7.1.5 4M 的网络带宽为何下载速度达不到 4M

电信部门经常会有用户反映，为什么我的网速和我办的带宽不一样啊？我办的是 4Mb 的宽带，可为什么测试却只有 300 多 KB 的网速？是不是电信部门欺骗了用户？

又如，我们去网吧上网时，经常遇到这样一个疑惑，网吧明明写着 100Mb 带宽的光纤，可是当上网下载文件时，下载速度只能达到 10MB 左右的速度，难道是网吧在夸大宣传？

上述问题可能困扰了许多读者，那到底是原因在哪里呢？

1. Kb 是否等于 KB

仔细观察会发现，在上面的两个数据中，单位是不同的，一个是 Mb，另一个是 MB。具体的差别就是在这里了。我们在日常的书写中，经常会不注意上面的细节，有时会忽略“b”和“B”这两个单位，而这两个单位，真正的含义是不同的。Mb（全称为 Mbps）这是电信部门衡量网络带宽的单位，在这个单位中，bps 是 bit per second 的缩写，意思是兆比特位每秒，“b”表示的单位是“位”。而 MB（MByte）是电脑文件容量的单位，意思是兆字节，也是网络下载速度的单位，

"B"表示的单位是"Byte"即字节。这两个单位的关系是：1B（Byte）=8b（bit）。由于我们在查阅资料时，忽略了这一点微小的差别，造成了对 Kb 与 KB 的误解。

2. 我的下载速度到底多快呢

通过以上的介绍，我们就会明白，网络带宽的单位与下载速度的单位，其实是不同的。那么，我的网速到底有多快呢？

例如，带宽 4Mbit/s，下载速度是多少呢？

根据前面的知识，我们知道 1B=8bit/s，因此 4Mbit/s=4*1024Kbit/s=4096/8=512KB/s。而这只是技术上的最大理论值，并不是所达到的实际值，一般正常情况下技术上的最大理论值为 4Mbit/s 的宽带实际值可以达 200KB/s 至 440KB/s。因为宽带速率要受到很多因素（如用户计算机性能、资源使用情况、网络高峰期、网站服务能力、信号衰耗、线路衰耗、距离远近等）的影响，所以导致实际值与技术上的最大理论值有所偏差。

那么，我们也可以通过下载速度推导出自己使用的网络带宽是多少。

例如，在下载数据时看到下载速度显示为 128KB/s、103KB/s 等，只要通过换算，就可以得到实际的网络带宽值。

我们可以按照换算公式换算一下：128KB/s=128×8(Kbit/s)=1024Kbit/s=1Mbit/s 即 128KB/s=1Mb/s。也就是说，下载速度如果是 128KB/s，那么对应的网络带宽就是 1Mb/s。

网络中的测速软件就是根据这样的换算公式计算出网络带宽。

7.1.6 怎样证明你是你自己

网上购物的过程中商家或企业能够极其方便地获得用户的信息，但同时也增加了对某些敏感或有价值的数据被盗用的风险。为了保证互联网上电子交易及支付的安全性、保密性，防范交易及支付过程中的欺诈行为，必须在网上建立一种信任机制。这就要求参加电子商务的买方和卖方都必须拥有合法的身份，并且在网上能够有效无误的被进行验证。通过数字证书就可以解决这一系列问题。

1. 数字证书

数字证书是一种权威性的电子文档。它提供了一种在 Internet 上验证用户身份的方式，其作用类似于司机的驾驶执照或公民的身份证。数字证书是由一个由权威机构——CA 证书授权（Certificate Authority）中心颁发的，用户可以在互联网交往中用它来识别对方的身份。当然在数字证书认证的过程中，CA 作为权威的、公正的、可信赖的第三方，其作用是至关重要的。数字证书也必须具有唯一性和可靠性。

2. 工作原理

数字证书采用公钥体制，即利用一对互相匹配的密钥进行加密、解密。每个用户自己设定一把特定的仅为本人所拥有的私有密钥（私钥），用它进行解密和签名；同时设定一把公共密钥（公钥）并由本人公开，为一组用户所共享，用于加密和验证签名。

数字证书颁发过程如下。

- 用户首先产生自己的密钥对，并将公共密钥及部分个人身份信息传送给认证中心。
- 认证中心在核实身份后，将执行一些必要的步骤，以确信请求确实由用户发送而来。然后，认证中心将发给用户一个数字证书，该证书内包含用户的个人信息和他的公钥信息，同时认证中心使用自己的私钥对证书签名。这时，如果在传输过程中非法用户篡改了证书信息，验证方收到证书后就会立刻发现。

- 用户可以使用自己的数字证书进行相关的各种活动。

3. 加密、数字签名与数字证书

为了更好地理解加密、数字签名和数字证书的作用，下面用一个例子来解释这3个概念及其相互关系，其演绎过程如图7.15所示。

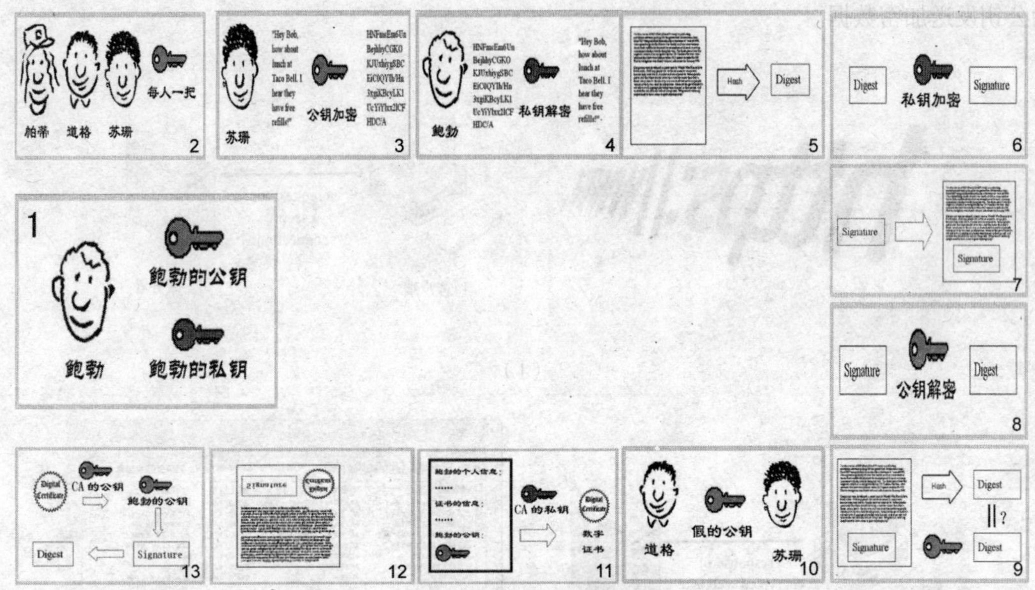

图7.15　加密及签名过程演绎

① 鲍勃有两把钥匙，一把是公钥，另一把是私钥。

② 鲍勃把公钥送给他的朋友们——帕蒂、道格、苏珊，每人一把。

③ 苏珊要给鲍勃写一封保密的信。她写完后用鲍勃的公钥加密，就可以达到保密的效果。

④ 鲍勃收信后，用私钥解密，就看到了信件内容。这里要强调的是，只要鲍勃的私钥不泄露，这封信就是安全的，即使落在别人手里，也无法解密。

⑤ 鲍勃给苏珊回信，决定采用“数字签名”。他写完信后先用Hash函数生成信件的摘要（Digest）。

⑥ 然后，鲍勃使用私钥，对这个摘要加密，生成“数字签名”（Signature）。

⑦ 鲍勃将这个签名，附在信件下面，一起发给苏珊。

⑧ 苏珊收信后，取下数字签名，用鲍勃的公钥解密，得到信件的摘要。由此证明，这封信确实是鲍勃发出的。

⑨ 苏珊再对信件本身使用Hash函数，将得到的结果，与上一步得到的摘要进行对比。如果两者一致，就证明这封信未被修改过。

⑩ 复杂的情况出现了。道格想欺骗苏珊，他偷偷使用了苏珊的计算机，用自己的公钥换走了鲍勃的公钥。此时，苏珊实际拥有的是道格的公钥，但是还以为这是鲍勃的公钥。因此，道格就可以冒充鲍勃，用自己的私钥做成“数字签名”，写信给苏珊，让苏珊用假的鲍勃公钥进行解密。

⑪ 后来，苏珊感觉不对劲，发现自己无法确定公钥是否真的属于鲍勃。她想到了一个办法，要求鲍勃去找“证书中心”（Certificate Authority，CA），为公钥做认证。证书中心用自己的私钥，对鲍勃的公钥和一些相关信息签名，生成“数字证书”（Digital Certificate）。

⑫ 鲍勃拿到数字证书以后，就可以放心了。以后再给苏珊写信，只要在签名的同时，再附上数字证书就行了。

⑬ 苏珊收信后，用 CA 的公钥验证数字证书，就可以拿到鲍勃真实的公钥了，然后就能证明“数字签名”是否真的是鲍勃签的。

图 7.16 演示了在实际应用过程中，如何通过数字证书验证网站的安全性，并通过数字证书中的公钥发送加密数据。

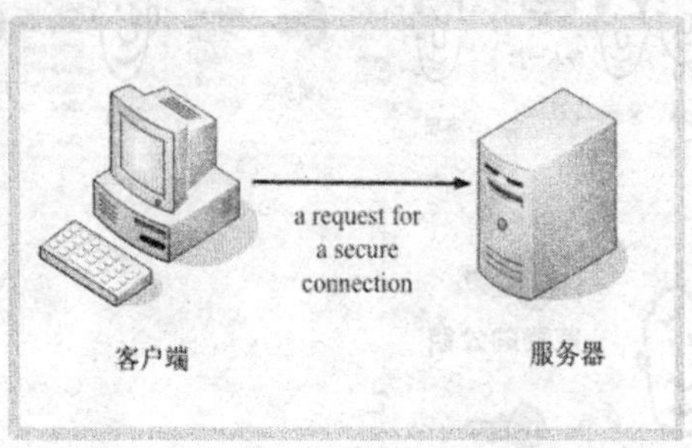

（1）

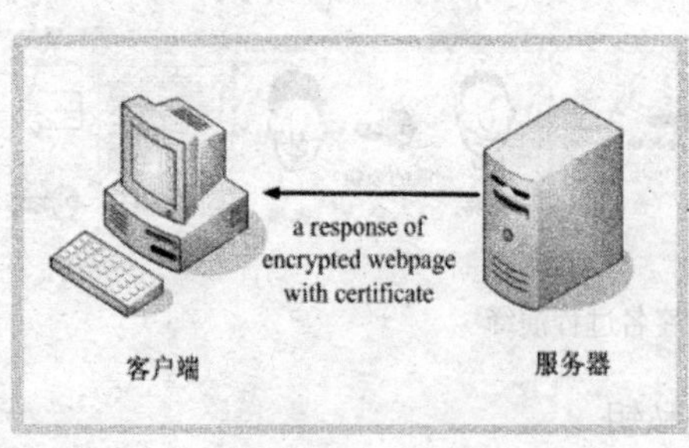

（2）　　　　（3）

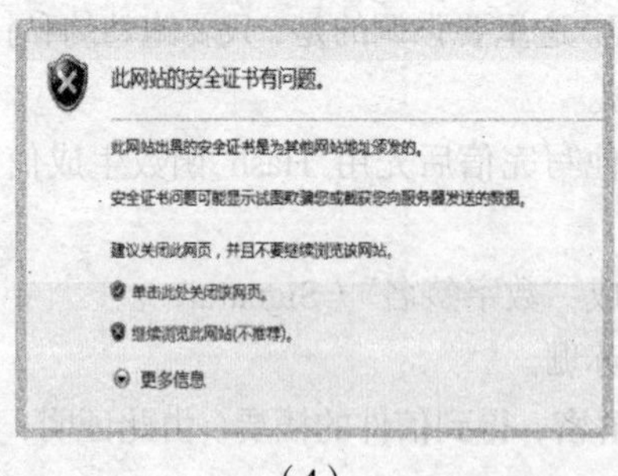

安全警报

您与该站点交换的信息不会被其它人查看或更改。但该站点的安全证书有问题。

该安全证书由您没有选定信任的公司颁发。可以查看证书以便确定您是否信任该验证机构。

该安全证书的日期有效。

该安全证书有一个与您试图查看的网页名称匹配的有效名称。

是否继续?

是(Y)　否(N)　查看证书(V)

（4）　　　　（5）

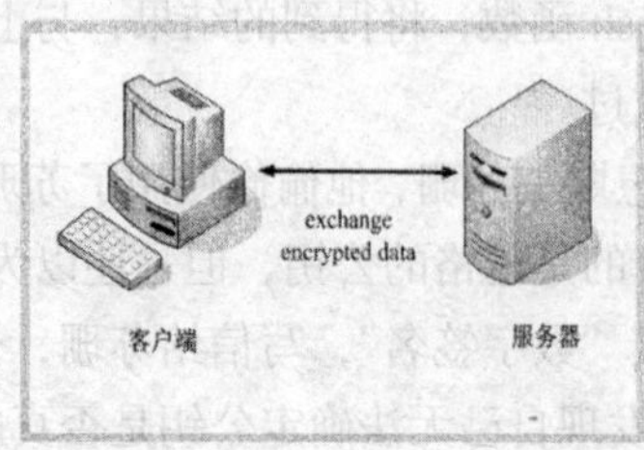

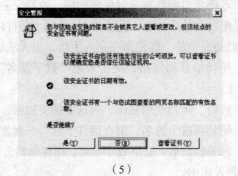

（6）

图 7.16　数字证书的使用

（1）使用安全的超文本传输协议访问 www 服务器，客户端提出连接请求。

（2）服务器用自己的私钥对网页签名，连同本身的数字证书，一起发送给客户端。

（3）客户端（浏览器）的“证书管理器”，有“受信任的根证书颁发机构”列表。客户端会根据这张列表，查看收到的数字证书中的公钥是否在列表之内。

（4）如果数字证书记载的网址，与你正在浏览的网址不一致，就说明这张证书可能被冒用，浏览器会发出警告。

（5）如果这张数字证书不是由受信任的机构颁发的，浏览器会发出另一种警告。

（6）如果数字证书是可靠的，客户端就可以使用证书中的服务器公钥，对信息进行加密，然后与服务器交换加密信息。

可以看到，基于数字证书后，用户不再需要一个公钥库维护鲍勃（或其他人）的公钥，只要持有 CA 的公钥即可。数字证书在电子商务、电子认证等方面使用非常广泛，就如同计算机中的身份证，可以证明企业、个人、网站等实体的身份。同时基于数字证书，加密算法的技术也可以支持安全交互协议（如 SSL）。从而保证用户在网络中数据交互的安全及网络购物和支付的安全。

7.1.7 丢失的数据还能找回来吗

一旦计算机的存储介质遭遇人为的误删除、误格式化、病毒破坏、黑客攻击、软件故障、硬件损坏或难以避免的突然断电等事件，都会威胁到计算机中的数据安全，从而引发系统不能正常启动或不能正常工作，重要文件不能正常打开，甚至造成重要数据的丢失。因此，如何迅速而正确地进行数据恢复成为至关重要的问题。

1. 数据恢复

所谓数据恢复，简单地说就是把遭受破坏或由于硬件缺陷导致不可访问、不可获得或由于误操作等各种原因导致数据丢失的数据还原成正常数据的过程。硬盘数据恢复一般分为物理恢复和逻辑恢复。物理恢复指硬盘因硬件损坏的恢复，如 0 磁道的坏损、硬盘不能识别等情况；逻辑恢复是指误删除，突然断电，误格式化及病毒破坏造成的软件错误等。

硬盘常见问题的逻辑恢复主要分为数据文件恢复、硬盘引导记录的恢复、分区表的恢复、操作系统引导记录的恢复、文件分配表的恢复等。这里我们主要介绍数据文件的恢复。

2. 数据恢复原理

说到数据恢复，就不能不提到硬盘的数据结构、文件的存储原理，甚至操作系统的启动流程，这些是在恢复硬盘数据时需要了解的基本知识。

（1）分区

硬盘存放数据的基本单位为扇区，我们可以理解为一本书的一页。当我们第一次安装操作系统时或买来一个新的移动硬盘，第一步便是为了方便管理进行分区。无论用何种分区工具，都会在硬盘的第一个扇区标注上硬盘的分区数量、每个分区的大小、起始位置等信息，称为主引导记录（MBR），也称为分区信息表。当主引导记录因为各种原因（硬盘坏道、病毒、误操作等）被破坏后，一些或全部分区自然就会丢失不见了，根据数据信息特征，我们可以重新推算分区大小及位置，手工标注到分区信息表，“丢失”的分区就回来了。

（2）文件分配表

为了管理文件存储，硬盘分区完毕后，接下来的工作是格式化分区。格式化程序根据分区大小，合理的将分区划分为目录文件分配区和数据区，就像我们看书，前几页为章节目录，后面才是真正的内容。在文件分配表内记录着每一个文件的属性、大小，以及在数据区的位置。我们对所有文件的操作，都是根据文件分配表来进行的。文件分配表遭到破坏以后，系统无法定位到文件，虽然每个文件的真实内容还存放在数据区，系统仍然会认为文件已经不存在。我们的数据丢失了，就像一本书的目录被撕掉一样。要想直接去找想看的章节，已经不可能了。如果要想得到想看的内容（恢复数据），只能凭记忆知道具体内容的大约页数，或每页（扇区）寻找你要的内容。不过，数据并没有丢失，使用相应的恢复工具，数据还是可以恢复回来。

（3）数据删除与格式化

用户向硬盘里存放文件时，系统首先会在文件分配表内写上文件名称、大小，并根据数据区的空闲空间在文件分配表上继续写上文件内容在数据区的起始位置。然后开始向数据区写上文件的真实内容，一个文件存放操作才算完毕。

删除操作比较简单，当我们需要删除一个文件时，系统只是在文件分配表内在该文件前面写一个删除标志，表示该文件已被删除，所占用的空间已被“释放”，其他文件可以使用其占用的空间。其实，存储在数据区内的文件内容本身并没有真正删除，文件仍然存在。所以，当我们删除了文件又想找回（数据恢复）时，只需用工具将删除标志去掉，数据就被恢复回来了。当然，前提是没有新的文件写入，该文件所占用的空间没有被新内容覆盖。

格式化操作和删除相似，只是操作文件分配表，不过格式化是将所有文件都加上删除标志，或干脆将文件分配表清空，系统将认为硬盘分区上不存在任何内容。其实，格式化操作并没有对数据区做任何操作，目录空了，内容还在，借助数据恢复知识和相应工具，数据仍然能够被恢复回来。

（4）覆盖

数据恢复工程师常说：“只要数据没有被覆盖，数据就有可能恢复回来”。

因为磁盘的存储特性，当我们不需要硬盘上的数据时，数据并没有被拿走。删除时系统只是在文件上写一个删除标志，如果在磁盘上对应的位置重新写入了新的数据，这就是覆盖。

一个文件被标记上删除标志后，它所占用的空间在有新文件写入时，将有可能被新文件覆盖上新内容。这时数据区的空间内容已经被覆盖改变，恢复出来的将是错误异常的内容。

当将一个分区格式化后，又拷贝上新的内容，新数据只是覆盖掉分区前部分空间，去掉新内容占用的空间，该分区剩余空间数据区上无序内容仍然有可能被重新组织，将数据恢复出来。

同理，克隆、一键恢复、系统还原等造成的数据丢失，只要新数据占用空间小于破坏前空间容量，就有可能恢复需要的分区和数据。

3. 注意事项

数据丢失后，需要注意以下事项，以免因为不当的操作而导致数据无法恢复。

- 数据丢失后，不要往待恢复的盘上存入新的文件。
- 如果要恢复的数据是在 C 盘，而系统坏了，启动不了系统，那么不要尝试重装系统或者恢复系统。而是要把这块硬盘拆下来，挂到另外一个电脑上作为从盘来恢复。
- 文件丢失后，不要再打开这个磁盘查看任何文件，因为浏览器在预览图片的时候会自动往这个盘存入数据造成破坏。
- 打开分区提示格式化的时候，不能格式化这个磁盘，如果格式化肯定会破坏文件恢复的效果。
- 文件删除后，可以把扫描到的文件恢复到另外一个分区中。
- 重新分区或者同一个硬盘里面多个分区全部格式化后，必须恢复到另外一个物理硬盘里面，不能恢复到同一个硬盘里面别的分区。

4．数据恢复软件

数据丢失后，可以使用数据恢复软件对丢失的数据进行恢复，常用的数据恢复软件有 Final Data、 EasyRecovery、easy undelete、PTDD、WinHex、DiskGenius、AneData 安易硬盘数据恢复软件等。

（1）Final Data

该软件的特点是可以恢复完全删除的数据和目录，恢复主引导扇区和FAT表损坏丢失的数据、快速格式化的硬盘和软盘中的数据、CIH 破坏的数据、硬盘损坏丢失的数据。通过直接扫描磁盘读取并恢复出文件信息（包括文件名、文件类型、原始位置、创建日期、文件长度等），用户可以根据这些信息，方便地查找和恢复自己需要的文件，将数据从磁盘中恢复，并能修复损坏的文件数据。

（2）EasyRecovery

一般当 Final Data 软件不能恢复时，可用 EasyRecovery 软件进行恢复。该软件号称“恢复软件之王”，相对来说功能更加强大。它可以从被病毒破坏或是已经格式化的硬盘中恢复数据。被破坏的硬盘中，诸如丢失的引导记录、BIOS 参数数据块、分区表、FAT 表及引导区都可以由它来进行恢复，并且能够对 ZIP 文件以及微软的 Office 系列文档进行修复。该软件更是囊括了磁盘诊断、数据恢复、文件修复、E-mail 修复 4 大类、19 个项目的各种数据文件修复和磁盘诊断方案。使用 EasyRecovery 找回数据的前提是硬盘中还保留着文件的信息或数据块。如果在进行删除文件、格式化硬盘等操作后又对该分区写入大量信息时就很难恢复原有数据。

尽管数据恢复技术在硬盘故障、数据丢失时可以帮助解决问题，但数据恢复技术并不是万能的，它仅仅是数据丢失后的一种补救措施。当数据丢失时，要根据出现的故障现象，分析数据丢失的原因，采用适当的方法才能快速恢复数据。另外，通过手工恢复技术来完成的数据恢复工作需要了解分区的原理和分区管理的知识，还要以磁盘的数据结构等知识作为基础，技术要求和难度较高，数据恢复成本较高。因此，只有加强数据安全意识，做好重要数据的备份，才能减少因数据丢失无法恢复而造成的各种损失。

7.1.8　如何高效地使用搜索引擎

搜索引擎可帮助我们方便地查询网上的信息，但是当你输入关键词后，出现了成百上千个查询结果，而且这些结果中并没有多少你想要的东西，面对着一堆信息垃圾，这时你的心情该是如何的沮丧。不要难过，这不是因为搜索引擎没有用，而是由于没能很好地驾驭它，没有掌握它的使用方法，才导致这样的后果。

不同的搜索引擎提供的查询方法不完全相同，但有一些通用的查询方法，各个搜索引擎基本上都具有同样的功能。

1．搜索引擎的查询方法

在这里主要介绍如何使用搜索引擎对关键词进行查询。

（1）简单查询

在搜索引擎中输入关键词，然后单击“搜索”按钮就可以了，系统很快会返回查询结果，这是最简单的查询方法，使用方便，但是查询的结果却不准确，可能包含着许多无用的信息。

（2）使用双引号用（" "）

给要查询的关键词加上双引号（半角），可以实现精确的查询。如果输入的关键词很长，搜索引擎在经过分析后，给出的搜索结果中的关键词可能是拆分的。如果你对这种情况不满意，可以尝试让搜索引擎不拆分关键词，给关键词加上双引号就可以达到这种效果。例如，在搜索引擎的文字框中输入"电影"，它就会返回网页中有"电影"这个关键字的网址，而不会返回诸如"电视剧影视"之类的网页。

（3）使用加号（+）

在关键词的前面使用加号，也就等于告诉搜索引擎该单词必须出现在搜索结果中的网页上。例如，在搜索引擎中输入“+电脑+电话+传真”就表示要查找的内容必须要同时包含“电脑、电话、传真”这 3 个关键词。其实就是“与”关系，在关键词之间加空格也可以达到同样的效果。

（4）使用减号（-）

在关键词的前面使用减号，也就意味着在查询结果中不能出现该关键词，减除无关资料。例如，在搜索引擎中输入“电视台 -中央电视台”，它就表示最后的查询结果中一定不包含“中央电视台”。注意，在减号之前必须留以空格。

（5）使用书名号（《》）

加上书名号的关键词，有两重特殊功能，一是书名号会出现在搜索的结果中；二是被书名号扩起来的内容不会被拆分，类似于双引号。

书名号在某些情况下，特别有效果。例如，查电影“手机”，如果不加书名号，很多情况下查询出来的是通信工具——手机。而加上书名号之后就都是关于电影和书籍——“手机”方面的内容了。

（6）使用括号（()）

利用()可以把多个关键词作为一组，并进行优先查询。例如，键入“（电脑+网络）-（硬件+价格）”来搜索包含“电脑”与“网络”的信息，但不包含“硬件”与“价格”的网站。

（7）对搜索的网站进行限制

“site:站点域名”表示搜索结果局限于某个具体网站，如“sie:www.sina.com.cn”。或者是某个域名，如“site:com.cn”。

示例：搜索中文教育科研网站（edu.cn）上关于“搜索引擎技巧”的页面。

搜索：搜索引擎技巧 site:edu.cn。

注意：site 后的冒号为英文字符，而且，冒号后不能有空格。此外，网站域名不能有“http://”前缀，也不能有任何“/”的目录后缀。

（8）在某一类文件中查找信息

“filetype:”是用于搜索特定文件格式。

示例：搜索计算机网络的 word 文档。搜索：计算机网络 filetype:doc。

（9）搜索的关键字包含在 URL 中

“inurl:”语法返回的网页 URL 中包含第一个关键字，后面的关键字则出现在 URL 中或者网页中。

示例：搜索关于 Photoshop 的使用技巧。搜索： inurl:jiqiao Photoshop

上面这个“Photoshop”可以出现在网页的任何位置，而“jiqiao”则必须出现在网页的 url 中。

（10）搜索的关键字包含在网页标题中

“intitle:”对网页的标题进行查询。网页标题，就是 HTML 标记语言 title 中之间的部分。网页设计的一个原则就是要把主页的关键内容用简洁的语言表示在网页标题中。因此，只查询标题栏，通常也可以找到高相关率的专题页面。

示例：搜索英语四级考试的听力模拟题。搜索："听力模拟题" intitle: 英语四级考试。

上面的例子意思是，网页标题中包含有“英语四级考试”关键词，网页内容中包含“听力模拟题”关键词。

2. 学术资源搜索

如果要对专业学术资源进行搜索，使用普通的搜索引擎搜索浩如烟海的学术信息存在着检重率过多，内容与所需信息的相关性不匹配，深层网页资源容易漏检等问题，这给需要搜索专业信息的科研人员带来诸多不便。为了能使科研人员及时、高效、准确地查找到所需要的学术资源，富有个性的、学术性的、专业性的学术数据库应运而生。典型的专业数据库有中国知网数据库，万方数据库，超星数据库等。在这些数据库中保存着上千万篇学术文献，如何才能快速、准确的从海量数据中查找到需要的文章呢？这就要利用学术数据库的搜索引擎来帮助我们。下面以中国知网中文学术期刊全文数据库为例，介绍检索的方法。

首先，通过学校图书馆进入中国知网中文学术期刊全文数据库的检索界面，如图 7.17 所示。图中标为“1”的地方是“选择学科领域”，检索时根据检索的内容选择合适的领域，这样可以缩小检索范围，提高检索精度。

图 7.17 中标为“2”的位置是检索条件，可以根据主题、作者、单位、刊名等属性检索关键词，“+”“-”图标可以添加和减少检索条件，检索条件越多，精度也就越高。检索时还可以设置起止年份，以及来源期刊类别。检索时可以使用一般检索（当前图中所示），高级检索，专业检索，作者发文检索，科研基金检索，句子检索和来源期刊检索方式。我们只要将检索的条件输入指定的文本框，就可以检索到需要的内容。当有多个条件时，可以使用“并且”“或者”“不含”3 种关系连接，达到多个关键词同时检索的作用。

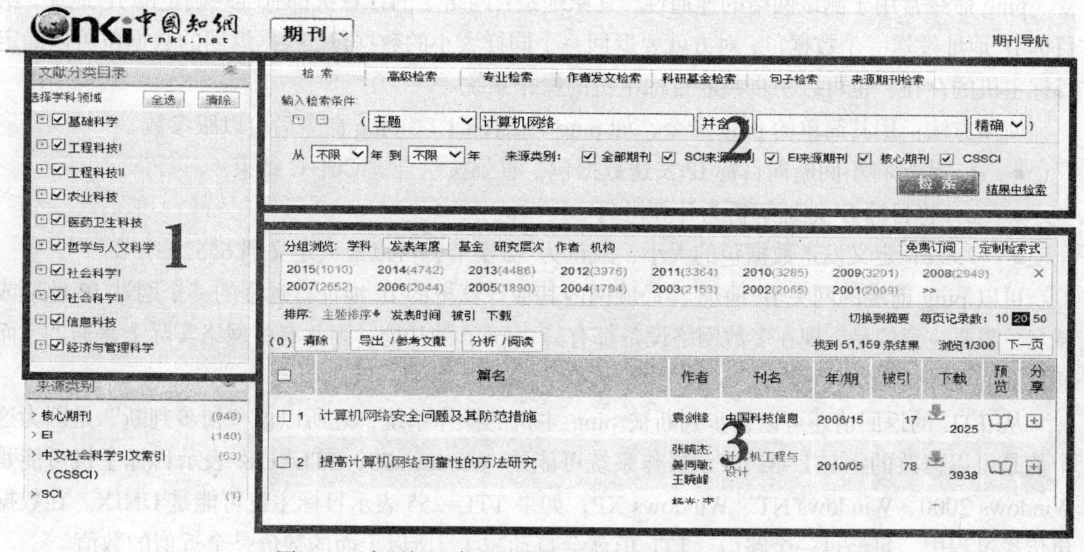

图 7.17　中国知网中文学术期刊全文数据库的检索界面

图 7.17 中标为“3”的位置是输出的检索结果，还可以从结果中再次进行检索。找到自己需要的文章后，单击文献的篇名可以查看文献的基本信息，单击“下载”，可以下载文献全文。

熟练地使用搜索引擎，可以剔除大量的无用信息，提高搜索速度，以及检索精度，为用户在知识的海洋中遨游找准方向。

7.2 设计与实践

7.2.1 TCP/IP 配置及基本网络命令

一、实验目的

1. 掌握并了解计算机网络配置方法。
2. 了解测试网络连接的方法。
3. 了解常用网络命令的功能及使用方法。

二、实验任务

1. 用 ipconfig/all 命令查看网络配置情况。
2. 检查网络的连通性。

- 检查本机的网络设置是否正常?
- 检查到默认网关的 IP 地址。
- 检查到相邻同学的计算机是否连通?
- 检查到 Internet 是否相通?

3. 测试常用的网络命令。

三、实验步骤

基本网络命令应用。

1. ping。

ping 命令常用于测试网络的连通性。其原理是:网络上的计算机都有唯一确定的 IP 地址,给目标 IP 地址发送一个数据包,对方就要返回一个同样大小的数据包,根据返回的数据包可以确定目标主机的存在,也可以初步判断目标主机的操作系统。

使用方法:用其简单的 ping 命令,如 ping 192.168.1.1。ping 命令后可以跟参数。

- -t,表示将不间断向目标 IP 发送数据包,直到按组合键 Ctrl+C 结束。
- -a,将目标 IP 地址解析为计算机名。
- -l size,定义发送数据包的大小,默认为 32 字节,可以最大定义到 65527 字节。

可以 ping 前端的网关 IP 地址,局域网内其他计算机的 IP 地址,远程的一个网站 IP 地址或域名。需要注意的是,现在多数网络设备都有禁止 ping 的功能,因此有些网络实际上是通的,而通过 ping 命令却显示不通。

从 TTL 的返回值还可以初步判断被 ping 主机的操作系统,之所以说“初步判断”是因为这个值是可以修改的。TTL=32 表示操作系统可能是 Windows98;TTL=128 表示目标主机可能是 Windows 2000、Windows NT、Windows XP;如果 TTL=255 表示目标主机可能是 UNIX。在数据包传送过程中,每经过一个路由,TTL 值就会自动减 1,所以上面的数值是个近似的数值。

2. ipconfig。

查看计算机的 IP 地址、DNS 地址和网卡的物理地址等网络配置信息。

使用方法:ipconfig/all。

3. netstat。

这是一个用来查看网络状态的命令。用于显示与 IP、TCP、UDP 和 ICMP 等协议相关的统计数据，一般用于检验本机各端口的网络连接情况。该命令常用参数如下。

- -a，显示所有连接和监听端口，可以有效发现和预防木马，可以知道系统所开的服务等信息。使用方法：netstat -a IP。
- -r，列出当前的路由信息，列出本地设备的网关、子网掩码等信息。使用方法：netstat -r IP。
- -n，以数字格式显示地址和端口号。
- -p protocol，显示由 protocol 指定的协议的连接。

4. 地址解析协议 ARP。

ARP 命令可以显示和修改以太网 IP 物理地址翻译表。该命令有如下几个参数：

- -a，显示当前 ARP 表中的所有条目。
- -d，从 ARP 表中删除所有对应条目。
- -s 为主机创建一个静态的 ARP 对应条目。例如，arp -s 目的主机 IP 地址 目的主机 MAC 地址。如图 7.18 所示，从图中可以看出静态绑定了 192.168.1.1 以后，在 arp 表中可以看到对应的 Type（类型）变为 static（静态）了。

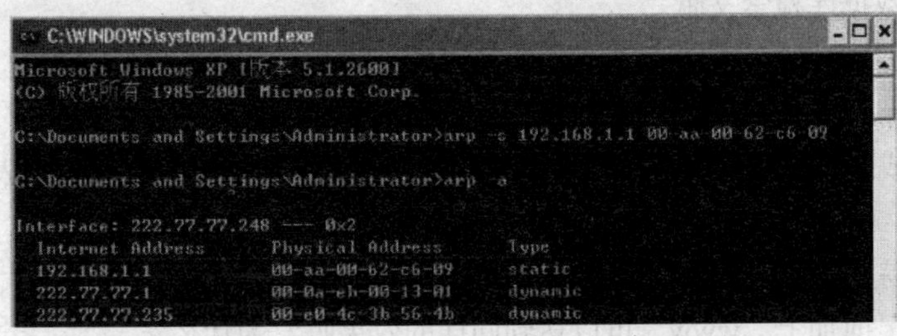

图 7.18　静态绑定

5. net。

主要功能：网络查询、在线主机、共享资源、磁盘映射、开启服务、关闭服务、发送消息、建立用户等。net 命令功能十分强大。输入 net help command 可获得 command 的具体功能及使用方法。

（1）net view。

作用：显示域列表、计算机列表或指定计算机的共享资源列表。

命令格式：net view [\\computername | /domain[:domainname]]

参数说明：

- 键入不带参数的 net view 显示当前域的计算机列表。
- \\computername 指定要查看其共享资源的计算机。
- /domain[:domainname]指定要查看其可用计算机的域。

例如：net view \\GHQ　查看 GHQ 计算机的共享资源列表。

net view /domain:XYZ　查看 XYZ 域中的机器列表。

（2）net use。

作用：把远程主机的某个共享资源影射为本地盘符。

命令格式：net use x: \\IP\sharename

表示把 IP 的共享名为 sharename 的目录影射为本地的 x 盘。

（3）net start。

作用：启动服务，或显示已启动服务的列表。

命令格式：net start service

四、实验思考

1. 使用 ping 命令测试连通性时，如果测试不成功会出现什么提示？哪些因素可能导致测试不成功？

2. 使用网络基本命令可以发现哪些安全问题？

7.2.2 网络基础应用

实验一：信息检索

一、实验目的

1. 掌握搜索引擎的使用方法。

2. 熟练使用学术资源数据库检索文献。

二、实验任务

1. 使用搜索引擎语法检索关键词。

2. 使用专业数据库检索文献。

三、实验步骤

1. 测试 filetype、site、减号、双引号、inurl 等语法的功能。

2. 设计一个或多个检索案例，体现这些语法的功能，说明检索意图和检索表达式，并对检索效果进行评价。

例如：从“网易”中搜索有关“太原理工大学”的网页。搜索语法：太原理工大学 site:163.com。如果在“163.com”前加上“www”可以达到同样的效果吗？为什么？

3. 文献检索。

（1）访问中国国家图书馆网站，寻找博士论文库，然后完成下列操作：

- 检索导师为戴汝为教授的博士论文；
- 检索关键词为“网络安全”的博士论文；
- 检索本专业的硕士或者博士论文。

（2）访问本校数字化图书馆。

- 在“中国学术期刊全文数据库”中，找到《计算机工程》杂志，并下载 2006 年第二期发表的“视频点播系统的设计与实现”论文全文。
- 在“中国学术期刊全文数据库”的“计算机技术”分类中，检索发表在 2005—2006 年《软件学报》中的以“粗糙”为关键字的相关论文，检索结果按时间排序显示。
- 在“万方”数据库的“学位论文全文库”中，检索关键字中包含“协议”且标题中包含“网络”的硕士论文。
- 在“万方”数据库的“学术期刊全文数据库”中，检索本校本专业的文章。

四、实验思考

1. 怎样提高检索的精度？

2. 如何通过学校图书馆检索外文文献？

实验二：FTP 服务器配置与使用

一、实验目的

1. 掌握 FTP 服务器的配置方法。

2. 熟练使用浏览器或软件下载 FTP 资源。

二、实验任务

1. 配置 FTP 服务器。

2. 使用浏览器登录 FTP 站点，查看、下载站点文件。

三、实验步骤

1. 安装 FTP 组件。

由于 Windows 7 默认没有安装 FTP 组件，所以 FTP 的设置第一步就是安装 FTP 组件。

操作步骤：单击“控制面板”→“程序和功能”→“打开或关闭 Windows 功能”。勾选“FTP 服务器”“FTP 服务”“FTP 扩展性”以及“Web 管理工具”，单击“确定”按钮，安装 FTP 组件，如图 7.19 所示。

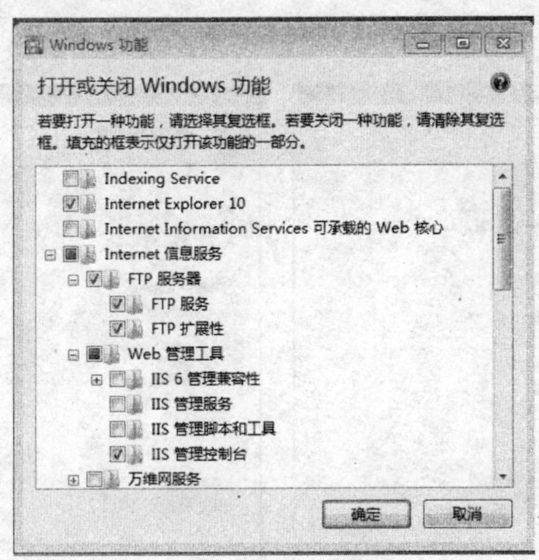

图 7.19 安装 FTP 组件

2. 添加 FTP 站点。

操作步骤：如图 7.20 所示。

（1）单击“控制面板”→“管理工具”。选中“Internet 信息服务（IIS）管理器”。

（2）双击“Internet 信息服务（IIS）管理器”，弹出管理器界面。

（3）单击选中“网站”，并且在其上右击，选择“添加 FTP 站点”，出现“站点信息”界面。

（4）给 FTP 取名，以及设置 FTP 站点的物理路径，单击“下一步”按钮，出现“绑定和 SSL 设置”界面。

（5）IP 设置为本机的 IP 地址，端口用 FTP 默认的 21，SSL 勾选“无”。单击“下一步”按钮，出现“身份验证和授权信息”界面。如果只是想设置简单的 FTP，则“身份验证”和“授权”都勾选“匿名”，并且给匿名设置相应的权限。如果要给 FTP 配置帐号，以及帐号的权限，故“身份验证”勾选“基本”，“授权”勾选“未选定”，单击“完成”按钮，完成 FTP 站点的设置。

3. 设置 FTP 帐号以及权限。

操作步骤：如图 7.21 所示。

（1）由于 Windows7 下的 FTP 帐号是 Windows 用户帐号。所以，先得添加两个用户帐号，一个是 View，可以浏览、下载 FTP 内容；另一个是 Admin，完全控制 FTP。单击“控制面板”→“管理工具”→“计算机管理”。在计算机管理界面的左侧，单击“系统工具”→“本地用户和组”→“用户”，右侧显示所有用户。

步骤（1）

步骤（2）

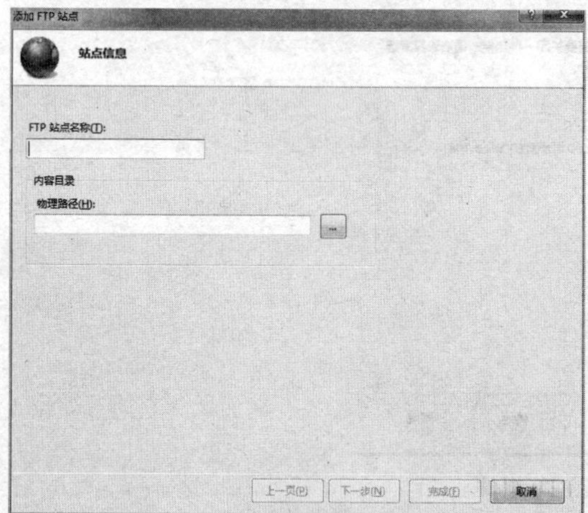

步骤（3）

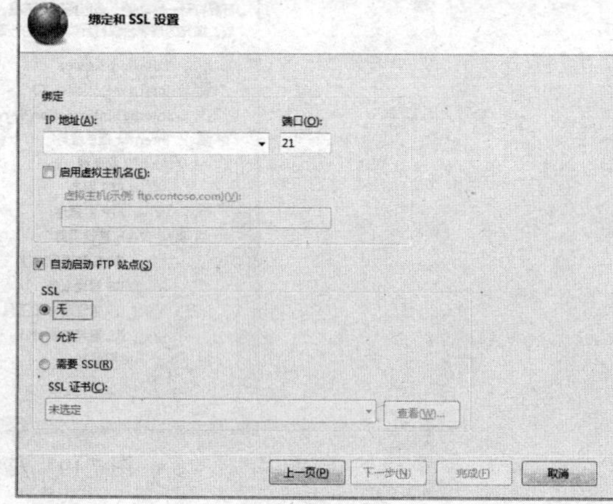

步骤（4）

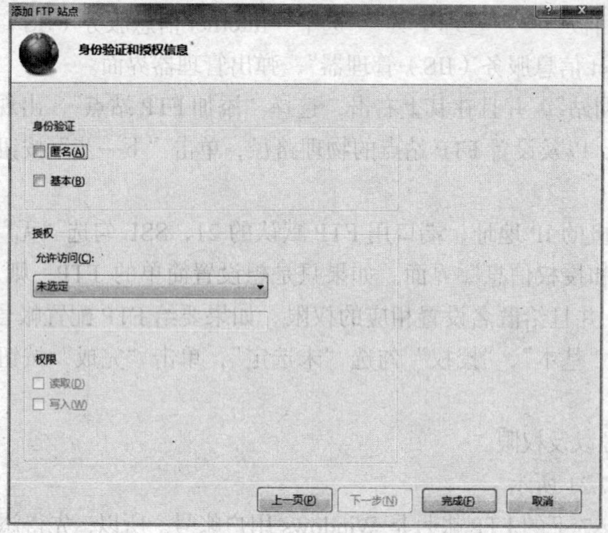

步骤（5）

图 7.20　添加 FTP 站点

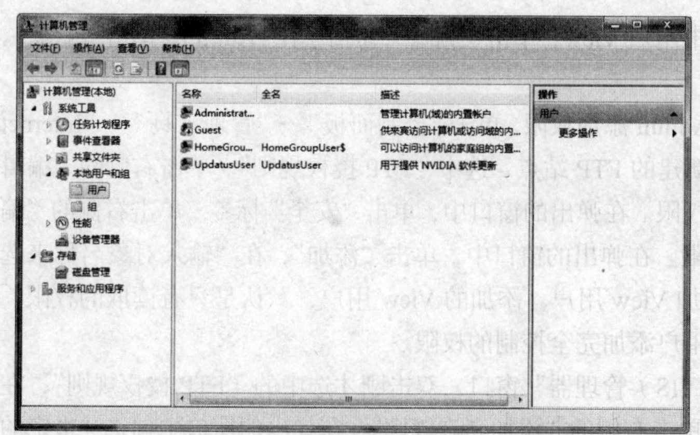

步骤（1）

步骤（2）

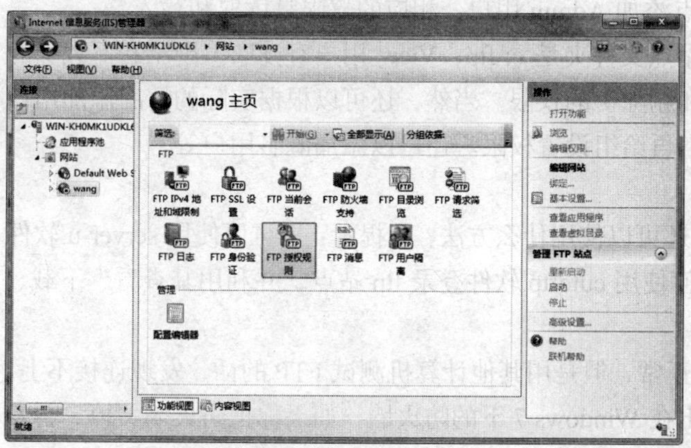

步骤（3）-1

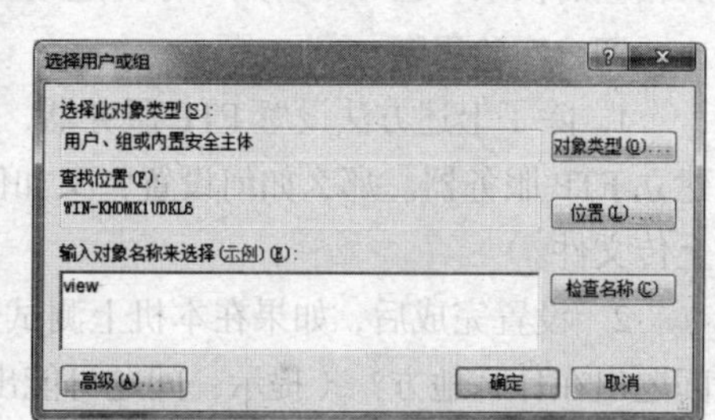

步骤（3）-2

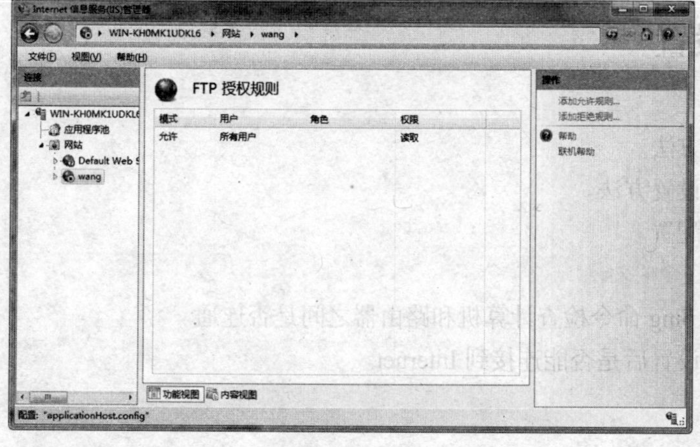

步骤（4）-1

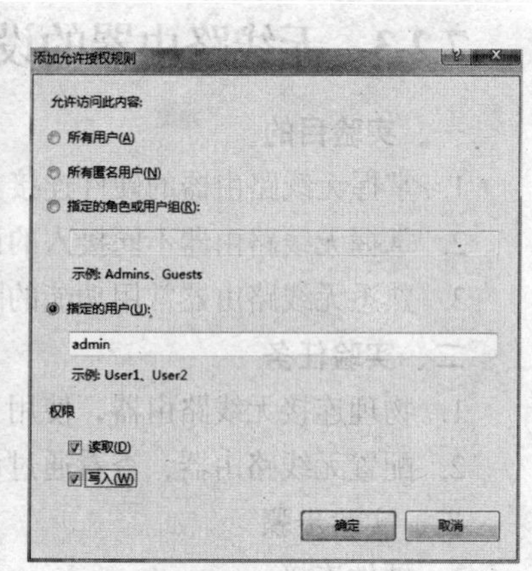

步骤（4）-2

图 7.21　设置 FTP 帐号以及权限

（2）在“用户”上右键单击，出现“新用户”，在用户名中输入“View”，设置好密码，去掉勾选“用户下次登录时须更改密码”，勾选“用户不能更改密码”和“密码永不过期”。单击“创建”，完成用户 View 的创建。同样的步骤，创建 Admin 用户。由于 Windows 默认将用户添加到 Users 组，你可以将刚才的两个用户从 Users 组中删除。方法是在“计算机管理”中单击“组”，在右侧的列表中找到 Users 双击，选中用户 View，单击“删除”，选中用户 Admin，单击“删除”。将两个用户从 Users 组中删除。

（3）在 FTP 站点中，给 View 和 Admin 添加权限。单击“控制面板”→“管理工具”→“Internet 信息服务（IIS）管理器”。选中刚才新建的 FTP 站点。选中“FTP 授权规则”。单击右侧的“编辑权限”，对 FTP 站点文件夹添加用户权限。在弹出的窗口中，单击“安全”标签。单击右侧的“编辑”，对 FTP 站点文件夹添加用户权限。在弹出的窗口中，单击“添加”，在“输入对象名称来选择”中输入 View，单击“确定”，添加 View 用户。添加的 View 用户，默认是只有读取的权限。同样再添加 Admin 用户，给 Admin 用户添加完全控制的权限。

（4）再回到“Internet 信息服务（IIS）管理器”窗口，双击刚才选中的“FTP 授权规则”，在 FTP 站点中对 View 和 Admin 授权。单击右侧的“添加允许规则”，在弹出的窗口中勾选“指定的用户”，输入 View，在下方的“权限”中，勾选“读取”。单击“确定”，给 FTP 站点添加 View 用户，相应的权限是读取。再给 FTP 站点添加 Admin 用户，相应的权限是读取和写入。

至此，FTP 的站点设置就完成了。站点文件夹是 c:\ftp，View 用户有读取（浏览和下载）的权限，Admin 用户有读取和写入（上传和删除）的权限。当然，还可以根据实际的情况添加用户及相应的权限，也可以将用户添加进组，再给组设置权限。还可以添加匿名用户等。

四、实验思考

1. 除了上述方法设置 FTP 服务器，还可以使用什么方法？（提示：还可以使用 server-u 软件建立 FTP 服务器。那么如何设置？又如何使用 cuteftp 软件登录 ftp 站点，并利用其查看、下载、上传文件。）

2. 设置完成后，如果在本机上测试正常，但是用其他计算机测试 FTP 的话，发现连接不上。问题出在什么地方？（提示：问题可能出在 Windows 7 下的防火墙。如果你把防火墙关掉，会发现可以登录 FTP 站点，但也不能因为要用 FTP，就把 Windows 7 的防火墙关掉。要想在 Windows 7 打开着防火墙的时候还要正常使用，就必须要在防火墙中进行设置。那么如何设置防火墙？）

7.2.3 无线路由器的设置

一、实验目的

1. 掌握无线路由器的硬件连接方法。
2. 掌握无线路由器不同接入的设置方法。
3. 熟悉无线路由器常用功能的配置。

二、实验任务

1. 物理连接无线路由器，使用 ping 命令检查计算机和路由器之间是否连通。
2. 配置无线路由器，查看通过设置后是否能连接到 Internet。

三、实验步骤

1. 硬件连接。

在安装路由器前，请确认已经能够利用宽带服务在单台计算机上成功上网。

（1）建立局域网连接。

用网线将计算机直接连接到路由器 Ethernet 口。也可以将路由器的 Ethernet 口和局域网中的集线器或交换机通过网线相连。

（2）建立广域网连接。

用网线将路由器 Internet 口和 ADSL/Cable Modem 或以太网相连，如图 7.22 所示。

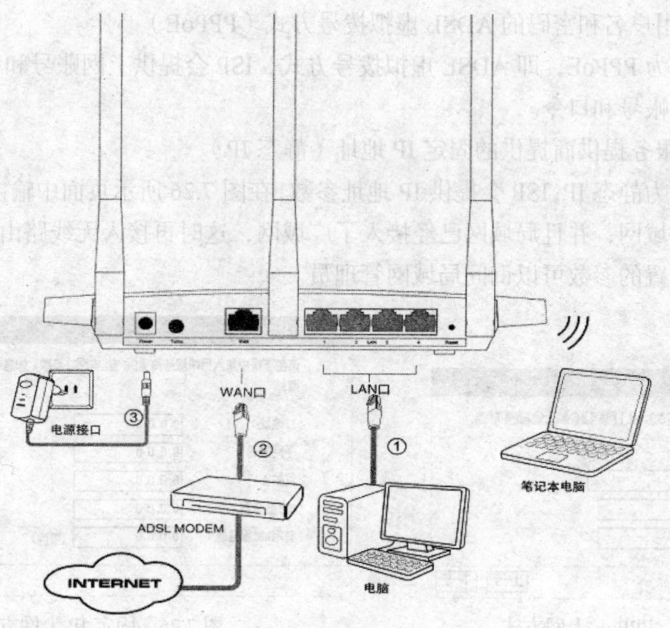

图 7.22　物理连接

2. 计算机网络设置。

路由器默认 LAN 口 IP 地址是 192.168.1.1，默认子网掩码是 255.255.255.0。注意：不同品牌的路由器默认的 IP 地址不太一样，可查看路由器底部信息。本例的路由器 LAN 口 IP 地址是 192.168.1.1。访问路由器的计算机的 IP 地址设置为“自动获得 IP 地址”“自动获得 DNS 服务器地址”。

3. 设置向导。

（1）打开网页浏览器，在浏览器的地址栏中输入 tplogin.cn 或者 192.168.1.1，将会看到图 7.23 所示的登录界面。设置管理员密码，单击“确认”按钮。后续配置设备时需使用该密码进入配置页面。有些设备默认的用户名和密码是 admin。

（2）浏览器进入设置向导页面，单击“下一步”按钮，进入图 7.24 所示的上网方式选择页面。

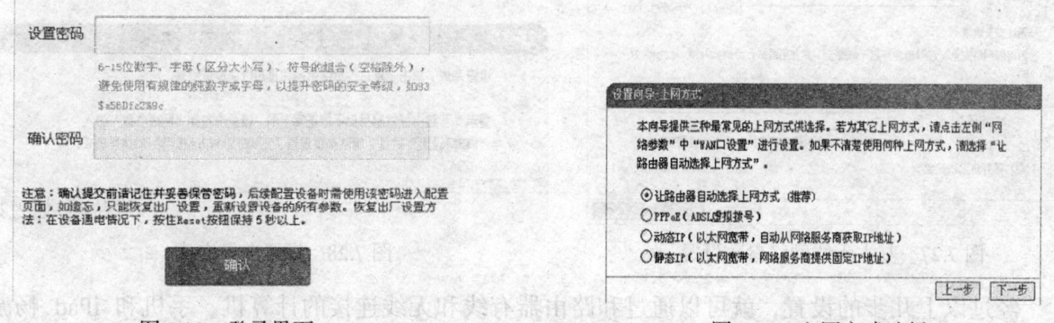

图 7.23　登录界面　　　　图 7.24　上网方式选择

图 7.24 中显示了最常用的几种上网方式，请根据自己的环境选择上网方式，然后单击“下一步”按钮填写 ISP 提供的网络参数。

- 让路由器自动选择上网方式（推荐）

选择该选项后，路由器会自动判断上网类型，然后跳到相应上网方式的设置页面。

- 使用要求用户名和密码的 ADSL 虚拟拨号方式（PPPoE）

如果上网方式为 PPPoE，即 ADSL 虚拟拨号方式，ISP 会提供上网账号和口令，在图 7.25 所示页面中填写上网帐号和口令。

- 使用网络服务提供商提供的固定 IP 地址（静态 IP）

如果上网方式为静态 IP，ISP 会提供 IP 地址参数，在图 7.26 所示页面中输入 ISP 提供的参数。如果所处环境有局域网，并且局域网已经接入了广域网，这时再接入无线路由器时，使用的也是这种上网方式。设置的参数可以询问局域网管理员。

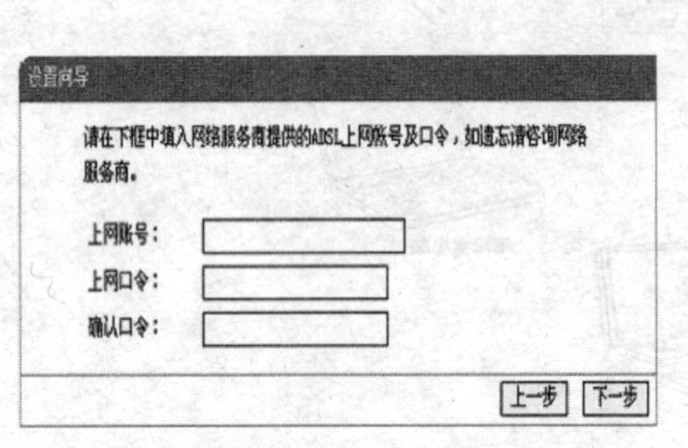

图 7.25　PPPoE 上网方式

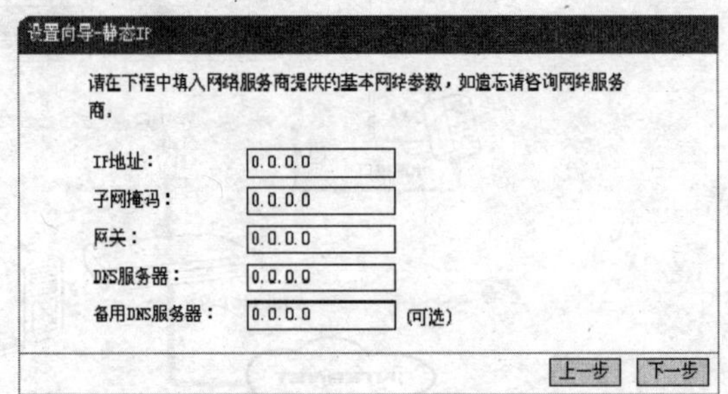

图 7.26　固定 IP 上网方式

（3）参数设置完成后，单击“下一步”按钮，将看到如图 7.27 所示的基本无线网络参数设置页面。

- SSID：设置任意一个字符串来标识无线网络。
- WPA-PSK/WPA2-PSK：路由器无线网络的加密方式，如果选择了该项，请在 PSK 密码中输入密码，密码要求为 8～63 个 ASCII 字符或 8～64 个十六进制字符。最好设置此项。
- 不开启无线安全：关闭无线安全功能，即不对路由器的无线网络进行加密，此时其他人均可以加入该无线网络。

（4）设置完成后，单击“下一步”按钮，将弹出如图 7.28 所示的设置向导完成界面，单击“重启”按钮，路由器将重启以使无线设置生效。

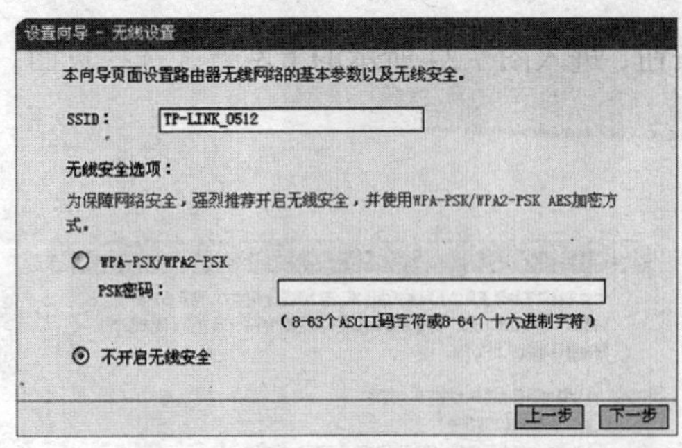

图 7.27　基本无线网络参数设置

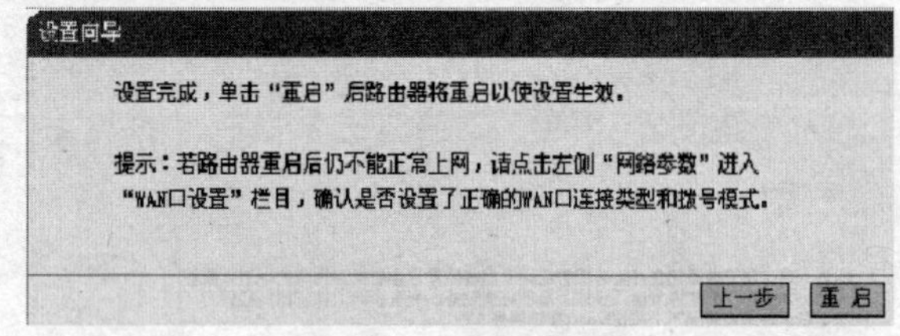

图 7.28　设置向导完成

经过以上几步的设置，就可以通过和路由器有线和无线连接的计算机、手机和 iPad 畅游 Internet 网了。

四、实验思考

1. 如何设置可以保证路由器的安全?
2. 路由器管理页面中有如下几个菜单：运行状态、设置向导、网络参数、无线设置、DHCP 服务器、转发规则、安全功能、家长控制、上网控制、路由功能、IP 带宽控制、IP 与 MAC 绑定、动态 DNS 和系统工具。通过自己操作，举例说明其中几个菜单的功能及配置方法。

7.2.4 文件加密

一、实验目的

1. 加深对公钥密码算法及数字签名的理解。

2. 熟悉如何使用 PGP 加密文件，了解密码体制在实际网络环境中的应用。

二、实验任务

1. 下载安装 PGP 软件。

2. 生成密钥，分发公钥。利用 PGP 生成自己的密钥对，并导出自己的公钥，发送给其他同学。同时接收其他同学发给自己的他的公钥，并将其导入 PGP。

3. 加/解密文件。用同学的公钥加密文件，将加密后的文件发送给同学。同时接收其他同学用你自己的公钥加密后的文件，并解密这个文件。

4. 通过试验，了解 PGP 其他功能及使用方法。

三、实验步骤

1. PGP 介绍。

PGP（Pretty Good Privacy）是一个基于 RSA 公钥加密算法和 AES 加密算法的加密软件。它包含邮件加密与身份确认，文件加密，硬盘及移动磁盘全盘加密保护，网络共享资料加密，PGP 自解压文档创建，资料安全擦除等功能。

2. 文件加密步骤。

（1）安装 PGP。网上下载 PGP 安装文件，单击安装程序安装软件。安装过程和其他软件一样，一直单击“下一步”。最后弹出要求重启系统窗口，重启后就可以使用了。但是非注册用户能使用的功能很少，只有企业版才能获得所有的加密功能。

（2）安装好 PGP 后，右击文件或者文件夹，在弹出的快捷菜单中会增加“Symantec Encryption Desktop”选项（有的版本是 PGP Desktop），如图 7.29 所示。通过这个选项就可以对选定的文件进行加密了。

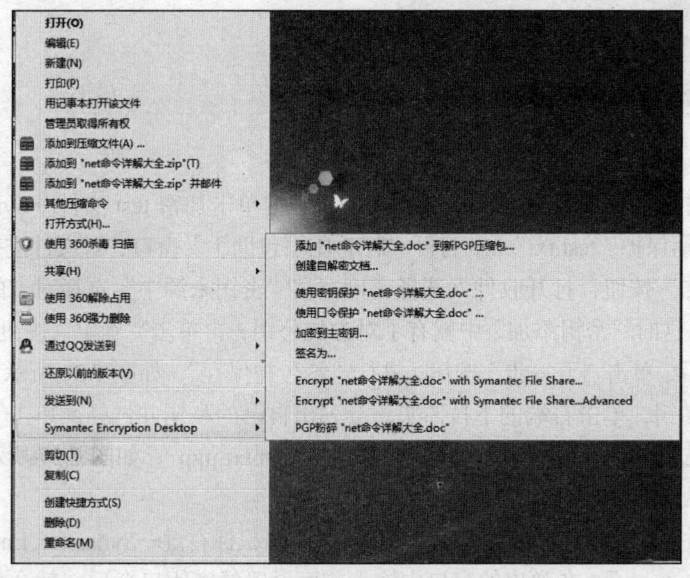

图 7.29 PGP 文件加密快捷菜单

（3）在加密之前，必须先通过 PGP 生成密钥。打开“Symantec Encryption Desktop”窗口，先选中“PGP 密钥”选项，再单击“文件”下拉菜单→新建 PGP 密钥，弹出“PGP 密钥生成助手”窗口，如图 7.30 所示。单击“下一步”按钮，分配名称和邮件及创建口令，就可以生成密钥了，如图 7.31 所示。

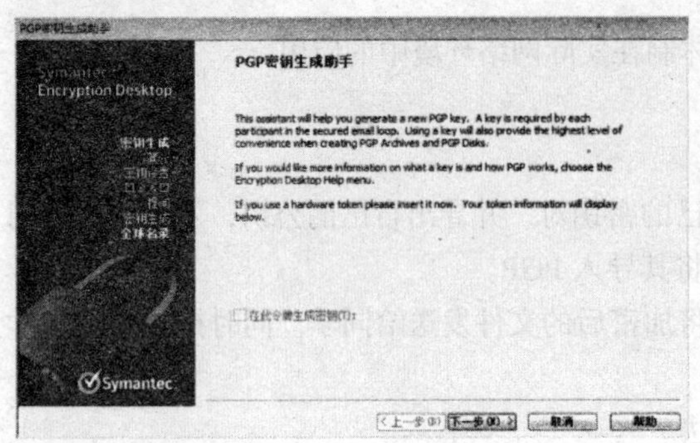

图 7.30 “PGP 密钥生成助手”窗口

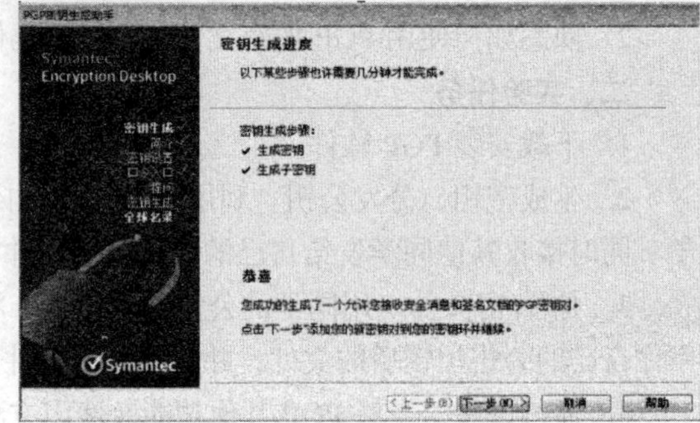

图 7.31 密钥生成

（4）这时，在 PGP 密钥选项“My Private Keys”中就可以看到刚才生成的密钥了，如图 7.32 所示。A 如果要给 B 发送加密文件，B 要从密钥对中导出公钥*.sac 文件，如图 7.33 所示。将公钥发送给 A，A 拿到 B 的公钥后需要将 B 的公钥导入 A 自己的 PGP 中，以后 A 给 B 发送机密文件时，就可以用 B 的公钥加密文件发送了。

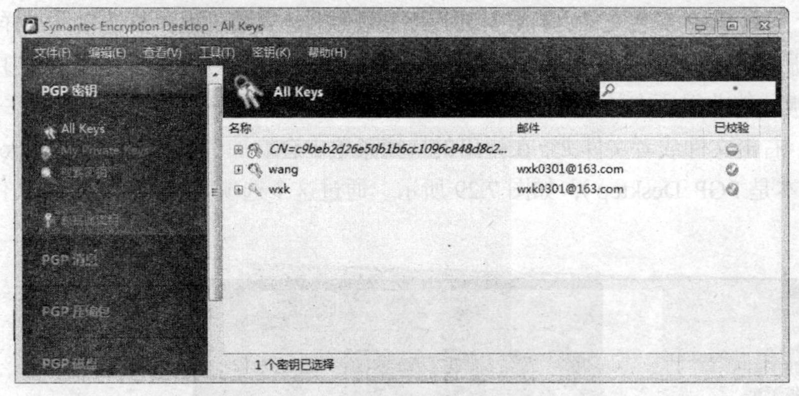

图 7.32 PGP 密钥

图 7.33 公钥文件

（5）对文件加密。例如要对 test.txt 文件加密，右键单击加密 test 文件→Symantec Encryption Desktop→使用密钥保护“test.txt”...，打开“PGP 压缩包助手”窗口，对文件进行加密，如图 7.34 所示。单击“添加”按钮，打开收件人选择窗口，在“密钥来源中”选择对方的公钥，选中后单击“添加”按钮，这时“密钥添加”中就有了对方的公钥，再单击“确定”按钮，如图 7.35 所示。回到前一个窗口后，单击“下一步”按钮，进行“签名并保存”，如图 7.36 所示。如果要“签名”，需要选择自己的私钥，单击右端的下拉箭头，会列出自己的私钥并选择。单击“下一步”按钮完成加密。会在你选择的保存位置显示加密后的文件“test.txt.pgp”，如图 7.37 所示。将这个加密后的文件发送给接收方。

（6）解密文件。对方收到加密文件后，选中文件单击鼠标右键→Symantec Encryption Desktop→解密&校验“test.txt.pgp”。在弹出的窗口中输入前面设置的密钥口令后，就会将文件解密。如果加密时选择了“签名”，在解密的同时会验证“签名”。若文件被篡改，会提示校验未通过，如图 7.38 所示。

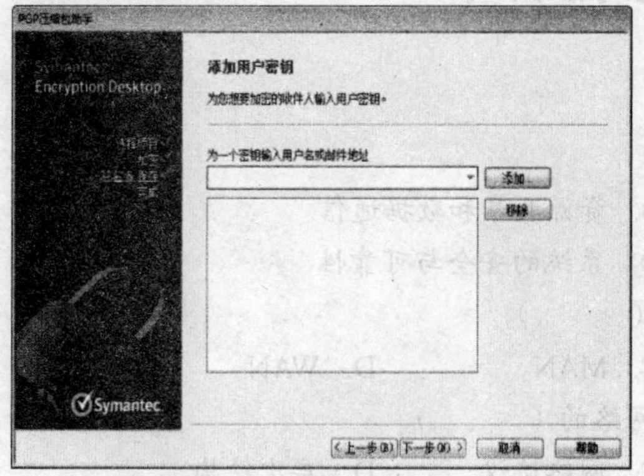

图 7.34　添加用户密钥

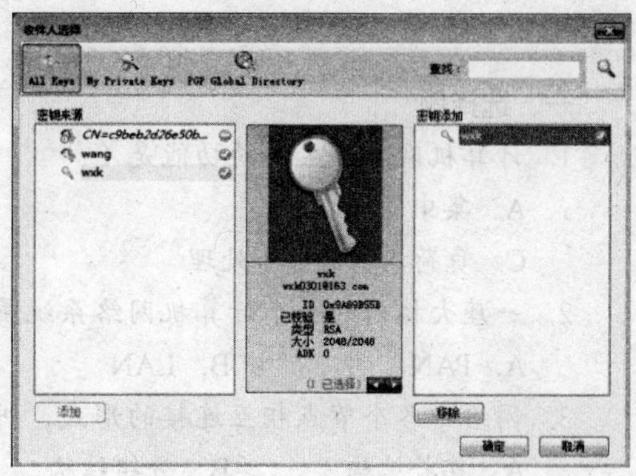

图 7.35　添加密钥

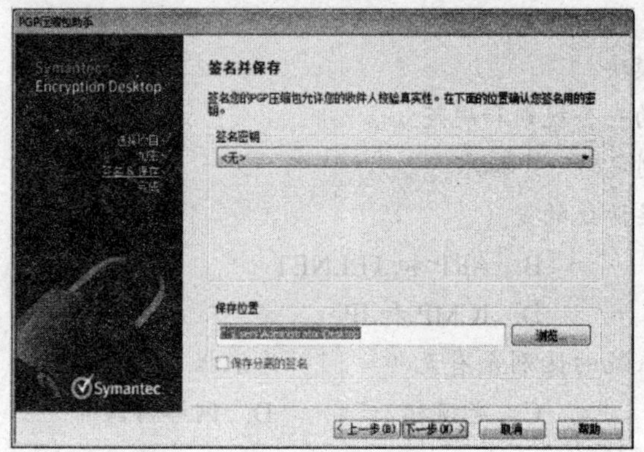

图 7.36　签名并保存

图 7.37　加密后的文件

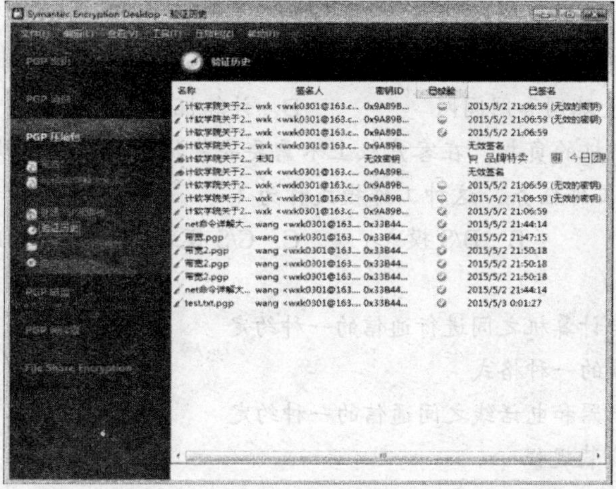

图 7.38　校验结果

四、实验思考

1. 如何使用“签名”，并利用“签名”验证文件或数据是否被篡改?
2. 如何使用 PGP 对磁盘进行加密?

7.3 自我测试

一、选择题

1. 计算机网络最主要的功能是（　　）。

A. 集中管理　　B. 资源共享和数据通信

C. 负荷均衡与分布处理　　D. 系统的安全与可靠性

2. 一座大楼内的一个计算机网络系统属于（　　）。

A. PAN　　B. LAN　　C. MAN　　D. WAN

3. 网络中各个节点相互连接的形式，叫作网络的（　　）。

A. 拓扑结构　　B. 分组结构　　C. 网络协议　　D. 层次结构

4. 网络体系结构可以定义成（　　）。

A. 一种计算机网络的实现

B. 执行计算机数据处理的软件模块

C. 建立和使用通信硬件和软件的一套规则和规范

D. 由 ISO（国际标准化组织）制定的一个标准

5. 在下列几组协议中，属于网络层协议的是（　　）。

A. IP 和 TCP　　B. ARP 和 TELNET

C. FTP 和 UDP　　D. ICMP 和 IP

6. 计算机网络与一般计算机互联系统的区别是有无（　　）为依据。

A. 高性能计算机　　B. 网卡　　C. 光缆相　　D. 网络协议

7. 完成路径选择功能是在 OSI 模型的（　　）。

A. 物理层　　B. 数据链路层　　C. 网络层　　D. 传输层

8. 按功能分类，计算机网络可分为（　　）。

A. 资源子网和通信子网　　B. 电路交换网和分组交换网

C. 局域网、全球网和网间网　　D. 计算机和通信设备

9. 为了减轻客户机的负担，在客户机上不需要安装特制的客户端软件，只需要浏览器软件就可以完成大部分工作任务，这种工作模式称为（　　）。

A. A/S 模式　　B. B/S 模式　　C. C/S 模式　　D. D/S 模式

10. 网络协议是（　　）。

A. 计算机与计算机之间进行通信的一种约定

B. 数据转换的一种格式

C. 调制解调器和电话线之间通信的一种约定

D. 是网络安装规程

11. 以下（　　）选项按顺序包括了 OSI 模型的各个层次。

A. 物理层、数据链路层、网络层、运输层、会话层、表示层和应用层

B. 数据链路层、物理层、运输层、网络层、会话层、表示层和应用层

C. 物理层、数据链路层、网络层、会话层、运输层、表示层和应用层

D. 物理层、数据链路层、运输层、网络层、会话层、应用层和表示层

12. Internet 中使用的网络协议是（　　）。

A. OSI/RM　B. WWW　C. HTTP　D. TCP/IP

13. 在 Internet 上，实现超文本传输的协议是（　　）。

A. URL　B. WWW　C. FTP　D. HTTP

14. 用户在 ISP 上注册并通过 ISP 接入网络后，其电子邮件信箱建在（　　）。

A. 用户自己的微机上　B. ISP 的主机上

C. 收信人的主机上　D. 发信时临时建立电子邮件信箱

15. 下列 4 项中，合法的 IP 地址是（　　）。

A. 190.220.6　B. 128.256.0.88　C. 301.68.1.78　D. 192.168.33.2

16. 信息系统防止信息非法泄露的安全特性称为（　　）。

A. 完整性　B. 有效性　C. 可控性　D. 保密性

17. 常见的对称加密算法有（　　）。

A. DES　B. RSA　C. Diffie-Hellman　D. ElGamal

18. 下列方法中（　　）能完整实现身份鉴别。

A. 散列函数　B. 数字签名　C. 检验和　D. 验证码

19. 误用入侵检测的主要缺点是（　　）。

A. 误报率高　B. 占用系统资源多

C. 检测率低　D. 不能检测未知攻击

20. 所谓计算机"病毒"的实质，是指（　　）。

A. 盘片发生了霉变

B. 隐藏在计算机中的一段程序，条件合适时就运行，破坏计算机的正常工作

C. 计算机硬件系统损坏或虚焊，使计算机的电路时通时断

D. 计算机供电部稳定造成的计算机工作不稳定

21. CERNET 代表（　　）。

A. 中国公用计算机互连网　B. 中国教育科研网

C. 中国金桥网　D. 中国科技网

22. 下列不属于计算机网络传输介质的是（　　）。

A. 双绞线　B. 光纤　C. 集线器　D. 同轴电缆

23. 在 OSI 参考模型中，物理层传输的是（　　）。

A. 比特流　B. 分组　C. 报文　D. 帧

24. 通信子网的组成主要包括（　　）。

A. 源节点和宿节点　B. 主机和路由器

C. 网络节点和传输介质　D. 端节点和传输介质

25. 计算机网络采用的主要传输方式为（　　）。

A. 单播方式和广播方式　B. 广播方式和端到端方式

C. 端到端方式和点到点方式　D. 广播方式和点到点方式

26. 在购买的无线路由器的包装盒上，我们可以看到标有 IEEE802.11 的字样，含义是（　　）。

A. 路由器的型号　B. 软件版本号

C. 生产厂家代码　D. 无线局域网标准

27. 局域网的硬件构成主要包括计算机设备、网络接口设备、网络互连设备和（　　）。
A. 拓扑结构　B. 计算机　C. 网络协议　D. 传输介质
28. 在 OSI 模型的网络层上实现互连的设备是（　　）。
A. 网桥　B. 中继器　C. 路由器　D. 网关
29. 在局域网中以集中方式提供共享资源并对这些资源进行管理的计算机称为（　　）。
A. 服务器　B. 主机　C. 工作站　D. 终端
30. 建立一个计算机网络需要有网络硬件设备和（　　）。
A. 体系结构　B. 资源子网　C. 网络操作系统　D. 传输介质
31. 以太网的 MAC 地址长度为（　　）。
A. 4 位　B. 32 位　C. 48 位　D. 128 位
32. 查看本机 IP 协议的具体分配信息的命令是（　　）。
A. ping　B. ipcongfig　C. dir　D. cd
33. 调制解调器（Modem）的功能是实现（　　）。
A. 模拟信号与数字信号的转换　B. 模拟信号放大
C. 数字信号编码　D. 数字信号的整型
34. 在 TCP/IP 协议簇的层次中，解决计算机之间通信问题是在（　　）。
A. 数据链路层　B. 网络层
C. 传输层　D. 应用层
35. 在计算机网络中，"带宽"这一术语表示（　　）。
A. 数据传输的宽度　B. 数据传输的速率
C. 计算机位数　D. CPU 主频
36. UDP 协议对应于（　　）。
A. 网络层　B. 会话层　C. 数据链路层　D. 传输层
37. 下列 4 组协议中属于应用层协议的是（　　）。
A. IP，TCP 和 UDP　B. ARP，IP 和 UDP
C. FTP，SMTP 和 TELNET　D. ICMP，RARP 和 ARP
38. 提供主机之间的逻辑通信的协议是（　　）。
A. IP　B. TCP　C. UDP　D. HTTP
39. 在 TCP/IP 协议中，保证传输可靠性的协议是（　　）。
A. IP 协议　B. TCP 协议
C. TCP 协议和 IP 协议　D. 都不是
40. 远程登录基于（　　）协议。
A. SMTP　B. TELNET　C. HTTP　D. FTP
41. IP 地址中的高 3 位为 110 表示该地址属于（　　）。
A. A 类地址　B. B 类地址　C. C 类地址　D. D 类地址
42. IPv6 采用（　　）来表示。
A. 点分十进制　B. 点分十六进制
C. 冒号十六进制　D. 冒号十进制
43. 个人计算机申请了账号并采用 PPP 方式连入 Internet 后，该机（　　）。
A. 拥有 ISP 主机的 IP 地址　B. 没有自己的 IP 地址

C. 拥有独立的 IP 地址　　　　　　　D. 拥有随机的 IP 地址

44. 如果用户键入的 URL 地址是 ftp://ftp.microsoft.com/pub/index.txt，说明他要访问的服务器是（　　）。

A. WWW 服务器　　　　　　　　B. E-mail 服务器

C. FTP 服务器　　　　　　　　D. Microsoft 文件服务器

45. 一般在因特网中（如 www.tyut.edu.cn）依次表示的含义是（　　）。

A. 用户名，主机名，机构名，国家名

B. 用户名，单位名，机构名，国家名

C. 主机名，单位名，机构名，国家名

D. 网络名，主机名，机构名，国家名

46. 网络系统提供的（　　）越多，安全漏洞和威胁也就越多。

A. 网络功能　　B. 网络服务　　C. 网络连接　　D. 应用软件

47. 将明文变换成密文，使非授权者难以解读信息的意义的变换被称为（　　）。

A. 加密算法　　B. 解密算法　　C. 脱密算法　　D. 密钥算法

48. 不属于防火墙的主要作用是（　　）。

A. 抵抗外部攻击　　　　　　　B. 保护内部网络

C. 防止恶意访问　　　　　　　D. 限制网络服务

49. 当入侵检测监视的对象为网络流量时，称为（　　）。

A. 主机入侵检测　　　　　　　B. 数据入侵检测

C. 网络入侵检测　　　　　　　D. 异常入侵检测

50. 计算机每次启动时被运行的计算机病毒是（　　）病毒。

A. 恶性　　B. 良性　　C. 定时发作型　　D. 引导型

二、判断题

1. 计算机网络是计算机技术与通信技术结合的产物。（　　）

2. TCP/IP 体系结构是 ISO 提出的国际标准。（　　）

3. 交换机是属于 OSI 模型数据链路层上的设备，它能够解析出 MAC 地址信息。（　　）

4. IP 协议为 IP 数据报提供的服务是：有数据时直接发送，传输时为其选择最佳路由，接收时进行差错纠正，因此提供的是可靠交付服务。（　　）

5. TCP/IP 使用地址转换协议 ARP 将物理地址转换为 IP 地址。（　　）

6. IP 地址采用分层结构，由网络地址和主机地址组成。（　　）

7. 发送接收电子邮件时，使用的协议是 SMTP 协议。（　　）

8. 信息安全的最终目标就是通过各种技术与管理手段实现网络信息系统的可靠性、保密性、完整性、有效性、可控性和拒绝否认性。（　　）

9. 身份认证是对对方实体的真实性和完整性进行确认。（　　）

10. 对于一个计算机网络来说，依靠防火墙即可以达到对网络内部和外部的安全防护。（　　）

三、填空题

1. 调制解调器是实现__________转换的设备。

2. IPv6 将 IP 地址的长度从 32bit 增加到了__________。

3. 路由器的主要工作就是为经过路由器的每个数据包寻找一条最佳传输路径，并将该数据包有效地传送到目的站点，因此选择最佳路径的策略，即__________是路由器的关键所在。

4. 以太网是局域网中应用最广泛的一种，它的介质访问控制方法采用的协议是________。

5. 一个完整的局域网系统是由__________和__________所组成的。

6. 入侵检测技术可以分为__________和__________两种主要类型。

7. 在计算机网络中，所有的主机构成了网络的__________子网。

8. 128.36.199.3 属于__________类网络，21.12.240.17 属于__________类网络，192.12.69.248 属于__________类网络。

9. 有一个 URL 是：http://www.tyut.edu.cn/，表示这台服务器属于__________机构，该服务器的顶级域名是__________，表示__________。

10. 用户要想在网上查询 WWW 信息，必须安装并运行一个被称为__________的软件。

11. C 类 IP 地址，每个网络可有__________台主机。

12. 每块网卡都有一个能与其他网卡相互区别的标识字，称为__________。

13. 网络中的各计算机之间交换信息，除了需要安装网络操作系统外，还需要循________。

14. 传输层协议和网络层协议是有区别的，IP 协议提供__________之间的逻辑通信，而 TCP 或 UDP 协议提供__________之间的通信。

15. 在计算机网络中，双绞线、同轴电缆以及光纤等用于传输信息的载体被称为________。

16. 将明文变换成密文，使非授权者难以解读信息的意义的变换被称为________。

17. 信息加密方式按照密钥方式可划分为__________和__________。

18. 防火墙应该放置在网络的__________。

19. 入侵检测系统至少应包括__________、__________和__________ 3 部分功能。

20. 从网站上下载了一个文件，但无法确认文件是否完好、有无暗藏木马等恶意程序，只需要重新计算出其__________，与该文件的发行公司在官网上公布的进行对比，若相同则可确认文件的完整性。

第 8 章 应用软件

应用软件是指那些在操作系统中独立运行的计算机程序。应用软件根据其应用领域的不同分为很多种类，本章重点介绍多媒体应用软件的基本概念以及办公软件和科学计算软件的应用实践。

多媒体软件是指能够综合运用文字、图像、图形、声音与视频数据进行设计的软件，如本章介绍的图像处理软件 Photoshop、动画设计软件 Flash、视频编辑软件 Premiere。由于多媒体信息的特殊性，在实际应用中往往是多个软件联合使用。另外 Microsoft Office 中的文字处理软件 Word、电子表格软件 Excel、电子文稿演示软件 PowerPoint 为日常生活中简单信息的处理提供了便利。科学计算软件 MATLAB 以软件包的形式为用户提供了强大的科学计算能力。

8.1 扩展知识

8.1.1 你了解图像处理软件吗

1. 图像处理软件

图像处理与图形设计是设计行业最重要的两个方向。其中图像处理是通过采样与量化的方式将现实场景中的资料数字化后形成的文件，它采用像素方式描述文件；图形设计则是通过计算机生成的特定图案，它采用矢量方式描述文件。针对不同行业与领域有不同类型的软件，其中最经典的是 Photoshop（以下简称 PS）。它是 Adobe 公司旗下的图像处理软件之一，集图像扫描、编辑修改、图像制作、广告创意、图像输入与输出于一体的图形图像处理软件。它同时为包括网络、印刷、视频、无线和宽带应用在内的泛网络传播（Network Publishing）提供了优秀的解决方案。Adobe 公司的图形和动态媒体创作工具能够让使用者创作、管理并传播具有丰富视觉效果的作品及可靠的内容。

2. Adobe 公司 Photoshop 软件简介

很多人对于 Photoshop 的了解多限于相片修改，并不了解它的更多应用方面。实际上，PS 的应用领域很广泛，在图像、图形、文字、视频、出版各方面（见图 8.1）都有涉及。

（1）平面设计

平面设计是 PS 应用最为广泛的领域，无论是图书封面，还是招帖、海报这些具有丰富图像的平面印刷品，基本上都需要 PS 软件对图像进行处理。

（2）修复照片

PS 具有强大的图像修饰功能。利用这些功能，可以快速修复一张破损的老照片，也可以修复人脸上的斑点等缺陷（俗称“磨皮”）。

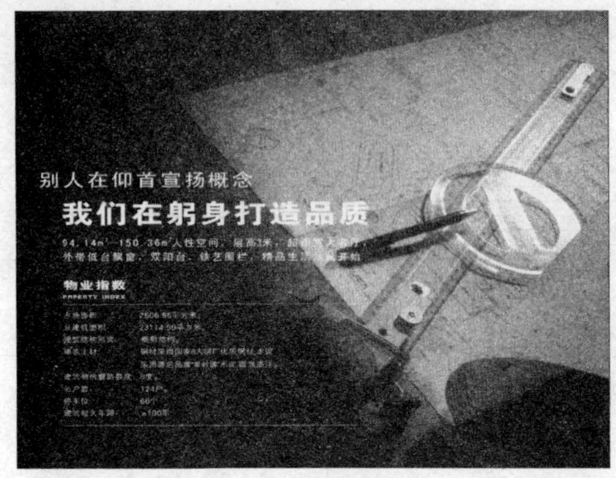

平面设计

影像创意

广告摄影

艺术文字

图 8.1 Photoshop 重要应用领域

（3）广告摄影与影像创意

广告摄影是一种对视觉要求非常严格的工作，其最终成品往往要经过 PS 的修改才能得到满意的效果。影像创意是 PS 的特长，通过 PS 处理可以将原本风马牛不相及的对象组合在一起，也可以使用“狸猫换太子”的手段使图像产生面目全非的巨大变化。

（4）艺术文字

平面设计中文字与图像级别相当，利用 PS 可以使文字发生各种各样的变化，并利用这些艺术化处理后的文字为图像增加效果。

（5）网页制作

网络的普及是促使更多人学习 PS 的一个重要原因。因为在制作网页时 PS 是必不可少的网页图像处理软件，在一定意义上一个良好的平面设计效果是网站能否成功的前提。

（6）建筑效果图后期修饰

在制作建筑效果图配景各种场景时，人物与配景内容均需要在 PS 中增加并调整（见图 8.2 左图为建模的效果图，右图为通过 PS 配景后的效果图）。在三维建模设计过程中，再精美的模型设计，如果没有好的素材也无法得到完美的渲染效果。在制作材质时，除了依靠软件本身具有材质功能外，利用 PS 可以制作在三维软件中无法得到的合适的材质。

（7）绘画

由于 PS 具有良好的绘画与调色功能，许多插画设计制作者往往使用铅笔绘制草稿，然后借助压感笔用 PS 填色的方法来绘制插画。除此之外，近些年来非常流行的像素画就是设计师使用 PS 创作的作品。

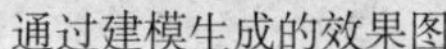
通过建模生成的效果图

通过 Photoshop 进行后期配景处理

图 8.2　建筑效果图后期修饰方案

（8）数码摄影与婚纱照片设计

随着数码技术的成熟，数码相机、手机、平板电脑进入了普通人的生活中。摄影作为一门艺术学科开始吸引越来越多的人们关注，特别是它的后期加工处理方式。婚纱影楼大量使用数码技术让婚纱照片设计的处理成为一个新兴的行业。相比传统的银盐工艺的技术而言，数据合成技术远远超过人们的想象力。

（9）视觉创意

视觉创意设计是设计艺术的一个分支。它通常没有非常明显的商业目的，为设计人员提供了广阔的设计空间，因此越来越多的设计爱好者开始了学习 PS，并进行具有个人特色与风格的视觉创意。

平面设计与影像加工处理具有永无止境的发展空间，它已经引起越来越多的软件企业及开发者的重视，相信不久一定会出现专业的界面设计师职业。

8.1.2　如何进行 Photoshop 基础操作

1. 功能简介

从功能上看，该软件可分为图像编辑、图像合成、校色调色及特效制作等。

- 图像编辑：它是图像处理的基础，可以对图像做各种变换，如放大、缩小、旋转、倾斜、镜像、透视等；也可进行复制、去除斑点、修补、修饰图像的残损等。
- 图像合成：是将几幅图像通过图层间叠加操作、工具应用合成完整的、传达明确意义的图像，这是设计的基本环节；PS 中的绘图工具让外来图像与创意很好地融合。
- 校色调色：可以快速对图像的颜色进行明暗、色相的调整和校正。也可在不同颜色之间进行切换以满足图像在不同领域（如网页设计、印刷、多媒体等方面）应用。
- 特效制作：在该软件中主要由滤镜、通道及工具综合应用完成，包括图像的特效创意和特效字的制作，如油画、浮雕、石膏画、素描等常用的传统美术技巧都可使用软件特效完成。

大多数人会认为自己没有美术基础，不能学习 PS。实际上从事平面设计与图像处理的从业人员并不都是有基础的，而且广告公司招聘要求中也没有特别强调平面设计优先的说法，更多的看重你的综合能力。换一句话就是指你是否能够根据设计要求综合运用自己的知识去完成设计任务。例如，设计一个日历，其中有阳历、农历、月份与星期，但这不是检测你的打字速度，面对这样有规律的数据情况，你完全可以考虑使用 Office 软件中的 Excel 生成相关的数据导入，而不是通过打字方式输入数字与文字。

图 8.3　Adobe Photoshop CC 启动界面

图 8.4　Adobe Photoshop CS5 启动界面

观察与分析案例中的变化与原因是最好的学习方法。表 8-1 所示为 Photoshop 主要处理图像格式及用途，了解并熟悉不同数据类型的用途有助于 PS 课程的学习。

表 8.1　Photoshop 主要处理图像格式及用途

图像格式	主要用途
PSD	Photoshop 默认保存的文件格式，可以保留所有图层、色版、通道、蒙版、路径、未栅格化文字以及图层样式等，无法保存文件的操作历史记录。Adobe 其他软件产品，如 Premiere、Indesign、Illustrator 等可以直接导入 PSD 文件
BMP	BMP 是 Windows 操作系统专有的图像格式，用于保存位图文件，最高可处理 24 位图像，支持位图、灰度、索引和 RGB 模式，但不支持 Alpha 通道
GIF	GIF 格式因其采用 LZW 无损压缩方式并且支持透明背景和动画，被广泛运用于网络中
EPS	EPS 是用于 Postscript 打印机上输出图像的文件格式，大多数图像处理软件都支持该格式。EPS 格式能同时包含位图图像和矢量图形，并支持位图、灰度、索引、Lab、双色调、RGB 以及 CMYK
PDF	便携文档格式 PDF 支持索引、灰度、位图、RGB、CMYK 以及 Lab 模式。它具有文档搜索和导航功能，同样支持位图和矢量
PNG	PNG 作为 GIF 的替代品，可以无损压缩图像，最高支持 244 位图像并产生无锯齿状的透明度。但一些旧版浏览器（例如：IE5）不支持 PNG 格式
TIFF	TIFF 作为通用文件格式，绝大多数绘画软件、图像编辑软件以及排版软件都支持该格式，并且扫描仪也支持导出该格式的文件
JPEG	JPEG 和 JPG 一样是一种采用有损压缩方式的文件格式，JPEG 支持位图、索引、灰度和 RGB 模式，但不支持 Alpha 通道

2. 软件界面

Photoshop 版本众多，最新版本是 Adobe Photoshop CC（见图 8.3）。本书选择其中的 Photoshop CS5（见图 8.4）。在具体使用中，不同版本保持向下兼容，因此学习的重点是了解并掌握基本的操作原理与方法，特别是其中热键与快捷键的使用。

启动 PS 后的界面如图 8.5 所示，双击窗体的空白处（也可以单击“文件”→“打开”命令）打开 Photoshop 中的样图（见图 8.6）。它的位置在 Program Files\Adobe\Adobe Photoshop CS5\示例目录中，该图为 PS 自带样图（小鸭.tif）。

图 8.5　启动 PS CS5

图 8.6　打开系统样图

仔细观察菜单结构与内容（见图 8.7），不需要完全理解，先注意观察相关的内容与位置，特别是其中的快捷键与热键。注意其中的部分功能与 Windows 或 Office 相似。

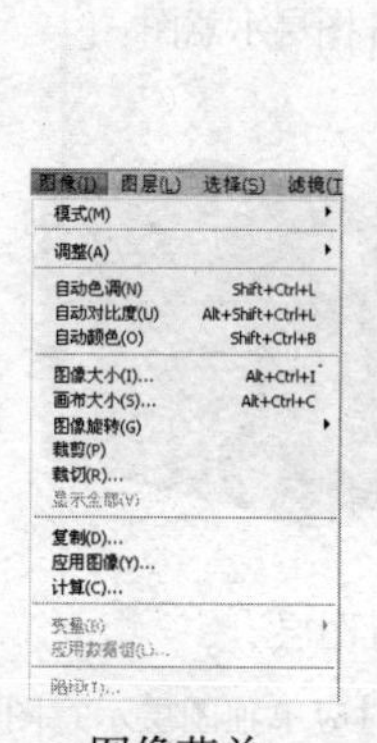

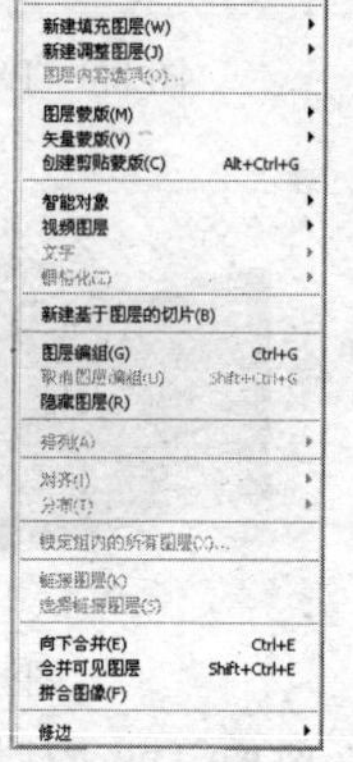

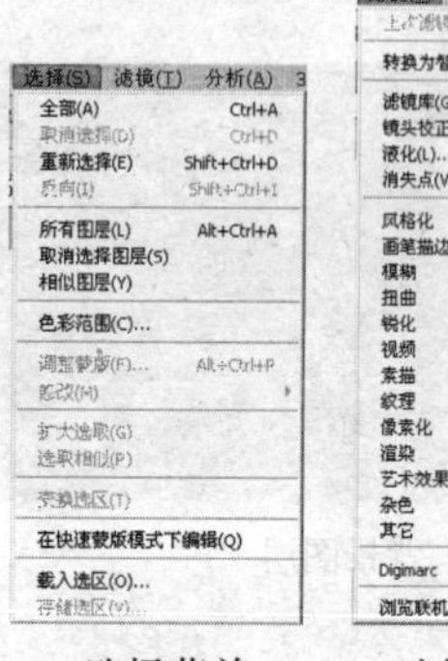

文件菜单　编辑菜单　图像菜单　图层菜单　选择菜单　滤镜菜单

图 8.7　PS 菜单基本功能

文件：针对文件的相关操作（打开、关闭、另存，导入与导出等）；

编辑：针对当前图像进行的编辑处理（复制、粘贴、变形等）；

图像：针对当前文件的色彩空间，颜色模式、色阶等进行调整；

图层：针对不同的图层之间运算（加深、淡化、屏幕、叠加等）；

选择：包括针对选择对象的不同方法；

滤镜：PS 中用于处理特效的解决方案，可以快速完成艺术设计。

在 PS 中图层与工具箱使用频率最高。在设计过程中所有的设计与修改针对当前文件的当前的图层进行（或指定关联的图层）。右侧工具箱与菜单中有大量的快捷键与热键。在平时的练习中要适当注意，它可以提升设计的效率。因为在设计过程中创意的灵感往往就是一瞬间的事情，如果对于 PS 的操作是建立在菜单模式下，当找到了相关的菜单后自己的创意可能已经忘记了。

学习 PS 首先需要理解图层的概念，在图 8.8 中，背景图层是灰色，图层 2 是图片的图层（案例中是 PS 启动时的图标），最上面的图层是文本格式的图层（它也可以转换为图形方式），当图层中的标志是“T”表示该图层中的文字是可以编辑加工的，当它转换成图形后就只能修改效果而不能再修文字的内容了。在文字图层下面显示的效果表明它使用了图层特效。图层前面的“眼睛”图标表示该图层在目前的设计方案中可以使用，通过单击该图标可以控制它是否使用，没有该“眼睛”图标只是当前不起作用，以后还可以使用。上面的 PS 结构表示它由 3 个独立的图层（见图 8.9）依次叠加到一起的效果。

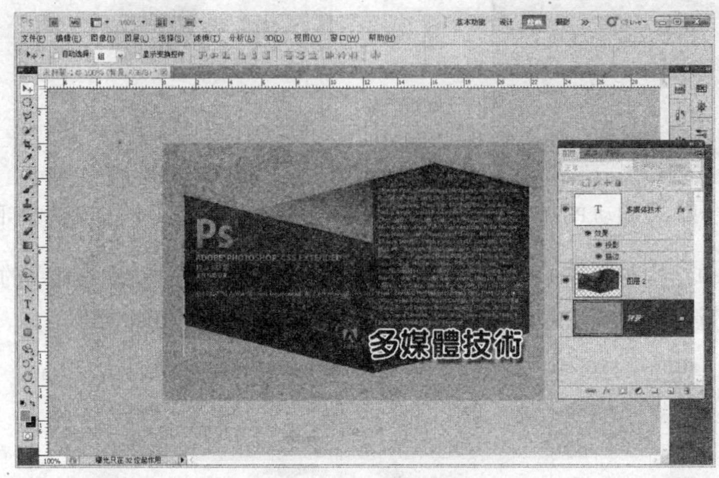

图 8.8　PS 图层示意图

背景图层

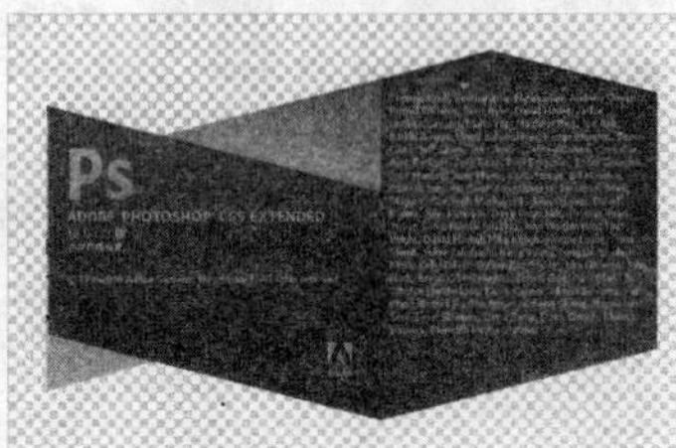

图标图层

文字图层

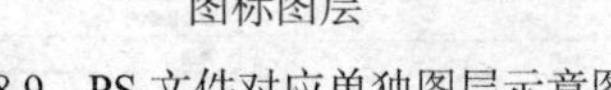

图 8.9　PS 文件对应单独图层示意图

PSD 格式是 PS 专用的存储格式，它可以将所有的层保存成一个设计文件。所谓的“层”就是“透明的玻璃纸”的叠加效果，从上到下相互重叠，各层中没有信息的部分呈现出“透明”状态，通过对应的位置可以“看到”下面图层的内容（见图 8.8 中文字的效果），而重叠的部分则可以通过各种运算方式进行合成。PS 的具体操作中有很多快捷键与 Windows 或 Office 相似，如复制当前的图层的操作，按 Ctrl+A 组合键全选图层，Ctrl+C 组合键复制图层，按 Ctrl+V 组合键粘贴图层。通过对图层上下位置的调整可以改变透视效果，而在当前层通过移动方式可以改变版面的效果（见图 8.10）。

原排版位置

水平平移位置

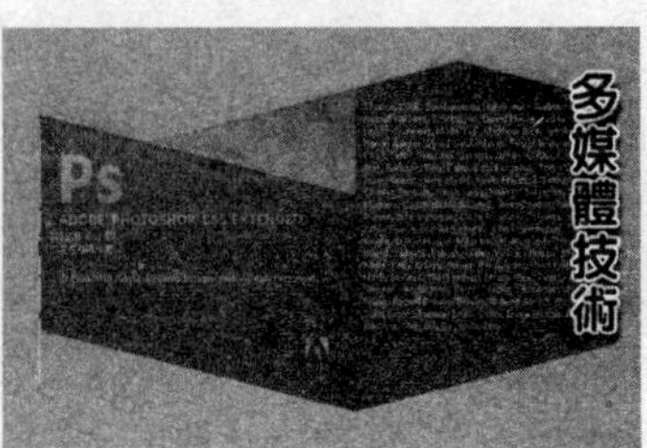

字体方向修改

图 8.10　图层位置调整的效果

8.1.3 怎样快速实战 Photoshop

1. 如何制作一个爆炸效果的相片?

(1)在 PS 的窗体中双击鼠标左键，打开系统提供的素材图片“消失点.psd”(见图 8.11)。

(2)右键单击工具箱中的矩形，使用椭圆工具(见图 8.12)选择小狗的头部(见图 8.13)。

图 8.11 打开图像“消失点.psd”

图 8.12 使用“圆形”选择工具

(3)按 Shift_F6 组合键对选择区域进行羽化处理，选择羽化半径为 60。

(4)复制选择内容(Ctrl+C)后粘贴(Ctrl+V)。观察图层面板中新增加了一个图层(图层 1)。

(5)使用鼠标选择背景层，选择“滤镜”→“模糊”→“径向模糊”功能，选择缩放，数量选择 74(见图 8.14)，单击“确定”按钮，观察一下效果如何。

图 8.13 使用滤镜功能

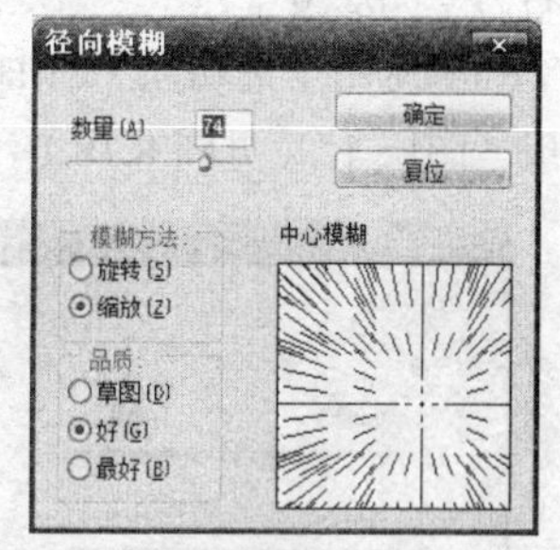

图 8.14 滤镜参数设定

实验思考:

PS 的一项很重要的作用是对传统摄影进行二次创作，从色彩、构图、反差等均可以进行调整。本案例是模仿传统摄影中的爆炸效果。在传统摄影中使用中长焦镜头，在按下快门的同时拉动变焦实现，它的难度非常大，而使用 PS 在瞬间完成。

2. 如何将春天变成秋天?

(1)打开如图 8.15 所示的(使用 Windows 壁纸，存放位置在 Windows\Web\Wallpaper 目录中，文件名称为 Bliss.bmp)一张草地的图片。

(2)单击“选择”菜单中的“色彩范围”选项，在原图中单击绿色集中的草地，在控制面板中将“颜色容差”参数调整到 160(见图 8.16)，确定后，按 Shift+F6 组合键对选择区域进行羽化处理，选择参数 30。

（3）选择“图像”→“调整”→“色相”（或快捷键 Ctrl+U）调整色相，参数如图 8.17 所示，色相-20，饱和度 70，明度 15。确定后观察效果，图片效果从春天进入到了秋天。

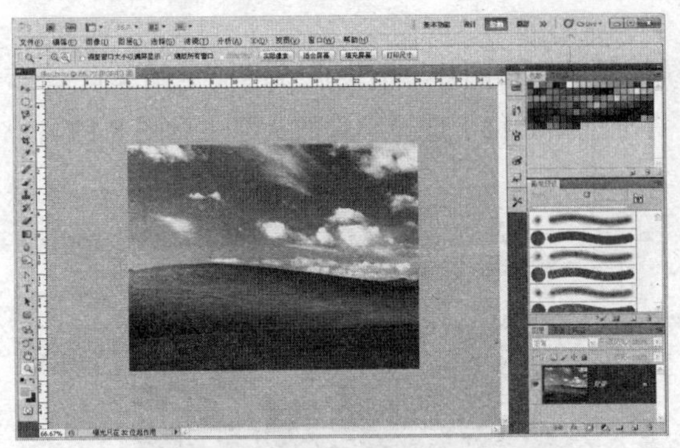

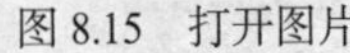

图 8.15　打开图片

图 8.16　使用颜色选择图像

实验思考：

色相的调整是 PS 中重要的环节，它通常可以对偏色的相片进行修复，也可以针对不同的设计利用颜色表现出来。不同的色相可以表示不同的意境与心情。例如，拍秋天的红色枫叶，你不需要一定要等到秋天枫叶真正红的时候。因为每当枫叶红了的时候，观景的人们总是人山人海，你会感觉是“红叶疯了的时候”。你完全可以提前一些时间去拍好完整的枫叶景色，通过后期加工完成红色枫叶的相片。

3. 如何为普通相片增加水波倒影效果？

（1）选择案例 2 中的 Windows 经典壁纸文件，在 PS 中打开该图。

（2）在图层面板中双击该图层，在出现的对话框中确定。它的功能是解锁图层，此时原图层更名为“图层 0”。

（3）使用全选功能（Ctrl+A）复制该图层（Ctrl+C），然后粘贴图层（Ctrl+V）。在图层面板中出现“图层 1”（见图 8.18）。

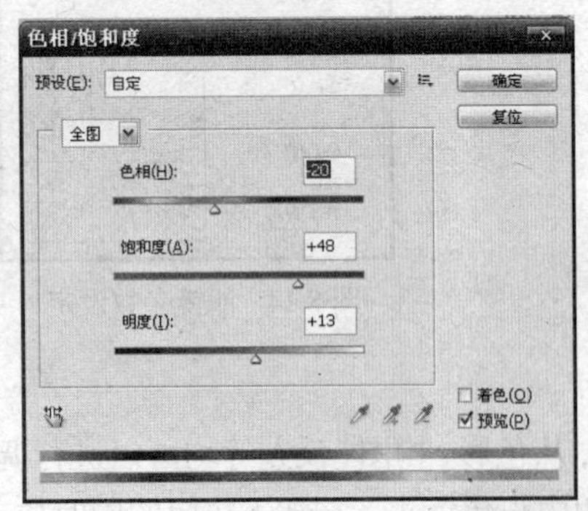

图 8.17 调整色相

图 8.18　复制图层

（4）选择“图像”→“画布大小”（Alt+Ctrl+C），“定位”选项中的中上部按钮，修改图像的高度为 30 后单击“确定”按钮。按 Ctrl+0（是数字 0，不是字母 O），可以发现图层变高，当前的图层 1 位于上方（见图 8.19）。

（5）选择编辑菜单中的自由变换功能（Ctrl+T），将图层 1 上方的控制点拉到图像的下边框位置，按确认按钮，观察效果（见图 8.20）。然后选择菜单“滤镜”→“扭曲”→“水波”效果，适当修改参数后单击“确定”按钮观察最终效果。

图 8.19　调整画布

图 8.20　垂直调整图层

实验思考：

画面的叠加与滤镜的综合使用是 PS 中最常见的修饰方式，本案例中水波效果可以让很多平凡的风景增加效果。更好的效果需要使用较多的工具，需要通过自己的观察去分析。

4. 如何合成多张数码相片？

（1）选择前面的壁纸图片与小狗图片，在 PS 中同时打开（见图 8.21）。

（2）单击小狗相片全选（Ctrl+A）并复制（Ctrl+C）全图，然后单击壁纸图片，将小狗图片粘贴（Ctrl+V）到壁纸图片中。由于两张图片大小不同，使用自由变换功能（Ctrl+T）调整两张图片的高度方向一致（见图 8.22）。

图 8.21　同时打开两张图片

图 8.22　两图位于不同的层

（3）单击“图层”面板下方的“添加蒙版”按钮为小狗图片增加蒙版。

（4）将前景色设置为黑色，背景色设置为白色（或直接按字母“d”操作）。使用工具箱中的渐变工具（或直接按字母“g”操作），按住鼠标的左键从小狗图片的头部向左下角拖动。观察相片的效果（见图 8.23）。

图 8.23　使用蒙版后的效果

实验说明：

蒙版与通道技术是 PS 中进行图像合成的重要工具，它的基本原理是通过部分或全部透明的效果，让多张图片直接融合。在图层蒙版中全黑色的部分为全透明效果，纯白色的部分为不透明，中间的灰色部分是部分透明。此项技术重点运用在网站设计中。

8.1.4　经典动画设计软件 Flash 有什么特点

Flash 是 Adobe 公司推出的一款经典、优秀的矢量动画编辑软件，Flash CS3 版本目前比较新的版本。利用该软件制作的动画尺寸要比位图动画文件（如 GIF 动画）尺寸小得多，用户不但可以在动画中加入声音、视频和位图图像，还可以制作交互式的影片或者具有完备功能的网站。该软件简单易学，效果流畅生动，对于动画制作初学者来说是非常适合的一款软件。在学习制作动画中重点熟悉 Flash 动画的特点，Flash CS3 的界面组成元素，动画制作的步骤，并通过制作实例了解 Flash 的一般步骤。

设计人员和开发人员可使用 Flash 它来创建演示文稿、应用程序和其他允许用户交互的内容。Flash 可以包含简单的动画、视频内容、复杂演示文稿。通常使用 Flash 创作的各个内容单元称为应用程序，即使它们可能只是很简单的动画。也可以通过添加图片、声音、视频和特殊效果，构建包含丰富媒体的 Flash 应用程序。

Flash 主要用于制作矢量图像和网络动画。因为 Flash 的文件非常小，所以它特别适用于创建通过 Internet 提供的内容。

要在 Flash 中构建应用程序，可以使用 Flash 绘图工具创建图形，并将其他媒体元素导入 Flash 文档。然后根据设计构思使用不同元素来创建设想中的应用程序。

在 Flash 中创作内容时，需要在 Flash 编辑环境中进行。Flash 设计源文件扩展名为.fla（.FLA），编译后生成的独立文件扩展名为 swf（.SWF）。Flash 有 4 个主要概念。

舞台：舞台是在回放过程中显示图形、视频、按钮等内容的位置。

时间轴：用来显示 Flash 图形或其他项目元素出现的时间，也可以使用时间轴指定舞台上各图形的分层顺序。位于较高图层中的图形显示在较低图层中的图形的上方。

库面板：库面板显示 Flash 文档中的媒体元素列表的内容。

ActionScript 代码：可用来向文档中的媒体元素添加交互式内容。例如，可以添加代码以使用户在单击某按钮时显示一幅新图像，还可以使用 ActionScript 向应用程序添加逻辑使应用程序能够根据用户的操作和其他情况采取不同的工作方式。Flash 包括两个版本的 ActionScript，可满足创作者的不同具体需要。

完成 Flash 文档的创作后，可以使用“文件”→“发布”命令发布。创建文件的独立运行版本，其扩展名为.swf。注意 FLA 文件只能在 Flash 设计环境中运行。

8.1.5　Flash 基本操作中应当注意什么

安装好 Flash CS3 后，就可以通过“开始”→“程序”→“Adobe Flash CS3 Professional”命令或双击“桌面”上的快捷图标启动它，该软件启动新建文档（选择 Flash 文件 ActionScript3.0）的主界面如图 8.24 所示。

在 Flash CS3 的主界面中，位于主界面最上面的是标题栏和菜单栏；主界面的左侧是工具箱，其中包括 Flash CS3 中最常用的绘图工具和辅助工具选项；主界面的底部和右侧是浮动面板。在默认的情况下，底部有“属性”“滤镜”“参数”3 个面板，右侧主要有“颜色”和“库”面板。

启动系统后，注意观察菜单体系（见图 8.25），重点是查看菜单内容、快捷键与热键，通过观察菜单的内容，分析它可能的功能。

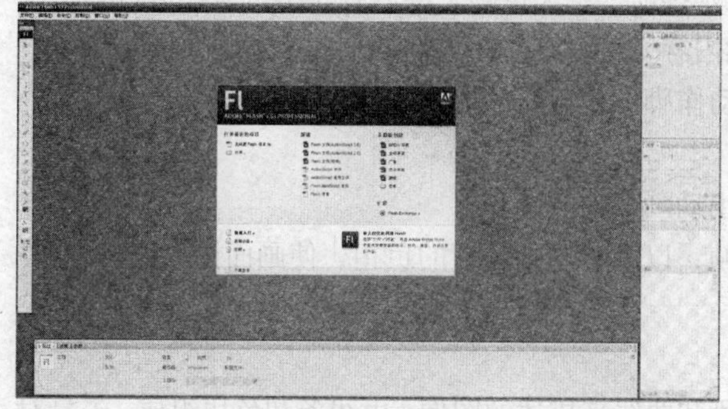

菜单区
时间轴
帧
工具箱
设计场景
库
属性控制

启动 Flash 界面　　选择新建文件界面

图 8.24　Flash 启动界面

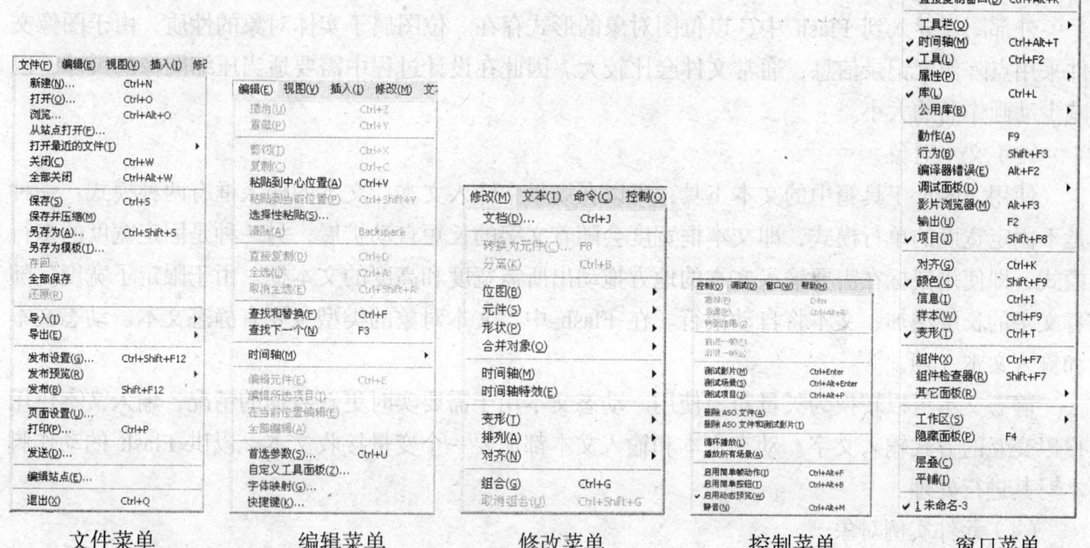

图 8.25　Flash 菜单体系介绍

1. Flash 中几种类型"帧"的介绍

（1）特点

帧：是进行 Flash 动画制作的最基本的单位，每一个精彩的 Flash 动画都是由很多个精心雕琢的帧构成的，在时间轴上的每一帧都可以包含需要显示的所有内容，包括图形、声音、各种素材和其他多种对象。当设置关键帧后，系统自动在帧之间生成相关的动画内容。

关键帧：顾名思义，有关键内容的帧。用来定义动画变化、更改状态的帧，即编辑舞台上存在实例对象并可对其进行编辑的帧。

空白关键帧：空白关键帧是没有包含舞台上的实例内容的关键帧。

普通帧：在时间轴上能显示实例对象，但不能对实例对象进行编辑操作的帧。

（2）区别

① 关键帧在时间轴上显示为实心的圆点，空白关键帧在时间轴上显示为空心的圆点，普通帧

在时间轴上显示为灰色填充的小方格。

② 同一层中，在前一个关键帧的后面任一帧处插入关键帧，是复制前一个关键帧上的对象，并可对其进行编辑操作；如果插入普通帧，是延续前一个关键帧上的内容，不可对其进行编辑操作；插入空白关键帧，可清除该帧后面的延续内容，可以在空白关键帧上添加新的实例对象。

③ 关键帧和空白关键帧上都可以添加帧动作脚本，普通帧上则不能。

（3）应用中需注意的问题

① 应尽可能的节约关键帧的使用，以减小动画文件的体积；

② 尽量避免在同一帧处过多的使用关键帧，以减小动画运行的负担，使画面播放流畅。

2. Flash 中元件对象的分类

（1）矢量对象

Flash 中的矢量对象是用被称为矢量的线段和曲线来描述的图像，由线条和色块组成。矢量对象的大小与图形的尺寸无关，而与图形复杂的程度有关。矢量图可被任意放大缩小而不会影响其效果（保持边界光滑）。

（2）位图对象

外部图像导入到 Flash 中，以位图对象的形式存在。位图属于实体对象的性质，由于图像文件采用点阵像素记录信息，通常文件会比较大。因此在设计过程中需要适当压缩图像的尺寸，以减少动画作品的大小。

（3）文本对象

使用 Flash 工具箱中的文本工具，可以在场景中输入文本。文本的输入框有两种模式：一种是不固定宽度的单行模式，即文本框宽度会随着文字的长短自动扩展；另一种是固定宽度的多行模式，即使用鼠标在需要输入文本的地方拖动出所需宽度和高度的文本框。由于限定了宽度，随着文字的长度增加，文本将自动换行。在 Flash 中，文本对象的类型主要有静态文本、动态文本和输入文本 3 种。

静态文本可以转换为矢量对象使用。动态文本用于需要实时更新数据的情况，输入文本供用户以交互的方式输入文字。动态文本和输入文本都需要一个变量接收文本，以供 Flash 的动作脚本对其进行处理。

（4）元件实例对象

与位图对象不同，在元件实例对象中会出现一个“+”号，其位置会随着所选注册点的位置不同而发生变化。对元件实例对象可以进行色调、透明度、亮度等色彩效果设置。“+”号用于确定中心位置。

3. Flash 中的动画分类

早期版本的特别是 Flash 8 以前版本中是没有“传统补间”概念的，那时候的“补间”只有两种形式（位置移动与形状变化）。到了 Flash CS3 之后，因为加入了一些 3D 的功能，结果传统的这两种“补间”就没办法实现 3D 的旋转，所以现在的 Flash“补间”动画也就不再是以前的概念了。为了区别就把以往的那种创建“补间”动画称为“传统补间”动画。这样就出现了 3 种创建“补间”的形式。

补间动画主要分成创建补间动画与创建补间形状两大类：创建补间动画（其实应该说是运动补间动画，包括缩放、旋转、位置、透明变化等）；创建补间形状（主要用于变形动画，如圆的变成方的，这个字变成那个字等）。它们在时间轴上的表现形式也不一样，图 8.26 所示为补间动画与正式形状动画效果。它们的背景颜色不同，生成方式与具体的对象也不同。图 8.27 所示为传统的动画效果。

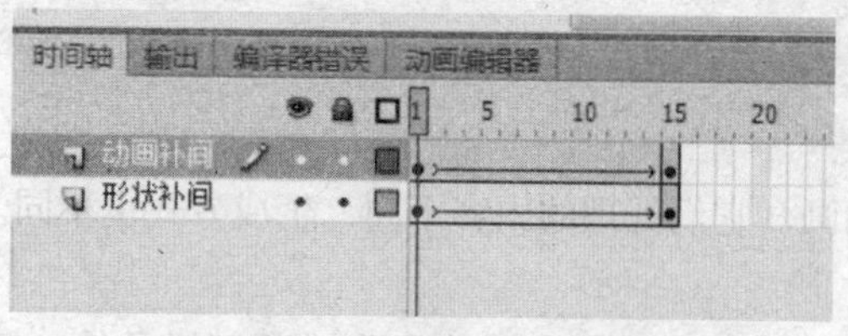

图 8.26　补间动画与形状动画

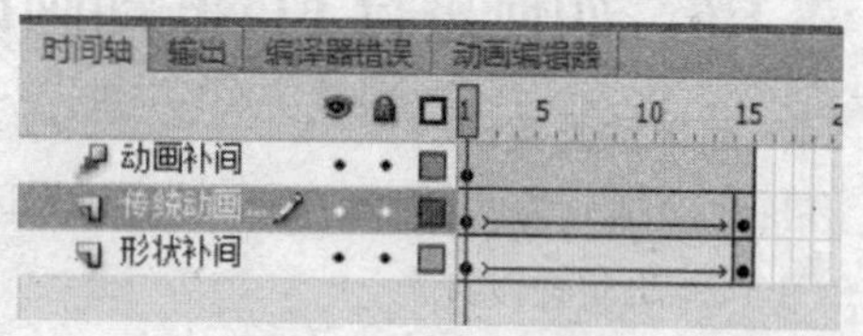

图 8.27　传统动画效果

图 8.27 所示为 3 种补间动画在时间轴上的表现形式：

① 创建补间动画（可以完成传统补间动画的效果，外加 3D 补间动画）；

② 创建补间形状（用于变形动画）；

③ 创建传统补间动画（位置、旋转、放大缩小、透明度变化）。

4. Flash 中重要的控制面板

（1）时间轴面板

时间轴的主要组件是图层、帧和播放头。图层就像堆叠在一起的多张幻灯胶片一样，在舞台上向上叠加。如果上面图层中的某个区域没有内容，那么就可以透过它看到下面的图层。

（2）场景与舞台

场景是指 Flash 工作界面的中间部分，即整个白色和灰色的区域，它是进行矢量图形的绘制和展示的工作区域。在场景中的白色区域部分又称“舞台”，是创建 Flash 文档时放置图形内容的矩形区域，这些图形内容包括矢量插图、文本框、按钮、导入的位图图形或视频剪辑。Flash 中各种动画活动都发生在舞台上，在舞台上看到的内容就是导出的 Flash 影片中观众看到的内容。在场景中的灰色区域部分又称“工作区”，工作区是相当于舞台的后台，导出的 Flash 影片中观众将看不到这个区域的内容。

（3）常用的面板

面板是 Flash CS3 界面的重要组成部分，使用它们可以查看、组织和更改文档中的元素。面板中可用选项控制元件、实例、颜色、类型、帧和其他元素的特征。可以通过显示特定任务所需的面板并隐藏其他面板来自定义 Flash 界面。

① 属性面板。大小：设置舞台的大小，以像素为单位，默认的舞台大小为 550 像素 × 400 像素。发布：设置发布属性，可以设置使用哪个版本的 Flash 影片播放器发布影片。背景颜色：设置舞台的背景色。帧频：每秒钟播放多少帧动画，默认的帧频为 12 帧（f/s）。属性面板是动态的，因为它所显示的属性将根据所选择的对象而变化。

② 动作面板。动作面板可以创建和编辑对象或帧的 ActionScript 代码，主要由“动作工具箱”“脚本导航器”“脚本”窗格组成。

③ 滤镜面板。Flash CS3 的滤镜功能大大增强了其设计方面的能力。这项新特性对制作 Flash 动画产生了便利和巨大的影响。默认情况下，滤镜面板和属性面板、参数面板组成一个面板组。

④ 场景面板。选择“窗口”→“其他面板”→“场景”命令或按 Shift+F2 组合键，可以打开场景面板，该面板为用户提供了在场景之间切换、重命名场景、添加场景和删除场景等功能。

⑤ 库面板。选择“窗口”→“库”命令或按 Ctrl+L 组合键（或 F11 键），可以打开库面板，该面板是用户存储 Flash 影片所创建的元件或影片所要使用的元件的地方。不管是影片剪辑、图

形元件还是按钮，库中都有。

8.1.6 如何进行 Flash 动画设计

1. 简单动画实现

Flash 动画分为两种类型：变形动画与运动动画。它们处理的内容不同，生成方式也不同。

（1）运动动画设计。

① 启动 Flash 后启用“库”（或按 F11 键，见图 8.28），按下方的“+”选择新增元件，打开“创建新元件”对话框（见图 8.29）创建新元件。

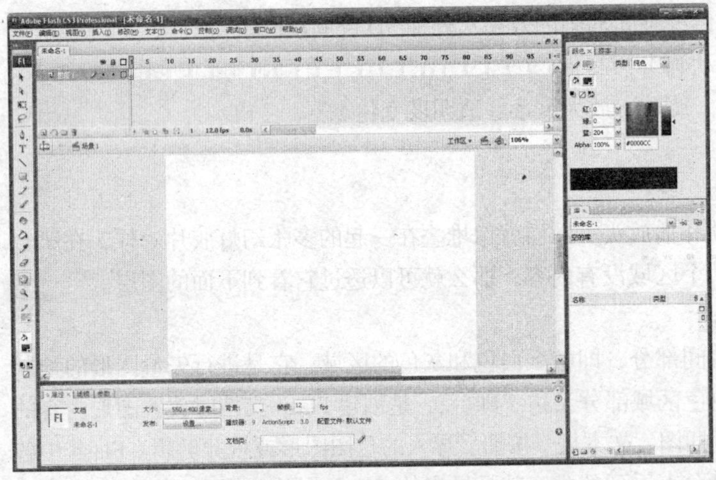

图 8.28 Flash 库面板

图 8.29 库中新增元件

② 选择工具箱中的“椭圆工具”（见图 8.30）在元件 1 的面板中画一个圆（见图 8.31）。

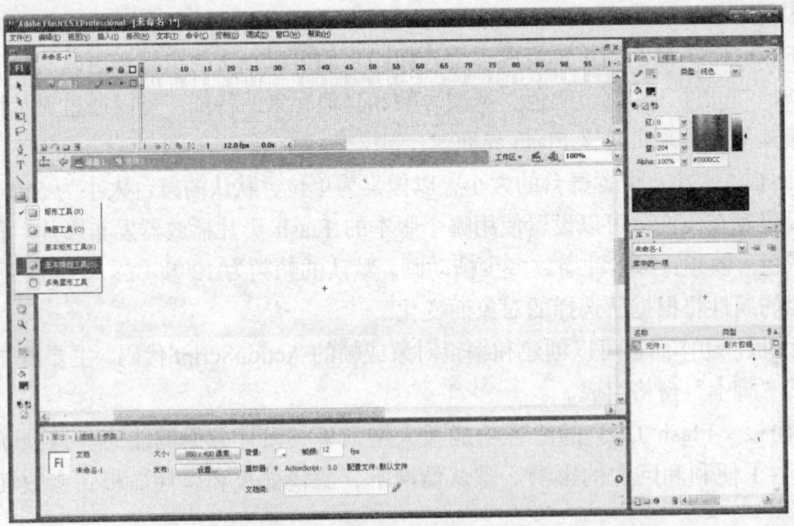

图 8.30 选择工具箱中工具

③ 单击“场景 1”标签，返回设计环境中，从“库”中将“元件 1”拖到“场景 1”中，此时时间轴中的空心圆变成实心圆。在时间轴的第 60 帧处单击鼠标右键，选择“插入关键帧”，然后选择场景 1 中的对象移动它的位置（见图 8.32）（两个位置最好相距远一些）。

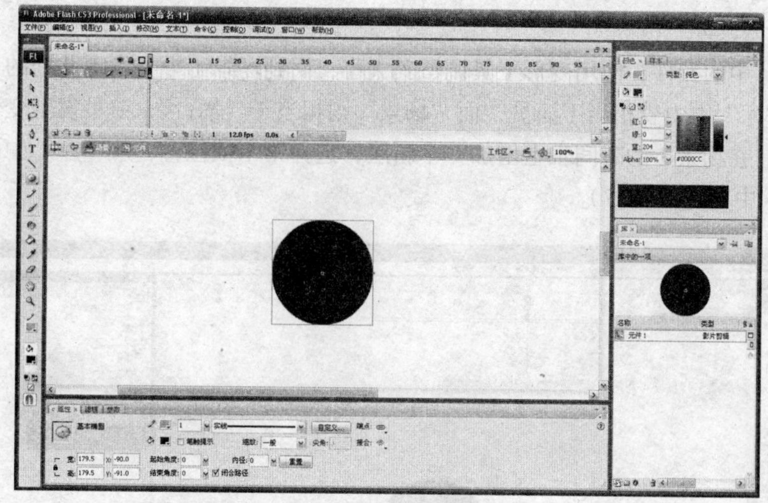

图 8.31　绘制圆形图形拖到场景中

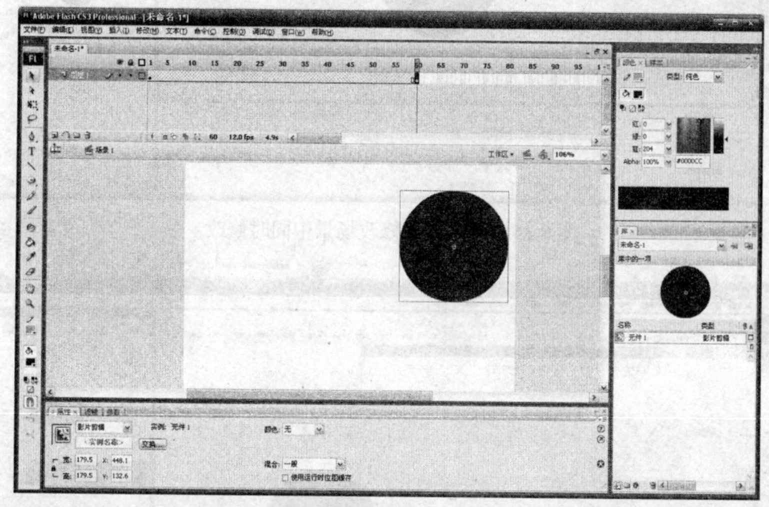

图 8.32　在场景中不同帧位置调整元件的位置

④ 在时间轴第 1～60 帧中间任意位置单击鼠标右键，选择“创建补间动画”(见图 8.33)，按回车键观察设计效果。圆形元件从初始位置连续位移到最后位置，此项功能用于快速生成移动动画效果，当改变关键帧上“元件”的位置时，会产生不同的动画效果。

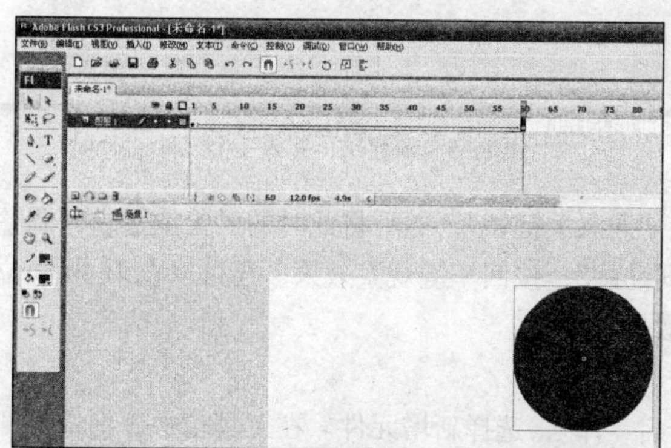

图 8.33　创建补间动画

实验思考：

选择“库”中的元件，使用变形工具调整其大小，回到场景 1 中会发现此处的元件同时变化（见图 8.34）。“库”中内容相当于演员，而“场景”则相当于“舞台”，演员发生变化，场景中的内容同时变化。在场景 1 的时间轴上增加一个新层，选择第 1 帧位置，从“库”中再拖一个“元件 1”到场景 1 中（见图 8.35）。

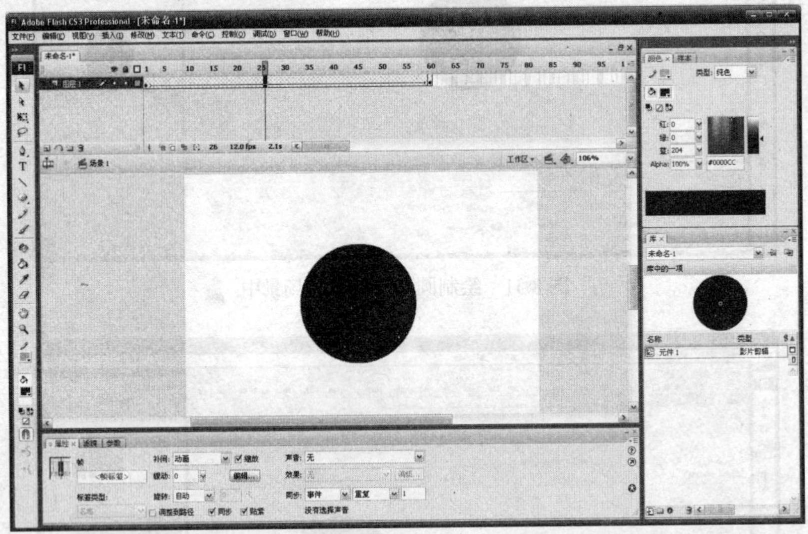

图 8.34　库中元件修改场景中同时修改

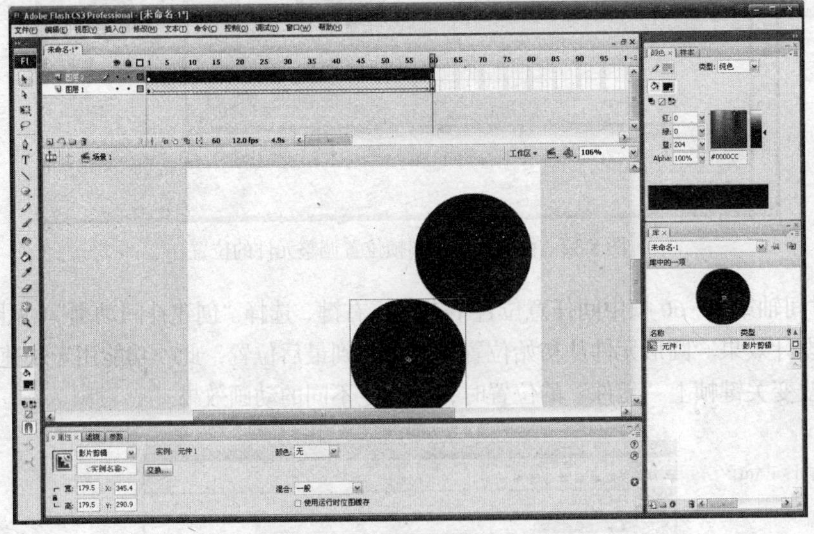

图 8.35　新建层再拖入一个元件

同样在第 60 帧位置“插入关键帧”，然后将此时的对象位置进行调整，并在时间轴上单击鼠标右键，选择“创建补间动画”，按回车键观察效果。还可以在第 30 帧位置插入一个关键帧，调整其大小，观察动画的效果。

（2）变形动画设计。

① 启动 Flash 并开启“库”，选择新增元件。在工具箱中分别选择“圆形”与“多边形”工具做出两个不同的元件，注意数据的类型选择“图形”（见图 8.36）。

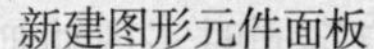
新建图形元件面板

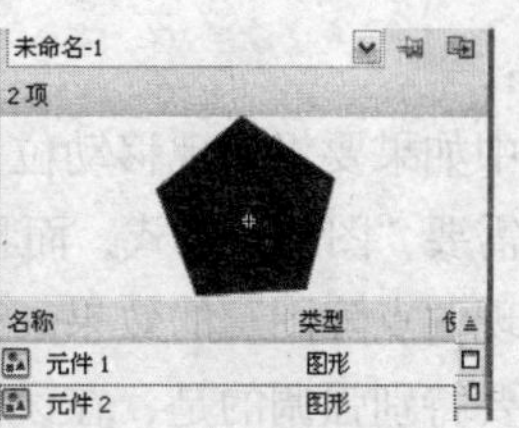

对应“库”面板效果

图 8.36　新建图形元件效果

② 返回场景中，从“库”中拖曳“元件 1”到时间轴的第 1 帧位置，使用选择工具移动“元件 1”的位置（到场景 1 的左下角），然后按 Ctrl+B 组合键将“元件 1”打散。前后效果对比如图 8.37 所示。

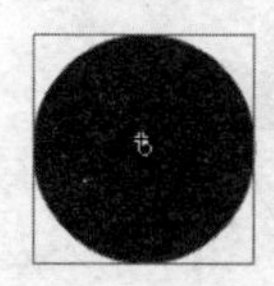

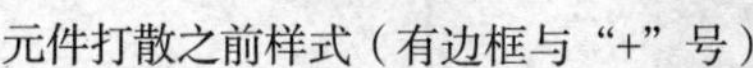
元件打散之前样式（有边框与“+”号）

元件打散之后样式（点阵图效果）

图 8.37　图形元件打散后与前对比

③ 在时间轴第 40 帧位置单击鼠标右键，选择插入“空白帧”，将“元件 2”拖到场景中，调整到场景的右上角。同样执行 Ctrl+B 组合键将“元件 2”打散。在时间轴第 80 帧位置，再插入一个空白帧。单击第 1 帧位置，单击鼠标右键选择“复制帧”，然后单击第 80 帧，选择“粘贴帧”。

④ 单击第 1 帧，在下方的“属性”中选择“补间”中的形状。在第 40 帧执行同样的操作（见图 8.38）。注意它与运动动画的区别。

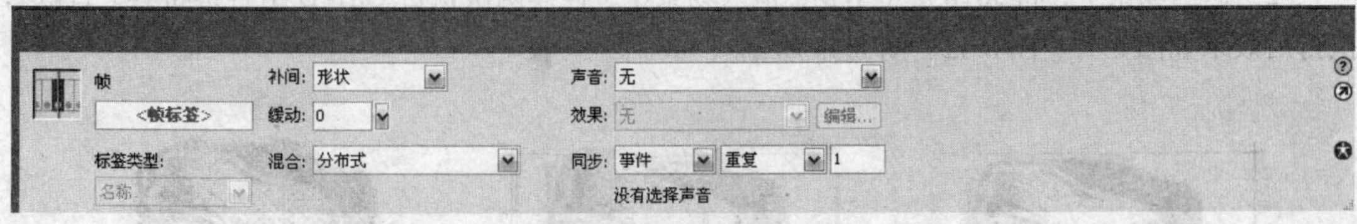

图 8.38　属性面板选择

此时的时间轴的效果如图 8.39 效果。

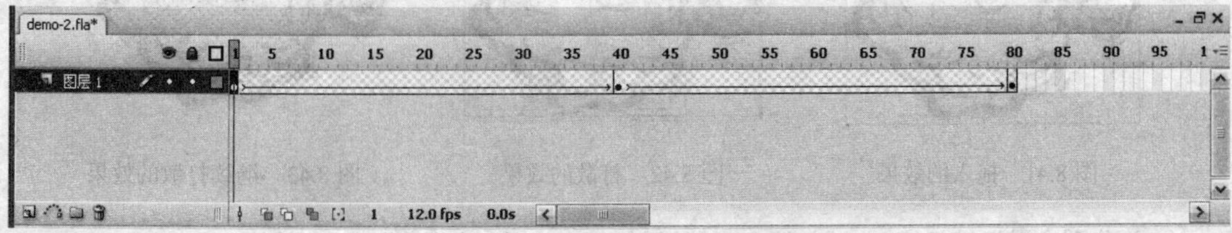

图 8.39　时间轴效果

按回车键观察效果，出现由圆形变化为多边形，又从多边形变形到圆形的变形动画效果。

实验思考：

在 Flash 中如果要想实现移动位置的动画，元件需要是“影片剪辑”格式，如果要实现形状变化的动画则需要“图形”格式，而且在场景中的元件必须“打散”，当使用“选择工具”选择元件时，元件呈现“点阵图”的效果。变形动画同样可以通过在时间轴增加新的图层实现多个动画同时变形。需要特别强调的是，在设计中不同的设计内容最好放置在不同的层中。这也是 Adobe 软件最重要的方法。我们可以在一个文件中使用多种方案同时实现动画，只要它们位于不同的层中就可以独立变化。另外在时间轴上增加“帧”的时候要注意“空白帧”“关键帧”“空白关键帧”之间的区别。

2. 使用导入素材实现“变脸”效果

（1）启动 Flash，选择“文件”→“导入”→“导入到库”，选择相关的图片文件（在计算机的系统盘目录 Program Files\Microsoft Office\media\cagcat10 中有 Office 软件提供的矢量图形），将 J0183290.WMF 与 J0297551.WMF 导入到库中（见图 8.40）。

图 8.40　选择剪贴画

（2）返回场景中，将 J0183290.WMF 拖入场景中，连续两次执行 Ctrl+B 组合键将其“打散”，执行后效果如图 8.41、图 8.42、图 8.43 所示。

图 8.41　拖入的效果

图 8.42　打散的效果

图 8.43　继续打散的效果

（3）分别在时间轴的第 30 帧与第 60 帧处增加“空白关键帧”，在第 30 帧拖入 J0297551.WMF，执行与前面的相同的“打散”动作。在第 1 帧选择“复制帧”后在第 60 帧选择“粘贴帧”。在第 1 帧与第 30 帧分别选择属性设计中的“补间”为“形状”，按回车键观察效果。

实验思考：

在 Flash 中的变形动画可以使用矢量图或导入的点阵图像，在操作时均需要执行“打散”操作。它可以指定控制点变形，但对于过于复杂的图案，效果不是很好，通常需要根据图像的具体情况，重新绘制成简单的线条图。

8.1.7 视频编辑软件能做什么

视频编辑软件是对图像、音频、文字、动画、视频采样的视频文件进行编辑处理的软件。它最重要的应用领域是广告与影视作品的视频创作设计。能够实现视频编辑的软件有很多，如 Windows 系统自带的 Move Maker、会声会影、Adobe 公司的 Premiere 等。还有很多的电子相册、MTV 制作软件均可以实现视频的合成处理。在其中最著名的应当是 Premiere（以下简称 Pr）软件，它与专业的非线性编辑系统的功能与操作相似。了解并熟悉该软件的操作有助于将来学习专业视频系统。视频软件的操作相对复杂，学习过程中可以使用 Windows 操作系统提供的 Move Maker（XP 系统）或影音编辑（Win7 以后系统）体会相关的效果。

Premiere 是一款常用的视频编辑软件，由 Adobe 公司推出，现在常用的有 6.5、Pro1.5、2.0 等版本。Premiere 是一款编辑画面质量比较好的软件，有较好的兼容性，且可以与 Adobe 公司推出的其他软件相互协作。目前这款软件广泛应用于广告制作和电视节目制作中，其最新版本为 Adobe Premiere Pro CS5.5。在 Adobe 公司的软件系列中 CS 是 Creative Suite 的缩写，它通常是中文界面（见图 8.44）。

图 8.44 Premiere 启动界面

8.1.8 Premiere 的基本操作环境是怎样的

安装完成后启动 Premiere CS（以下统一简称 Pr）软件，观察软件的界面情况，简单了解一下菜单体系与常用面板的布局情况（见图 8.45）。

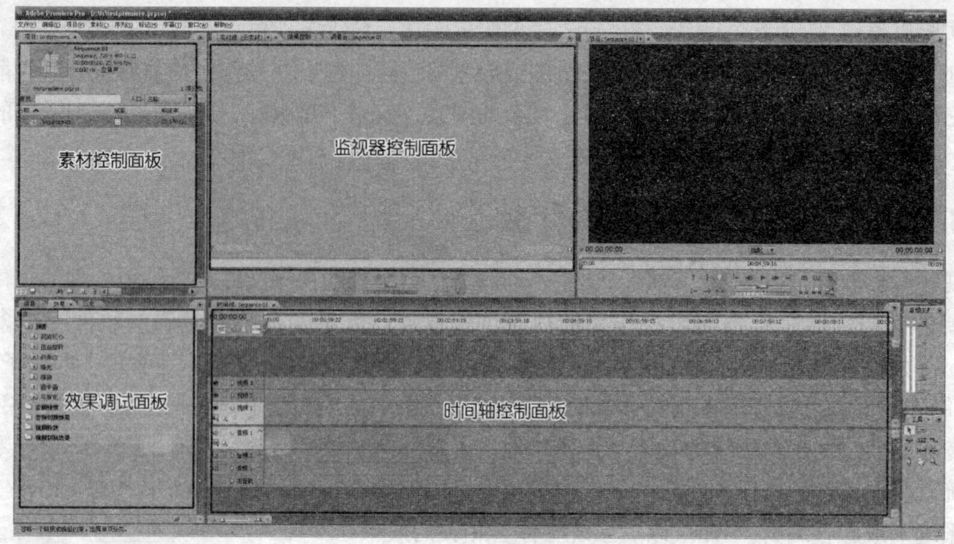

图 8.45　Premiere 基本操作界面

Premiere 的默认操作界面主要分为素材框、监视器面板、效果面板、时间线面板和工具箱 5 个主要部分，在“效果面板”的位置，通过选择不同的选项卡，可以显示信息面板和历史面板。系统启动后进入“项目管理”界面（见图 8.46），它要求根据设计要求先设定视频的格式与配置情况（见图 8.47）。

图 8.46　项目管理

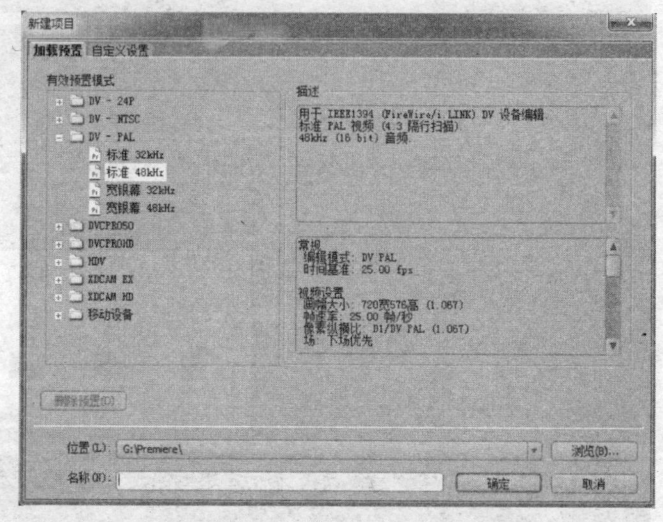

图 8.47　数据格式要求

在开始界面中，如果最近有使用并创建了 Premiere 的项目工程，会在“最近使用的项目”下显示，只要单击即可进入。要打开之前已经存在的项目工程，单击“打开项目”，然后选择相应的工程即可打开。要新建一个项目，则单击“新建项目”，进入下面的配置项目的画面。

在“项目管理”的图像视频格式的界面中，设计人员可以根据设计的需要配置项目的各项设置。一般情况下选择“DV-PAL 标准 48kHz”的预置模式来创建项目工程。在该界面下，可以修改项目文件的保存位置，建议更换到其他文件夹中（尽可能不要保存在系统自己默认的位置）。在名称栏输入工程的名字，为了方便理解和教学，在此新建一个“demo”的项目，单击“确定”按钮就完成了项目的创建。再单击“确定”按钮程序会自动进入编辑界面。也可以先选择“取消”进入 Premiere 界面中，然后再执行“文件→新建→项目”命令，进行设置后单击“确定”按钮完成新项目窗口的创建。

启动 Premiere 后，应当先观察并了解一下基本菜单（见图 8.48），重点是观察相关的功能、快捷键与热键内容，通过自己对于应用软件的认识，看看有哪些是新功能，哪些可以借助其他软件的概念进行操作。

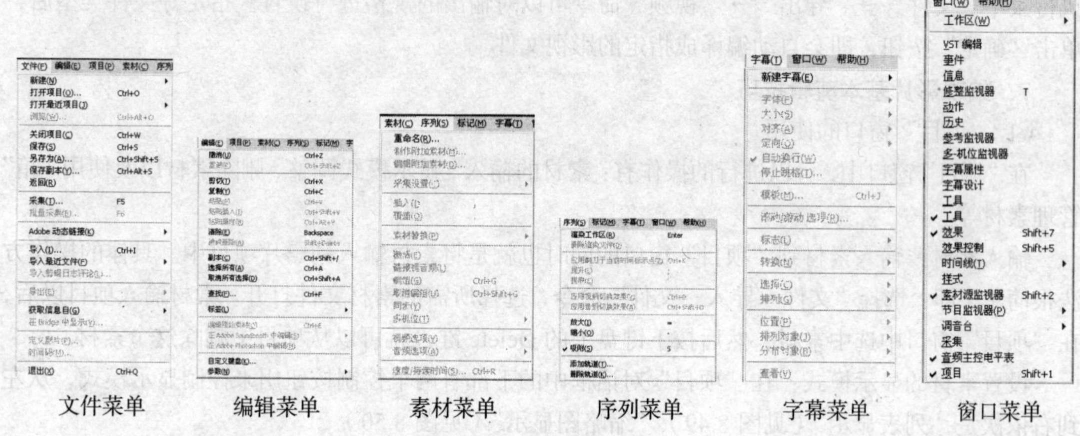

图 8.48　Pr 菜单体系说明

1. 素材的组织与管理

在视频编辑处理的过程中，第一个任务就是将素材导入项目窗口，以便统一管理。实现的方法是，通过执行菜单“文件→导入”命令，可对所需的素材文件进行选择，然后单击“确定”按钮即可。重复执行逐个将所需素材引入后，就完成了编辑前的准备工作（建议建立不同的文件夹保存不同类型的文件，如图片、音频、视频等）。

2. 素材的剪辑处理

执行“窗口”→“时间轴”命令，打开时间线窗口，将项目窗口中的相应素材拖到相应的轨道上（图像与视频放在“视频轨”上，而声音文件放在“音频轨”上，它们均可以叠加放置）。根据内容与设计的需要，不同的轨道可以有多个。如将引入的素材相互衔接地放在同一轨道上，能够实现将素材拼接在一起的播放效果。若需对视频素材进行剪切，可使用剃刀图标工具在需要割断的位置单击鼠标，则素材被割断。然后选取不同的部分按“删除”键删除即可。对素材也允许进行复制，形成重复的播放效果。

3. 千变万化的过渡效果的制作

在两个片段的衔接部分，往往采用过渡的方式来衔接（也称为“转场”）。设计的时候不能直接将两个内容拼接在一起，这样当两个内容交替的时候会很生硬。Pr 提供了多达 75 种的特殊过渡效果，通过过渡窗口可以见到这些丰富多彩的过渡样式。

4. 丰富多彩的滤镜效果的制作

Pr 同 Photoshop 一样也支持滤镜的使用，Pr 提供了近 80 种的滤镜效果，可对图像进行变形、模糊、平滑、曝光、纹理化等处理功能。此外，还可以使用第三方提供的滤镜插件，如好莱坞的 FX 插件（经典的转场特效插件）等。

滤镜的用法：在时间线窗口选择好待处理的素材，然后执行“素材”→“滤镜”命令。在弹出的滤镜对话窗口中选取所需的滤镜效果，单击“增加”按钮即可。如果双击左窗口中的滤镜，可对所选滤镜进行参数的设置和调整。

5. 叠加叠印的使用

在 Premiere 中可以把一个素材置于另一个素材之上来播放，这样的组合称为叠加叠印处理，所得到的素材称为叠加叠印素材。叠加的素材是透明的，允许将其下面的素材透射过来放映。

6. 影视作品的输出

在作品制作完成后期，需借助 Premiere 的输出功能将作品合成在一起。当素材编辑完成后，执行菜单“文件”→“导出”→“视频”命令可以对输出的规格进行设置。指定好文件类型后，单击“确定”按钮，即会自动编译成指定的影视文件。

7. 编辑影片基本剪辑技巧

（1）“项目”窗口的使用

在“项目”窗口中，可以进行的操作有：素材的输入、显示模式调整、删除素材以及使用“箱”管理素材等。

输入素材：输入素材到“项目”窗口的同时也就是将素材输入到影片项目中。具体的操作方法很简单，即：选择“文件→导入→文件”命令，选择所需的素材文件打开。素材输入项目以后，在“项目”窗口中选中素材，然后按下键盘上的 Delete 键，就可以从项目中删除这个素材。

设置素材的显示模式：在“项目”对话框中的下部有两个控制按钮用来控制显示模式，从左到右依次是“列表显示”（见图 8.49）、“缩略图显示”（见图 8.50）。

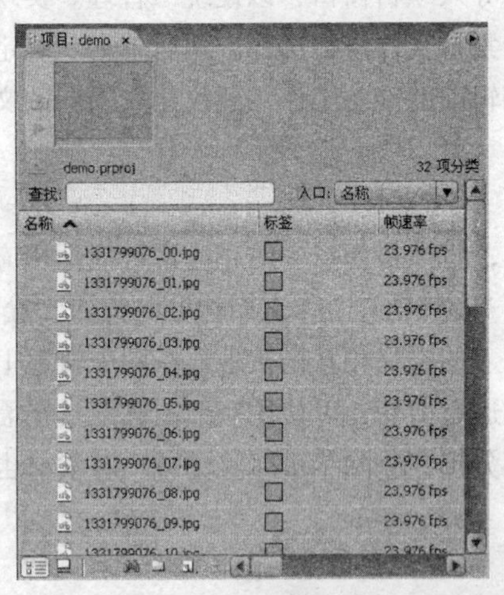

图 8.49 列表模式

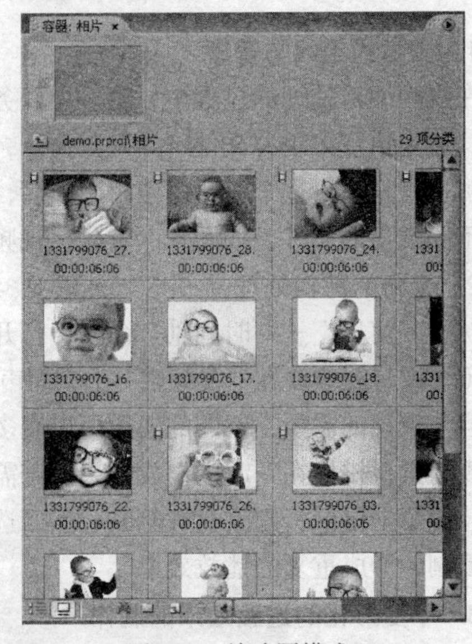

图 8.50 缩略图模式

这两种显示模式的切换很容易，直接单击相应图标就可以。选中素材显示列表中的任何一个素材后，就可以在左上角的预览窗口中浏览这个素材的缩略图以及其他详细的资料。

（2）使用“箱”来管理大量素材

Pr 为我们提供了全新概念的“箱”，在影片项目需要用到大量素材的情况下，使用“箱”将这些素材分门别类，有利于快速找到这些素材。Pr 中的“箱（Bin）”相当于 Windows 中的文件夹的概念，因此它的操作与文件夹的操作相同，如新建、重命名和删除操作等。例如，制作一个大影片时，可以考虑将视频素材、音频素材以及图片素材分别安置在不同的箱内。

（3）素材的入点和出点

素材是指那些输入到 Pr 项目中的媒体文件，主要是音频文件、视频文件和图像文件。对于视频文件或者音频文件来说，往往只需要用到某些特定的部分，在 Pr 中可以通过设置入点和出点来截取所需的部分，那么这个入点和出点之间的部分就叫片段（Clip）。

（4）使用时间轴

Pr 中常用的剪辑工具有“时间轴窗口”“素材窗口”和“监控窗口”，其功能各不相同。使用时间轴和场景轴，可以将媒体汇编到所需的顺序中，并编辑剪辑。使用“监视器”面板预览已在时间轴或场景轴中排列好的剪辑。使用场景轴可以快速排列媒体，添加字幕、过渡和效果。使用时间轴可以裁切、分层和同步媒体。可以随时在这两个面板之间来回切换。

8. 熟悉使用过渡控制面板

过渡效果是影片制作中经常用到的效果之一。在 Pr 中，通过过渡控制面板，在片段切换的时候添加过渡效果。同时还可以通过过渡面板方便地浏览各种过渡效果，以便选择使用。过渡面板如图 8.51 所示。

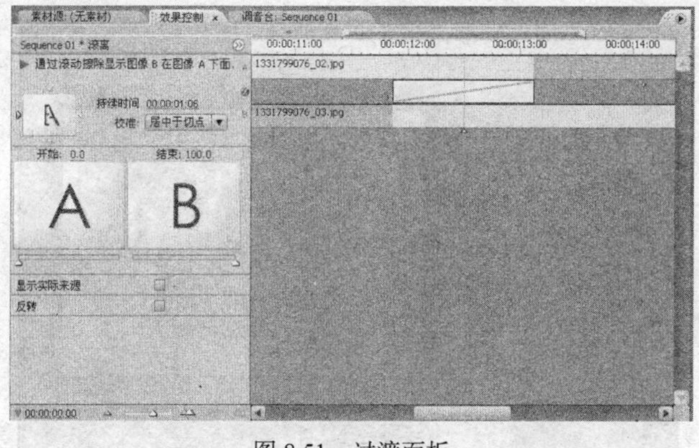

图 8.51　过渡面板

提示　如果过渡面板没有在 Pr 操作窗口中显示出来，选择“窗口”→“显示过渡”命令，就可以显示该面板，显示其他工具面板的方法也一样。对于初学者来说，很快记住如此多的过渡效果，并且在影片中灵活应用这些过渡效果是比较困难的。Pr 为我们提供了便利，通过设置可以在过渡窗口中动态地显示这些过渡效果，以动画形式展示了这些过渡效果作用以后的具体效果（见图 8.52）。

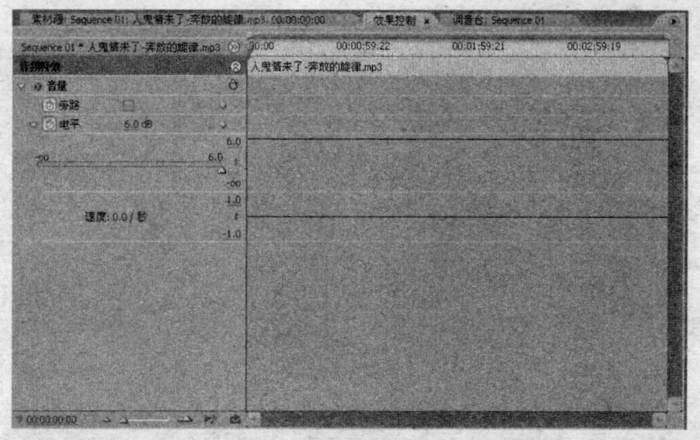

图 8.52　音频控制面板

首先切换到过渡控制面板，然后单击面板右上方的三角图标，打开窗口的控制菜单，选择渲染菜单命令，启用动画显示过渡效果的功能。在过渡控制面板中，双击并打开任何一个文件夹，可以看见文件夹中的效果。这些效果正不停演示着从 A 向 B 的过渡。对于某些不经常用到的效果，可以在过渡控制面板中将它们隐藏起来。首先选中需要隐藏的过渡效果，单击右上角的三角按钮，打开窗口控制菜单，选择“隐藏选择对象”菜单命令，这时在过渡面板中就看不到这些过渡效果了。隐藏起来的过渡效果还在过渡面板中，只是目前看不见，如果需要恢复在窗口控制菜单中选择“显示隐藏效果”命令即可。

9. 创建字幕

Pr 提供了功能强大的“字幕窗口”(见图 8.53)，用户可以在字幕窗口中完成标题字幕的制作。启动 Pr 后，选择“文件”→“新建”→“字幕”命令，启动字幕窗口。使用键盘上的 F9 快捷键，可以快速进入字幕窗口。可以根据自己的爱好，随意设计标题，也可以打开里面的模板，选择预制好的模板。位于字幕窗口左部的是字幕窗口的工具栏。利用这些工具，可以加入标题文本、绘制简单的几何图形，还可以定义文本的样式。

图 8.53　编辑字幕

位于字幕窗口的右边是字幕属性栏(见图 8.54)，这里可以对所选中的文字、几何图形或框选多个目标进行设置，如颜色、比例、阴影、旋转、位置等。

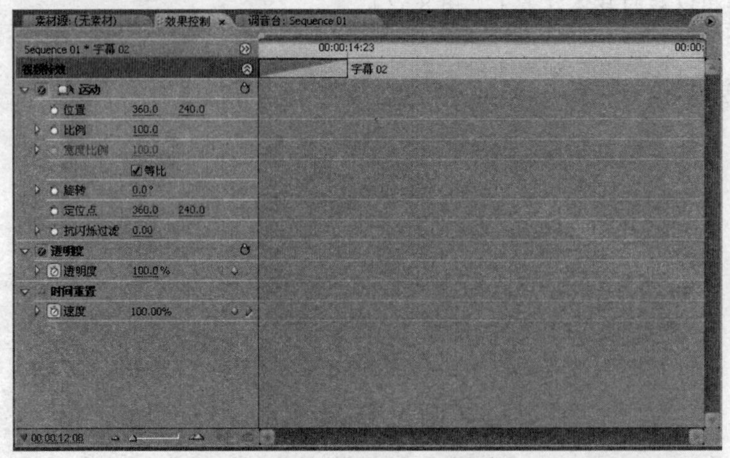

图 8.54　字幕效果控制

10. 处理音频基本步骤

在出色的视频作品中，优美的音频效果是必不可少的成分。Pr 在专门在音频轨道中处理音频。音频轨道多达 99 个，几乎可以满足所有用户处理音频的需要。建议在将音频片段添加到时间轴窗口前，首先在素材窗口中剪辑音频素材，这样不但可以获得较高的剪辑精度，还可以在剪辑音频素材的同时监听到剪辑后的效果。

音频素材和视频素材的持续时间可以在项目窗口中看到，方法是单击该素材，然后在左上角的预览区域的左边观察持续时间。

① 新建一个项目，打开一个 mp3 文件（music.mp3）。

② 截取 10～26s 之间时间段，在 10s 处单击切入（Mark In）按钮，将该点设置为入点。

③ 同样的方法在 26s 时设置一个出点。完成剪辑后，将音频片段直接拖到时间轴窗口中即可。

11. 视频剪辑叠加操作

在 Pr 中，通过为轨道中的片段设置透明度（Transparency）属性，可以将片段叠加起来，同时下面轨道中的片段通过前景片段的透明部分浮现出来运用叠加，可以实现许多特技效果。例如，大侠们在空中快步如飞的场面，实际上演员只是在单色背景前做出类似动作，在实际的剪辑制作时将背景设置成透明，再将这个片段叠加到天空背景片段上即可。

许多前景片段的背景都取蓝色，这是为了和人体的肤色器官的颜色有一定的对比，设置透明度的时候不至于在去掉背景的同时连演员的某些脸部细节也一同丢失。

添加叠加效果的重点是制作特技。首先必须保证用来做背景的片段放置在较低的视频轨道上（比前景片段低），如果背景片段放在视频 1 轨道上，那么前景片段必须放置在视频 2 或者更高轨道上，而且两个片段在时间轴窗口的时间轴上是重叠的。

① 新建一个 Windows 多媒体项目，在项目窗口中输入一幅图片素材和一个视频素材。然后将图片素材拖到视频 2 轨道上，将视频素材拖到视频 1 轨道上作为背景。

② 将鼠标移到视频 2 片段的右边缘，光标变成双向箭头的时候拖动鼠标，将该片段的持续时间设置成和视频 1 中的视频片段一样。

③ 使用鼠标右键单击视频 2 轨道上的图片片段，从弹出的快捷菜单中，选择“视频选项”→“透明度”命令，即可进入透明度设置对话框，在其中可以设置透明度效果的一些参数。

12. 运动特技应用操作

Pr 作为多媒体视频处理软件，可以轻松制作出动感十足的多媒体作品。运动是多媒体设计的灵魂。灵活运用动画效果可以使得视频作品更加丰富多彩。运动特技包括移动片段，片段的旋转、放大、延迟和变形，以及一些其他 Pr 特技和运动效果结合起来的技术，让用户感受到运动效果的奥妙。运动设置基本操作如下。

在 Pr 中设置运动效果的时候，片段是沿着一条设置好的路径移动的。路径是由多个控制点（节点）和连接控制点之间的连线组成，路径引导着片段的运动，包括进入和退出可视区域。运动效果作用于片段整体，而不是片段的某个部分。

（1）运动效果对话框

启动 Pr 新建一个影片项目（如 demo），拖动一个片段到时间轴窗口中，放置在视频 1 轨道上。选择“窗口”→“显示效果控制”命令，显现出效果控制面板。运动效果作为默认选项出现在效果控制面板的首栏。

在时间轴窗口中，单击并选择需要添加运动效果的片段，然后单击效果控制面板运动后面的“设置”按钮，即可进入运动对话框。

该对话框左上部是运动效果的预览框，右边的播放按钮和暂停按钮用来使用预览/暂停预览功能。

运动效果的设置和滤镜效果的设置相似，都是通过设置几个控制点/关键帧的属性来控制整个动态效果。

（2）设置 Alpha 通道的属性

Alpha 选项区用来设置 Alpha 通道的一些属性。

使用片段的（Use Clip's）：可以使用片段原来的 Alpha 通道进行叠加。字幕或者其他支持 Alpha 通道的软件（如 Photoshop 等）处理过的图片适合此选项。该选项只会影响在透明设置对话框中使用 Alpha Channel 建的片段。

新建通道（Create New）：为没有 Alpha 通道的片段创建新通道。片段移动的时候留下的空位形状将作为新 Alpha 通道的依据。同样地，该选项也只能影响到在透明设置对话框中使用 Alpha Channel 建的片段。

（3）设置预览框的显示属性

选中“显示全部”复选框，预览窗口中将按照最后得到的视频效果进行预览，已经添加过的过渡、视频滤镜等效果都同时起作用。如果计算机的速度不够快，这时候的运动效果预览往往变得不流畅。选中“显示轮廓”（Show Outlines）复选框，在运动的每一个控制点（节点）上，只会显示片段的外轮廓。选中“显示路径”（Show Path）复选框，在运动路径控制点之间连上一系列的点。点的密度越大，表示片段在这个范围的运动速度越慢；点的密度越小，则表示片段运动速度越快。

（4）在音频剪辑上应用滤镜

Pr 提供了 21 种音频滤镜效果，可以使用这些滤镜处理录制的原声片段，添加特殊的声效，或者掩饰原声的缺陷，使得影片的音频更加完美。针对不同类型的滤镜 Pr 会将音频效果放到音频面板里，视频效果放到了视频面板里。

8.1.9　如何使用 Premiere 来设计电子相册

Premiere 的主要功能是进行视频的编辑处理，但对于初学者最直观的练习应当是制作一个电子相册。

① 启动 Premiere 软件，选择“文件”→“导入”命令，将所需要的素材导入到素材库中（见图 8.55，见图 8.56）。

图 8.55　选择图像文件

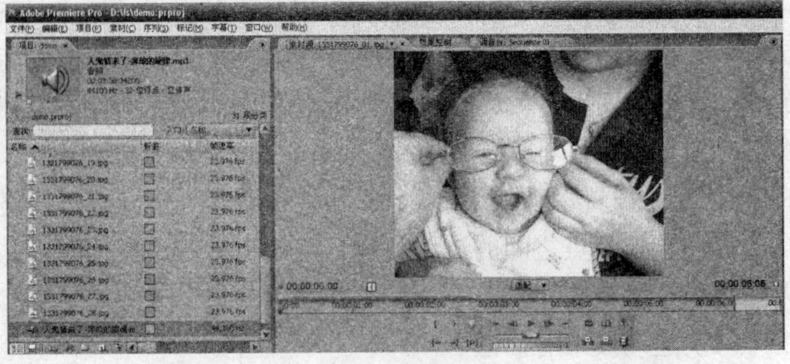

图 8.56　导入到 Premiere 中

将 MP3 素材拖到音频 1 轨道中（见图 8.57），可以使用音频控制面板中的放大镜将音轨放大到合适大小（见图 8.58）。

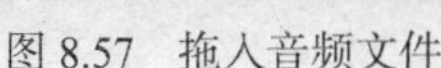
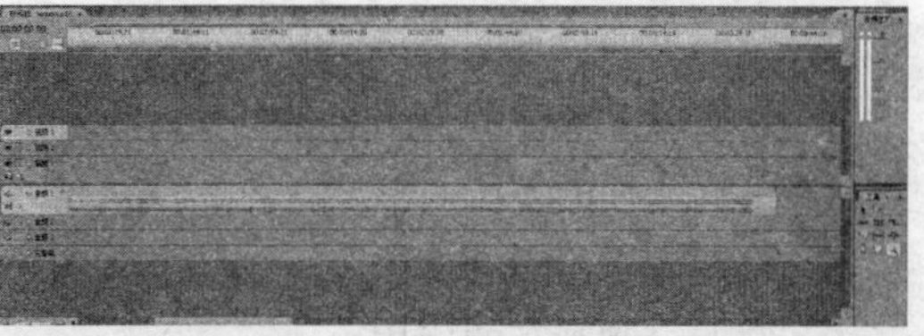

图 8.57 拖入音频文件 图 8.58 放大音轨效果

② 将图片文件分别拖入“视频 1”与“视频 2”轨道中，注意交叉分布位置。按回车键在监视窗体中观察效果（见图 8.59、图 8.60），此时已经能够实现基本的电子相册功能。

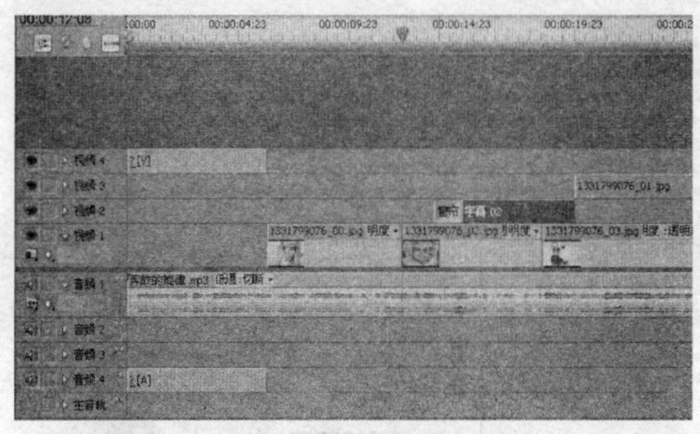

图 8.59 拖入视频轨道

图 8.60 监视窗体效果

③ 选择左边素材库中的音乐文件，拖到音频 1 轨道中，相应调整视频 1 与视频 2 的位置，尽可能控制到相同的长度（见图 8.61）。

④ 选择特效中的相应内容分别拖到不同相片上，按回车键观察效果。

⑤ 单击相片的效果，通过特效调整功能修改具体的细节。

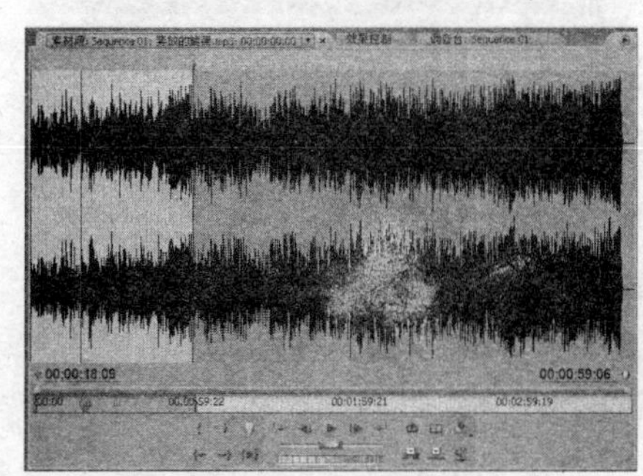

图 8.61 音轨文件效果

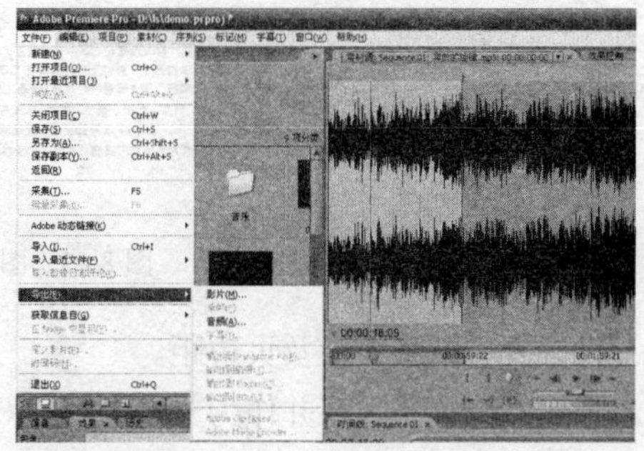

图 8.62 导出制作文件

⑥ 选择“文件”→“导出”→“影片”命令，观察输出的效果（见图 8.62）。

8.2 设计与实践

8.2.1 文字处理 Word 2010

实验一 图文混排

一、实验目的

1. 掌握 Word 文档字符和段落格式的设置与排版。

2. 掌握页面设置的方法。
3. 掌握图文混排的方法。
4. 掌握分栏的方法。
5. 掌握表格绘制的方法。
6. 掌握绘制画布的应用。

二、实验任务

按给定的样张及格式具体的要求，编排图 8.63 所示的图文表混排的 Word 文档。具体要求如下。

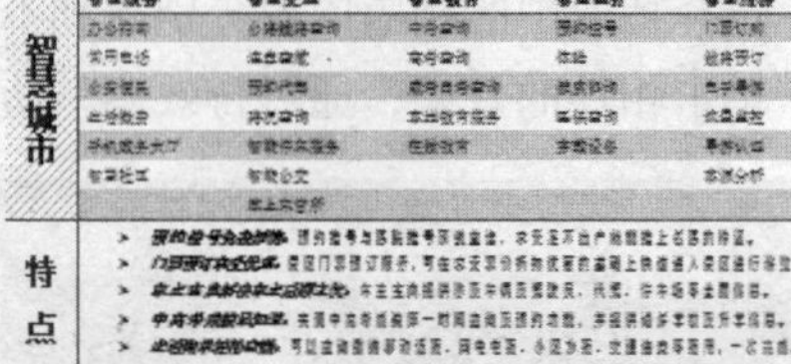

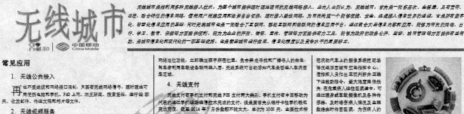

图 8.63　图文混排最终样张

1. 设置文稿纸张大小及页边距。
2. 创建、设置艺术字并作为文稿题目。
3. 设置段落格式及文字字体和字号。
4. 按样张对部分段落进行分栏设置。
5. 按样张对文本进行编号及文字设置。
6. 在文稿中插入图片，设置图片的格式及位置。
7. 在文本框中插入表格，设置表格的格式及位置。
8. 插入文本框。将第一段文本放在文本框中，设置文本框的样式。
9. 打印预览样张。

三、实验步骤

1. 页面和段落设置。

（1）打开文本素材文件“无线城市.docx”。

（2）进行版面设计中关于页面设置的操作（提示：在排版设计中，“页面设置”应当是第一项内容）。

① 单击“页面布局”选项卡“页面设置”组中的“纸张大小”按钮，选择“A3”；单击“纸张方向”按钮，选择“横向”。

② 单击“页面设置”组中的“页边距”按钮，单击最下端的“自定义边距...”选项，在“页面设置”对话框中设置页边距“上”“下”“左”“右”各 2 厘米，应用于整篇文挡。

（3）段落和字符格式设置。

① 按 Ctrl+A 组合键选中全文。

② 设置段落首行缩进 2 字符，全文为宋体五号。

③ 选中从“发展趋势：”到本文末尾，单击“开始”选项卡“段落”组右边的起动器箭头，在“段落”对话框“缩进和间距”选项卡的“间距”栏中设置：段前 0.5 行，段后 0.5 行，行距固定值 15 磅。“发展趋势”和“中国计划”文字加粗设置。

（4）分栏。

① 选中从“常见应用”到“发展趋势”之间的段落。

② 单击“页面布局”选项卡“页面设置”组中的“分栏”按钮，单击“更多分栏...”选项，在“分栏”对话框中选择：三栏，选中分割线，如图 8.64 所示。

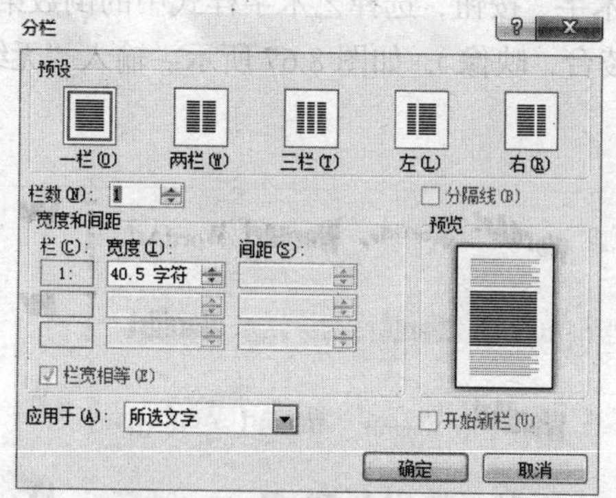

图 8.64 “分栏”对话框

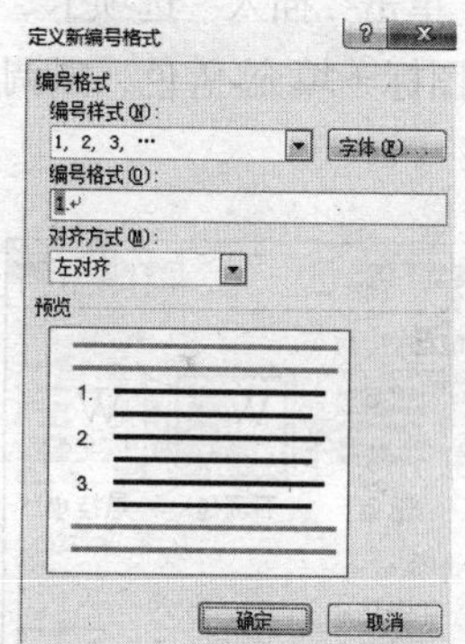

图 8.65 “定义新编号格式”对话框

（5）编号。

① 选中“无线公共接入”，单击“开始”选项卡“段落”组中的“编号”按钮，在“定义新编号格式”对话框中设置编号，如图 8.65 所示。

② 将“无线公共接入”设置为黑体、四号。

③ 选中带有编号的“无线公共接入”，双击“开始”选项卡“剪贴板”组中的 格式刷 按钮，用带有格式刷的鼠标箭头分别去刷“无线视频服务”“无线位置服务”“无线支付”“无线网络硬盘”“掌上公交”，使编号分别为“2.”“3.”“4.”“5.”“6.”。

④ 选中“常见应用”设置文字为宋体、小三号。

2. 首字下沉。

（1）选中介绍无线公共接入的段落中的第一个字“再”。

（2）单击“插入”选项卡“文本”组中“首字下沉”下拉菜单中的“首字下沉”选项，在对话框中选择“下沉”，下沉行数为“2”，如图 8.66 所示。

3. 插入文本框。

将第一段文字“无线城市是指利用多种无线接入技术……信息化程度以及竞争水平的重要标

志。”插入到一个文本框中。

（1）选择第一段文字并剪切。

（2）单击“插入”选项卡“文本”组中“文本框”下拉菜单中的“奥斯汀重要引言”，把剪切的第一段文字粘贴到文本框中。

（3）按样张图 8.63 调整文本框的大小位置，并设置文本框环绕方式为“四周型”。

（4）选中从“发展趋势：”到本文末尾并剪切。

（5）单击“插入”选项卡“文本”组中的“文本框”下拉菜单中的“简单文本框”，把剪切的文字粘贴到文本框中。

（6）选中文本，单击“开始”选项卡“字体”组中的“字符底纹”命令，去掉底纹。

（7）按样张图 8.63 调整文本框的大小位置，并设置文本框环绕方式为“四周型”。

（8）选中文本框，单击“绘图工具|格式”选项卡“形状样式”组中的“形状轮廓”按钮，选择“无轮廓”。“形状填充”选择“无填充颜色”。

4. 设计艺术字。

（1）艺术字插入。

① 在文章起始处单击鼠标，使光标在将要插入艺术字的地方闪烁。

② 单击“插入”选项卡“字体”组中的“艺术字”按钮，选择艺术字样式中的倒数第二行最后一个图标（填充-蓝色，强调文字颜色 1，塑料棱台，映像），如图 8.67 所示。输入“无线城市”4 个字。

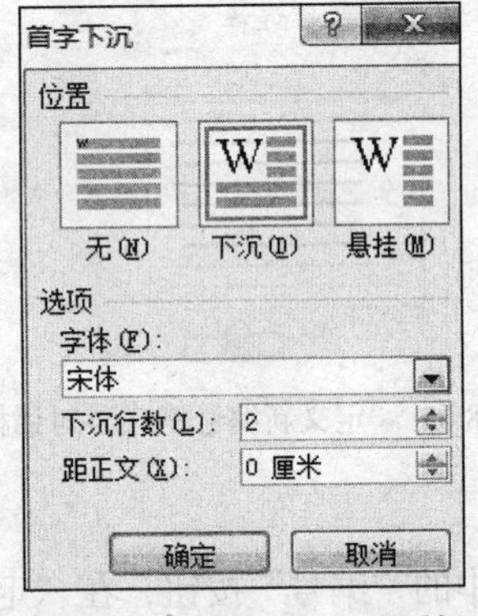

图 8.66 “首字下沉”对话框

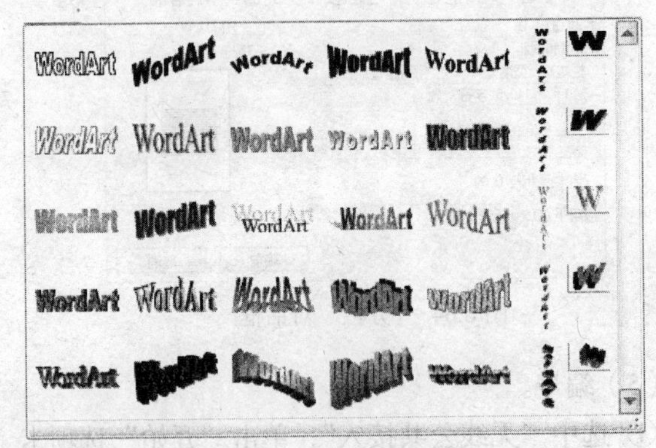

图 8.67 插入“艺术字效果”

③ 用鼠标将艺术字拖到文章开头的位置。单击“绘图工具|格式”选项卡“排列”组中的“自动换行”按钮，选择“嵌入型”。

④ 单击“开始”选项卡“字体”组中的“字号”按钮，输入字号为“65”。

（2）美化艺术字。

① 选择艺术字。

② 单击“绘图工具|格式”选项卡“艺术字样式”组中的“文字效果|转换|弯曲|双波形 2”命令。

③ 复制艺术字“无线城市”。

④ 选中复制好的艺术字，单击“绘图工具|格式”选项卡“排列”组中的“自动换行”按钮，选择“浮于文字上方”。把其拖动到“发展趋势：”到本文末尾所在的文本框处，如样张图 8.63 所示。

⑤ 单击“绘图工具|格式”选项卡“艺术字样式”组中的“文字效果|转换| 弯曲|顺时针”命令。

⑥ 单击“绘图工具|格式”选项卡“艺术字样式”组中的“文本填充”按钮，选择“白色，背景 1，深色 15%”。

⑦ 单击“绘图工具|格式”选项卡“艺术字样式”组中的“文本轮廓”按钮，选择“无”。

⑧ 单击“绘图工具|格式”选项卡“艺术字样式”组中的“文本效果”按钮，阴影选择：无阴影，映像选择：无映像，发光选择：无发光，棱台选择：无棱台，旋转选择：无旋转。

⑨ 鼠标指向艺术字中间的黄色菱形，拖动鼠标是其变成椭圆形。鼠标指向艺术字框上方的绿色圆点，按住鼠标左键旋转艺术字，拖动艺术字框的边缘改变艺术字的大小，如样张所示。

⑩ 用鼠标将艺术字拖动到如样张图 8.63 所在位置，旋转 45°，单击“绘图工具|格式”选项卡“排列”组中的“自动换行”按钮，选择“衬于文字下方”。

5. 插入图片及图片处理。

（1）插入图片。

① 将光标定位在“6. 掌上公交:”之后。

② 单击“插入”选项卡“插图”组中的“图片”按钮，在“插入图片”对话框中选择“无线城市素材及样张”文件夹中的图片“无线城市.jpg”。

（2）调整图片位置和大小。

① 选中图片，单击“图片工具|格式”选项卡，选择“排列”组“位置”按钮中的“其他布局选项”命令，在“布局”对话框“文字环绕”选项卡中选择“四周型”。

② 单击“大小”选项卡，在“缩放”栏中指定高度和宽度为 70%。选中“锁定纵横比”和“相对原始图片大小”复选框。

③ 单击“位置”选项卡，选中“锁定标记”复选框。

（3）使用上述方法步骤，插入“无线城市素材及样张”文件夹中的图片“图标.png”。调整图片的位置与大小，如样张图 8.63 所示。

6. 表格设计。

（1）插入表格。

① 单击“插入”选项卡“文本”组中的“文本框”按钮，用“绘制文本框”命令在右下方插入一个文本框，去掉框线。

② 将光标定位在文本框内，单击“插入”选项卡“表格”组中的“表格”按钮，选择“插入表格”命令，在“插入表格”对话框中输入列数“6”、行数“7”。

③ 选定表格中的 2 行，单击鼠标右键，执行“插入|在下方插入行”命令，生成一个 6 列 7 行的表格。

（2）合并单元格。

① 选中表格中第一列的前 8 行，右单击鼠标，执行“合并单元格”命令。

② 选中表格中最后一行的第 2 列到第 6 列，单击鼠标右键，执行“合并单元格”命令。

（3）输入表格内容。

① 单击表格左上角的选定表格图标 ⊞，设置字号为小五号。

② 按表 8.2 所示输入表格内容。

③ 单击表格左上角的选定表格图标 ⊞，单击鼠标右键，执行“自动调整”→“根据内容调整表格”命令。

表 8.2　　　　　　　　　　　表格内容

	智慧政务	智慧交通	智慧教育	智慧医疗	智慧旅游
智慧城市	办公指南	公路线路查询	中考查询	预约挂号	门票订购
	常用电话	违章查缴	高考查询	体验	线路预订
	公安便民	预约代驾	成考自考查询	健康咨询	电子导游
	生活缴费	路况查询	本地教育服务	医保查询	流量监控
	手机政务大厅	智能停车服务	在线教育	穿戴设备	导游认证
	智慧社区	智能公交			客源分析
		掌上车管所			
特点	预约挂号免去烦恼：预约挂号与医院挂号系统直连，享受足不出户就能挂上名医的待遇。 门票预订享受优惠：景区门票预订服务，可在享受票价折扣优惠的基础上快速进入景区进行游览。 车主宝典解决车主后顾之忧：车主宝典提供涉及车辆及驾驶员、代驾、停车场等全面信息。 中高考成绩早知道：实现中高考成绩第一时间查询及预约功能，并提供诸多学校及升学信息。 生活账单轻松查缴：可以查询缴纳移动话费、国电电费、小区水费、交通违章等费用，一次完成。				

（4）设计表格样式。

① 将光标定位在表格内部，单击“表格工具|设计”选项卡“表格样式”组，选择第三个样式：“浅色底纹-强调文字颜色 1”。

② 选中表格的第一列，单击“表格工具|设计”选项卡“绘图边框”组中的“笔颜色”按钮，选择“蓝色，强调文字颜色 1”。再单击“表格样式”组“边框”按钮中的“右框线”，加上框线。

③ 选中表格中的最后一行，单击“表格工具|设计”选项卡“表格样式”组“边框”按钮中的“上框线”，加上框线。

④ 选中“智慧城市”所在的单元格，右击，选择“边框和底纹”命令，单击“底纹”选项卡，图案样式选择“浅色上斜线”，颜色选择“深蓝，文字 2，淡色 80%”。

⑤ 选中第一行第 2 列到第 6 列，单击“开始”选项卡“字体”组中的“字体颜色”按钮，选择“紫色，强调文字颜色 4，深色 25%”并加粗。

⑥ 选中最后一个单元格，单击“开始”选项卡“字体”组中的“字体”下拉列表，选择“方正姚体”。

⑦ 单击“开始”选项卡“段落”组中的“项目符号”下拉列表，选择项目符号。选中项目符号，标题设置为加粗、斜体、红色、宋体。

⑧ 选中表格的第一列，单击鼠标右键，选择“文字方向”中的“竖排文字”，在“字体”组中选择宋体、二号。

7. 预览与打印。

（1）单击“文件”选项卡中的“打印”命令。在对话框的右边为打印效果预览，如果效果和布局符合要求，则可以选择打印，否则继续修改文档。

（2）选择打印机和打印份数，设置打印范围，选择单面打印或双面打印。

四、实验思考

1. 通过实验过程了解什么是图文混排。

2. 为什么要使用文本框？哪些情况下需要用文本框？如果在同一个版面中出现多个图文框应当如何处理？

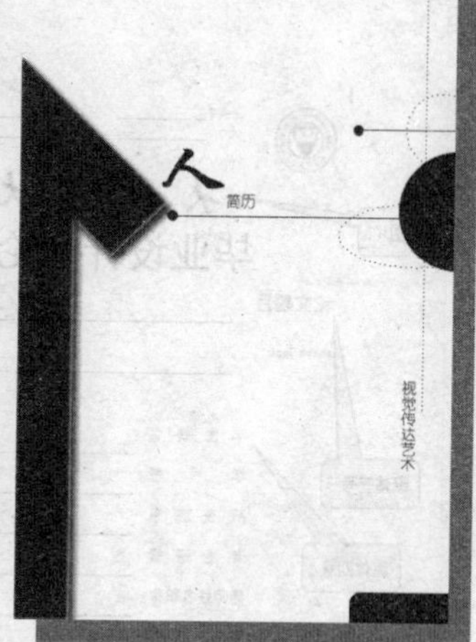

图 8.68　经典的毕业求职封面设计

3. 对图 8.68 所示的版式效果能否使用 Word 进行排版？对图 8.69 所示的刊物排版，Word 能否完成？如何精确定位图、文、表？

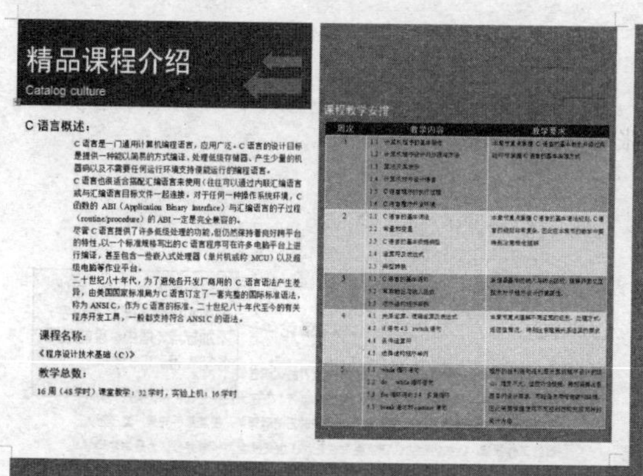

图 8.69　刊物版面设计

实验二　长文档排版练习

一、实验目的

1. 掌握“分节符”的使用，掌握在一篇论文中分组加注不同页码、页眉和页脚，以及设置首页不同、奇偶页不同的方法。

2. 掌握公式编辑器的使用和流程图的绘制。

3. 掌握自动生成目录、更新目录和制作图表目录的方法。

4. 掌握样式的创建、修改和应用方法。

5. 掌握用插入“题注”的方法创建图标题。

6. 掌握图片和文字之间的环绕方式。

7. 掌握参考文献自动编号和引用的方法。

二、实验任务

按照给定的样张及格式具体要求，对“毕业论文排版素材.docx”进行排版。样张如图 8.70、图 8.71、图 8.72、图 8.73 和图 8.74 所示。

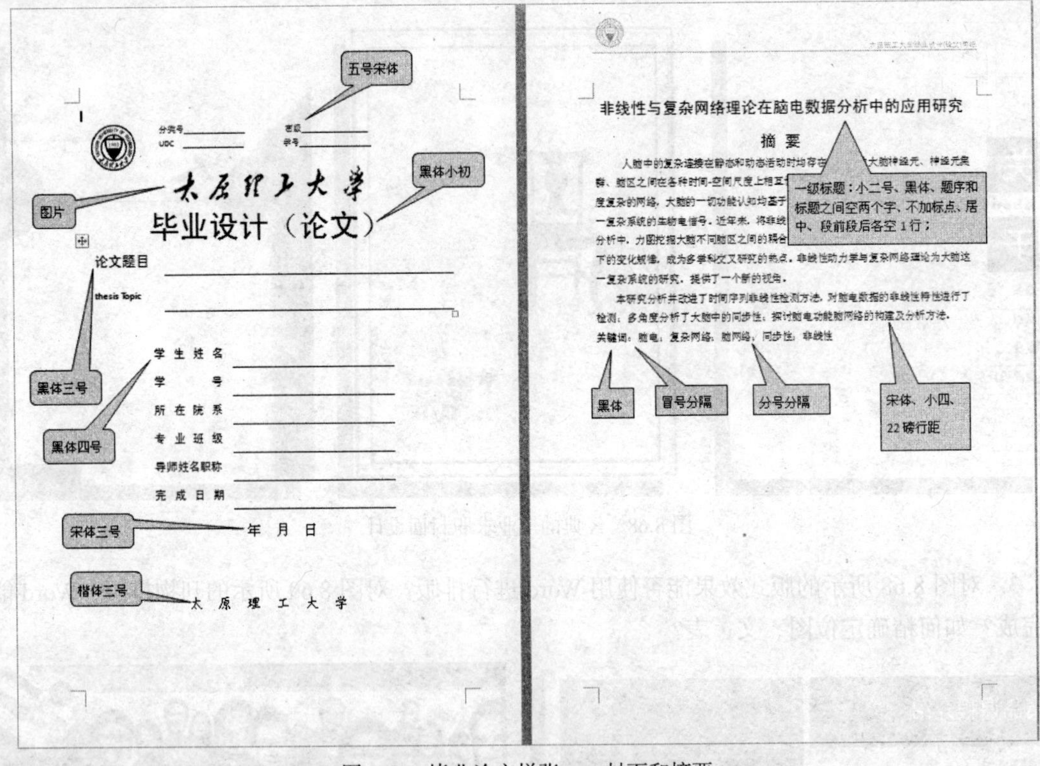

图 8.70 毕业论文样张——封面和摘要

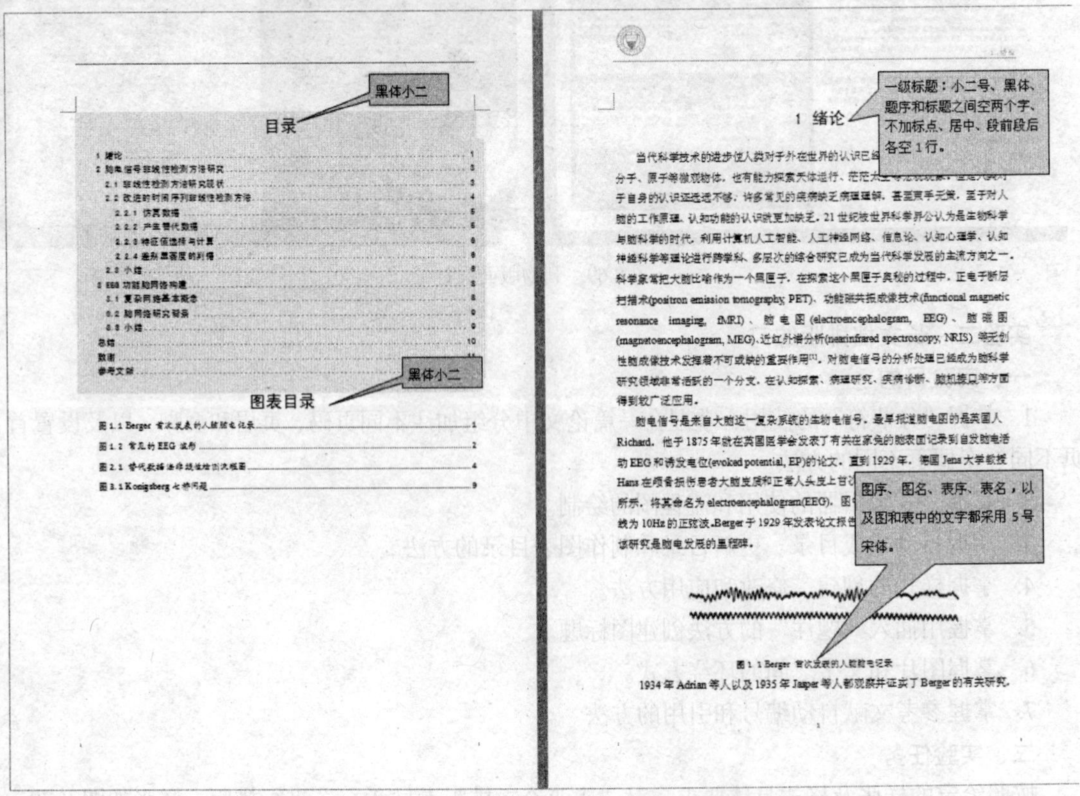

黑体小二

目录

1 绪论 1
2 脑电信号非线性检测方法研究 3
2.1 非线性检测方法研究现状 3
2.2 改进的时间序列非线性检测方法 4
2.2.1 仿真数据 5
2.2.2 产生替代数据 5
2.2.3 特征值选择与计算 6
2.2.4 差异显著度的判据 6
2.3 小结 8
3 EEG 功能脑网络构建 8
3.1 复杂网络基本概念 8
3.2 脑网络研究现状 9
3.3 小结 9
总结 10
致谢
参考文献

黑体小二

图表目录

图 1.1 Berger 首次发表的人脑脑电记录 1
图 1.2 常见的 EEG 波形 2
图 2.1 替代数据法非线性检测流程图 4
图 3.1 Konigsberg 七桥问题 9

1 绪论

一级标题：小二号、黑体、题序和标题之间空两个字、不加标点、居中、段前段后各空1行。

当代科学技术的进步使人类对于外在世界的认识已经……分子、原子等微观物体，也有能力探索天体运行、茫茫太空……于自身的认识还远远不够，许多常见的疾病缺乏病理理解，甚至束手无策，至于对人脑的工作原理、认知功能的认识就更加缺乏。21 世纪被世界科学界公认为是生物科学与脑科学的时代，利用计算机人工智能、人工神经网络、信息论、认知心理学、认知神经科学等理论进行跨学科、多层次的综合研究已成为当代科学发展的主流方向之一。科学家常把大脑比喻作为一个黑匣子，在探索这个黑匣子奥秘的过程中，正电子断层扫描术(positron emission tomography, PET)、功能磁共振成像技术(functional magnetic resonance imaging, fMRI)、脑电图(electroencephalogram, EEG)、脑磁图(magnetoencephalogram, MEG)、近红外谱分析(nearinfrared spectroscopy, NRIS) 等无创性脑成像技术发挥着不可或缺的重要作用[1]。对脑电信号的分析处理已经成为脑科学研究领域非常活跃的一个分支，在认知探索、病理研究、疾病诊断、脑机接口等方面得到较广泛应用。

脑电信号是来自大脑这一复杂系统的生物电信号。最早报道脑电图的是英国人 Richard。他于 1875 年就在英国医学会发表了有关在家兔的脑表面记录到自发脑电活动 EEG 和诱发电位(evoked potential, EP)的论文。直到 1929 年，德国 Jena 大学教授 Hans 在颅骨损伤患者大脑皮质和正常人头皮上首次……所示，将其命名为 electroencephalogram(EEG)。图……线为 10Hz 的正弦波。Berger 于 1929 年发表论文报告……该研究是脑电发展的里程碑。

图序、图名、表序、表名，以及图和表中的文字都采用 5 号宋体。

图 1.1 Berger 首次发表的人脑脑电记录

1934 年 Adrian 等人以及 1935 年 Jasper 等人都观察并证实了 Berger 的有关研究。

1

图 8.71 毕业论文样张——目录和第一章首页

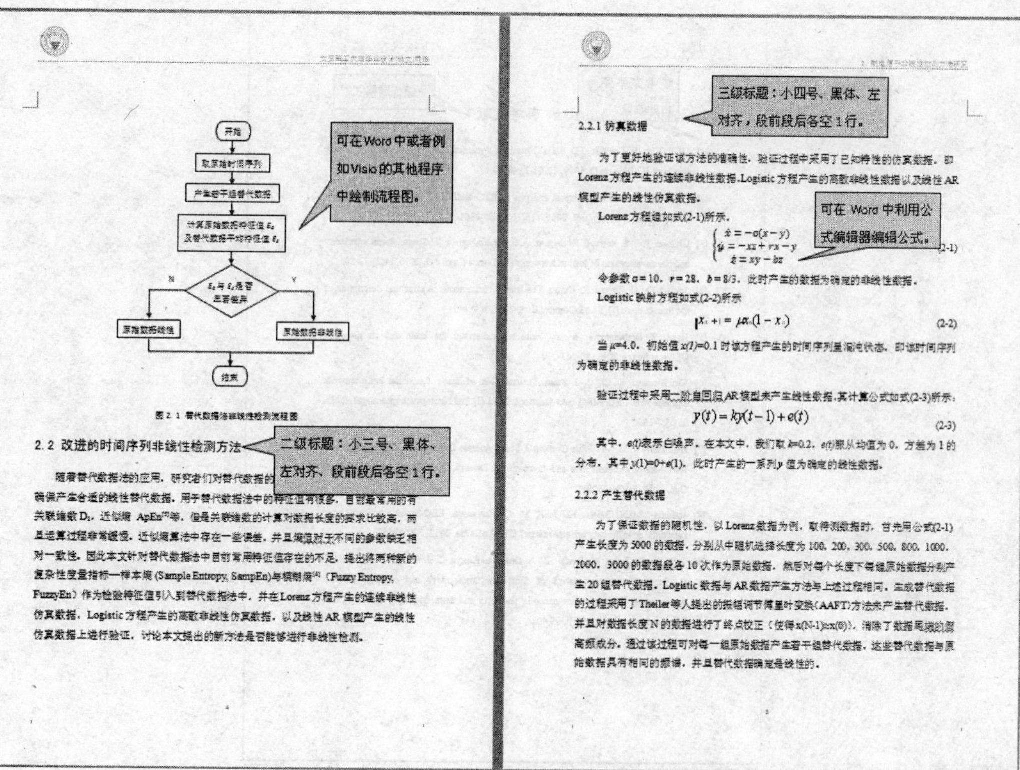

开始

取原始时间序列

产生若干组替代数据

计算原始数据特征值 E_0 及替代数据平均特征值 E_1

E_0 与 E_1 是否显著差异

N

Y

原始数据线性

原始数据非线性

结束

图 2.1 替代数据法非线性检测流程图

2.2 改进的时间序列非线性检测方法

随着替代数据法的应用，研究者们对替代数据的……确保产生合适的线性替代数据。用于替代数据法中的特征值有很多，目前最常用的有关联维数 D_2，近似熵 ApEn[2]等。但是关联维数的计算对数据长度的要求比较高，而且运算过程非常缓慢。近似熵算法中存在一些误差，并且熵值对于不同的参数缺乏相对一致性。因此本文针对替代数据法中目前常用特征值存在的不足，提出将两种新的复杂性度量指标—样本熵 (Sample Entropy, SampEn)与模糊熵[3]（Fuzzy Entropy, FuzzyEn）作为检验特征值引入到替代数据法中，并在Lorenz方程产生的连续非线性仿真数据，Logistic 方程产生的离散非线性仿真数据，以及线性 AR 模型产生的线性仿真数据上进行验证，讨论本文提出的新方法是否能够进行非线性检测。

2.2.1 仿真数据

为了更好地验证该方法的准确性，验证过程中采用了已知特性的仿真数据，即Lorenz方程产生的连续非线性数据，Logistic 方程产生的离散非线性数据以及线性 AR 模型产生的线性仿真数据。

Lorenz 方程组如式(2-1)所示。

$$\begin{cases} \dot{x} = -\sigma(x-y) \\ \dot{y} = -xz + rx - y \\ \dot{z} = xy - bz \end{cases} \tag{2-1}$$

令参数 $\sigma=10$，$r=28$，$b=8/3$，此时产生的数据为确定的非线性数据。

Logistic 映射方程如式(2-2)所示

$$x_{n+1} = \mu x_n(1 - x_n) \tag{2-2}$$

当 μ=4.0，初始值 $x(1)$=0.1 时该方程产生的时间序列呈混沌状态，即该时间序列为确定的非线性数据。

验证过程中采用一阶自回归AR模型来产生线性数据，其计算公式如式(2-3)所示：

$$y(t) = ky(t-1) + e(t) \tag{2-3}$$

其中，$e(t)$表示白噪声，在本文中，我们取 k=0.2，$e(t)$服从均值为 0，方差为 1 的分布，其中 $y(1)=0+e(1)$，此时产生的一系列 y 值为确定的线性数据。

2.2.2 产生替代数据

为了保证数据的随机性，以 Lorenz 数据为例，取待测数据时，首先用公式(2-1)产生长度为 5000 的数据，分别从中随机选择长度为 100、200、300、500、800、1000、2000、3000 的数据段各 10 次作为原始数据，然后对每个长度下每组原始数据分别产生 20 组替代数据。Logistic 数据与 AR 数据产生方法与上述过程相同。生成替代数据的过程采用了 Theiler 等人提出的振幅调节傅里叶变换（AAFT）方法来产生替代数据，并且对数据长度 N 的数据进行了终点校正（使得 $x(N-1)\approx x(0)$），消除了数据尾端的假高频成分。通过该过程可对每一组原始数据产生若干组替代数据，这些替代数据与原始数据具有相同的频谱，并且替代数据确定是线性的。

图 8.72　毕业论文样张——二级、三级标题、流程图与公式

3 EEG 功能脑网络构建

20 世纪 90 年代以来，从 Internet 到 WWW，从大型电力网络到全球……网络，从生物体中的大脑到各种新陈代谢网络，从科研合作网络到各种经济、政……会关系网络，可以说人们已经生活在一个充满着各种各样的复……也成了数理学科、生命学科和工程学科等不同学科的重点研……和 Strogatz 在 Nature 杂志发表的《小世界网络的群体动力……在 Science 杂志发表的《随机网络中标度的涌现》[5]两篇文章为标志，复杂网络的研究进入了一个新时代，相关理论研究正渗透到众多不同的领域。通过复杂网络理论研究、揭示各种网络的模型、结构、属性、动力学和同步等特性，对各种网络进行定量与定性特征的理解，已成为科学研究中极其重要的课题之一，甚至被称为"网络的新科学（new Science of network）"。

3.1 复杂网络基本概念

在复杂网络的研究过程中，描述和研究复杂网络最常用的工具是数学上的图（graph）。任何一个网络都可以看作是由一些节点按照某种方式连接在一起而构成的一个系统。网络图可以抽象化表示，用抽象的点表示实际网络中的节点，用抽象的点之间的连接表示实际网络中节点之间的连接关系。

复杂网络的抽象图表示方法中，很经典的一个问题是"Konigsberg 七桥问题"。哥尼斯堡（Konigsberg）是东普鲁士的一个城镇，整个小镇被一条贯穿的河流分隔为四块陆地，四块陆地之间共架设有七座桥，如图 4-1 所示。当地居民常常议论一个有趣的问题：一个人能否在一次散步中走过所有的七座桥，而且每座桥只经过一次，最后返回原地。这个问题长期以来无人能解。1736 年，数学家欧拉对这个问题的研究中，利用数学抽象方法，将被河流分隔开的四块陆地抽象为四个点，分别用 A、B、C 和 D表示，连接这四块陆地之间的七座桥抽象为连接这四个点的七条线。如此，可得到四个点和七条线构成的一个图，如图 3.1 所示。

图 3.1 Konigsberg 七桥问题

3.2 脑网络研究背景

以人脑为例，成人的大脑平均包含了 2×10^{10}神经元和 15×10^{13} 个突触，每个神经元可通过突触具有平均 7000 个与其他神经元的连接。通过突触，神经元的电活动可以对与它相联系的其它神经元产生影响，从而可进行信息传递。数量如此巨大的神经元和突触连接将人脑形成了一个高度复杂、庞大的大脑结构网络。复杂脑网络的研究已经成为脑科学研究的一个热点领域。

3.3 小结

本章首先介绍了复杂网络的基本理论，以及脑网络研究的相关背景。然后重点探讨分析了 EEG 脑网络构建过程中方法学的问题，并且提出了探索性的解决方法。定义节点时，除了用头皮电极作为网络节点，本文新提出了结合溯源技术在皮层自定义 ROI 作为网络节点的方法。对于节点之间的相关性，本研究采用了同步似然性进行度量，该方法可以同时度量脑区之间线性与非线性的耦合关系。得到所有节点两两相关的关联矩阵后，需要选择合适的阈值将其二值化，构建出无权网络。本文中利用脑网络是小世界网络这一公认的属性，提出一种新的阈值选取方法，并确认了构建网络时稀疏度的范围。最后基于文中所述的方法，构建了 28 例正常被试和 28 例酗酒被试的功能脑网络。

图 8.73　毕业论文样张——正文的偶数页和奇数页页眉不同

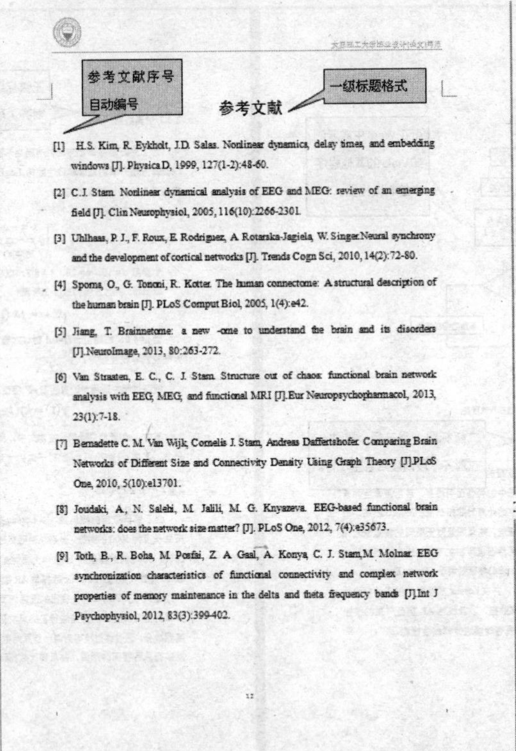

参考文献

[1] H.S. Kim, R. Eykholt, J.D. Salas. Nonlinear dynamics, delay times, and embedding windows [J]. Physica D, 1999, 127(1-2):48-60.

[2] C.J. Stam. Nonlinear dynamical analysis of EEG and MEG: review of an emerging field [J]. Clin Neurophysiol, 2005, 116(10):2266-2301.

[3] Uhlhaas, P. J., F. Roux, E. Rodriguez, A. Rotarska-Jagiela, W. Singer. Neural synchrony and the development of cortical networks [J]. Trends Cogn Sci, 2010, 14(2):72-80.

[4] Sporns, O., G. Tononi, R. Kotter. The human connectome: A structural description of the human brain [J]. PLoS Comput Biol, 2005, 1(4):e42.

[5] Jiang, T. Brainnetome: a new -ome to understand the brain and its disorders [J].NeuroImage, 2013, 80:263-272.

[6] Van Straaten, E. C., C. J. Stam. Structure out of chaos: functional brain network analysis with EEG, MEG, and functional MRI [J].Eur Neuropsychopharmacol, 2013, 23(1):7-18.

[7] Bernadette C. M. Van Wijk, Cornelis J. Stam, Andreas Daffertshofer. Comparing Brain Networks of Different Size and Connectivity Density Using Graph Theory [J].PLoS One, 2010, 5(10):e13701.

[8] Joudaki, A., N. Salehi, M. Jalili, M. G. Knyazeva. EEG-based functional brain networks: does the network size matter? [J]. PLoS One, 2012, 7(4):e35673.

[9] Toth, B., R. Boha, M. Posfai, Z. A. Gaal, A. Konya, C. J. Stam, M. Molnar. EEG synchronization characteristics of functional connectivity and complex network properties of memory maintenance in the delta and theta frequency bands [J].Int J Psychophysiol, 2012, 83(3):399-402.

图 8.74　毕业论文样张——参考文献

具体要求如下。

1. 按要求设置论文的正文样式和各级标题样式，并将其应用于各级标题。

2. 不同的部分为不同的节，封面、摘要、目录、第 1 章、第 2 章、第 3 章、结论、致谢、参考文献分别为不同的节。

3. 封面和摘要按图 8.70 所示设置和布局。

4. 添加页眉和页码。封面无页码、页眉；摘要无页码，有页眉；目录无页码、页眉，如图 8.71 所示。正文奇数页页眉内容为一级标题的内容，偶数页页眉内容为“太原理工大学本科毕业设计（论文）用纸”，如图 8.73 所示。结论、致谢、参考文献无页眉。页码底端居中。

5. 利用公式编辑器插入所需公式。

6. 利用 Word 中的绘图功能绘制流程图（见图 8.72）。

7. 调整图的位置使其美观、布局合理。

8. 用插入“题注”的方式创建论文中的图标题（图号和图名）和表标题（表号和表名）。

9. 自动生成目录，制作图标目录。

10. 参考文献自动编号和引用（见图 8.74）。

三、实验步骤

1. 论文标题和正文设置。

正文：首行缩进 2 个字符；中文：宋体小四号，西文：Times New Roman；段前段后不空行，行间距为固定值 22 磅；A4 纸页边距上空 3.8cm，下空 2.3cm，左空 2.8cm（用于装订，装订线 0 厘米），右空 2.3cm，页眉 1.5cm，页脚 1.75cm；页码用小五号字底端居中。

标题：每章新起一页；章标题采用一级标题：小二号、黑体、居中，段前段后各空 1 行；节标题采用二级标题：小三号、黑体字、左对齐，段前段后各空 1 行；三级标题：小四号、黑体、左对齐，段前段后各空 1 行；结论、致谢和参考文献都单独作为一章，但不加章号，作为一级标题。

题序层次统一采用表 8.3 中的第 5 种。

表 8.3　　通行的题序层次格式

第一种	第二种	第三种	第四种	第五种
一、……	第一章……	第一章……	第一篇……	1. ……
（一）……	一、……	第一节……	第一章……	1.1……
1. ……	（一）……	一、……	第一节……	1.1.1……

（1）标题设置。

① 选择“开始”选项卡中的“样式”启动器，弹出“样式”窗口。单击“标题 1”右边的按钮，从下拉菜单中选择“修改”命令，如图 8.75 所示。在“修改样式”对话框中按格式要求修改该样式，如图 8.76 所示。单击“格式”按钮，按要求对字体和段落格式进行设置。然后将“标题 1”的样式应用于每一章的章名。

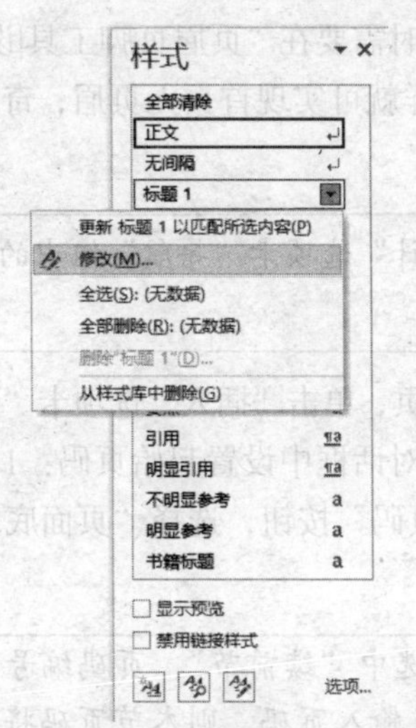

图 8.75　样式窗口

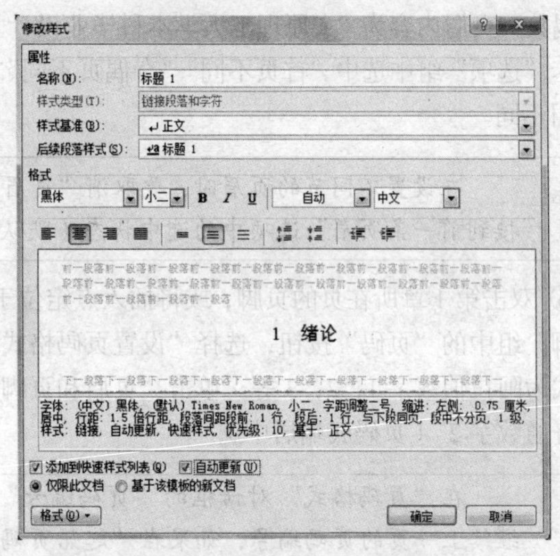

图 8.76　“修改样式”对话框

② 用相同的方法按格式要求修改“标题 2”和“标题 3”的样式，并将其分别应用于各标题 2 和标题 3。

③ 按 Ctrl+F 组合键，打开导航视窗，在文档窗口左边的导航视窗中就会看到文档结构图，如图 8.77 所示。

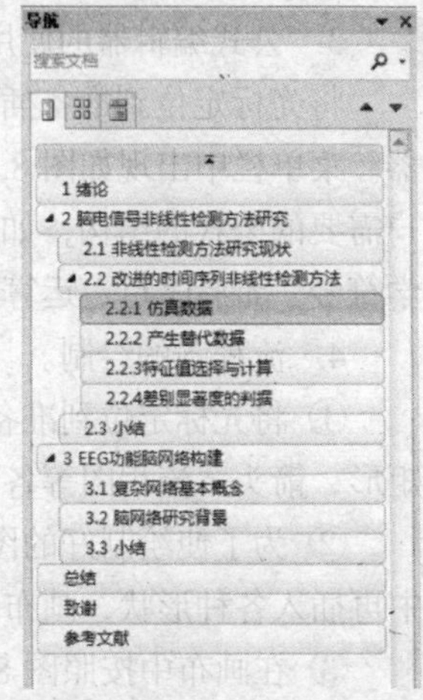

图 8.77　导航视窗

（2）正文设置。

按正文样式要求设置字体、字号、页边距、字符间距等。

2. 分节、添加页眉和页码。

（1）分节。

① 将光标定位到准备插入分节符的位置（例如，摘要所在行的最前面），单击“页面布局”选项卡“页面设置”组中的“分隔符”按钮，在其中选择“分节符”中的“下一页”。这时摘要所在行移到下一页，封面和摘要被分成了两个部分，即两个不同的节。

② 用同样的方法分别在摘要、第 1 章、第 2 章、第 3 章、结论、致谢之后插入分节符，使其封面成为第 1 节，摘要成为第 2 节，第 1 章成为第 3 节，第 2 章成为第 4 节，第 3 章成为第 5 节，结论成为第 6 节，致谢成为第 7 节，参考文献成为第 8 节。

通过在 Word 2010 文档中插入分节符，可以将 Word 文档分成多个部分（即多个节）。每个部分可以有不同的页边距、页眉、页脚、纸张大小等不同的页面设置。

（2）添加页眉和页码。

① 单击“页面布局”选项卡“页面设置”的启动按钮，在“页面设置”对话框的“版式”选项卡中，选择“页眉”距边距 1.5cm，“页脚”距边距 1.75cm。

② 封面无页码、无页眉，按图 8.70 所示设置和布局。

③ 摘要无页码，页眉内容为“太原理工大学本科毕业设计（论文）用纸”，按图 8.70 所示进行设置。双击摘要所在页的页眉处，或将插入点定位于摘要所在页，单击“插入”选项卡“页眉和页脚”组中的“页眉”按钮，从中选择一种页眉样式，添加页眉内容。

④ 用与③相同的方法为第 1 章、第 2 章、第 3 章添加页眉。奇数页页眉内容为一级标题的内容，偶数页页眉内容为“太原理工大学本科毕业设计（论文）”。此时需要在“页眉页脚工具|设计”选项卡“选项”组中选中“首页不同”“奇偶页不同”复选框。这样就可实现首页无页眉，奇偶页的页眉不同。

在设置不同节的页眉时，要取消“页眉页脚工具|设计”选项卡“导航”组中的“链接到前一条页眉”选项中的选中状态（默认是选中状态）。

⑤ 双击第 1 章所在页的页脚，或将插入点定位于第 1 章所在页，单击“插入”选项卡“页眉和页脚”组中的“页码”按钮，选择“设置页码格式”，在弹出的对话框中设置起始页码：1；编号格式为阿拉伯数字 1，2，3 等。单击“页眉和页脚”组中的“页码”按钮，选择“页面底端”的“普通数字 2”（页码底端居中）。

在“页码格式”对话框的“页码编号”栏中，如果选中“续前节”，页码编号就会继续上一页的页码编号，如果在“起始页码”框中选择或输入页码，则本节页码将从此数字开始编号。

3. 公式编辑器的使用。

将光标定位到准备插入公式的位置，单击“插入”选项卡中的“公式”按钮，进入公式编辑器。菜单栏中出现如图 8.78 所示公式编辑器工具的“设计”选项卡。通过“结构”选项可选择用户需要的公式的结构，如分式、上下标、积分等。通过“符号”选项可以插入用户需要的各种数学符号、希腊字母、运算符等各种符号。

4. 流程图的绘制。

① 将光标定位到准备插入流程图的位置，单击“插入”选项卡中的“形状”按钮，出现线条、矩形、箭头、流程图等各种形状供用户选择，如图 8.79 所示。

② 为了使绘制好的图形便于整体移动和调整，一般情况下先选择新建绘图画布，然后在画布中再插入各种形状，画布的作用则相当于图形的容器。

③ 在画布中按照图 8.72 所示样张，插入规范流程图中的各种形状。

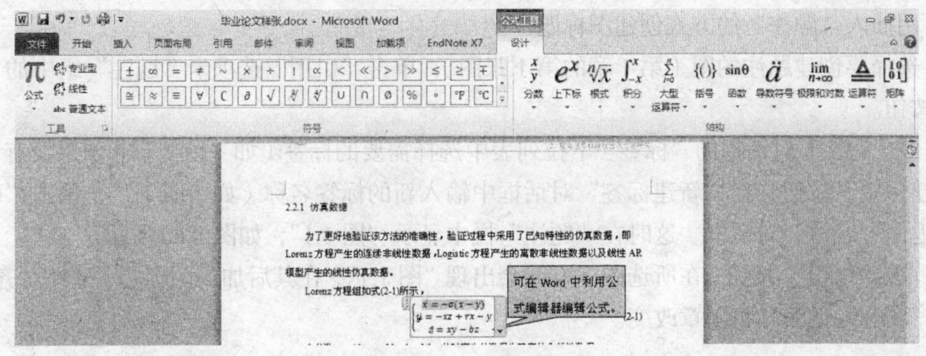

图 8.78　公式编辑器

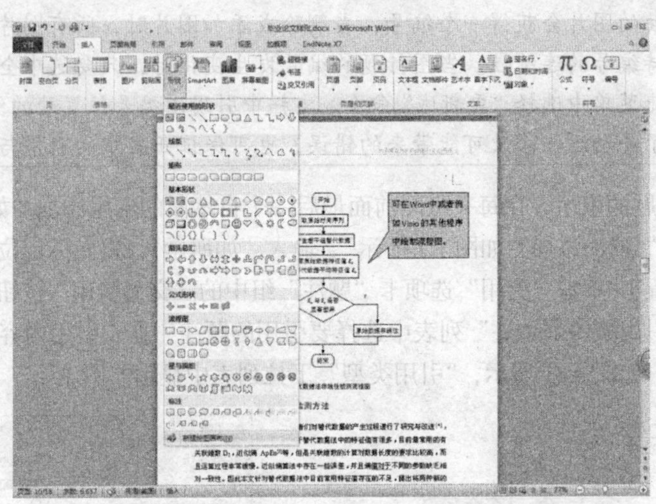

图 8.79　插入流程图

5. 调整图片的布局。

图片的布局包括位置、大小和文字环绕方式。文字环绕方式有：嵌入型、四周型、紧密型、穿越型、上下型、衬于文字下方、浮于文字上方。在图片上单击鼠标右键，执行其中的“大小和位置”命令，出现一个“布局”对话框，在其中选择适合的选项进行设置。

图片的大小要适中，保证图片中的信息清晰可见即可。图片周围不要留有太多的空白。长文档的排版中用得最多的文字环绕方式是嵌入型和四周型。若图片的宽度超过页面的 1/2，一般用嵌入型，否则可以选用四周型，使文字环绕在图片的周围。

6. 制作目录。

在摘要和第 1 章之间用分节的方法插入一个新页，将插入点定位到新页要插入目录的位置，单击“引用”选项卡“目录”组中的“目录”按钮，选择“插入目录”命令，在对话框中选择目录的格式，即可在“打印预览”框中看到制作好的目录效果。

更新目录时，只需右击目录内容，执行“更新域”命令，在“更新目录”对话框中选择执行“只更新页码”或“更新整个目录”。

如果在自动生成的目录中，结论、致谢、参考文献等页码前没有制表符前导符，这是制表符的问题，只需选中目录中结论、致谢、参考文献所在行，将标尺上的制表符拖走（去掉）即可。

7. 用插入“题注”的方式创建图标题。

① 选择要创建题注的图（第 1 章的第 1 张图），单击“引用”选项卡“题注”组中的“插入题注”按钮。

② 在“题注”对话框的“标签”下拉列表中选择需要的标签（如“图 1.”）。如果没有，可单击“新建标签”按钮，在“新建标签”对话框中输入新的标签名称（如“图 1.”），单击“确定”按钮，返回“题注”对话框。这时在“题注”栏中显示“图 1.1”，如图 8.80 所示。

③ 单击“确定”按钮，在所选图下方就会出现“图 1.1”，在其后加入图标题，选择对齐方式。以后各章图标题的编号将随章改变。

如果 Word 文档中含有大量图片，为了更好地管理这些图片，可以为图片加题注。添加了题注的图片会获得一个编号，当删除或添加图片时，所有图片的编号都会自动改变，以保持编号的连续性。当图标题的编号发生变化时，只要选中全文，右击鼠标，在弹出的快捷菜单中选择“更新域”命令，文档中引用图编号位置处的编号就会随之更新，从而避免了手动逐一修改可能带来的错误，也可保证正文中的引用与实际图编号一致。

④ 创建对图标题的引用。在每一张图前面最后一个自然段的末尾添加“如图 X.X 所示”字样，例如在“图 1.1”前面添加“如图 1.1 所示”。输入“如所示”，将光标定位在“如”之后（需要引用图标题的位置），单击“引用”选项卡“题注”组中的“交叉引用”按钮，在弹出的“交叉引用”对话框的“引用哪一个题注”列表中选择要引用的题注，在“引用内容”下拉列表中选择“只有标签和编号”，如图 8.81 所示，“引用类型”下拉列表中显示“图 1.”。

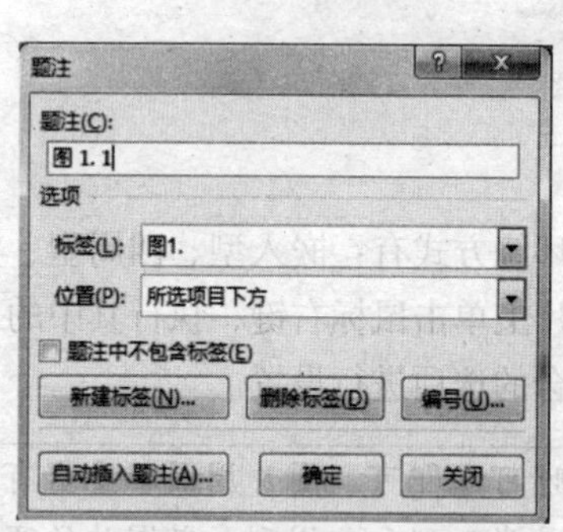

图 8.80 “题注”对话框

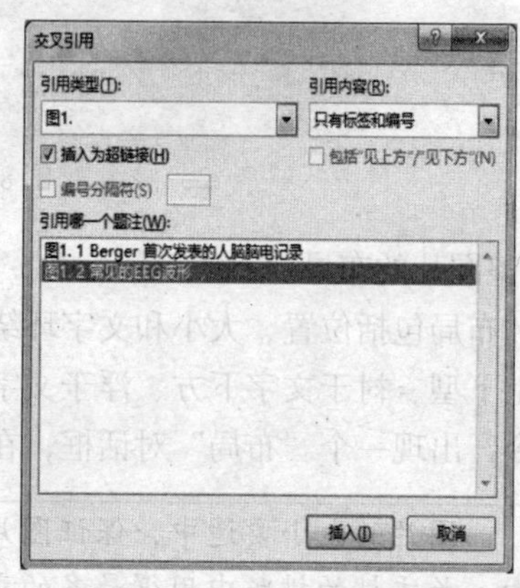

图 8.81 “交叉引用”对话框

交叉引用是对 Word 文档中其他位置内容的引用，如可为标题、题注、书签、编号段落等创建交叉引用。创建交叉引用之后，可改变交叉引用的引用内容。

8. 制作图表目录。

① 单击要插入图表位置的目录（可放在末尾或目录之后）。

② 单击“引用”选项卡“题注”组中的“插入表目录”按钮，在“图表目录”对话框中设置“题注标签”中的标签项，如图 8.82 所示。

③ 反复执行第②步，每次在“题注标签”列表框中选择不同的选项，如第 1 次选择第 1 章的题注“图 1.”，第 2 次选择第 2 章的题注“图 2.”，把各章的图（标签）和表（标签）抽取出来组成一个完整的图表目录，如图 8.83 所示。

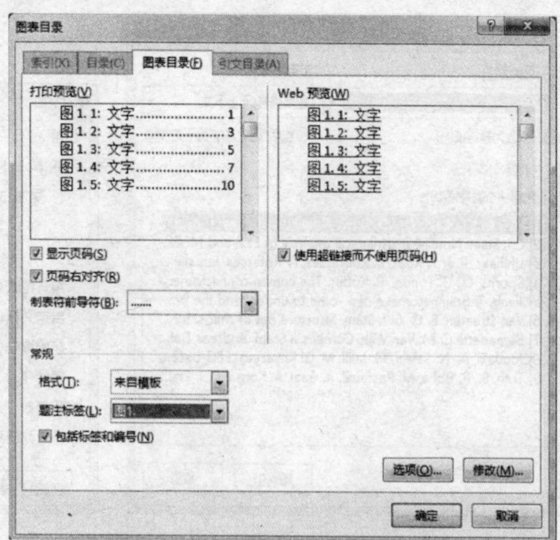

图 8.82 “图表目录”对话框

图表目录

图 1.1 Berger 首次发表的人脑脑电记录 1

图 1.2 常见的 EEG 波形 2

图 2.1 替代数据法非线性检测流程图 4

图 3.1 Konigsberg 七桥问题 9

图 8.83 图表目录

9. 参考文献自动编号和引用。

（1）参考文献自动编号。

① 选中所有参考文献，单击“开始”选项卡“段落”组中“编号”按钮右边的小箭头，在弹出的选项中可以选择编号的格式。

② 如果没有适合的编号格式，则选择“定义新编号格式”，在“定义新编号格式”对话框中定义新的编号格式，如图 8.84 所示。

（2）参考文献的引用。

① 在需要插入参考文献引用的位置，单击“插入”选项卡“链接”组中的“交叉引用”按钮。

② 在“交叉引用”对话框的“引用类型”列表框中选择“编号项”，在“引用内容”列表框中选择“段落编号”，在“引用哪一个编号项”列表框中选择相应的参考文献，单击“插入”按钮，如图 8.85 所示。参考文献的编号就出现在该插入位置。

由于该文献的编号是超级链接，因此按下 Ctrl 键的同时，单击该编号就可直接跳转到参考文献处。

10. 插入脚注

① 将光标定位于“1 绪论”下面第 1 个自然段之后，单击“引用”选项卡“脚注”组中的“插入脚注”按钮。

② 在本页下方脚注处输入“电脑数据的处理”。

插入脚注也可单击“引用”选项卡“脚注”组右边的启动器箭头，设置如图 8.86 所示。

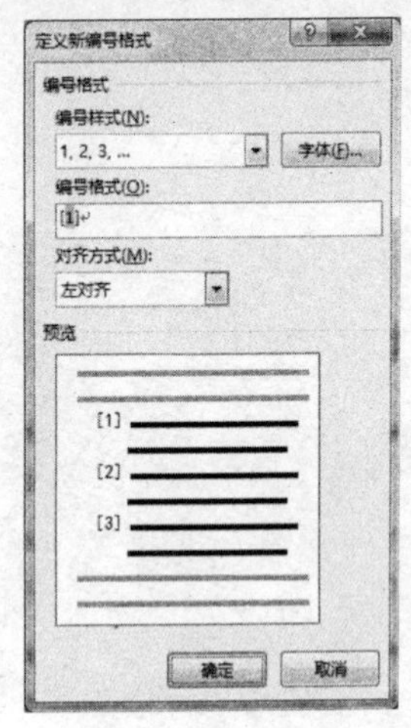

图 8.84　参考文献编号格式设置

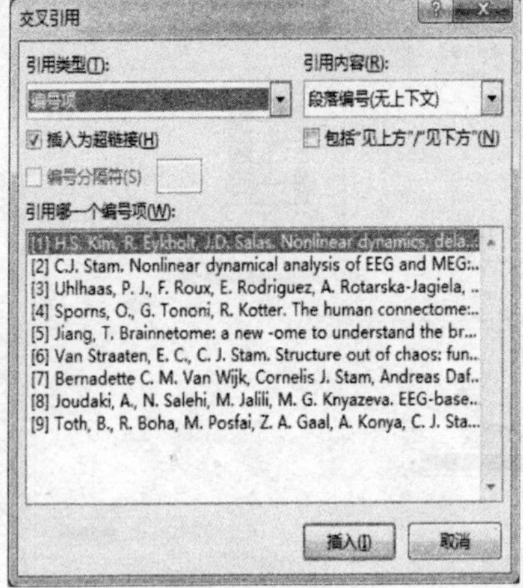

图 8.85　"交叉引用"对话框

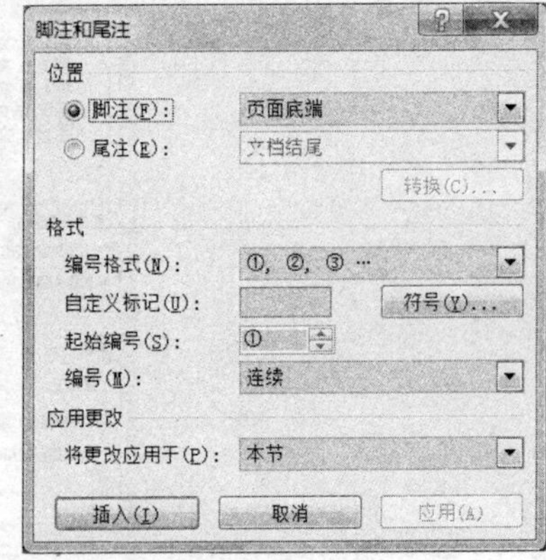

图 8.86　"脚注和尾注"对话框

8.2.2　电子表格 Excel 2010

实验一：表格及数据格式化

一、实验目的

1. 熟练掌握对 Excel 工作表的格式化方法，数据的输入和对数据格式的设置方法。
2. 熟练掌握工作表的插入、复制和重命名方法。
3. 熟练掌握公式和常用函数的使用方法，以及相对引用、绝对引用和混合引用的使用方法。

二、实验任务

打开素材文件 DXJSJ4-1.xlsx，其中的内容如图 8.87 所示。按要求完成学生成绩表的格式化操作，样张如图 8.88 所示。

	A	B	C	D	E	F	G
1	姓名	学院	高等数学	大学物理	英语	程序设计	总分
2	赵飞	计算机学院	79	81	68	78	
3	刘刚	信息学院	84	98	90	91	
4	张三	建筑学院	76	57	69	97	
5	李四	计算机学院	90	69	86	79	
6	王武	建筑学院	87	76	73	55	
7	乔华	建筑学院	71	90	75	87	
8	孙一	信息学院	68	89	84	67	
9	周玲	计算机学院	80	73	82	81	
10	吴磊	信息学院	55	68	64	77	
11	郑成	建筑学院	68	86	51	85	
12	陈晓晓	计算机学院	72	82	89	79	
13	曹慧	计算机学院	69	93	78	94	
14	杨洋	建筑学院	51	69	88	89	
15	高山	信息学院	75	87	45	76	
16	于洋	信息学院	84	54	90	73	

图 8.87　学生成绩表

	A	B	C	D	E	F	G	H	I	J	K	L	M
1	学生成绩表												
2	学号	姓名	学院	高等数学	大学物理	英语	程序设计	总分	平均分	总评	是否补考	排名	参考人数
3	2015020301	赵飞	计算机学院	79	81	68	78	306	77	中等		8	
4	2015020302	刘刚	信息学院	84	98	90	91	363	91	优秀		1	
5	2015020303	张三	建筑学院	76	57	69	97	299	75	中等	补考	10	
6	2015020305	李四	计算机学院	90	69	86	79	324	81	良好		3	
7	2015020306	王武	建筑学院	87	76	73	55	291	73	中等	补考	12	
8	2015020307	乔华	建筑学院	71	90	75	87	323	81	良好		4	
9	2015020309	孙一	信息学院	68	89	84	67	308	77	中等		7	
10	2015020311	周玲	计算机学院	80	73	82	81	316	79	中等		6	15
11	2015020313	吴磊	信息学院	55	68	64	77	264	66	合格	补考	15	
12	2015020314	郑成	建筑学院	68	86	51	85	290	73	中等	补考	13	
13	2015020316	陈晓晓	计算机学院	72	82	89	79	322	81	良好		5	
14	2015020317	曹慧	计算机学院	69	93	78	94	334	84	良好		2	
15	2015020319	杨洋	建筑学院	51	69	88	89	297	74	中等	补考	11	
16	2015020321	高山	信息学院	75	87	45	76	283	71	中等	补考	14	
17	2015020322	于洋	信息学院	84	54	90	73	301	75	中等	补考	9	
18			最高分	90	98	90	97	363	91	成绩在<60，60~84，>84三个区间的人数	59	7	
19			最低分	51	54	45	55	264	66		84	34	
20			不及格人数	2	2	2	1		77			19	

图 8.88　学生成绩表样张

1. 插入行和列，并对表格及数据进行格式化。

2. 自定义文本格式。例如，学号的输入。

3. 公式和函数的使用。

4. 设置符合条件的数据格式。

5. 在单元格中插入图片。

6. 对“表”重命名。

三、实验步骤

1. 工作表基本操作及格式化。

（1）插入行和列。

① 右击“姓名”列（A 列）任何单元格，执行“插入”命令，在“姓名”列前插入一列，单击“插入选项”按钮，选择“与右边格式相同”，如图 8.89 所示。在 A1 单元格输入“学号”。

② 按照同样的方法在“平均分”前添加“总分”列，在“平均分”后添加“总评”“是否补考”“参考人数”3 列。在第一行前添加一行，在最后一行后添加“最高分”“最低分”“不及格人数”3 行（直接添加行和列即可，不设置“与右边格式相同”）。在插入行与列时，系统默认在上插入一行，在左插入一列。

（2）表格格式化。

① 合并单元格 A1～L1。

方法 1：选中要合并的单元格，单击“开始”选项卡“对齐方式”组中的“合并后居中”按钮。

方法 2：选中要合并的单元格右击，在弹出的快捷菜单中选择“设置单元格格式”，在“设置单元格格式”对话框中选择“对齐”选项卡，在其中设置“水平对齐”：居中，“文本控制”：合并单元格。设置完成后单击“确定”按钮。按照同样的方法，合并单元格 A18:B20、J18～J20、L3～L17。

在 J18～J20 单元格中输入的文字要占用多行，合并后右击单元格，在弹出的快捷菜单中选择“设置单元格格式”，在“设置单元格格式”对话框中选择“对齐”选项卡，在“文本控制”中选中“自动换行”复选框。或者在使用方法 2 时，同时选中“自动换行”复选框。

② 在第一行合并后的单元格中输入标题“学生成绩表”，选中此单元格右击，执行“设置单元格格式”命令，在“设置单元格格式”对话框的“字体”选项卡中，选择“字体”为黑体；“字形”为加粗；“字号”为 22，“颜色”为深蓝，文字 2，深色 25%。在“填充”选项卡中，可以选择单元格的背景色，也可以打开“填充效果”窗口，在“渐变”选项卡中选择“双色”作为单元格的背景色。在本例中，颜色 1 是：橙色，强调文字颜色 6，淡色 80%；颜色 2 是：蓝色，强调文字颜色 1，淡色 60%；底纹样式：中心辐射。参照上述方法设置 A2～L2：宋体，常规，字号 14，水平、垂直对齐居中；设置 A3:L20：宋体，常规，字号 11，水平、垂直对齐居中。

③ 设置边框格式。将 17 行的下边框设置成虚线。选中 A17～L17 单元格，在选中区域内单击鼠标右键，在快捷菜单中选择“设置单元格格式”，打开“设置单元格格式”对话框，选择“边框”选项卡，“线条|样式”选择虚线，选择“边框|下边框”图形按钮。

将整个成绩表的边框设置为双线。拖动鼠标选择 A1：L20 单元格区域，按照上述方法选择“边框”选项卡，“线条|样式”选择双线，“线条|颜色”选择深蓝，文字 2，淡色 40%，“预置”选择“外边框”图形按钮。

2. 自定义格式。

在单元格 A3～A17 中分别输入学号 2015020301、2015020302、2015020303、2015020304、

2015020306、2015020307、2015020309、2015020310、2015020312、2015020313、2015020314、2015020316、2015020317、2015020319、2015020321。这些学号没有规律，因此不能使用自动填充复制的方法输入。但是数据的前 8 位是相同的，可以使用自定义格式方法输入。

（1）选定单元格 A3～A17，右击打开快捷菜单，执行“设置单元格格式”命令，弹出“设置单元格格式”对话框。

（2）在“数字”选项卡的“分类”列表框中选择“自定义”选项。

（3）在“类型”文本框中输入：“20150203”0#，如图 8.90 所示。

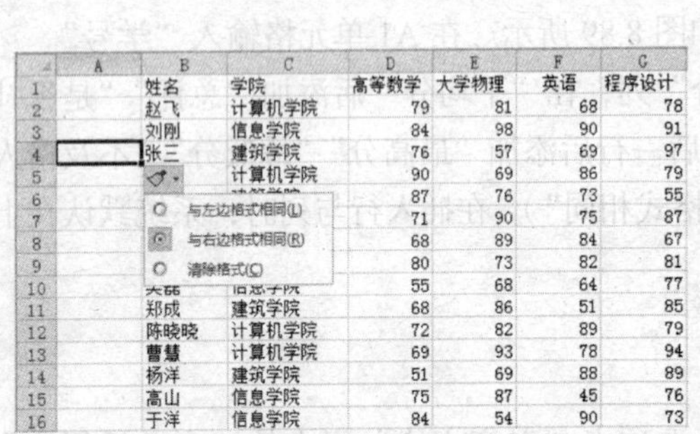

图 8.89　插入选项

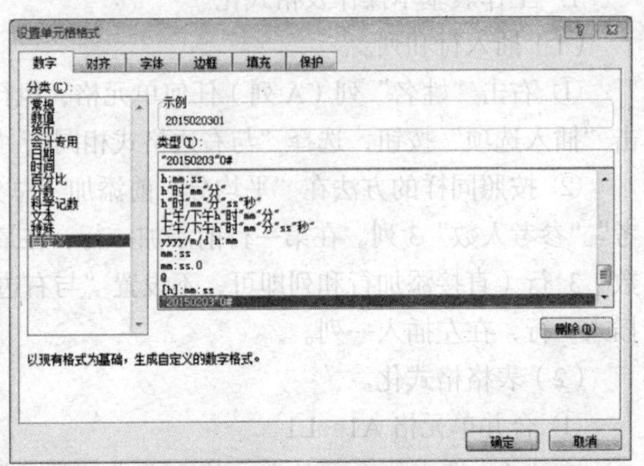

图 8.90　自定义格式

（4）单击“确定”按钮。在单元格 A3～A17 中分别输入 1、2、3、4、6、7、9、10、12、13、14、16、17、19、21，则显示要求输入的学号。

3. 使用公式和函数进行计算。

（1）计算每个学生成绩的总分。

① 将光标定位于“总分”下的第一个学生的总分单元格 H3。

② 单击“公式”选项卡“函数库”组“自动求和”中的“求和”命令，这时，单元格 G3 中出现“SUM(D3:G3)”，即对 D3 到 G3 区域数值进行求和，按回车键后该单元格出现求和结果，如图 8.91 所示。使用函数对数据进行运算时要注意函数括号中的单元格区域是否正确，如果不正确，可以拖动鼠标重新选中操作的数据。如果函数中没有可以实现要求的函数，可以在编辑栏中使用公式进行计算，也可以在公式中嵌套函数。

COUNT　=SUM(D3:G3)

	A	B	C	D	E	F	G	H	I	J	K	L
1	学生成绩表											
2	学号	姓名	学院	高等数学	大学物理	英语	程序设计	总分	平均分	总评	是否补考	参考人数
3	2015020301	赵飞	计算机学院	79	81	68		=SUM(D3:G3)				
4	2015020302	刘刚	信息学院	84	98	90	91					
5	2015020303	张三	建筑学院	76	57	69	97					
6	2015020305	李四	计算机学院	90	69	86	79					
7	2015020306	王武	建筑学院	87	76	73	55					
8	2015020307	乔华	建筑学院	71	90	75	87					
9	2015020309	孙一	信息学院	68	89	84	67					
10	2015020311	周玲	计算机学院	80	73	82	81					
11	2015020313	吴磊	信息学院	55	68	64	77					
12	2015020314	郑成	建筑学院	68	86	51	85					
13	2015020316	陈晓晓	计算机学院	72	82	89	79					
14	2015020317	曹慧	计算机学院	69	93	78	94					
15	2015020319	杨洋	建筑学院	51	69	88	89					
16	2015020321	高山	信息学院	75	87	45	76					
17	2015020322	于洋	信息学院	84	54	90	73					
18			最高分									
19			最低分									
20			不及格人数									

图 8.91　求和函数

③ 单击单元格 H3，将鼠标指针移动到该单元格的右下方，鼠标指针变成 “+” 自动填充柄形状，按下鼠标左键并向下拖动鼠标至 H17，系统就会自动填充 H4～H17 单元格的总分。

（2）计算每个学生的平均分。

① 将光标定位于“平均分”下的第一个学生的平均分单元格 I3。

② 单击“公式”选项卡“函数库”组“自动求和”中的“平均值”命令。这时，单元格 I3 中出现“AVERAGE(D3:H3)”，即对 D3 到 H3 区域的数值求平均值，但是实际应该对 D3:G3 区域求值，这时需要拖动鼠标选择 D3:G3 区域。然后按回车键，I3 单元格出现求平均分的结果。

③ 拖动填充柄至 I17，系统自动填充 I4～I17 单元格的平均分。求得的平均分会带有小数，根据实际情况可以修改小数的保留位数。选中要修改的区域，右键执行“设置单元格格式”命令，在“设置单元格格式”对话框“数字”选项卡的“分类”列表框中选择“数值”选项，修改“小数位数”即可。有时，得出的结果需要显示成百分比样式，可以在“分类”列表框中选择“百分比”选项。

（3）计算总评。

总评成绩如下。

优秀：平均分>=90；良好：80<=平均分<90；中等：70<=平均分<80；合格：60<=平均分<70；不合格：平均分<60。

① 将光标定位于“总评”列的第一个单元格 J3。

② 单击“公式”选项卡“函数库”组中的“插入函数”按钮，在弹出的“插入函数”对话框的“选择函数”列表中选择“IF”函数。

③ 单击“确定”按钮，弹出“函数参数”对话框。在“Logical_test”文本框中输入要满足的条件“I3>=90”；在“Value_if_true”文本框中输入满足条件时的取值"优秀"；在“Value_if_false”文本框中输入条件不满足时的取值：IF(I3>=80,"良好"，IF(I3>=70,"中等"，IF(I3>=60,"合格"，"不合格")))。如图 8.92 所示。

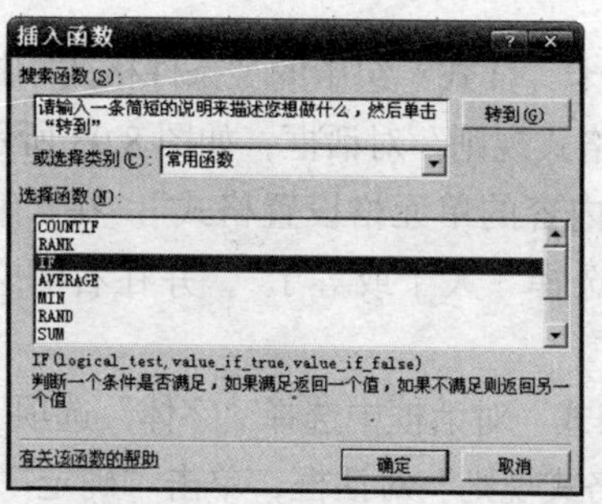

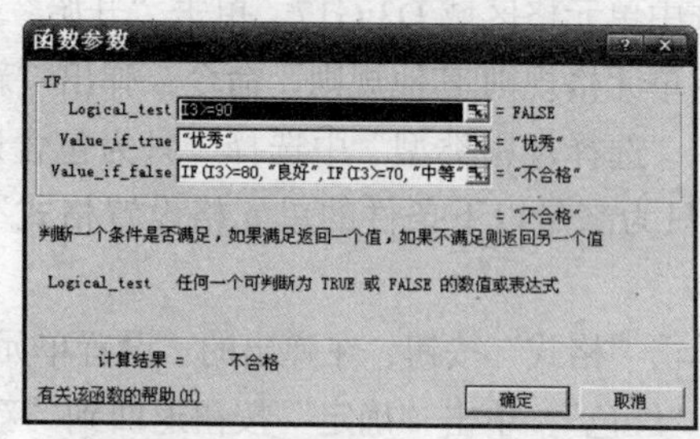

图 8.92　IF 函数

④ 单击“确定”按钮，单元格 J3 中出现“中等”。其他单元格中的“总评”结果用填充柄自动填充实现。

IF 函数的用法：IF(条件表达式，表达式 1，表达式 2)，当条件表达式的结果为“真”，则返回表达式 1 的值;否则,返回表达式 2 的值。以上计算总评是使用 IF 函数的嵌套实现的，即 IF(I3>=90,"优秀"，IF(I3>=80,"良好"，IF(I3>=70,"中等"，IF(I3>=60,"合格"，"不合格"))))。

（4）判断是否参加补考。

① 选中单元格 K3。

② 在编辑栏输入"=IF(AND(D3>=60,E3>=60,F3>=60,G3>=60), "","补考")"，就可以在单元格中显示该同学是否补考。

AND 函数的功能是“与操作”，即在待检测参数的逻辑值都为“真”时返回 TRUE，只要有一个参数的逻辑值为假即返回 FALSE。

（5）统计参加考试的总人数。

① 选中“参考人数”下已经合并的单元格 L3。

② 如果“选择函数”列表中没有“COUNT”函数，先在“或选择类别”下拉列表框中选择“统计”，然后再在“选择函数”列表中选择“COUNT”函数。

③ 选择 A3～A17 单元格区域，单击“确定”按钮，L3 单元格显示 15。COUNT 函数计算的是参数值的区域包含数字的单元格个数，因此选择的区域中必须存放的是数字。

（6）求最高分和最低分。

① 选择单元格 D18，单击“公式”选项卡“函数库”组“自动求和”中的“最大值”函数，并指定求最大值的范围为 D3:D17，按回车键后该单元格显示高等数学的最高分。其他科目以及总分和平均分的最高分使用自动填充功能进行统计。

② 使用相同的方法，通过“最小值”函数统计各科以及总分和平均分的最低分。

（7）统计不及格人数。

① 选中单元格 D20，单击“公式”选项卡“函数库”组中的“插入函数”按钮，在弹出的“插入函数”对话框的“或选择类别”下拉列表框中选择“统计”，然后在“选择函数”列表中选择“COUNTIF”函数。单击“确定”按钮，弹出“函数参数”对话框。

② 在“函数参数”对话框中，在 Range 文本框中选择要统计的区域 D3:D17；在 Criteria 文本框中输入"<60"（双引号""不能省略，而且必须是英文状态下输入）。单击“确定”按钮，D20 中显示了英语不及格的人数。

函数 COUNTIF 的功能，用于计算某个区域中满足给定条件的单元格数目。

（8）条件格式。

将满足条件的单元格以不同的颜色突出显示。

① 选中单元格区域 D3:G17，单击“开始”选项卡“样式”组中的“条件格式”按钮，选择“突出显示单元格规则|其他规则”命令，弹出“新建格式规则”对话框，如图 8.93 所示。

② 在“选择规则类型”中选择“只为包含以下内容的单元格设置格式”。在“编辑规则说明”的“只为满足以下条件的单元格设置格式”中选择“大于或等于”，并在右侧文本框中输入“85”。

③ 单击“格式”按钮，在弹出的“设置单元格格式”对话框中选择“字体”选项卡，选择字体颜色为“红色”，单击“确定”按钮返回到“新建格式规则”对话框，单击“确定”按钮。

④ 重复步骤①～③的操作，在“只为满足以下条件的单元格设置格式”中选择介于 70 到 84，单击“格式”按钮，在“设置单元格格式”对话框中选择字体颜色为“绿色”，单击“确定”按钮。

⑤ 重复步骤①～③的操作，在“只为满足以下条件的单元格设置格式”中选择介于 60 到 69，单击“格式”按钮，在“设置单元格格式”对话框中选择字体颜色为“蓝色”，单击“确定”按钮。

⑥ 重复步骤①～③的操作，在“只为满足以下条件的单元格设置格式”中选择小于 60，单击“格式”按钮，在“设置单元格格式”对话框中选择“填充”选项卡，选择填充颜色为“黄色”，单击“确定”按钮。将成绩小于 60 分的单元格填充为黄色背景。

（9）统计 4 科成绩在<60，60～84，>84 三个区间的人数。

① 在 J18 单元格中输入“成绩在<60，60～84，>84 三个区间的人数统计”。

② 选中 K18:L20 单元格区域，右键执行“设置单元格格式”命令，在“设置单元格格式”对话框“填充”选项卡的“背景色”中选择颜色“白色，背景 1，深色 15%”。

③ 在单元格 K18 中输入“59”，K19 中输入“84”。

④ 选中 L18:L20 单元格区域，单击“公式”选项卡“函数库”组中的“插入函数”按钮，在弹出的“插入函数”对话框的“或选择类别”下拉列表框中选择“统计”，然后在“选择函数”列表中选择“FREQUENCY”函数。单击“确定”按钮，弹出“函数参数”对话框。

⑤ 在“函数参数”对话框中，在“Data_array”文本框中选择要统计的单元格区域 D3:G17；在“Bins_array”文本框中输入条件区域（K18:K19）。按下 Ctrl+Shift+Enter 组合键，L18:L20 单元格中分别显示了 3 个区域的成绩人数。

FREQUENCY 函数功能：统计数据落在给定区间的数据个数。

上述问题也可以在编辑栏中输入“=FREQUENCY（D3:G17，K18:K19）”，然后按 Ctrl+Shift+Enter 组合键。

（10）按平均分排名。

① 在“参考人数”前添加一列“排名”，选中单元格 L3。

② 单击“公式”选项卡“函数库”组中的“插入函数”按钮，在弹出的“插入函数”对话框的“或选择类别”下拉列表框中选择“统计”，然后在“选择函数”列表中选择“RANK.AVG”函数。单击“确定”按钮，弹出“函数参数”对话框。

③ 在“函数参数”对话框中，在“Number”文本框中选择要统计的数据 I3；在“Ref”文本框中输入平均值的区域（I$3:I$17）。统计 I3 单元格中的数据在区域中的排名。Order 文本框中如果为 0 或者省略，会基于降序排序；如果不为 0，则按升序排序。单击“确定”按钮，L3 单元格显示此学生平均成绩的排名。使用自动填充的功能统计其他学生的排名，如图 8.94 所示。“Ref”文本框中输入平均值的区域（I$3:I$17）的“行”前必须加绝对引用符号“$”。

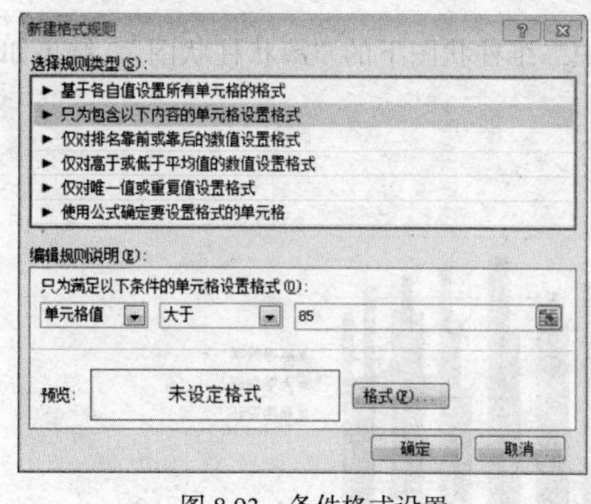

图 8.93　条件格式设置

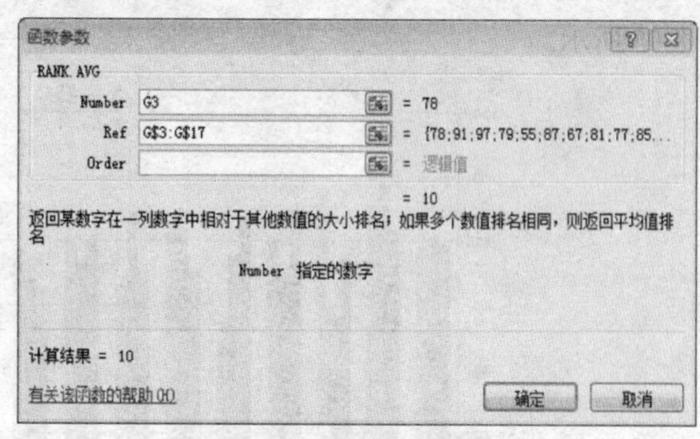

图 8.94　RANK.AVG 函数

4. 插入图片。

（1）选择 A18 单元格。

（2）单击“插入”选项卡“插图”组中的图片按钮，在“插入图片”对话框中选择一张图片插入。

（3）调整图片大小，将其移动到 A18:B20 单元格区域内。

5. 工作表重命名。

将工作表“Sheet1”更名为“学生成绩表”。

（1）双击“Sheet1”，“Sheet1”被着色显示为可输入状态。

（2）输入“学生成绩表”，按回车键确认。

实验二：数据的图表化

一、实验目的

1. 掌握数据的图表化及图表的格式化。
2. 掌握数据的排序。
3. 掌握自动筛选和高级筛选。
4. 掌握数据的分类汇总。

二、实验任务

1. 以姓名、高等数学、大学物理和程序设计作为数据源做带数据标记的簇状柱状图，并对图进行格式化。

（1）添加图表标题“成绩图表”，将其设置为楷体 16 号加粗。

（2）设置纵坐标轴标题为“成绩”。

（3）更改图表为折线图。

（4）更改图表数据。删除大学物理，添加英语成绩。

2. 对工作表中的数据按平均分降序排序。
3. 使用自动筛选和高级筛选，筛选符合条件的数据。
4. 按照学院对学生进行分类汇总。

三、实验步骤

1. 数据图表化。

（1）插入图表。

① 选中表中“姓名”“高等数学”“大学物理”“程序设计”4 列。选择时按住 Ctrl 键拖动鼠标选择各列。

② 单击“插入”选项卡“图表”组“柱状图”中二维柱状图下的“簇状柱状图”，结果如图 8.95 所示。

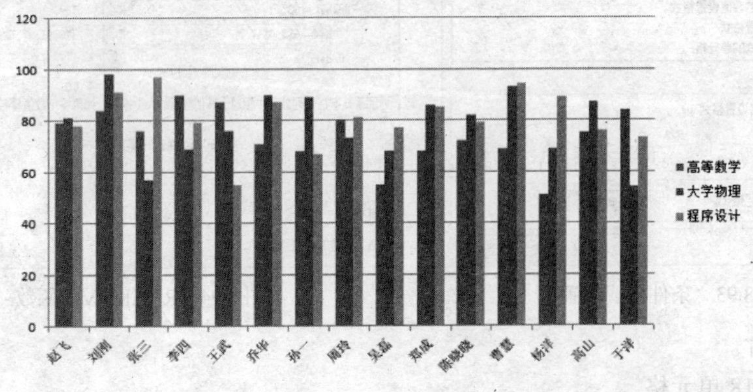

图 8.95 簇状柱状图

（2）设置图表标题。

① 单击图表区域，在“图表工具”的“布局”选项卡“标签”组中的“图表标题”中选择“图

表上方”。

② 在“图表标题”中输入“成绩图表”，设置字体为楷体 20 号加粗。

（3）设置图表坐标。

① 选中图表，单击“图表工具”的“布局”选项卡“标签”组中的“坐标轴标题|主要纵坐标轴标题|竖排标题”。

② 将“坐标轴标题”更改为“成绩”，设置字体为宋体 10 号加粗。图表中出现的任何对象（如图标区、图例、水平轴等），都可以用鼠标双击，利用弹出窗口中的选项和命令修改该对象的属性，如填充、背景、边框、阴影等。

（4）更改图表类型为折线图。

① 选中图表，在“图表工具”的“设计”选项卡“类型”组中的“更改图标类型”按钮；或者用鼠标在图表上单击右键，选择“更改系列图表类型”。

② 在“更改图表类型”对话框中选择“折线图|折线图”。

（5）更改图标数据。

① 选中图表，鼠标右击图标区。选择“选择数据”命令，弹出“选择数据源”对话框。

② 选择“图例项（系列）”中的“大学物理”，单击“删除”按钮。

③ 单击“添加”按钮，在“编辑数据系列”对话框中，将光标定位在“系列名称”框中，单击数据表中的 F2“英语”单元格。

④ 删除对话框“系列值”中的内容，再选中 F3:F17 单元格区域，单击“确定”按钮，如图 8.96 所示。

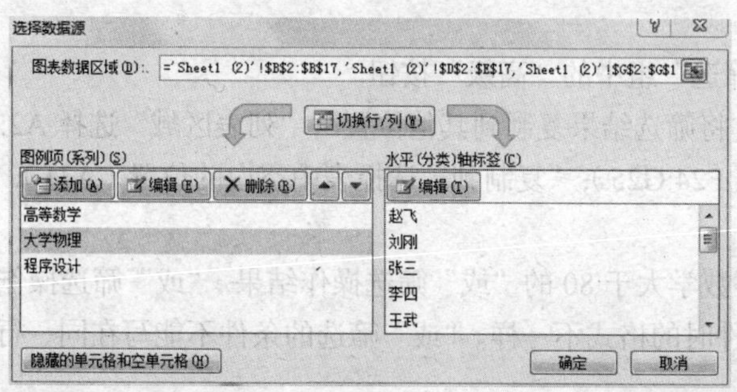

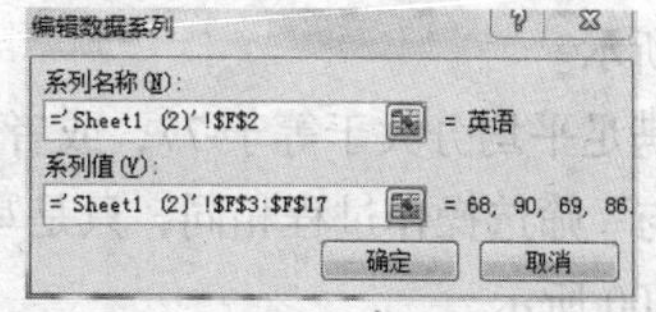

图 8.96　更改图表数据

2. 数据排序。

① 选中表的 A2:K17 单元格区域。

② 单击“数据”选项卡“排序和筛选”组中的“排序”按钮，在“排序”对话框中选中“数据包含标题”复选框，将“平均分”作为主要关键字，按降序排列。

③ 如果有平均分相同的情况下，单击“添加条件”按钮，添加“高等数学”为次要关键字，按降序排列。

④ 单击“确定”按钮，得到排序结果。

3. 数据筛选。

（1）自动筛选。

① 单击数据区域的任意单元格，执行“数据”选项卡“排序和筛选”组中的“筛选”按钮，数据区域的第 1 行上每个单元格上出现一个向下的箭头按钮▾，如图 8.97 所示。

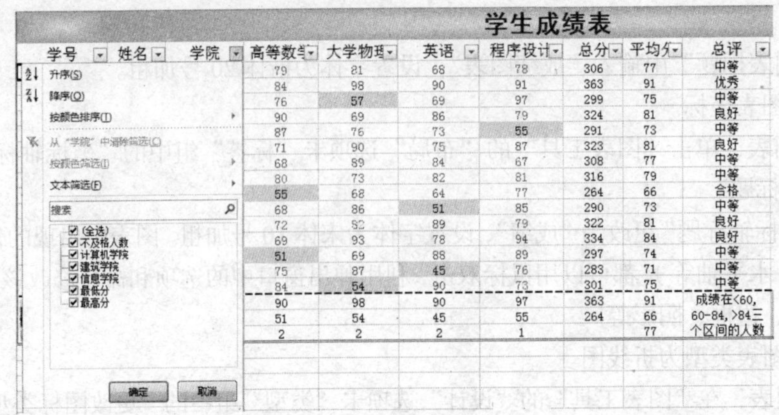

图 8.97　自动筛选

② 单击“学院”单元格的箭头按钮，选择筛选条件为“计算机学院”。

③ 单击“平均分”单元格的箭头按钮，选择“数字筛选|高于平均值”。

④ 单击“数据”选项卡“排序和筛选”组中的“清除”命令，取消筛选。注意：如果删除筛选区域或者列表中的筛选箭头按钮，可再次单击“筛选”按钮。如果要取消对某一列的筛选，可单击该列的筛选箭头按钮，选中“全部”复选框后单击“确定”按钮。

（2）高级筛选。

同时满足高等数学大于 80，平均分大于等于 77 分的“与”筛选操作结果。

① 在表的空白位置写入筛选条件，要求上一行为属性，下一行为条件，“与”条件在同一行。如图 8.98 所示。

② 单击“数据”选项卡“排序和筛选”组中的“高级”按钮。

③ 在“高级筛选”对话框中选择“将筛选结果复制到其他位置”；“列表区域”选择 A2:L17；“条件区域”选择上面写入条件的区域（F24:G25）；“复制到”选择表中空白的位置（A31），如图 8.99 所示。

满足平均分大于等于 77，或者高等数学大于 80 的“或”筛选操作结果。“或”筛选操作过程和“与”筛选操作过程相同，只是写条件时的格式不一样。“或”筛选的条件不能写在同一行，如图 8.100 所示。

高等数学	平均分
>80	>=77

图 8.98　“与”筛选条件

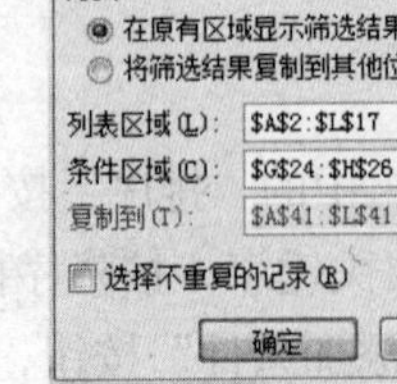

图 8.99　高级筛选

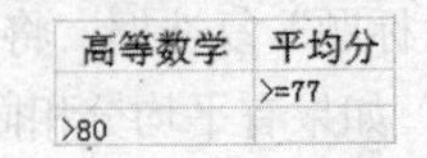

高等数学	平均分
	>=77
>80	

图 8.100　“或”筛选条件

4. 数据分类汇总。

① 将 DXJSJ4-1.xlsx 中的 A1:L17 单元格区域的数据复制到工作表 Sheet 2 中，双击工作表名 Sheet 2，重命名为“分类汇总”。

② 单击“学院”单元格，按“升序”排序。

③ 单击“数据”选项卡“分级显示”组中的“分类汇总”按钮。

④ 在“分类汇总”对话框中，选择“分类字段”为“学院”，“汇总方式”为“平均值”，在“选定汇总项”中选则“高等数学”“大学物理”“英语”“程序设计”，其余默认。如图 8.101 所示。

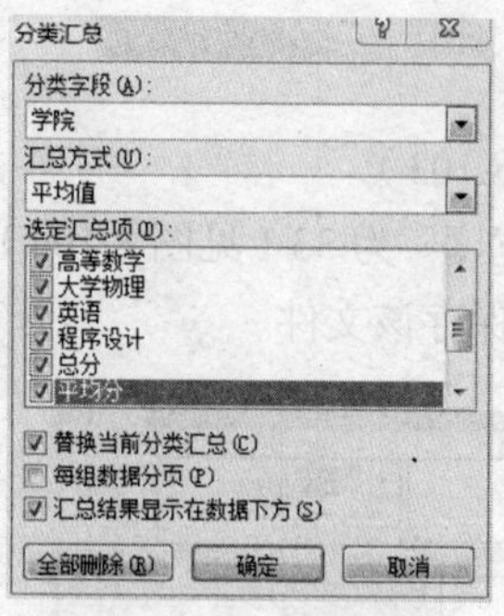

图 8.101 分类汇总

⑤ 单击“确定”按钮，显示汇总结果，如图 8.102 所示。分类汇总前必须先排序，再汇总。

	A	B	C	D	E	F	G	H	I	J	K	L
1	学生成绩表											
2	学号	姓名	学院	高等数学	大学物理	英语	程序设计	总分	平均分	总评	是否补考	排名
3	2015C20301	赵飞	计算机学院	79	81	68	78	306	77	中等		12
4	2015C20305	李四	计算机学院	90	69	86	79	324	81	良好		11
5	2015C20311	周玲	计算机学院	80	73	82	81	316	79	中等		9
6	2015C20316	陈晓晓	计算机学院	72	82	89	79	322	81	良好		11
7	2015C20317	曹慧	计算机学院	69	93	78	94	334	84	良好		2
8			计算机学院 平均值	78	79.6	80.6	82.2	320.4	80			
9	2015C20303	张三	建筑学院	76	57	69	97	299	75	中等	补考	1
10	2015C20306	王武	建筑学院	87	76	73	55	291	73	中等	补考	17
11	2015C20307	乔华	建筑学院	71	90	75	87	323	81	良好		5
12	2015C20314	郑成	建筑学院	68	86	51	85	290	73	中等	补考	6
13	2015C20319	杨洋	建筑学院	51	69	88	89	297	74	中等	补考	4
14			建筑学院 平均值	70.6	75.6	71.2	82.6	300	75			
15	2015C20302	刘刚	信息学院	84	98	90	91	363	91	优秀		3
16	2015C20309	孙一	信息学院	68	89	84	67	308	77	中等		16
17	2015C20313	吴磊	信息学院	55	68	64	77	264	66	合格	补考	13
18	2015C20321	高山	信息学院	75	87	45	76	283	71	中等	补考	14
19	2015C20322	于洋	信息学院	84	54	90	73	301	75	中等	补考	15
20			信息学院 平均值	73.2	79.2	74.6	76.8	303.8	76			
21			总计平均值	73.93	78.13	75.47	80.53	308.07	77			

图 8.102 分类汇总结果

8.2.3 演示文稿 PowerPoint 2010

PowerPoint 2010 与以前版本相比，在很多方面进行了较大的调整。针对 PowerPoint 的实验设计围绕以下知识点重点练习：版面设计、背景选择、主题设计、母版设计、文字特效、图像处理、音乐加载、场景切换等。

实验一：了解 PowerPoint 2010 的基本操作

一、实验目的

1. 掌握 PPT 页面设置的使用方法。
2. 熟悉 PPT 母版的使用方法。
3. 了解 PPT 背景处理基本概念。
4. 掌握动画与切换的基本方法。
5. 了解多媒体信息的使用。

二、实验任务

1. 熟悉 PowerPoint 2010 版面设计、背景颜色控制和母版修改的方法。

2. 掌握 PowerPoint 2010 中文字的特效处理，插图的艺术加工方法。

3. 掌握 PowerPoint 2010 加载音频文件与视频文件的方法。

4. 掌握 PowerPoint 2010 中动画与切换的基本操作方式。

三、实验步骤

1. 版面设计。

（1）新建空白演示文档（见图 8.103）。

（2）调整“页面设置”中的“宽度”为 33（见图 8.104），图 8.105、图 8.106 所示为调整前后的窗体对比。以“demo”为文件名保存该文件。

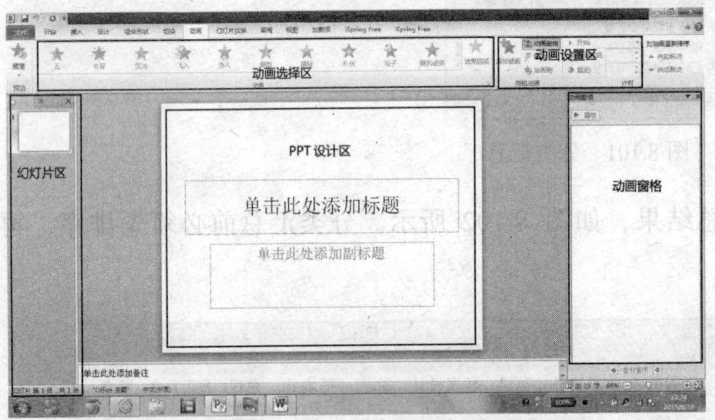

图 8.103 PowerPoint 窗体布局结构

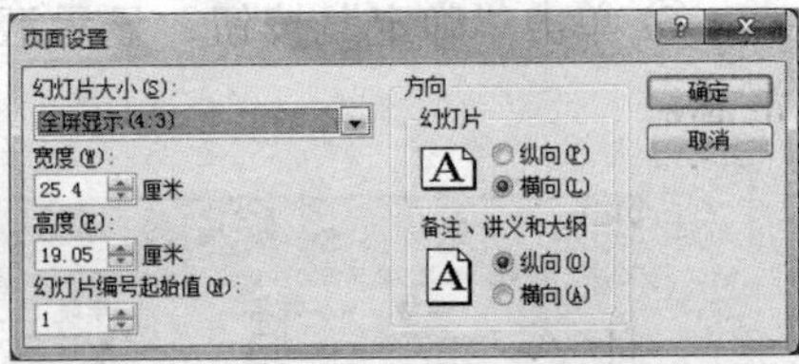

图 8.104 修改“页面设置”宽度数据

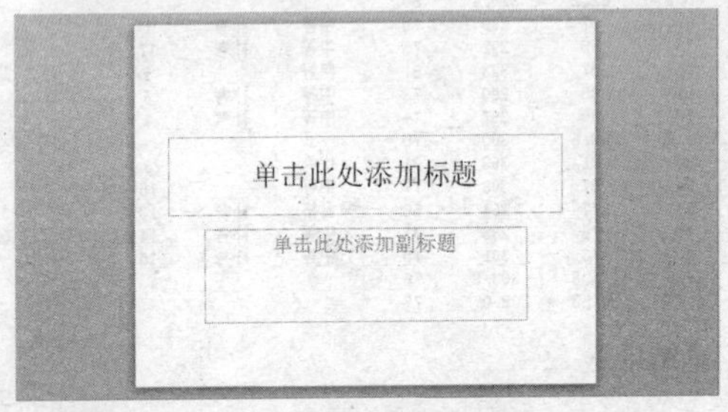

图 8.105 调整前窗体

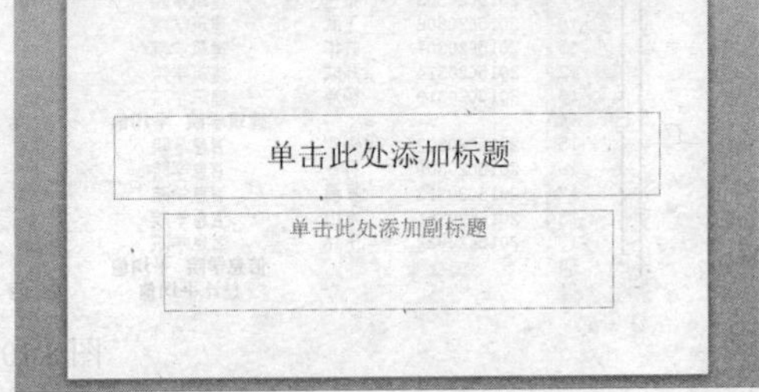

图 8.106 调整后窗体

2. 调整背景模式。

（1）选择“颜色”标签中主题（见图 8.107）为“Office”格式。它表示统一使用该系列的配色模式。

（2）选择框中的“样式 11”模式（见图 8.108）。

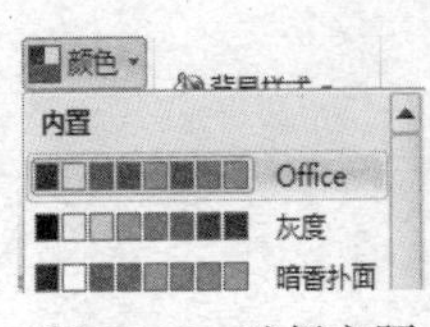

图 8.107 选择主题

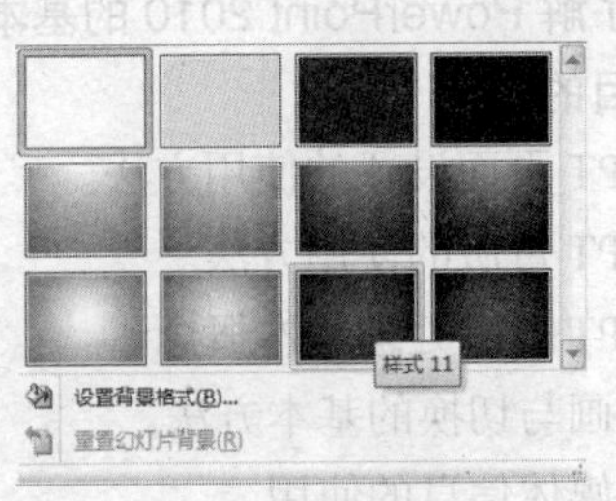

图 8.108 选择样式

（3）当背景是单纯颜色变化时，出现的设置方式不同。图中光圈调整效果可以通过背后的设计窗体看到。其中选择的颜色可以是前景色，也可以是背景色。背景的效果可以使用比较典型的特殊背景效果。也可以使用指定的图像、剪贴画等内容。对应此项内容有不同的调整方法，本实验使用默认配置方式。

（4）如果针对设计主题有比较明确的构思，可以自己设计主题颜色配色方案，根据配色体系中的设置，系统在 PPT 设计中将直接运用相关的色彩方案，不再需要每次进行调整。

（5）连续按 Ctrl+M 组合键增加 7 张幻灯片（见图 8.109），在第 2 张幻灯片上右键单击，在弹出的快捷菜单中（见图 8.110）选择“空白”。将第 3、4、5、6、7 幻灯片同样设置为“空白”。

图 8.109　增加幻灯片

图 8.110　修改版式

3. 调整母版样式。

（1）选择“幻灯片母版”。窗体中出现占位符中的文字是用于提示设计时应当加入的内容。母版设计中第一个（见图 8.111）是目前设计版面中第 1 页使用的样式。选择目前窗体中最下面的空白样式，它是目前设计内容中第 2 页到第 7 页使用的样式。

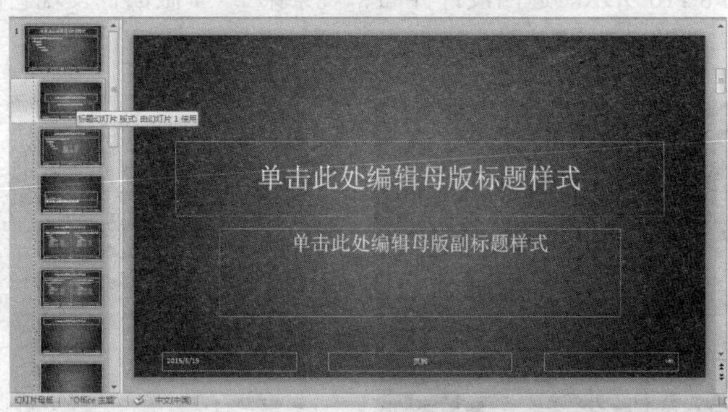

图 8.111　PPT 中默认版式“标题”

（2）插入“横排文本框”，在其中输入文字“散文欣赏”，调整位置如图 8.112 所示。

（3）使用“形状”插入“直线”。按 Ctrl+C 组合键复制该直线，按 Ctrl+V 组合键粘贴，调整新线的位置到下方。

（4）在形状轮廓中选择线型的颜色为“浅蓝”（见图 8.113）。

（5）选择“页眉和页脚”按图 8.114 所示进行设置。选择“应用”，它实现的功能是只控制空白页面的样式。修改版面中的字号为“20”，设置后的效果如图 8.115 所示。

（6）通过“视图”标签的“普通视图”返回设计界面中，单击第 2 到第 7 页面，发现版面格式相同，只有编号在变化。“母版”的功能就是让设计的过程简化。当页面中出现很多相同的内容时，一般是通过“母版”进行统一的控制，可以插入图片等其他的设计元素。

图 8.112　窗体效果

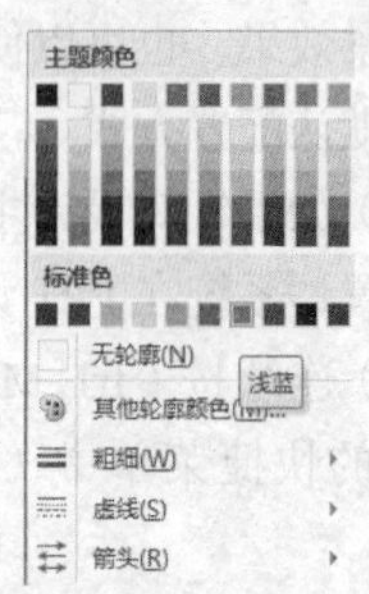

图 8.113　选择颜色

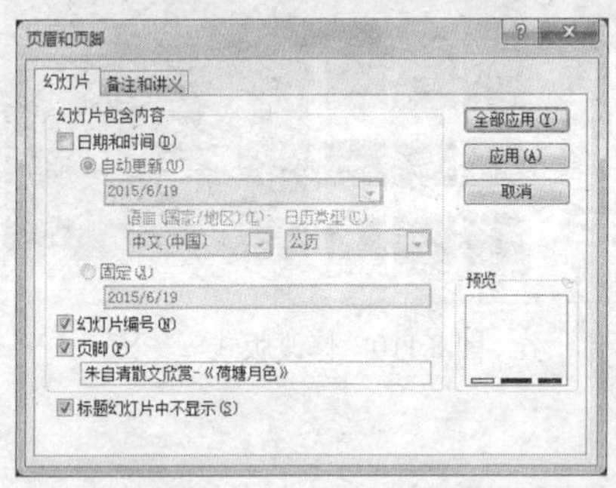

图 8.114　设置页眉页脚

图 8.115　设置后效果

（7）在母版中先插入背景图片“back-a.jpg”，调整其大小，然后再插入图片“moon.gif”，调整其大小与位置如图 8.116 所示。返回设计界面，观察第 2～7 版面，发现它们的版式完全相同，只是页码不同。

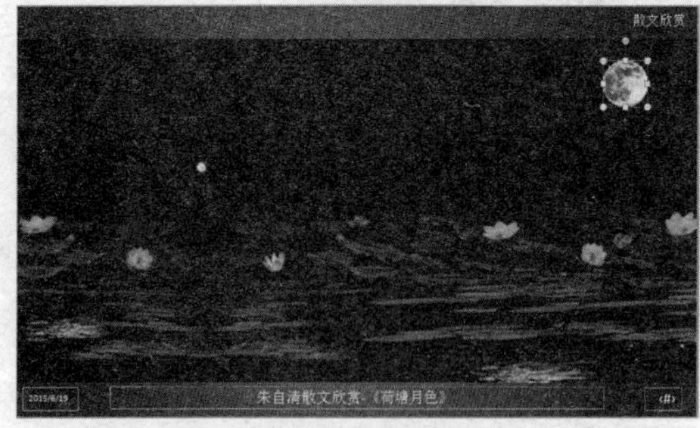

图 8.116　插入图片

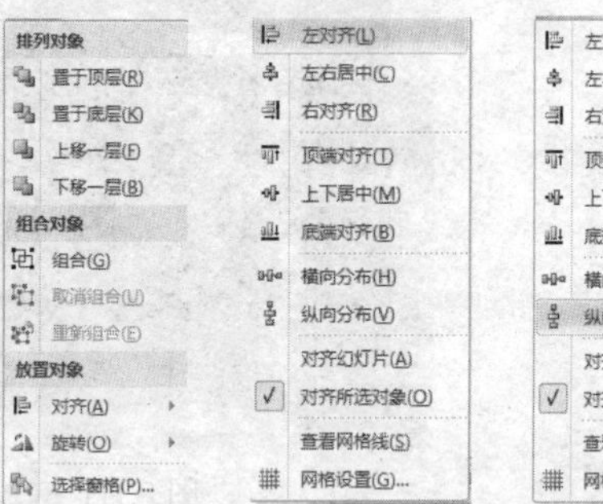

图 8.117　对齐方式

4. 文字处理。

（1）在第 2 页中加入文字内容：“毕竟西湖六月中，风光不与四时同。接天莲叶无穷碧，映日荷花别样红。”分成 4 段文字，字号选择“32”，字体选择“黑体”，对齐方式为“左对齐”。按图 8.117 所示设置对齐 4 个对象。

（2）依次选择文字，设置动画方案为“擦除”效果（见图 8.118），方向为“自左侧”，动画选项设置如图 8.119 所示。

（3）按“幻灯片播放”（按 Shift+F5 组合键）观察此时的效果。图 8.120 所示为系统默认的动画方案，它表示单击鼠标执行动画。文字的内容随着鼠标单击或按下键盘任意键，依次按动画方向出现在屏幕中。修改各动画的“开始”方式为“上一动画之后”（见图 8.121），启动幻灯片播放功能观察动画效果。此时动画不需要鼠标点击或键盘控制，连续出现在屏幕中。再调整开始方式为“与上一动画同时”（见图 8.122），观察动画窗格中的效果，再启动幻灯片播放功能观察动画效果。此时动画不需要鼠标点击或键盘控制，同时连续出现在屏幕中。

图 8.118　动画方案选择

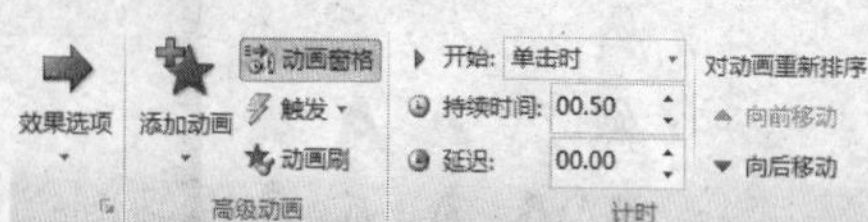

图 8.119　动画选项

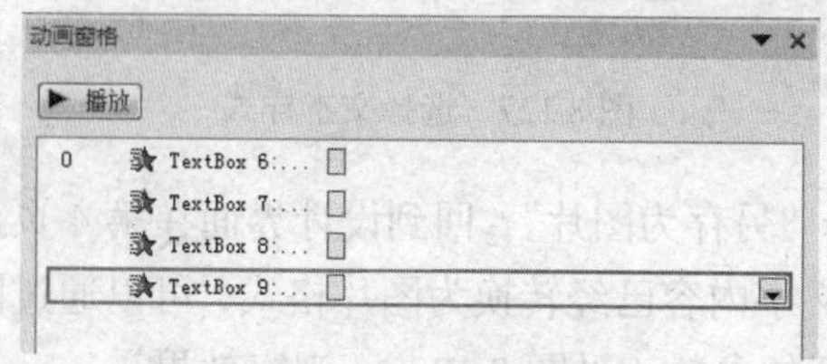

图 8.120　系统默认参数

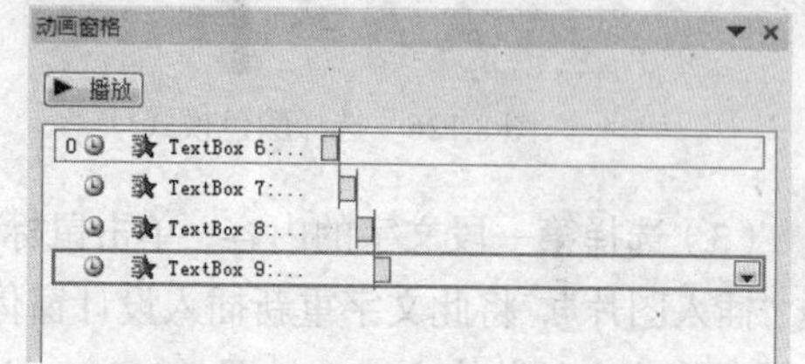

图 8.121　设置“动画上一动画之后”

（4）修改“持续时间”为“05:00”，它表示动画时间为 5 秒（见图 8.119）。调整动画窗格中的时间位置，再启动“幻灯片播放”观察对比效果。当设置为“与上一动画同时”时，可以移动相关的位置避免出现重叠效果（见图 8.123）。启动观察它的变化情况（见图 8.124）。

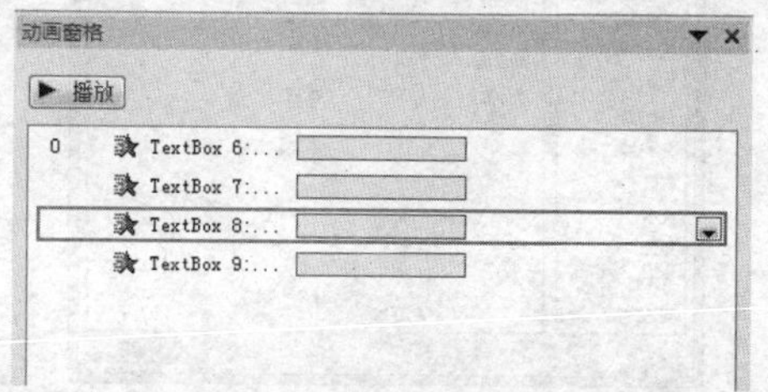

图 8.122　设置“动画上一动画同时”

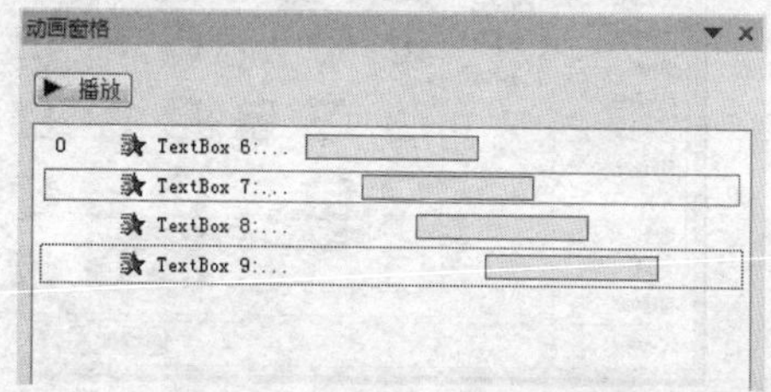

图 8.123　设计同时后调整位置

（5）动画设计的核心是让它能够体现设计主题，而不是喧宾夺主的效果。因此可以尝试更换其他动画方案，观察对比效果。在设计中还可以插入线条、背景色块等配合动画。观察实验中提供的参考案例中动画设置方法（见图 8.125）。

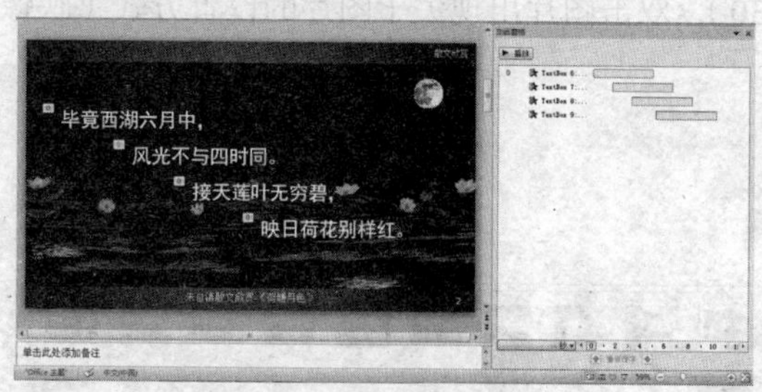

图 8.124　本实验动画时间控制

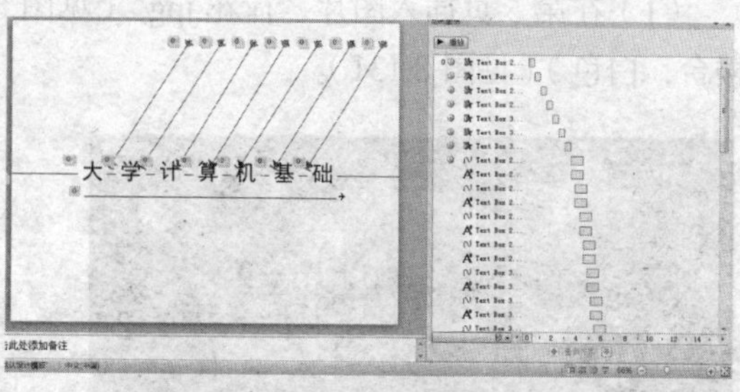

图 8.125　对比动画时间控制

5. 艺术字处理。

（1）在第 3 页采用艺术字方式加入“毕竟西湖六月中”设计效果为“渐变填充-蓝色，强调文字颜色 1，轮廓-白色”（见图 8.126）。分别输入其他 3 段文字的内容，使用对齐方式中的“纵向分布”与“横向分布”。按前面的文字动画设计方式重新设计动画观察其效果。

（2）艺术字可以设置不同的颜色方案与轮廓样式（见图 8.127），而文本格式的内容不能变化样式。

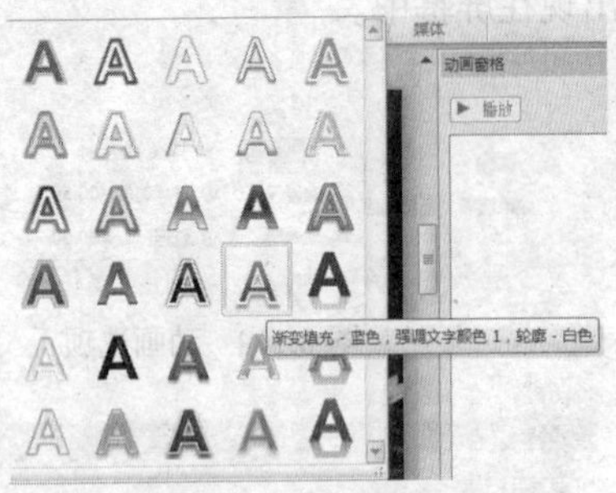

图 8.126　选择颜色模式

图 8.127　选择文本样式

（3）选择第一段文字的内容，单击鼠标右键，选择“另存为图片”，回到设计界面在第 4 页选择“插入图片”，将此文字重新插入设计窗体中，此时文字内容已经转换为图片格式，可以通过图示效果修改它的装饰方式（见图 8.128），调整设计动画的参数（见图 8.129），观察效果。

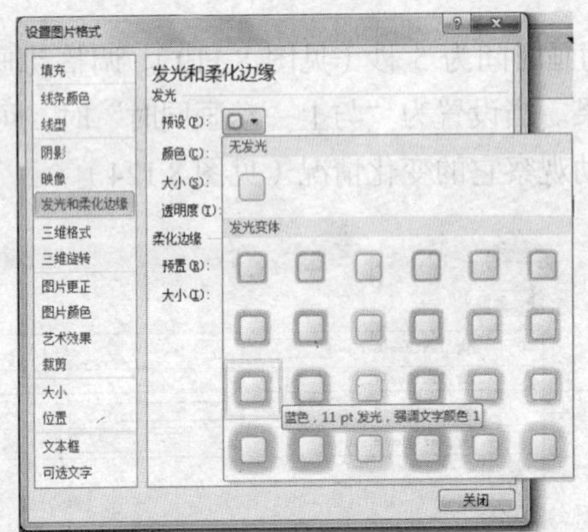

图 8.128　设置艺术字边缘效果

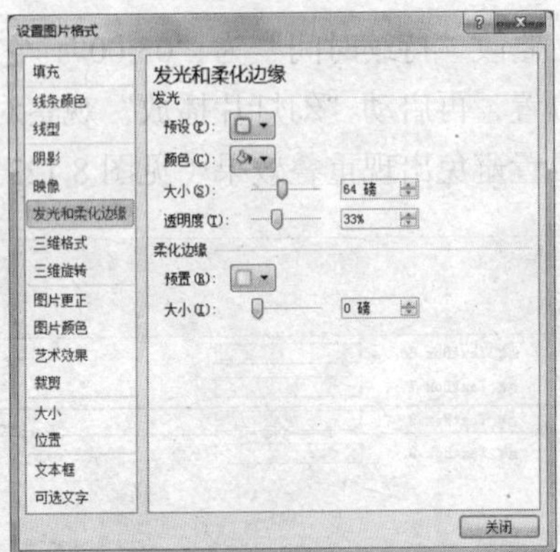

图 8.129　调整参数控制边缘

（4）将第 2 页的第一段文字与第 3 页的第一段艺术字分别复制粘贴到第 4 页中。设置同样的动画方案对比观察动画效果。注意插入的图片可以设置边缘发光效果。

6. 插入图片。

（1）在第 5 页插入图片“荷花.jpg”（见图 8.130），双击图片出现关于图片的设置方式（映像楼台，白色）（见图 8.131）。

图 8.130　插入图片

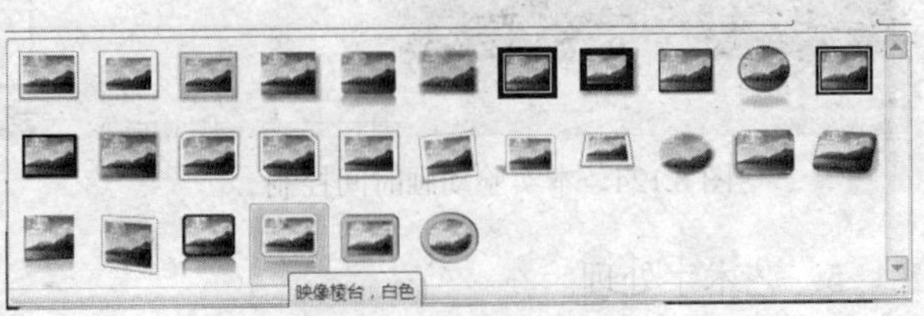

图 8.131　图像样式

（2）双击该图片，窗体出现与图片相关的控制标签。可以根据设计主题的要求，选择不同的样式。在出现的控制框中黄色为可调整位置（见图 8.132），绿色为旋转控制，也可以修改颜色效果（见图 8.133）。

图 8.132　边框艺术效果

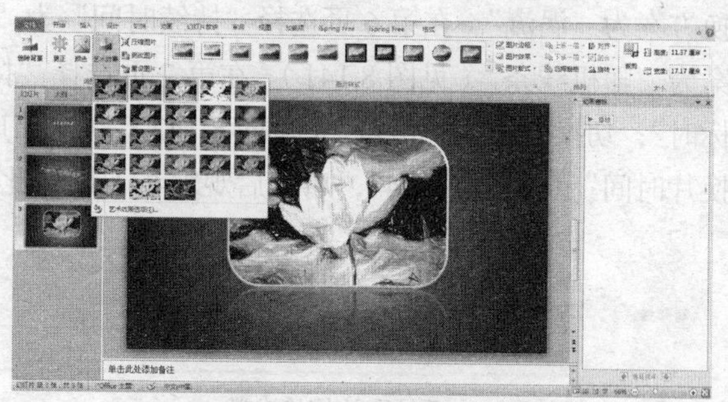

图 8.133　颜色控制

对于图像同样有图片边框、边框效果及版式的控制方式，特别是版式控制方式，它在以前版本中是通过多层组合控制实现的。在 PowerPoint 2010 版本中使用简单命令就可以实现。

注意，版式控制效果与 PPT 中增加 SmartArt（见图 8.134）的效果相似。在 SmartArt 中是提供更强大的装饰标题功能。关于 SmartArt 的使用方式，可以参考教材内容观察分析（见图 8.135）。

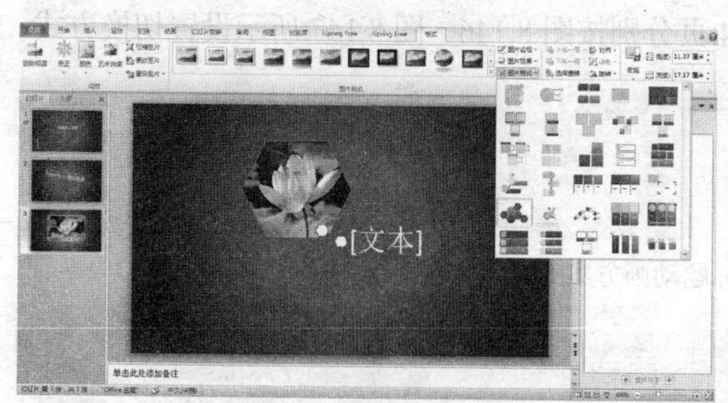

图 8.134　选择 SmartArt 网络布局

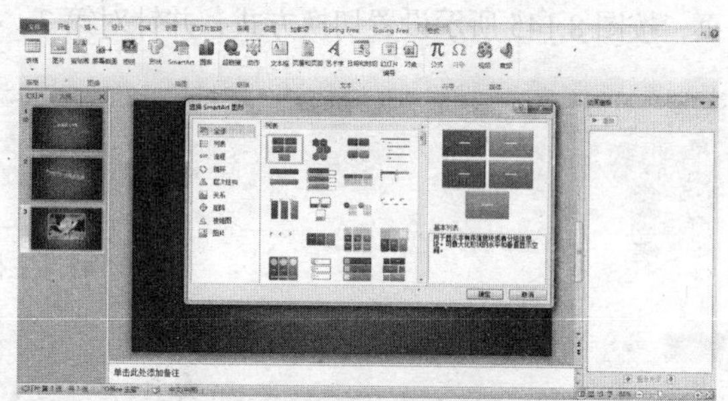

图 8.135　插入 SmartArt 样图

（3）复制图片，在第 6 页、第 7 页粘贴该图片。第 5 页的图片选择“艺术效果”中的“铅笔素描”（见图 8.136）；第 6 页选择“更正”中的“亮度：20%对比度 0%（正常）”（见图 8.137）；第 7 页选择“颜色”中的“蓝色：强调文字颜色 1 浅色”（见图 8.138）。

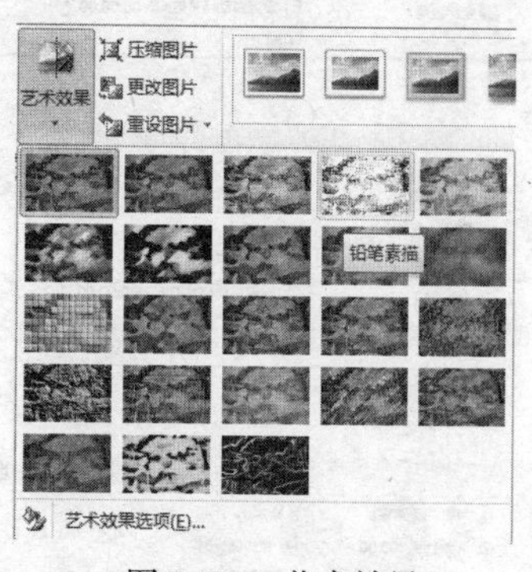

图 8.136　艺术效果

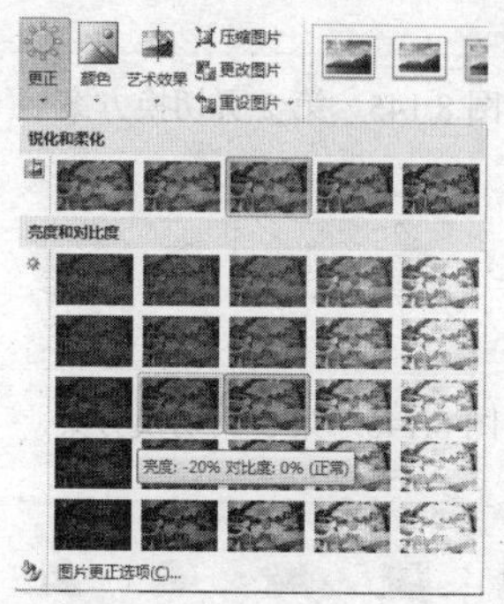

图 8.137　颜色

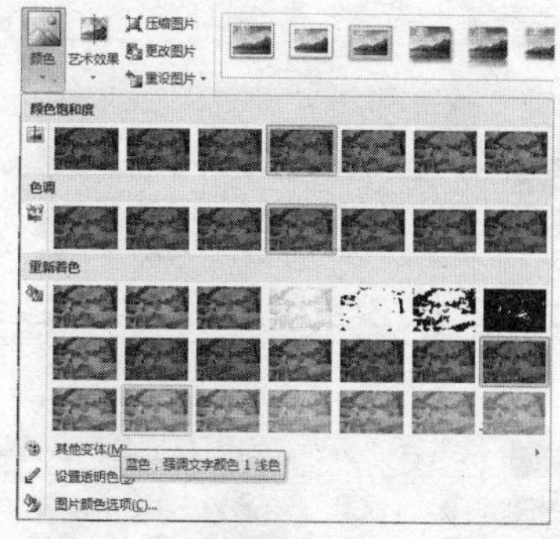

图 8.138　更正

（4）不设置动画方案，启动播放，观察第 5、6、7 页的效果。

7. 设置幻灯片切换效果。

（1）选择第 5 页，加入切换选项中的“随机线条方案”，系统默认方案如图 8.139 所示。

（2）在第 5 页选择“持续时间”为“5”；“换片方式”取消“单击鼠标时”（见图 8.140）；切换方案为“涡流”。在第 6 页选择“持续时间”为“5”；“换片方式”取消“单击鼠标时”；切换方案为“随机线条”（见图 8.141）。在第 7 页选择“持续时间”为“5”；“换片方式”取消“单击鼠标时”；切换方案为“涟漪”（见图 8.142）。启动幻灯片播放观察效果。如果将其中的“设置自动换片时间”均设置为“4”，启动后观察与不设计此项的区别。

图 8.139 系统默认切换参数

图 8.140 在第 5 页加下面的切换效果

图 8.141 在第 6 页面加切换效果

图 8.142 在第 7 页面加切换效果

（3）回到第 1 页，在主标题提示框中加入文字“PowerPoint 综合练习”，动画设置如图 8.143 所示。在副标题中加入文字（姓名与班级），占位提示符消失，设置动画如图 8.144 所示。选择第 2 页，按图 8.145 所示设置切换方式，并针对第 3、4 页分别按图 8.146、图 8.147 所示设置切换方式。

图 8.143 主标题动画方案

图 8.144 副标题动画方案

图 8.145 第 2 页切换方案

图 8.146 第 3 页切换方案

图 8.147 第 4 页切换方案

（4）选择第 8 页，右键单击窗体更换设计版式为“图片与标题”。单击中间占位符中的图像图标，插入图像“荷花 1.jpg”，选择“图片样式”中的“金属椭圆”，修改大小如图 8.148 所示。

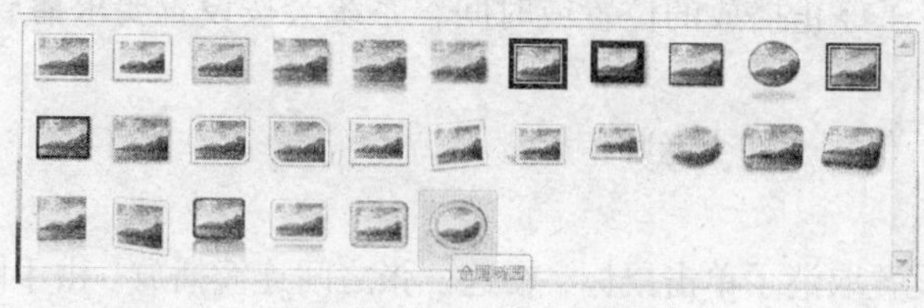

图 8.148 选择图片边框

（5）在主标题与文本框位置中分别输入实验名称与实验的时间，调整位置。根据前面的实验内容增加合适的动画与切换效果如图 8.149 所示。

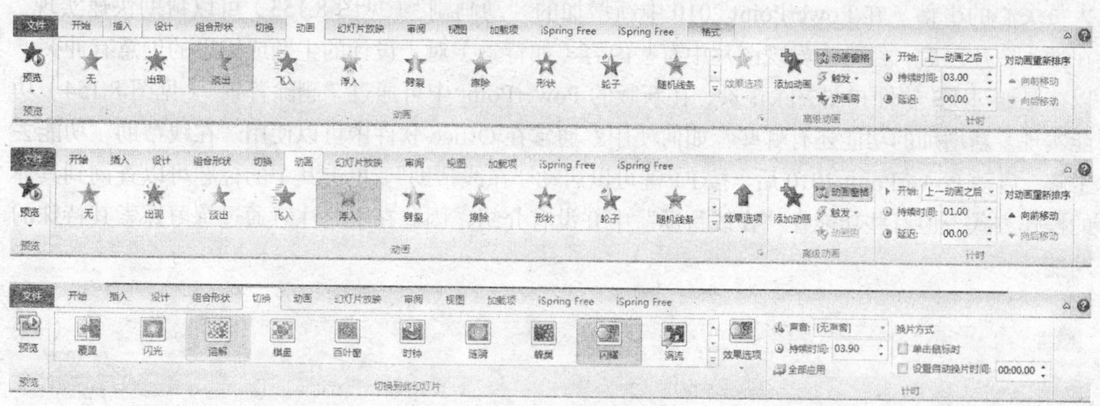

图 8.149 第 8 页素材动画方案

8. 音频文件插入。

（1）选择第 1 页，选择插入音频的标签（见图 8.150）。

（2）选择文件中的音频，选择相关“渔舟唱晚.mp3”。注意在插入音频文件时根据该文件的大小，可能需要一些时间。

图 8.150 插入音频文件

（3）观察“动画窗格”中音频文件出现的位置（见图 8.151）。通过位置调整可能改变音频文件出现的时间（见图 8.152）。

图 8.151 调整音频文件控制位置

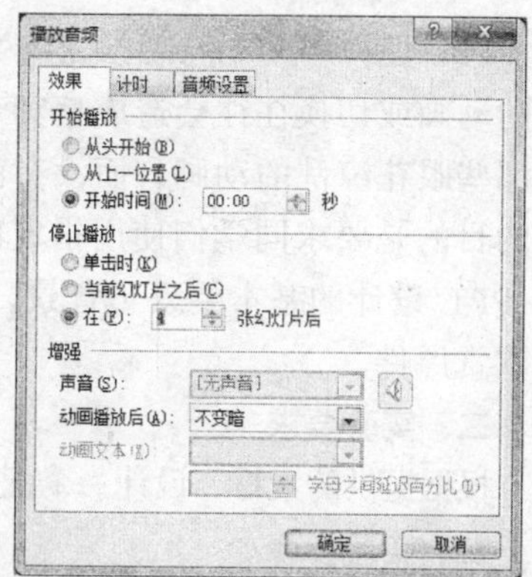

图 8.152 设置音频参数

（4）单击“动画窗格”中音频文件右侧向下的箭头出现选择效果选项。调整 PPT 中音频文件的播放效果。如果没有特殊设定，PPT 的音频只在当前页面中有效，当进入下个页面后音乐自动停止。但如果设置了停止播放的位置或时间，系统会按设置要求播放音乐文件。启动播放观察效果。

9. 完成本次练习。保存文件交老师审核。

四、实验思考

1. 注意在切换中设置取消了单击鼠标，在这三张之间连续播放。由于图片是通过复制、粘贴方式实现的插入，其位置完全相同，形成图片的连续变化。请考虑，如果在不同页面中放置同一图片，使用了不同的艺术效果，连续播放是什么样子？

2. 在 PowerPoint 2010 中动画效果是最麻烦的内容，如何快速实现动画方案应当是每个设计人员关心的事情。在 PowerPoint 2010 中新增加的“动画刷”（见图 8.153）可以帮助快速实现。在插入图片以后，经常会发现图片中有些内容（如背景）对于设计的主题或构思的创意有冲突，以往是通过 PS 软件扣图去除背景，在新版的 PowerPoint 中可通过“删除背景”（见图 8.154）功能实现。新增加的功能还有哪些？如何使用？通常在 Office 软件中可以使用“在线帮助”功能去了解。启动 PowerPoint 2010 后，按 F1 键可以启动“在线帮助”。单击其中的标题可以查询到具体的操作方式。但有些功能在“在线帮助”中并没有介绍，因此在平时注意通过练习探索其特殊的功能。

图 8.153　动画刷

图 8.154　删除背景

本次实验效果如图 8.155。

实验二：PowerPoint 2010 的综合实验

一、实验目的

PPT 设计中动画与切换是绝大多数初学者最关心的内容。在实际设计是需要注意的是过多的动画或切换往往会造成喧宾夺主的情况，当别人在看到你的 PPT 内容的时候，只注意到那些眼花缭乱的动画，而没有注意到你具体演示的内容时，这样的 PPT 是失败的。本实验的目的是要求同学们使用指定的素材（也可以自己通过网络检索下载相关素材），综合运用 PPT 设计的基本要素（背景，声音、图像、插图、动画、文字与切换）设计一个配乐散文欣赏课件。

二、实验要求

根据提供的素材，设计一个配乐散文欣赏的 PPT。

三、实验步骤

1. 新建演示文稿，设定宽度与高度。

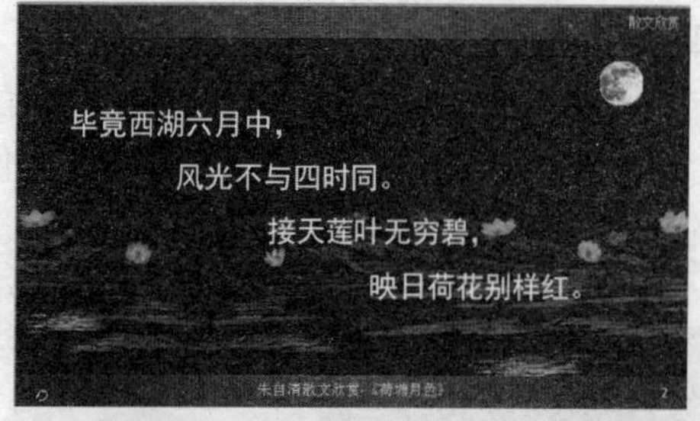

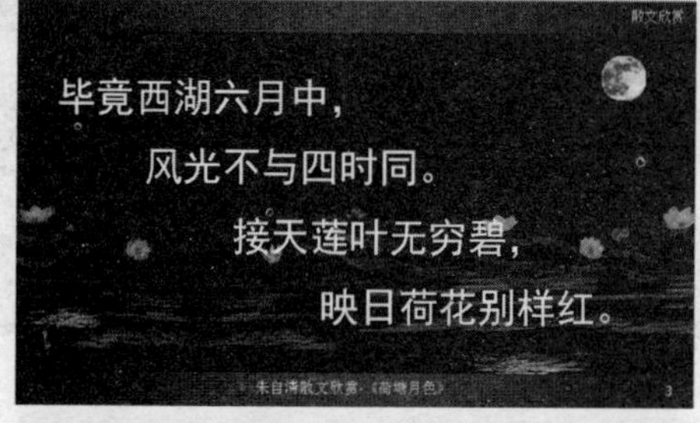

图 8.155　实验整体效果

2. 调整背景颜色的效果，能够体现在静静月夜下的感觉。
3. 调整母版方案，控制版面新增空白页面的效果。
4. 连续新建若干空白页面（按 Ctrl+M 组合键），各页面设计为空白效果。
5. 将文章的标题加入，选择合适的图片效果。
6. 依次将文章的文字通过文本框加入版面中。
7. 对比不同的文字动画方案，设计进入文字的动画效果。
8. 在标题与正文之间加幻灯片切换方案。
9. 在正文中间选择合适的幻灯片切换模式。
10. 加入结束内容，正文与结束之间选择切换方案，并考虑结束页面中文字的动画效果。
11. 在标题页面中插入音乐文件，选择结束点在结束页面。
12. 启动 PPT，观察分析效果，进行调整。

四、实验思考

与长文档练习相似，综合设计的内容没有固定的操作步骤。图 8.156、图 8.157、图 8.158、图 8.159 为一种参考方案，标题所使用的字是使用图形方式拼接而成。同学们可以根据自己对于内容的理解，综合运用教材中的知识进行设计。没有唯一的方案，只有合理的方案。

图 8.156 封面设计

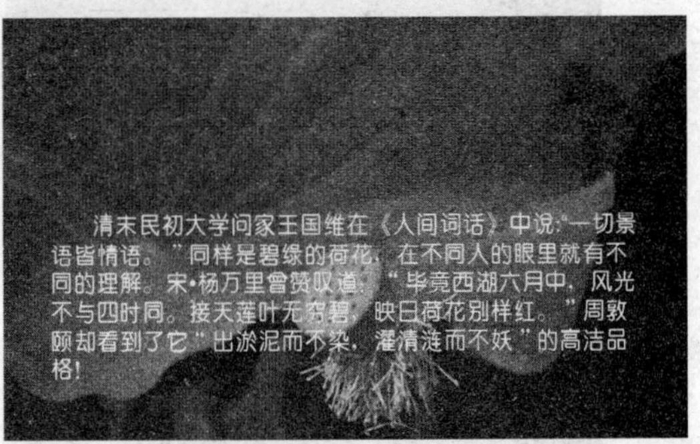

图 8.157 作者介绍

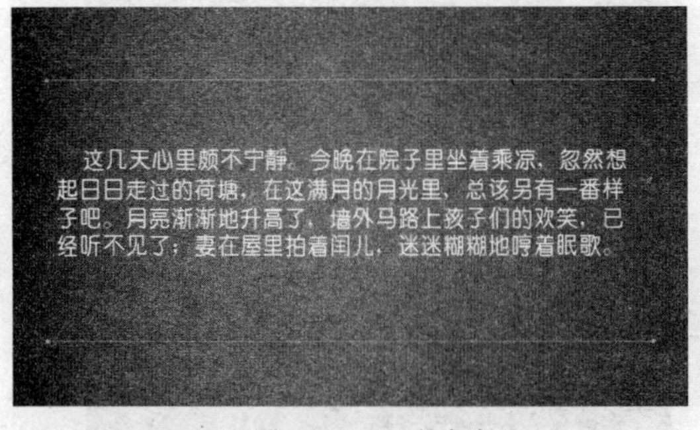

图 8.158 正文内容

图 8.159 诗词配图

PowerPoint 2010 可以将文件保存为 ppsx 格式，这是一种能够直接进行演示的文件（前提是系统中已经安装 Office 2010）。PowerPoint 2010 中可以将实验内容以视频方式保存文件，同学们在实验结束的时候可以尝试自己完成相关的操作，体会一下多媒体综合运用的成果。

8.2.4 数值计算 MATLAB 2010

一、实验目的

1. 熟悉启动和退出 MATLAB 的方法。
2. 熟悉 MATLAB 命令窗口的组成。
3. 掌握建立矩阵的方法。
4. 掌握 MATLAB 各种表达式的书写规则以及常用函数的使用。
5. 掌握绘制二维图形的常用函数。

在 MATLAB 命令窗口中输入并执行表达式、矩阵与常用函数。

二、实验任务

1. 在命令窗口中输入并求出下列表达式的值。

$$z_1=\frac{1}{2}\ln(x+\sqrt{1+x^2})\text{，其中 }x=\begin{bmatrix}2 & 1+2i\\ -0.45 & 5\end{bmatrix}$$

2. 计算表达式的值并画出其图形。

$$z_2 = \frac{e^{0.3a} + e^{-0.3a}}{2} \bullet \cos(a+0.2), a = -4.0, -3.9, -3.8, \cdots, 3.8, 3.9, 4.0$$

利用冒号表达式生成 a 向量，求各点的函数值时用点乘运算。

3. 已知

$$\boldsymbol{A} = \begin{bmatrix} 21 & -34 & 32 \\ -14 & 52 & 56 \\ 83 & -15 & 27 \end{bmatrix}, \boldsymbol{B} = \begin{bmatrix} 1 & 1 & 1 \\ 1 & -8 & 1 \\ 1 & 1 & 1 \end{bmatrix}$$

求下列表达式的值：

（1）***A*B*** 和 ***A.*B***。

（2）***A***^3 和 ***A***^.3。

（3）***A/B*** 和 ***A\B***。

4. 用 eyes 函数创建一个 3*3 的单位阵。

三、实验步骤

1. 运行 MATLAB 环境。

双击 MATLAB 桌面图标，启动 MATLAB，如图 8.160 所示。

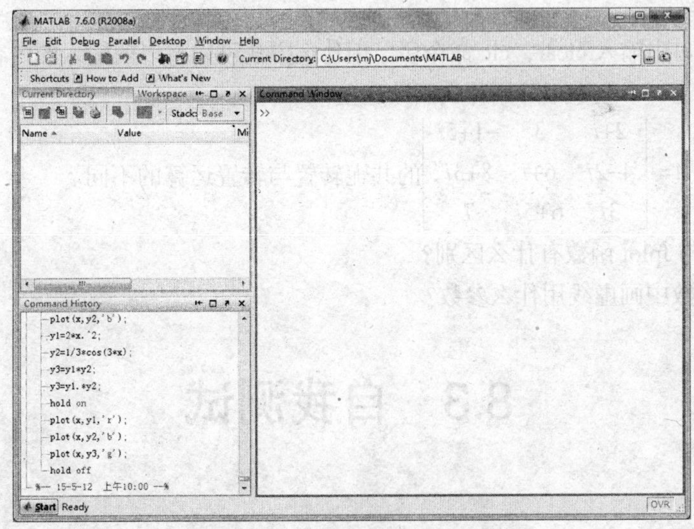

图 8.160　MATLAB 启动界面

2. 在命令窗口中输入命令。

命令提示符是图 8.160 右面窗口中的“>>”，在命令提示符后输入实验内容。

输入：（1）>> x=[2 1+2i;-0.45 5]

>>z1=1/2*log(x+sqrt(1+x^2))

按回车键观察执行结果。

（2）>> a=-4:0.1:4;

>> z2=(exp(0.3*a)+exp(-0.3*a))/2.*cos(a+0.2);

>>plot(a,z2)

按回车键观察执行结果，如图 8.161 所示。

（3）输入 A，B 矩阵，后按要求计算表达式的值。

（4）>>eyes(3)

按回车键观察执行结果，如图 8.161 所示。

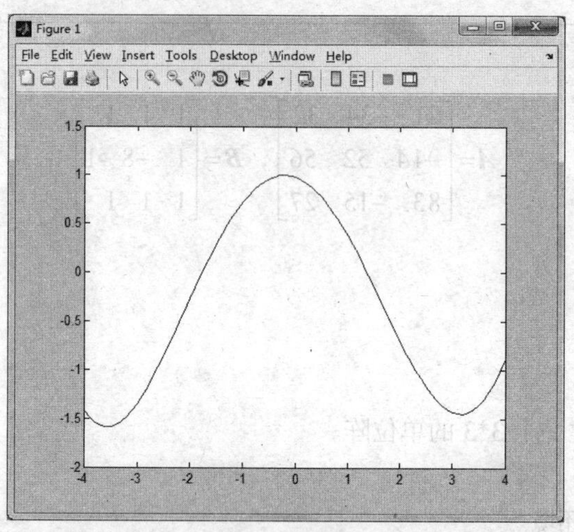

图 8.161　实验中 2 题的参考结果

四、实验思考

1. 在命令窗口中输入 clear，clc 命令后，用什么方法可以将以前输入的内容找到并执行？
2. 如果要创建一个全零矩阵用什么函数建立？
3. 比较矩阵 $A=\begin{bmatrix} 2+i & 3 & -1+5i \\ 4-2i & 6+i & 8+3i \\ 3i & 6+5i & 7 \end{bmatrix}$ 的共轭转置与转置运算的不同。
4. plot 函数与 fplot 函数有什么区别？
5. 在 plot 函数中画虚线用什么参数？

8.3　自我测试

一、单选题

1. Word 2010 文档的默认文件扩展名是（　　）。

   A.*.xlsx　　　B.*.docx　　　C. *.pptx　　　D. *.html

2. 以下说法正确的是（　　）。

   A. “替换”命令无法区分全/半角

   B. “查找”命令不能用于查找图形

   C. Word 的“撤销”命令，只能撤销最近一次存盘后的操作

   D. 只有执行过“撤销”命令，“恢复”命令才能生效

3. 在 Word 2010 的文档中，若想输入一小段竖排的文字，可以利用（　　）。

   A. “开始”选项卡中的“段落”命令

B. “插入”选项卡中的“文本框”命令

C. “页面布局”选项卡中的“文字方向”命令

D. “文件”选项卡中的“打印”命令

4. 要将剪贴板内容插入当前的 Word 文档中，应使用的键盘组合键是（　）。

A. Ctrl+I　　B. Ctrl+X　　C. Ctrl+C　　D. Ctrl+V

5. 若 Word 2010 顺序打开 d1.doc、d2.doc、d3.doc、d4.doc 4 个文档，则当前的活动窗口是（　　）。

A. d1.doc 的窗口　B. d4.doc 的窗口　C. 4 个窗口均是　D. 随机选择的一个

6. 下列有关 Word 表格的说法中，错误的是（　　）。

A. 表格单元格中的文字可以横排，也可以竖排

B. 表格单元格中的文字可以横向居中，也可以竖向居中

C. 表格单元格可以横向拆分，也可以竖向拆分

D. 一个表格可以横向拆成两个表格，也可以竖向拆成两个表格

7. 在 Word 2010 中，格式刷可以用来复制（　　）。

A. 字符的字体、字号和颜色　　B. 段落的缩进与对齐方式

C. 段前段后距离与行间距　　D. 以上格式均可

8. Word 2010 的“拼写和语法检查”操作（　）。

A. 只能对英语文本进行

B. 只能对中文文本进行

C. 既能对英语文本又能对中文文本进行

D. 可以实现“自动更新”

9. 确切地说，Word 2010 的邮件合并是指（　　）。

A. 将多个文档合并成一个文档后输出　B. 将多个文档依次连接在一起后输出

C. 将两个邮件标签合并输出　　D. 将主文档和数据文档合并输出

10. 在 Word 2010 中，如果要将选定的内容作为上标或下标，可以使用“开始”选项卡中的（　　）命令。

A. 字体　　B. 段落　　C. 制表位　　D. 样式

11. 在 Word 2010 中，设定打印纸张大小时，应当使用的功能是（　）。

A. “文件”选项卡中的“选项”命令

B. “页面布局”选项卡中的“页面设置”组的扩展按钮

C. “开始”选项卡中的“格式刷”命令按钮

D. “插入”选项卡中的“页眉”下拉按钮

12. 在 Word 2010 的“字体”对话框中，不可设置文字的（　）。

A. 字间距　　B. 字号　　C. 删除线　　D. 行距

13. Word 2010 具有分栏功能，下列关于分栏的说法中正确的是（　　）。

A. 最多可以分 4 栏　　B. 各栏的宽度必须相同

C. 各栏的宽度可以不同　　D. 各栏之间的间距是固定的

14. 在 Word 2010 中编辑状态下，利用下列（　）选项卡中的功能可以选定表格中的单元格。

A. “表格工具”中的“布局”　　B. “表格工具”中的“设计”

C. “插入” D. “开始”

15. 在 Word 2010 中，如果已有页眉，再次进入页眉区只需双击（ ）即可。

A. 编辑区 B. 功能区 C. 页眉区 D. 快速访问工具栏区

16. 在 Word 中，用户可以将文档左右两端都充满页面，字符少的则自动加大间距，这种对齐方式被称为（ ）。

A. 两端对齐 B. 分散对齐 C. 左对齐 D. 右对齐

17. 在 Word 中，用户可以用（ ）的方式保护文档不受破坏。

A. 设置只读方式 B. 不能设置只读方式和口令

C. 设置口令 D. 既设置只读方式又设置口令

18. 在 Word 中输入文本时，要将插入点移到窗口的顶部，应按（ ）组合键。

A. Ctrl+PgUp B. Ctrl+PgDn C. Ctrl+End D. Ctrl+Home

19. 在 Word 中选定一个句子的方法是（ ）。

A. 单击该句中任意位置

B. 双击该句中任意位置

C. 按住 Ctrl 键同时单击该句中任意位置

D. 按住 Alt 键双击该句中任意位置

20. 在 Word 编辑状态下，用鼠标选择某单词时，可（ ）该文本。

A. 单击 B. 双击 C. 三击 D. 右击

21. 在 Word 编辑状态下，操作的对象是选择的内容，若鼠标在某行行首的左边，下列操作中可以仅选择光标所在行的是（ ）。

A. 单击鼠标左键 B. 将鼠标左键击三下

C. 双击鼠标左键 D. 单击鼠标右键

22. 在 Word 的编辑状态，打开了“w1.docx”文档，把当前文档以“w2.docx”为名进行“另存为”操作，则（ ）。

A. 当前文档是 w1.docx B. 当前文档是 w2.docx

C. 当前文档是 w1.docx 与 w2.docx D. w1.docx 与 w2.docx 全被关闭

23. 在 Word 的编辑状态，当前编辑文档中的字体全是宋体字，选择了一段文字使之成反显状，先设定了楷体，又设定了仿宋体，则（ ）。

A. 文档全文都是楷体 B. 被选择的内容仍为宋体

C. 被选择的内容变为仿宋体 D. 文档的全部文字的字体不变

24. 在 Word 的文档窗口中输入文本后，再将该窗口最小化，则输入的文本将（ ）。

A. 保存在内存中 B. 保存在磁盘中

C. 保存在剪贴板中 D. 被丢失

25. 在 Word 编辑状态下，若要调整左右边界，利用（ ）的方法比较直接、快捷。

A. 工具栏 B. 标尺 C. 格式栏 D. 菜单

26. Excel 默认的图表类型是（ ）。

A. 柱形图 B. 饼图 C. 条形图 D. 折线图

27. 对于第三张工作表中，第三行第二列至第五行第五列的区域，应表示为（ ）。

A. Sheet3 B3:E5 B. Sheet B3,E5 C. Sheet3! B3:E5 D. Sheet3! B3,E5

28. 在 Excel 中，要在单元格中输入字符数据 1234，正确的击键内容是（ ）。

A. '1234　　B. '1234'　　C. “1234”　　D. 1234

29. 若用户要在大工作表的底部处理数据而在同时能始终看到顶部标题，应选择窗口菜单中的（ ）命令。

A. 重排窗口　　B. 隐藏　　C. 新建窗口　　D. 冻结窗口

30. 在 Excel 中，运算符“&”的功能是（ ）。

A. 表示一个区域　　B. 求交集

C. 比较两个单元格的内容　　D. 连接文字

31. 在 Excel 中，进行公式复制时，公式中的（ ）将自动改变。

A. 地址　　B. 函数自变量　　C. 绝对地址　　D. 相对地址

32. 在 Excel 的某个单元格中输入公式，应先输入（ ）。

A. ( )　　B. SUM　　C. +　　D. =

33. 在未设置小数位数时，选定一个数值为 400 的单元格后，单击“%”，则其返回值为（ ）。

A. 400.00%　　B. 40000　　C. 40000%　　D. 40000.00%

34. 设 D4 单元格中有公式“=B1*C$3”，若将该单元格内容复制到 E5 单元格，则 E5 单元格中的公式为（ ）。

A. B2*C$3　　B. B1*C$3　　C. C2*D$4　　D. C2*D$3

35. 在 Excel 2010 中，对于 D5 单元格，其绝对引用的表示方法为（ ）。

A. D5　　B. D$5　　C. D5　　D. $D5

36. 在 Excel 2010 中，下列表达式中（ ）是正确的区域表示法。

A. A1#D4　　B. A1..D5　　C. A1:D4　　D. A1>D4

37. 在 Excel 2010 中进行排序操作时，最多可按（ ）关键字进行排序。

A. 1个　　B. 2个　　C. 3个　　D. 无限制

38. 在 Excel 2010 中，数据类型有数字、文字和（ ）。

A. 日期/时间　　B. 关系　　C. 周期　　D. 逻辑

39. Excel 2010 中图表的标题应通过（ ）进行设置。

A. “插入”选项卡　　B. “图表工具”中的“设计”选项卡

C. “图表工具”中的“布局”选项卡　　D. “图表工具”中的“格式”选项卡

40. Excel 2010 中，通常在单元格内出现“####”符号时，表明（ ）。

A. 显示的是字符串“####”　　B. 列宽不够，无法显示数值数据

C. 数值溢出　　D. 计算错误

41. Excel 中的运算符不包括（ ）。

A. /　　B. %　　C. &　　D. ><

42. 如果 A1:A5 分别为 8，11，15，32 和 4，则公式“=MAX（A1:A5）”的结果为（ ）。

A. 8　　B. 6　　C. 32　　D. 4

43. 单击第三行第四列的单元格时，编辑栏左边的名称栏中将会出现（ ）。

A. 3D　　B. 4C　　C. D3　　D. C4

44. 在 Excel 中，运算符“:”的功能是（ ）。

A. 表示一个区域　B. 求交集　　C. 比较单元格的内容　D. 连接文字

45. 对表格的内容进行自动排序时，（ ）。

A. 只能有一个关键字　　　　B. 不超过两个关键字
C. 不超过三个关键字　　　　D. 关键字的数目不限制

46. 在 Excel 的工作表中，先选中 A1 单元格，在拖动此单元格边框到 A3，则结果是（　　）。
A. 将 A1 内容复制到 A3　　　　B. 将 A1 内容移动到 A3
C. 将 A1 内容复制到 A3，A2　　　　D. 将 A1 内容填充到 A3，A2

47. 若要删除表格中的 B1 单元格，而使原 C1 单元格变为 B1 单元格，应在“删除”对话框中选择（　　）。
A. 活动单元格右移　　　　B. 活动单元格下移
C. 右侧单元格左移　　　　D. 下方单元格上移

48. 在 Excel 工作表中，同时选择多个不相邻的工作表，可以在按住（　　）的同时依次单击各个工作表的标签。
A. Ctrl 键　　B. Alt 键　　C. Tab 键　　D. Shift 键

49. 要在数据清单中筛选介于某个特定值段的数据，可使用（　　）筛选方式。
A. 按列表值　　B. 按颜色　　C. 按指定条件　　D. 高级

50. 在 Excel 2010 中，输入数字作为文本使用时，需要输入的先导字符是（　　）。
A. 逗号　　B. 分号　　C. 单引号　　D. 双引号

51. 在 PowerPoint 2010 软件中，可以为文本、图形等对象设置动画效果，以突出重点或增加演示文稿的趣味性。设置动画效果可采用（　　）选项卡的相关功能。
A. “开始”　　B. “动画”　　C. “插入”　　D. “设计”

52. 在 PowerPoint 2010 中，“背景样式”下拉按钮在（　　）选项卡中。
A. “开始”　　B. “切换”　　C. “插入”　　D. “设计”

53. 在 PowerPoint 2010 中，如果要给一张幻灯片中的标题加上某种动画效果，则应该在（　　）选项卡中操作。
A. “切换”　　B. “动画”　　C. “幻灯片放映”　　D. “设计”

54. PowerPoint 针对对象设置动画的时候，动画的动作（　　）。
A. 不能控制效果　　B. 可以控制效果　　C. 不确定　　D. 按默认值

55. PowerPoint 可以设置对象动画与场景切换，它们的效果（　　）。
A. 相同　　B. 不同　　C.基本相同　　D.大多数不同

56. PowerPoint 中使用的声音文件（　　）。
A. 当面页面有效　　　　B. 整个文件中有效
C. 当前节中有效　　　　D. 取决于设置方式

57. 在 PowerPoint 2010 浏览视图下，按住 Ctrl 键并拖动某幻灯片，可以完成的操作是（　　）。
A. 移动幻灯片　　B. 复制幻灯片　　C. 删除幻灯片　　D. 选定幻灯片

58. 在 PowerPoint 普通视图左侧的大纲窗格中，可以修改的是（　　）。
A. 占位符中的文字　　　　B. 图表
C. 自选图形　　　　D. 文本框中的文字

59. 在 PowerPoint 2010 中需要帮助时，可以按功能键（　　）。
A. F1　　B. F2　　C. F3　　D. F4

60. 在 PowerPoint 2010 中，若一个演示文稿中有 3 张幻灯片，播放时要跳过第二张放映，可以的操作是（　　）。

A. 取消第二张幻灯片中的切换效果　B. 隐藏第二张幻灯片

C. 取消第一种幻灯片的动画效果　D. 只能删除第二张幻灯片

61. 在 PowerPoint 2010 中设置背景时，若使所选择的背景仅适用于当前所选的幻灯片，应该按（　　）。

A. “全部应用”按钮　B. “关闭”按钮

C. “取消”按钮　D. “重置背景”按钮

62. 在 PowerPoint 2010 中，若想设置幻灯片中“图片”对象的动画效果，在选中“图片”对象后，应选择（　　）。

A. “动画”选项卡下的“添加动画”按钮

B. “幻灯片放映”选项卡

C. “设计”选项卡下的“效果”按钮

D. “切换”选项卡下“换片方式”

63. 在空白幻灯片中不可以直接插入（　　）。

A. 文本框　B. 文字　C. 艺术字　D. Word 表格

64. 在 PowerPoint 中，不能实现的功能为（　　）。

A. 设置对象出现的先后次序　B. 设置同一文本框中不同段落的出现次序

C. 设置声音的循环播放　D. 设置幻灯片的切换效果

65. 空演示文稿的特点是（　　）。

A. 不带任何模板和布局格式　B. 带模板设计，但不带布局格式

C. 不带任何模板，但带布局格式　D. 带模板设计，且带布局格式

66. 在 PowerPoint 中，模板文档的扩展名是（　　）。

A. PPTX　B. DOCX　C. POTX　D. XLS

67. 在演示文稿中，备注视图中的注释信息在文稿演示时一般（　　）。

A. 会显示　B. 不会显示　C. 显示一部分　D. 黑白视图

68. 在 PowerPoint 中，如果放映演示文稿时无人看守，放映的类型最好选择（　　）。

A. 演讲者放映　B. 在展台浏览　C. 观众自行浏览　D. 排练计时

69. 在 PowerPoint 中若需将幻灯片从打印机输出，可以按（　　）组合键。

A. Shift+P　B. Shift+L　C. Ctrl+P　D. Alt+P

70. 在 PowerPoint 中，可以改变单个幻灯片背景的（　　）。

A. 颜色和字体　B. 颜色、填充效果

C. 图案和字体　D. 灰度、纹理和字体

71. 在 PowerPoint 中的幻灯片切换中，不可以设置幻灯片切换的（　　）。

A. 换页方式　B. 颜色　C. 效果　D. 声音

72. 幻灯片放映时，按（　　）可以终止幻灯片的放映。

A. 空格键　B. Esc 键　C. 鼠标左键　D. 声音图标

73. 在“幻灯片浏览试图”模式下，不允许进行的操作是（　　）。

A. 幻灯片的移动和复制　B. 添加动画

C. 幻灯片删除　D. 幻灯片切换

74. 如果要从一张幻灯片“溶解”到下一张幻灯片，应使用（　　）。

A. 动作设置　　　　　　　　　　B. 添加动画

C. 幻灯片切换　　　　　　　　　D. 页面设置

75. 如果要从第二张幻灯片跳转到第八张幻灯片，应使用（　　）。

A. 动作设置　　　　　　　　　　B. 添加动画

C. 幻灯片切换　　　　　　　　　D. 页面设置

二、判断题

1. 在 Word 2010 中，“文档视图”方式和“显示比例”除了在“视图”等选项卡中设置外，还可以在状态栏右下角进行快速设置。（　　）

2. 在 Word 2010 中，通过“屏幕截图”功能，不但可以插入未最小化到任务栏的可视化窗口图片，还可以通过屏幕剪辑插入屏幕任何部分的图片。（　　）

3. 在 Word 2010 中，表格底纹设置只能设置整个表格底纹，不能对单个单元格进行底纹设置。（　　）

4. “自定义功能区”和“自定义快速工具栏”中其他工具的添加，可以通过“文件”→“选项”→“Word 选项”进行添加设置。（　　）

5. 在 Word 2010 中，不能创建“书法字帖”文档类型。（　　）

6. 在 Excel 2010 中，可以直接将工作表保存为文件。（　　）

7. 清除是指对选定的单元格或区域内的内容做清除，且不保留位置。（　　）

8. 相对引用的含义是：复制公式时，公式中的单元格地址会根据情况而改变。（　　）

9. 可同时将数据输入到多张工作表中。（　　）

10. 比较运算的结果为数值。（　　）

11. 单元格水平对齐方式改为左对齐，将把数字型数据改为文本型数据。（　　）

12. 在 Excel 2010 中，输入公式后，单元格显示公式计算结果，编辑栏显示公式本身。（　　）

14. 创建图表后，当工作表中的数据发生变化，图表中对应数据不会自动更新。（　　）

15. 在 Excel 2010 工作表中使用“替换”命令替换单元格的数据时，不能区分文字的字体。（　　）

16. 当 Excel 2010 单元格内的公式中有 0 做除数时，会显示错误值“#DIV/0!”。（　　）

17. 在 PowerPoint 2010 中，幻灯片的放映必须是从头至尾进行播放。（　　）

18. 在 PowerPoint 2010 的大纲窗格中，不可以添加文本框。（　　）

19. 样式是指一组已命名的文本与段落的格式模板，样式用于对文档进行格式化。（　　）

20. 演示文稿的背景色最好采用统一的颜色。（　　）

三、填空题

1. 在 Word 2010 中，文本输入位置是通过__________位置来表明的。

2. 在 Word 2010 中插入表格时，可以单击__________选项卡中的“表格”命令按钮完成插入操作。

3. Word 2010 中用__________选项卡可以改变字体、字体大小等。

4. 在 Word 2010 中，给选定的段落、表单元格、图文框添加的背景称为__________。

5. 在 Word 2010 中，段落的排版处理可以单击“开始”选项卡中的“段落”组的扩展按钮进行操作，其中________可以设定段落两端向内收缩的具体长度。

6. Word 2010 缺省的汉字字号为________，汉字字体为________。

7. 在 Word 2010 中，按________键可以选定整个文档内容。

8. Word 2010 能够自动检查并标记文档中的拼写与语法错误。其中，用________波浪线标记的是可能的拼写错误，用________波浪线标记的是可能的语法错误。

9. 对已打开的 Word 2010 文档 a.doc 进行修改后，若希望命名为 b.doc 保存而不覆盖原文件内容，则应该在________菜单中选择________命令。

10. 如果对文档中插入的图片进行编辑，可以通过________的方法直接进入编辑状态。

11. 若要快速将插入点移到本行文本的开头可按________键；若要快速将插入点移到整个文档的结尾可按________组合键。

12. Word 2010 文档中的段落标记是按________键产生的，它在表示本段落结束的同时还记载了________信息。

13. 使用________可以方便地设置页面的左右边距，段落缩进，制表符等格式。

14. 在 Word 2010 中，给图片或图像插入题注是选择________功能区中的命令。

15. 在 Word 2010 中，进行各种文本、图形、格式、批注等搜索可以通过________来实现。

16. Excel 2010 新建的工作簿中默认有________个工作表。

17. Excel 2010 中，填充柄在活动单元格的________下角。

18. Excel 2010 单元格内容的对齐方式有水平对齐与________对齐。

19. 在 Excel 2010 中，单元格的内容除了会显示在单元格中，还会在________中显示。

20. Excel 2010 提供“________”和“高级筛选”两种工作方式。

21. 默认情况下，若在 Excel 2010 的单元格中键入 3/4 后按 Enter 键，该单元格的内容显示为________；若键入（34）后按 Enter 键，该单元格的内容显示为________。

22. 当 Excel 2010 工作表中的数据符合某些规则而成为一个数据清单后，即可对这些数进行________，________，________等数据管理操作。

23. 当 Excel 2010 的公式中，为了控制公式被复制后的变化，对其中地址的引用有________、________和________ 3 种方式。

24. 默认情况下，文本在单元格内自动________对齐，而数值在单元格内自动________对齐。

25. 已知工作表中 C4 单元格为公式“=E$6*D4”，将 C4 单元格内容移动到 F5 后，F5 单元格中的公式为________。

26. 要选择一个大范围的区域，可以先单击要选择区域的左上角单元格，然后在按住________键的同时，再单击要选择区域右下角的单元格即可。

27. 数据清单是工作表中满足一定条件，包含相关数据的若干行数据区域。数据清单中的每一行数据称为一个________，每一列称为一个________，每一列的标题则称为________。

28. Excel 2010 绘制的图表可分为________图表和________图表两大类。

29. 设某班级共有学生 20 人，其中 3 门课考试成绩的情况如下表所示。

	A	B	C	D	E	F
1	姓名	高等数学	外语	计算机	平均成绩	总评
2	张一	76	49	58		
3	王二	84	67	49		
4	李三	71	54	68		
5	赵四	61	39	97		
……	……	……	……	……		
22	平均成绩					
23	最高成绩					

试按下列要求填写出有关计算公式。

在E2单元格输入的公式____________计算“张一”同学三门课程的平均成绩，再通过对此公式的填充复制，分别计算出其他各位同学的平均成绩；要在B22单元格内显示全班“高等数学”课的平均成绩，应在B22单元格内输入公式____________，并通过对此公式的填充复制，分别自动填入其他各课的平均成绩；要在B23单元格内显示全班“高等数学”课的最高成绩，应在B32单元格内输入公式____________，并通过对此公式的填充复制，分别自动填入其他各课的最高成绩；如果平均成绩不低于90分，则总评栏中填入“优秀”；平均成绩介于75～90之间的填入“良好”，其他填入“一般”；则应在F2单元格内输入公式________________________，并通过对此公式的填充复制，分别自动填入其他各位同学的总评。

30. PowerPoint 2010的一大特色就是可以使演示文稿的所有幻灯片具有一致的外观。控制幻灯片外观的方法主要是________。

31. 在PowerPoint 2010中，单击某个文字能跳转到某个Internet地址需要在此文字上建立________。

32. 在PowerPoint 2010中，与“幻灯片放映”选项卡中的“从头开始”命令按钮功能相同的快捷键是________。